KB079580

Superlative:
The Biology of
Extremes

옮긴이_ **하윤숙**

서울대학교에서 국어국문학을 전공했고, 현재 전문번역가로 활동하고 있다. 옮긴 책으로는 『소녀, 여자, 다른 사람들』, 『캣퍼슨』, 『문명의 만남』, 『씨앗의 승리』, 『물: 생명의 근원, 권력의 상징』, 『그림자 없는 남자』, 『깃털: 가장 경이로운 자연의 걸작』, 『우리는 거짓말쟁이』, 『결혼하면 사랑일까』, 『마지막 순간에 일어난 엄청난 변화들』, 『파묻힌 거인』 등이 있다.

가장 크고,
가장 빠르고,
가장 치명적인
생물의 진화

굉장한
것들의
세계

매슈 D. 러플랜트
Matthew D. LaPlante

하윤숙 옮김

북트리거

『굉장한 것들의 세계』에 쏟아진 찬사

"매슈 D. 러플랜트는 떠오르는 스타이다. 새로 내놓은 저서 『굉장한 것들의 세계』 에서 그는 지구 끝까지 가서 가장 작은 생명체, 가장 강인한 생명체, 가장 특이한 생명체, 그리고 이런 것들을 연구하는 가장 흥미로운 사람들을 찾아낸다. 나는 생물학 교수로서 저 극단에 있는 우리 형제들에 대해 아직도 모르는 것이 너무 많다는 사실에 충격을 받았다. 진화 만세!"

— 데이비드 A. 싱클레어 (하버드의과대학 유전학 교수, 『노화의 종말』 저자)

"매슈 D. 러플랜트는 초고속 여행으로 우리를 지구 곳곳으로 데려가 저 너머에 있는 가장 큰 생물과 가장 작은 생물, 가장 빠른 생물과 가장 느린 생물, 그리고 가장 똑똑한 생물을 만나게 해 준다. 짧게짧게 이어지는 다채로운 글들 속에서, 러플랜트는 흥미 있는 스토리텔링과 진심 어린 애정을 과학 및 자연사에 한데 어우러지게 담아 각양각색의 최상위 생물들을 한 번에 하나씩 탐구해 나간다. 그리하여 마침내 우리는 이 각각의 생물이 저마다 최상위에 오를 수 있었던 요인으로 인해, 이들 생태계에, 과학에, 또한 우리에게 이들만의 고유한 가치가 생겨난다는 것을 깨닫게 된다.

— 베스 샤피로 (『쥐라기 공원의 과학』 저자)

"『굉장한 것들의 세계』는 내가 꽤 오랫동안 보아 온(나는 많은 책을 읽는다) 여러 책 가운데 가장 훌륭한 책 중 하나로 꼽힌다. 이 책은 사람들에게 '봐 봐, 여기 이렇게 나와 있어, 너 그거 알았어?'라고 말하며 보여 주고 싶은 드문 책 중 하나다. 러플랜트는 자연의 독창성에서 느끼는 기쁨을 완벽하게 전달하면서도 동시에 멸종의 비극을 한탄하는 글을 매력적이면서 명확한 문체로 쓰고 있다. 극단의 생명이 보여 주는 놀라운 사례를 설명하는 동안, 그는 이런 사례들이 그에게 불러일으킨 경이감에 이어, 이러한 미학적 지식이 어떻게 현실적 응용으로 이어지는지 정확하게 드러내어 매끄럽게 연결하는 솜씨를 보여 주며, 그 과정에서 자연 보전 노력의 가치를 옹호하는 단단한 철옹성의 명분을 명확하게 서술하고 있다. 이 책은 모든 과학 팬의 서재에 반드시 꽂혀 있어야 할 뿐 아니라 고등학생과 대학 초년생에게 반드시 읽혀야 할 책이다. 강력 추천한다."

— 오네 R. 파간 (웨스트체스터대학 생물학 교수, 『이상한 생존자들Strange Survivors』 저자)

"『굉장한 것들의 세계』는 핵심적인 과학적 통찰을 보여 준다. 예외적인 것, 희귀한 것, 극단의 것은 우리에게 가장 많은 것을 가르쳐 준다. 이런 예외적인 것에 대한 매슈 D. 러플랜트의 탐구는 시의적절하고 흥미진진하고 재미있으며, 미래가 우리에게 아주 뜻밖의 무엇을 제공하게 될지 들여다볼 기회를 준다."

— 마이클 포셀 (『텔로머레이스 혁명The Telomerase Revolution』 저자)

이 책을 하이디 조이에게 바친다.

CONTENTS

서론

자연이 보내 준 최고의 사절단

새끼 암컷 코끼리는 태어난 지 한 달 되었지만 이미 나보다 더 무거웠다. 게다가 나보다 빠르고 활력이 넘쳤다. 새끼 코끼리 주리가 엄마 옆구리를 떠나 흙먼지와 건초를 흩날리며 몇 번인가 발을 헛디디기도 하면서, 마침내 작은 코를 내 카메라 앞에 들이밀었을 때 나는 기쁨의 환호성을 지르지 않을 수 없었다.

한마디로 내가 원한 것이 바로 이런 것이었으니까.

나는 아프가니스탄 전쟁과 이라크 전쟁이 한창이던 몇 년간 솔트레이크시티의 한 신문사에서 국가 안보 분야를 담당했고, 이라크전 기사를 쓰기 위해 세 차례 해외 출장을 다녀오기도 했다. 죽음과 절망, 황량함을 목격하고 귀국한 나는 그 후로도 사기와 학대, 절망, 무능력에 관한 뉴스들 속에서 허우적거렸다. 지역 군사시설에서는 자살이 빈번하게 일어났다. 전에는 슈퍼펀드(Superfund, 1980년에 제정된 미국의 환경법을 대표하는 연방법으로, 연방정부가 거액의 자금을 보유하여 오염 사고 등에 포괄적으로 대처한다—옮긴이) 관리 지역이었지만 지금은 그렇지 않은 곳에서 일하는 근무자들은 넌더리를 내고 있었다. 그리고 군 장례식이 끝없이 이어지고 있었다.

슬프고 화가 났다. 늘 그랬다. 이런 상태로 그냥 있을 수 없었고 뭔가 해야 했다.

"가끔은 말이에요." 나는 내 편집자에게 물었다. "내가 좀 더 행복한 기사를 써도 된다고 생각하지 않나요?"

"예를 들면?"

"아기 코끼리 같은 거요."

"당장 내 사무실에서 나가시지."

나는 다음 날 다시 이야기를 꺼냈고 그다음 날에도 이야기했다. 마침내 나는 그를 설득했다. 기존의 업무량을 그대로 유지한다면 지역 동물원 기사를 써도 좋다고 그가 동의한 것이다.

그로부터 1년 뒤 나는 새끼 코끼리와 얼굴을 마주하게 되었다.

"얘, 꼬마야." 나는 딸이 아기였을 때 부르던 것과 똑같이 간드러진 목소리로 코끼리를 불렀다. "이 세상에 온 걸 환영해."

주리는 몇 초간 멈춘 채 자세를 취했다. 커다란 회색 귀를 활짝 펼치고는 고개를 갸우뚱하더니 다시 자기 자리, 그러니까 엄마의 축 늘어진 회색 살갗의 배 옆으로 달려갔다. 잠시 후 자기 자리에 도착한 새끼 코끼리는 진흙 속에서 미끄러지며 재주넘기를 하고 건초 더미에서 뒹굴었다.[1] 나는 홀딱 반하고 말았다.

사실 나는 줄곧 코끼리에게 매혹되어 있었다.

지금도 처음으로 동물원에 갔던 일을 떠올릴 수 있다. 아니, 정확하게 말하면 처음 본 코끼리를 떠올릴 수 있다. 특히 기억에 남는 것은 스모키라는 이름을 지닌 수컷 아프리카코끼리였는데, 거대한 몸집에 비해 콘크리트 우리가 비극적일 정도로 작아서 그의 큰 몸이 더 강렬하게 다가왔다. 나는 기쁨과 두려움이 뒤섞인 경외감을 느끼며

서 있었다. 어떻게 저렇게 큰 생물이 실제로 존재할 수 있을까? 그 후로 몇 년 동안 나는 이 코끼리 꿈을 꾸었고 학교 공책에 코끼리를 그렸으며 일기에 코끼리 이야기를 썼다.

이런 최상위의 생물체에 집착하는 아이가 분명 어린 시절의 나 하나는 아닐 것이다. 아이들은 본능적으로 극단의 존재에 매료된다. 이 말이 믿기지 않는다면 초등학생 아이가 손에 들고 있는『기네스 세계 기록The Guinness Book World Records』을 빼앗으려고 한번 시도해 보라. 나는 초등학교 2학년 때 처음으로 이 책을 손에 넣었다. 워릭초등학교 북클럽을 통해 이 책을 주문하여 며칠 만에 통독하고는 처음으로 돌아가 다시 읽기 시작했다. 내 딸이 여덟 살이 되었을 때, 그 애 역시 지금 내 책상 위에 놓인 판본의『기네스 세계 기록』을 뒤적이며 몇 시간씩 보냈다.

내 딸이 그러는 것은 당연했다. 이 책은 한없이 흥미진진하기 때문이다.

세계에서 가장 오래된 우림은 어디인가?[2] 어떤 곤충의 침이 가장 아플까?[3] 꼬리가 가장 긴 공룡은 무엇인가?[4] 이 모든 것이 그 책 안에 있으며, 아울러 자연과 관련 없는 일, 예를 들어 요제프 토틀링(Josef Tödtling, 오스트리아의 스턴트맨-옮긴이)이란 사나이의 보유 기록 같은 것도 들어 있다. 그는 인류 역사상 누구도 몸에 불이 붙은 채 그보다 더 멀리 끌려간 적이 없다는 영광스러운 말을 듣기 위해, 2015년 몸에 불을 붙이고 말 뒤에 매달려 500m를 끌려갔다.

우리는 왜 그러는 것일까? 아니, 더 정확히는 어째서 이런 데 관심을 보이는 것일까? 인간이 아닌 다른 동물들은 가장 큰 것이든, 가장 빠른 것이든, 가장 힘센 것이든, 또는 그 밖에 이런저런 속성의 최상위 존재를 만나더라도 알아차리지도 못하는 것 같다. 그러나 우리는 그렇지 않다. 마치 우리 몸속에 그런 걸 알아차리는 장치가 내장되어 있기라도 한 것 같다.

어쩌면 정말 그런 것인지도 모른다.

전 세계 동굴 벽화에는 매머드, 기린, 들소, 곰 등 우리 고대 조상이 만난 가장 커다란 동물들이 그려져 있는 경우가 많다. 우리가 접하는 대다수 고대 이야기에도, 그리고 가장 최신의 이야기에도 엄청난 거인이나 커다란 용, 거대한 바다 생물에 관한 내용이 가득하다. 중국 고대 신화에서 우주 창조자로 등장하는 뿔 달린 거대한 신 반고盤古에서부터 현대 미국 영화에 반복적으로 등장하는 엄청나게 큰 고릴라 킹콩에 이르기까지 무수한 사례가 있다.

'가장 크다'는 것은 왜 항상 그렇게 대단한 문제가 되었던 것일까? 고대 사냥꾼의 경우, 보통 크기의 영양이나 가젤, 누를 죽이는 것과 그러한 동물 중 가장 **큰 놈**을 죽이는 것은 그저 남들에게 뽐낼 수 있는 권리의 문제일 뿐 아니라 며칠분의 식량을 더 확보하는 문제이기도 했다. 우리의 초기 인류 조상에 해당하는 "작은 뇌를 지닌 구인류"5는 혹독하고 힘든 세상에 맞서 고군분투하며 살았기에, 가장 큰 사냥감을 쓰러뜨린 사냥꾼은 자신을 비롯한 가족의 생존 문제에서 우위에 설 수 있었다.

그렇다고 남들에게 뽐낼 수 있는 권리가 중요하지 않았다는 것은 아니다. 인근에서 가장 빠르거나 힘세거나 치명적인 동물을 쓰러뜨릴 수 있는 동굴인은, 살아남기를 원하는 짝에게 가장 안전한 선택이었다. 이는 강력한 선택압selective force이었다.

극단의 존재에게 끌리는 성향이 우리 안에 내재된 것처럼 보이는데도, 과학은 다소 단호하게 무관심한 모습을 자주 보여 왔다. 그중한 사례로 중앙아프리카의 골리앗개구리goliath frog를 들 수 있는데, 이 개구리는 거북이, 새, 박쥐 등을 잡아먹는 것으로 알려져 있다.[6] 카메룬에서는 이 개구리의 몸집이 인간 아기와 비슷하다고 해서 '베베'라고 부른다.

일반 개구리는 지표동물(자연환경을 나타내는 표지가 되는 동물-옮긴이), 특히 기후변화에 민감한 지표동물의 지위를 지닌 덕분에 연구 주제로 인기가 있다. 수십 종의 개구리가 울어 대는 불협화음 속에서 어느 한 종의 개구리를 빨리 정확하게 골라내는 방법을 알고 싶은가? 「강화된 특징과 기계 학습 알고리즘을 바탕으로 한 호주 개구리의 음향 분류」[7]라는 연구 논문을 보면 더 많이 배울 수 있다. 구리, 수은, 납, 아연 같은 금속에 오염된 수질이 개구리 건강에 어떤 영향을 미치는지 궁금한가? 그 답은 「유럽 식용 개구리 두 개 야생 개체군 신체 조직의 중금속 오염에 대한 항산화 반응」[8]에 나와 있다. 과학, 기술, 건강 관련 간행물을 모아 놓은 웹사이트 '사이언스 다이렉트Science Direct'에는 개구리에 관한 연구 논문이 총 11만 4,000개가 넘는다.

이 간행물 가운데 세상에서 가장 큰 개구리에 관해 언급이라도 해 놓은 것은 몇 개나 될까? 내가 이 글을 쓰고 있는 현재 19개이며, 이 연구들 가운데 골리앗개구리를 **특정해서** 이루어진 연구는 단 한 개, 골리앗개구리 내장에 들어 있는 기생충 조사뿐이다. 다른 논문에서는 대부분 세상에서 가장 큰 개구리를 간단하게 언급만 하고 지나간다. 골리앗개구리가 세상에서 가장 큰 개구리임에 틀림없다는 언급 정도이다.

매력적으로 보이는 새로운 연구 주제의 작은 조각이라도 발견하는 즉시, 많은 과학자는 행여 다른 과학자가 먼저 채 가지 않을까 하는 극심한 불안에 시달린다. 그러나 클로드 미오Claude Miaud가 세상에서 가장 큰 개구리에 관해 연구를 시작할 당시, 그는 다른 연구자에게 자리를 빼앗길까 걱정하지 않았다. 그는 오로지 너무 늦지 않게 골리앗개구리를 찾을 수 있을지만을 염려했다.

세계 최고 개구리 전문가이자 원산지 서식지에서 골리앗개구리와 많은 시간을 보낸 몇 안 되는 과학자 중 한 명인 미오는, 세상에서 가장 큰 개구리에 관해 의미 있는 연구가 미처 이루어지기도 전에 이 개구리가 멸종으로 내몰릴 가능성이 매우 크다고 믿고 있다. 2017년 우리가 골리앗개구리에 관해 이야기를 나누던 당시, 이 개구리의 야생 개체군에 대해 누군가 평가라도 해 본 지 10년도 더 지난 상태였다. 그사이 카메룬 남서 지역과 적도기니 북부 지역의 중·저고도 지대에만 서식하는 이 개구리는 식용 개구리로 널리 사냥되었고, 농업과 벌목, 인간 정착지, 그리고 이 개구리가 번식하는 개천의 퇴적작용으로 심한 압박을 받고 있다.[9]

그리하여 2004년 국제자연보전연맹IUCN에서 골리앗개구리를 '멸종위기종'으로 공식 지정하기는 했지만, 오늘날 골리앗개구리, 콘라우아 골리아트Conraua goliath는 '심각한 멸종위기종'의 지위를 얻을 가능성까지 있다. 이는 야생 개체 전멸의 직전 단계로 매우 위태로운 상태이다.

멸종이 비단 골리앗개구리만의 비극은 아닐 것이다. 동물 분류학상의 한 목目이 어느 수준의 극단까지 갈 수 있는지 알면 이 목의 전반적인 특성을 더욱 잘 이해할 수 있다. 그런데도 알과 올챙이 발달 단계에서부터 울음소리, 짝짓기, 산란 행위에 이르기까지, 심지어는 이 개구리의 수명과 같은 기본적인 정보조차 아직 모르는 것이 많다. 그리고 앞으로도 영영 모를 수 있다. "이 종에 관한 생물학 지식에는 블랙박스가 많아요. 이 종을 잃는다면 이 종의 생명현상에 대해 현재 우리가 확보한 제한된 지식이 점점 더 제한될 겁니다." 미오가 내게 말했다.

그럼에도 세상에서 가장 큰 개구리와 관련한 연구 작업은 물론, 이 개구리를 살리기 위한 활동도 거의 이루어지지 않았다. 미오는 아마도 이 개구리가 가장 오래 사는 개구리 가운데 하나일 것이라고 믿고 있다. 골리앗개구리가 몸집이 매우 크고 또 오래 산다면, 이는 단순한 우연의 일치는 아닐 것이다. 어느 한 측면에서 최상위에 놓인 생물체는 종종 다른 측면에서도 최상위에 놓이는 경우가 많기 때문에, 극단의 생명체가 보이는 생명현상을 관찰하고 이를 바탕으로 배울 기회를 추가로 제공한다.

그러나 평균수명과 같은 가장 기초적인 정보조차 없다면, 골리앗개구리의 생물학적 노화 및 세포 노화, 즉 세포 성장의 정지가 이루어지는 과정에 관해 짐작조차 할 수 없다. "야생동물의 노화 메커니즘을 아는 것은, 인간 노화 생물학을 이해하는 것과 관련이 있어요." 미오가 말했다.

이는 단지 추측만을 근거로 한 주장이 아니다. 오래전 1960년대에도 연구자들은 아프리카발톱개구리의 노화 속도가 놀라울 만큼 느리다는 점에 주목한 바 있으며[10] 텔로미어telomere(퇴화하지 않도록 보호하는 염색체 '보호 캡')의 길이와 노화의 연관성을 입증하는 최초의 연구 중 몇몇은 크세노푸스 라이비스*Xenopus laevis*라는 학명으로도 알려진 아프리카발톱개구리를 대상으로 이루어진 것이었다. 오늘날 인간 노화에서 텔로미어가 어떤 역할을 하는가 하는 문제는 알츠하이머병, 골다공증, 심장 질환 등 노화 관련 질병에 맞서 싸우는 많은 연구자에게 중요한 관심이 되고 있다.

세상에는 모형 철도를 만드는 사람이 있는가 하면 수채화를 그리는 사람도 있다. 내 취미 중 하나는 각기 다른 분야의 과학자를 서로 연결해 주는 것이다.[11] 최근에는 중미의 개구리 개체군을 연구한 파충류 학자 그레이스 디렌조Grace DiRenzo와 노화 생물학의 세계 유수의 전문가 중 한 명인 로라 니던호퍼Laura Niedernhofer의 대화를 주선한 일이 있었다. 불과 몇 분 지나지 않아, 두 과학자는 개구리가 노화와 관련하여 우리에게 무엇을 알려 줄 수 있을지 열띤 토론을 벌였다.

개구리의 노화 과정은 아주 느린 속도로 이루어지는 것처럼 보여서 나이 든 개구리를 야생에서 찾는 일은 그렇게 쉽지 않다. "난 늙은 개구리를 한 번도 본 적이 없어요. 늙은 개구리가 어떻게 생겼는지 당신에게 말해 줄 수도 없어요. 꽤 오랫동안 정글에 있었는데도 말이죠." 디렌조가 우리에게 말했다.

니던호퍼는 이 사실에 곧바로 빠져들었다. 그녀는 얼마 전 자비에 대학에서 열린 학회를 막 마치고 돌아온 상태였는데, 이 학회에서 인간과 유사한 노화 양상을 보이는 생쥐에 관해 발표했고 바로 뒤이어

글로스터 해양유전체학연구소GMGI의 앤드리어 보드너Andrea Bodnar 가 절대 늙지 않는 것처럼 보이는 성게류에 관해 발표했다.

"종간의 차이를 살펴보면서 우리 노화의 이유에 관해 많은 걸 얻고 있죠." 니던호퍼가 말했다. 그러나 생쥐와 성게류는 진화상으로 너무 멀리 떨어져 있다. 그렇다면 생쥐와 개구리는 어떨까? 이는 유전자 일치 정도가 훨씬 높으므로 노화에 영향을 미칠 수도 있는 유전자를 훨씬 쉽게 찾게 해 줄 것이다.

몇몇 연구자가 주장했듯이[12] 개구리를 노화의 모델 생물로 삼는다면 세상에서 가장 오래 사는 개구리는 우리에게 무엇을 알려 줄 수 있을까? 우리는 영영 이를 알지 못할지도 모른다. 또한 골리앗개구리를 잃는다면 우리를 살펴볼 수 있는 창 하나를 잃게 될 것이라고 미오는 말했다.

한 가지 아이러니를 살펴보자. 이제껏 인간이 개구리목에 속한 생물체만큼 많이 연구한 생물체도 별로 없다. 매년 학생들에게 근골격 구조, 심장생리학, 신경생리학을 가르치기 위한 고등학교 교과과정의 일환으로 수십만 마리의 개구리가 죽는다.

개구리의 크기 스펙트럼은 집고양이만 한 골리앗개구리에서부터 연필 끝에 달린 지우개만 한 파이도프리네 아마우엔시스까지 이어진다.[13] 우리가 가장 많이 연구하는 발톱개구리, 두꺼비, 참개구리 등은 이 스펙트럼 한가운데 놓여 있다. 우리가 연구용으로 선호하는 개구리는 무게 스펙트럼의 중간에 놓여 있는 것이고, 이들 개구리에게 필요한 먹이양은 물질대사 스펙트럼의 중간에 놓이는 것이다. 이런 식으로 계속 이어질 수 있다. 모든 개구리가 지닌 한 가지 특징을 골라 보라. 그러면 그 특징에 관한 한, 우리가 연구용으로 이용하는 개구리는 정확히 평균에 놓일 것이다.

또 이들 개구리는 자연에서 아주 쉽게 찾을 수 있다. 가장 흔히 연구하는 개구리인 라나 템포라리아*Rana temporaria*는 유럽 어디에서든 찾을 수 있으며, 이 개구리의 일반명도 실은 '보통개구리(common frog, 우리나라에서 쓰는 일반명이 아니라 영어 이름을 우리말로 옮긴 것이다-옮긴이)'이다.

비단 골리앗개구리만 연구자들에게 널리 외면받아 온 것도 아니다. 세상에서 가장 큰 지렁이인 오스트레일리아의 3m짜리 깁스랜드 지렁이Gippsland earthworm를 명목상 주제로 다룬 논문은 '사이언스 다이렉트' 목록 가운데 겨우 세 편뿐이다. 가장 작은 뇌를 지닌 포유류인 마다가스카르의 피그미쥐여우원숭이pygmy mouse lemur는 이 데이터베이스에 올라온 어떤 논문에서도 주요 주제로 다루어지지 않았다.

어떤 면에서 보면 과학이 최상위 생명체에게 초점을 맞추지 않는 것이 타당성을 지니기도 한다. 극단의 현상은 그 정의대로 볼 때 이상치outlier에 해당한다. 게다가 과학은 정규분포의 종형 곡선에서 가장 수가 적은 양쪽 맨 끝 가장자리의 데이터에 대해서는 합리적인 편견을 지니고 있으며, 통계 분석의 판단을 흐릴 수 있는 극심한 변동성을 줄이기 위해 종종 이 부분을 배제한다.

이상치를 무시하는 경향은, 많은 연구의 지침이 되는 일종의 정직한 공리주의에 의해서도 합리화되어 왔다. 페니실린은 1920년대에 처음 발견된 이후 수많은 사람을 구했지만, 그 과정에서 목숨을 빼앗긴 이들도 있었다. 몇몇 사람, 가령 면역계를 자극하는 단백질 인터

류킨interleukin과 관련 있는 유전자에 변이가 있는 사람은 페니실린에 알레르기 반응을 보일 위험성이 현저하게 커서 발진·발열·부종·호흡 곤란·아나필락시스(anaphylaxis, 항원-항체 면역 반응으로 발생하는 급격한 전신 반응-옮긴이)가 생길 수 있으며, 매우 드물긴 하지만 사망에 이를 수도 있다.[14] 페니실린을 발견한 알렉산더 플레밍Alexander Fleming이 인류에게 선물을 가져다주었지만 이러한 사람들에게는 전혀 선물이 아닌 것이다. 그러나 만약 의사들이 항생제가 모든 사람에게 효과가 있지는 않다는 견해에 근거하여 아무에게도 항생제를 처방하지 않으려 했다면, 우리 중 많은 수가 지금 이 자리에 있지 못했을 것이다.[15]

그러나 지난 몇 년에 걸쳐 많은 과학자들이 오랫동안 열외로 취급되었던 최상위 생명체의 잠재력을 인정하기 시작했다. 생물학적 극단, 특히 멸종위기에 처한 동물이나 식물과 관련한 학문 및 보존 활동이 폭발적으로 늘었다. 런던동물학회ZSL에서는 이들 생명체를 가리켜 "진화상 별개 종으로 구분되고 세계적으로 멸종위기에 처한 evolutionarily distinct and globally endangered" 종, 즉 EDGE종(이 책에서는 독해의 편의를 위해 일반적으로 사용하는 '멸종위기종'이라고 옮긴다-옮긴이)이라고 일컬으며, 2007년 이후 연구진을 전 세계로 파견하여 세상에서 가장 큰 양서류인 중국장수도롱뇽Chinese giant salamander이나, 알려진 척추동물 가운데 아무것도 먹지 않은 채 가장 오래 버틸 수 있는 동굴도롱뇽붙이olm, 그리고 전 세계 알려진 포유류 가운데 대사율이 가장 낮은 세발가락나무늘보three-toed sloth 같은 동물을 연구하도록 했다.

이들 생물체는 생물학계의 로제타석(Rosetta Stone, 기원전 196년에 고대 이집트에서 제작된 화강암 비석으로, 이집트 상형문자·이집트 민중문자·고대 그리스어 세 가지 문자로 같은 글이 쓰여 있어서 후세에 고대 이집트 문자를 해독하는 데 큰 도움이 되었다-옮긴이)일 뿐 아니라 사람들의 주목을 끌 수밖에 없는 존재다. 이들은 과학계의 위대한 사절단이다. 그리고 현재 과학은 사절단을 절실하게 필요로 한다. 항상 그렇게 보이지는 않을지라도, 역사의 도도한 흐름은 점차 민주화된 세계로 향하며, 이런 세계에서 지도자는 유권자가 원한다고 믿는 것에 기반하거나 적어도 그런 점들을 충분히 고려하여 선택해야 한다. 이런 세계에서 전반적으로 잘 알지 못하는 무언가가 존재한다면, 게다가 그것이 객관적으로도 중요한 것이라면 미래는 암울할지도 모른다.[16]

나는 유타주립대학에서 뉴스 보도 및 특집 기사 작성, 위기 저널리즘 등을 강의하는데, 무엇이든 중요한 사항에 독자가 관심을 기울이도록 하려면 흥미진진하게 글을 써야 한다고 학생들에게 가르친다. 극단의 생물체는 의심의 여지 없이 흥미로우며, 이를 이용하면 그렇지 않았을 경우 과학에 전혀 흥미를 느끼지 못했을 사람들에게도 생태학, 환경 보존, 연구, 과학사와 관련한 중요한 이야기를 들려주는 데 도움이 된다.

다행히 사절단은 우리 주변에 널려 있다. 우리가 열심히 살펴본다면 특정한 측면에서 최상위에 놓이는 생명체를 세계 어디에서든 찾을 수 있다. 집 뒷마당 울타리에 자라는 이끼 속에 살고 있거나, 아주 가까운 공원 나무에 자주 나타나거나, 심지어는 집 근처 인도 위를 쏜살같이 내달리는 것을 볼 수 있다.

이들 생명 형태life-form는 그들과 친척 관계인 생물체를 이해하는 데 도움을 주는 선에서 그치지 않는다. 우리가 이 우주에서 어떤 위치를 차지하는지 이해하는 데도 도움을 준다.

우리가 얼마나 큰지 알고 싶은가? 그렇다면 생물학에서 한 걸음 뒤로 물러나, 인간이 이제껏 과감하게 상상해 본 가장 작은 물질 입자인 중성미자의 개념에 몰두해 보라. 이들 입자는 실제로 정말 작아서, 이 순간에도 수십억 개가 거의 빛의 속도로 움직이면서 당신의 몸을 통과하고 있다.

우리가 얼마나 작은지 알고 싶은가? 우리가 관찰할 수 있는 우주가 현재 끝에서 끝까지 930억 광년 거리라는 걸 알면 도움이 될 것이다. 구체적으로 풀어 보면, 1977년 우리 행성을 떠나 약 시속 6만 5,000km로 이동하고 있는 우주 탐사체 보이저 1호는 현재 글리제 445Gliese 445라고 불리는 별의 공간까지 이어지는 우주 고속도로상에서 220억km 거리 표지에 접근하는 중이다. 도중에 행성 간 참사를 피할 수 있다고 가정하면 4만 년 후에 그 별에 도착할 것이다. 우주가 빠르게 팽창하는 것을 고려할 때 그 시점에 가도 보이저 1호는 조금도 움직이지 않은 셈이 될 것이다.[17]

이런 방식으로 사고한다면, 지구 행성에 있는 다른 모든 살아 있는 존재와 우리의 연관성이 두드러진다. 그들 존재와 우리 모두 똑같이 그리 많지 않은 118개의 알려진 원소로 구성되어 있다. 또 불가해할 정도로 큰 우주에서 이 행성은 "다른 알갱이들과 함께 한 알갱이의 주위 궤도를 도는 하나의 알갱이"[18]와 같은데, 모두 똑같이 이 행성의 45억 년 역사에서 서로 시간을 맞춰 무한소에 가까울 정도로 작은 이곳에 함께 존재한다. 게다가 유전암호도 똑같이 4개의 동일 핵산으로 설명되며 기다란 공통 유전자 서열을 공유하는 일도 많다.

바로 이처럼 우리가 이 행성에서 아는 모든 것이 너무 비슷하므로, 설령 얼핏 보기에 우리와 많이 달라 보이는 대상일지라도, 또 같은 부류에 속하는 것들과도 달라 보이는 대상일지라도 이를 살펴볼 가치가 있다. 가장 빠른 동물에서부터 가장 작은 생명 형태, 가장 느리게 진화하는 생물체, 가장 오래 사는 유기체에 이르기까지, 우리 자연 세계에서 보이는 가장 극단의 현상은 우리의 한계를 알기 위한 관점을 제공한다. 아울러 우리의 잠재력을 이해하는 데도 도움이 된다.

이 잠재력은 오랜 세월 바로 우리 앞에 있었다. 가장 큰 것, 가장 작은 것, 가장 오래 사는 것, 가장 빠른 것, 가장 시끄러운 것, 가장 강인한 것, 가장 치명적인 것, 가장 똑똑한 것 속에 그리 꼭꼭 숨지도 않은 채 조금만 눈여겨보면 알 수 있는 상태로 말이다. 우리는 늘 이런 것에 궁금증을 품었고, 늘 이런 것을 수집했으며, 늘 이런 것에 관한 이야기를 했다.

나는 이제 일간신문 기자는 아니지만, 여전히 다소 우울한 주제들을 다루는 저널리스트 활동을 상당 부분 이어 오고 있다. 북동 아프리카의 영아 살해 의식, 동남아시아의 집단 학살이 남긴 유산, 중미에서 벌어진 조직 폭력 전쟁의 끔찍한 대가.[19] 아울러 이러한 불행을 상쇄하고 균형을 이루기 위해 내게 기쁨과 경외감을 가져다주는 일도 여전히 병행하고 있다.

그리하여 몇 년 전부터 나는 해외 출장을 나가는 동안 최상위 생명 형태들을 잠깐이라도 보고 오려고 짧은 여행길에 오르기 시작했다. 세상에서 가장 큰 식물, 가장 똑똑한 바다 생물, 지구에서 가장 치명적인 포식자 등등. 그들을 항상 볼 수 있었던 것은 아니다. 그러나 내가 이들 생물체를 이해하도록 열심히 도와준 많은 과학자를 만났다. 아울러 얼마 지나지 않아 이런 생물체를 탐구하는 연구자 역시 내가 느끼는 기쁨과 놀라움을 똑같이 느끼는 까닭에 이런 작업에 종사한다는 것을 알게 되었다. 그들은 대체로 자기 일에 관해 이야기하는 것을 좋아했다. 그리고 나 역시 자기 일에 관해 이야기하기 좋아하는 이들과 대화를 나누는 것을 좋아한다.

나는 지금도 코끼리 주리를 찾아간다. 요즘 주리는 몸집이 많이 커졌으며[20] 전에 비해 제멋대로 날뛰는 일은 줄었다. 우리는 이따금 함께 점심을 먹는다. 나는 주리의 우리 옆에 앉고, 주리는 우리 안을 한가로이 거닐면서 함께 이야기를 나눈다.

이야기는 대부분 내가 한다.

몇 년 전 나는 얼굴 오른쪽에 커다랗게 붕대를 두른 채 주리의 우리에 들렀다. 주리가 어슬렁어슬렁 걸어오더니 평소보다 조금 길게 내 얼굴을 쳐다보는 것 같았다.

"암이야." 내가 주리에게 말했다. "걱정할 건 없어. 다 떼어 냈어. 의사가 다 잘라 냈고 이제 난 멋진 흉터를 갖게 될 거야."

주리가 고개를 갸우뚱하더니 코를 높이 쳐들었다.

"알아, 알아. 너는 절대 암 같은 문제가 없겠지?"

주리는 더 어리둥절한 표정으로 나를 바라보았다.

"알았어, 설명해 줄게."

1
큰 것들

**굴레이자 축복인
'크기'의 비밀**

○
○ ○

마고국립공원은 놀라울 정도로 아름다운 곳이다. 아침 안개가 걷히면 멋진 장관이 펼쳐지고 아카시아는 온갖 새와 개코원숭이, 더러는 비단뱀이 찾아와 노는 곳이며 공원관리원의 쉼터이기도 하다. 최근 몇 년 동안 공원관리원들은 에티오피아 남서 지역에서 코끼리 밀렵꾼과 전쟁을 벌여 왔지만 계속 지고 있었다.

관리원들에게 국립공원 내 코끼리 통계조사를 실시하라고 요청했던 마고국립공원의 수렵 감시관이 2017년 가을 나에게 사우스 오모 밸리의 카라족 출신 관리원 케레 아이크Kere Ayke와 함께 도보 순찰을 해 보라고 권했다. 우리의 도보 여행은 동트기 전 급류가 흐르는 진흙탕 강가 야영지에서 시작했고, 공원의 북동 사분면에 걸쳐 있는 산악 지대와 계곡을 따라 구불구불 이어졌다. 그런데 출발도 하기 전부터 아이크는 이번 일이 무의미하다며 비웃었다.

"코끼리는 있어요." 우거진 가시덤불을 헤치고 걸어가면서 그가 내게 말했다. "지금도 가끔 코끼리 발자국이 보이니까 아는 거죠. 하지만 몇 년 동안 코끼리를 본 적은 없어요. 우리 중 아무도 보지 못했어요."

물론 그날 우리는 쿠두와 물영양, 딕딕, 개코원숭이, 뿔닭을 보았다. 어느 지점에선가 크고 어두운 회색의 커다란 것이 우리 앞쪽 90m 가량 되는 덤불 속을 살금살금 움직이느라 나무 끝이 떨렸다. 그러나 우리가 다가갔을 무렵에는 사라지고 없었다. 숲속 유령 같았다. 우리는 세상에서 가장 큰 동물이 자유롭게 거닐던 경로를 따라 몇 킬로미터를 걷고 또 걸었지만 짓밟힌 풀과 진흙에 움푹 파인 휠캡 크기의 구덩이 말고는 아무것도 보지 못했다.

코끼리가 비교적 안전하게 살면서 개체 수도 안정적이거나 심지어는 늘고 있는 지역이 이 세계에 있다. 게다가 마고국립공원에서 남쪽으로 그리 멀지 않은 지역이다. 그러나 사우스 오모의 상황은 그렇지 못했다.

"남은 코끼리들, 그러니까 살아남은 코끼리들은 숨고 있어요. 두려운 거죠." 아이크가 말했다.

공원관리원 사무실로 돌아왔을 때 관리 담당관 데멜라시 델렐렌 Demelash Delelegn이 이유를 말해 주었다. 곧 부서질 것 같은 책상 서랍에서 오래된 원장을 꺼낸 그는 손으로 쓴 스프레드시트가 있는 누르스름한 면을 펼치더니 한숨을 내쉬었다. 작고 여윈 체격에 비해 한숨 소리가 너무 컸다.

"1997년부터 내가 직접 손으로 작성해 온 거예요." 그가 말했다. "여기 보여요? 당시 우리가 마고국립공원에서 찾은 코끼리는 거의 200마리예요."

직접 실물로 확인된 수치라고 델렐렌이 내게 말했다. 이 수치를 기반으로 에티오피아 야생자연사학회EWNHS에서는 당시 마고국립공원에 무려 575마리나 되는 코끼리가 있을지 모른다고 추정했다.[1] 2014년에 새로운 조사를 기반으로 추정한 수치는 170마리로 급감했다. 하지만 그 정도로 적은 개체군이라도 적절하게 보호했다면 늘어날 수 있었을 거라고 델렐렌이 말했다.

"하지만 보호하지 않았어요. 정말 아무것도 하지 않았어요."

"그럼 지금은 몇 마리 정도 있나요?"

델렐렌이 고개를 떨구었다. "많지 않아요." 그의 눈에 눈물이 어렸다. "정말 많지 않아요."

그는 대략 몇 마리라고 추측할 수조차 없었다. 너무 힘든 일이었다.

나는 사무실 밖에서 병뚜껑 체스를 하며 아이크와 그의 대원들에게 가장 최근 조사에서 코끼리를 몇 마리 찾았는지 물었다.

"15마리쯤?" 아이크가 짐작으로 말했다. 다른 대원들이 고개를 끄덕였다.

"불과 몇 년 전에 170마리였는데 지금은 15마리라고요?"

그들이 다시 고개를 끄덕였다.

마고국립공원 주변에는 사방으로 카라족, 하마르족, 무르시족, 아리족이 살고 있다. 이들 부족의 전사는 늘 코끼리를 사냥해 왔지만 그 수가 엄청 많지는 않았다. 어차피 코끼리 한 마리면 오래가기 때문이다.

하지만 정부가 부족의 땅을 매각하여 외국 투자자들에게 이 지역에 공장을 지을 수 있도록 허용하자, 부족의 일부 구성원들이 반기를 들고 이제까지 금지 사항이라 알고 있던 일을 시작했다. 그들은 코끼리를 더 많이 사냥했고 상아를 팔아 현금과 총을 손에 넣었다.

놀랍게도 델렐렌은 그들에게 공감하는 태도였다. 함께 일하는 대원들이 모두 주변 부족 출신이기 때문이다. 그가 전해 준 말에 따르면, 정부가 찾아와서 부족에게 요구했지만 "부족들을 존중하는 정당한 방식으로 이야기하는 방법"에 대해서는 고려하지 못했다.

대원들은 동물 보호 활동을 제대로 할 수 없었다. "42명의 인원으로 2,000km²가 넘는 국립공원 전체를 순찰해야 해요. 우리는 트럭도 없어요. 총도 얼마 없고요. 이런 일에 대한 교육이나 훈련도 받지 못했고요." 델렐렌이 말했다.

런던동물학회에서 실시하는 멸종위기종 프로그램의 관리자 니샤 오언Nisha Owen에게는 이런 일이 전혀 놀랍지 않았다. 보호받아야 하는 종을 지키기에는 이 세계의 수렵 관리인이 충분치 않다고 그녀가 말했다. "궁극적으로 동물 보호 문제는 사람들과의 소통 문제로 귀결돼요. 우리가 이 일을 제대로 하면 대단히 긍정적인 영향을 미칠 수 있지만, 이 일을 잘 해내지 못하면 상황을 악화시킬 수도 있어요."

그러나 이 일을 제대로 하기 위해서는 이해가 필요하다. 그리고 이 문제에 관해 우리는 시작이 너무 늦었다. 실제로 1977년 이전까지 아무도 아프리카코끼리와 아시아코끼리에 대한 과학 탐구 관련 연구자들을 불러 모아 학회를 만들 생각조차 하지 않았다.[2]

학술지 《코끼리Elephant》 초판에서 이 집단의 활동을 검토한 결과, 1970년대에 이 분야의 발전이 얼마나 초라했는지 드러났다. 한 동물원에서는 별개 종인 수컷 아프리카코끼리와 암컷 아시아코끼리의 이종교배에 관심이 있다고 이 학회에 보고했는데, 이는 오늘날 동물 보존에서 절대 반대하는 일이었다.[3] '선별한 최근 문헌' 목록에 몇몇 수준 높은 과학 탐구도 올라 있기는 하지만 이 목록조차 주제 면에서 볼 때 기본 특성, 예를 들어 코끼리가 얼마나 오래 사는지, 얼마나 많이 먹는지, 어디에서 사는지 등에 관련된 문제 일색이었다. 이런 주제는 모두 몇십 년, 심지어는 몇백 년 전에도 과학자들이 탐구할 수 있던 것들이었다.

학술지가 창간된 지 15년이 지났을 무렵, 편집자이자 생물학자인 제히스켈 쇼샤니Jeheskel Shoshani는 코끼리에 관해 아직 수집해야 할 매우 기초적인 정보가 너무 많이 남아 있다고 여전히 한탄하고 있었다.[4] 그는 『코끼리: 야생의 위엄 있는 생명체Elephants: Majestic Creatures of the Wild』에 이렇게 썼다. "우리는 코끼리의 행동 및 생태계에서 차지하는 역할에 대해 이제 막 이해하기 시작했다." 이 책은 세상에서 가장 큰 육지 동물의 사회적·경제적·생태학적 역할에 관한 깊이 있는 연구였다.[5]

이 책의 서문을 쓴 저명한 동물학자 리처드 로스Richard Laws는 코끼리가 초超저주파음을 이용하여 먼 거리에서 의사소통한다는, 당시로서는 최신의 발견에 놀라워했다.

그전까지 오랫동안 이러한 발견이 이루어지지 못해서 놀란 것이 아니었다. 초저주파음은 당시로부터 75년 전 이미 인간의 기계 장비로 탐지할 수 있었다.[6] 그러나 그 전까지는 누구도 코끼리에 대해 이런 시도를 할 생각조차 하지 않았다. "앞으로 훨씬 중대한 발견이 이루어질 거라는 데 아무 의심이 없다."라고 로스는 덧붙였다.

실제로 코끼리를 연구하기 시작하자 뭔가 명확해졌다. 그 엄청난 규모에 대해 지나치게 과소평가했던 것이다.

|

몸이 큰 덕분에, 몸이 큰데도 불구하고
|

아프리카코끼리는 이상치라기보다는 하나의 결과이다.

살아 있는 가장 커다란 이 육지 동물은 이른바 코프 법칙을 대표하는 상징적 생명체라 할 수 있다. 고생물학자 에드워드 코프Edward Cope의 이름을 따온 이 19세기 학설에 따르면,[7] 시간이 지날수록 한 계통에 있는 동물은 점점 커지는 경향이 있다.[8]

장기간의 관점에서 볼 때 이는 분명하다. 이 행성에 처음으로 생명이 나타났던 40억 년 전에 그것은 단세포생물의 형태였다. 그러다 2억 3,000만 년 전 무렵이 되면 이들 작은 생명체는 공룡으로 진화하여 이후 1억 6,500만 년 동안 지구를 지배하면서 점점 커지다가 마침내…

쾅.

소행성이 대참사를 불러와 타격을 입혔고 그 결과 우리 행성의 표면에는 커다란 생명체가 거의 남지 않았다. 대체로 굴을 파고 대격변의 시기가 끝나기를 기다릴 수 있었던 작은 동물만이 살아남았다. 그리고 이들 작은 동물을 시발점으로 대자연은 다시 처음부터 시작하여 1,000년이 지날 때마다 점점 더 큰 자연의 창조물을 다시 만들어 냈다. 오늘날 우리 행성에는 또다시 커다란 괴물들이 걸어 다니고 있다. 기린과 코뿔소. 하마와 코끼리.

코프 법칙은 완벽한 것이 아니다. 또 그들이 살던 시기와 장소의 상황에 맞게 역방향으로 발달한 계통들도 많은 화석 기록에서 어렵지 않게 발견할 수 있다. 그러나 시간이 지나면서 멸종되지 않은 동물은 다시 몸집이 커지는 경향을 보인다. 이런 점에서 코프 법칙의 결과를 그래프로 그리면, 대체로 직선보다는 거꾸로 뒤집어 놓은 롤러코스터 형태가 된다. 오르락내리락하지만 시간이 흐르면서 점점 우상향하는 그래프이다.

인간을 비롯하여 태반을 지닌 다른 모든 포유류와 마찬가지로, 코끼리 역시 코가 길쭉한 땃쥐shrew와 비슷하게 생긴 동물에서 진화했을 가능성이 있다. 이 동물은 꼬리가 털로 덮여 있고 곤충을 먹으며 크기가 쥐 정도 되는 약 225g의 동물이었다.[9] 이후 사막쥐와 하마를 섞어 놓은 것처럼 생긴 15kg의 포스파테리움Phosphatherium이 나타났고 그 후에는 턱이 길쭉하게 튀어나와 제이 레노(Jay Leno, 미국의 코미디언이자 텔레비전 진행자-옮긴이)와 코끼리를 섞어 놓은 것처럼 생긴 450kg의 피오미아phiomia가 있었다. 또 시간이 지나면서 1,800kg의 팔라이오마스토돈palaeomastodon이 나타났는데, 이 동물은 현대의 코끼리처럼 생겼지만 입 부근의 코와 상아가 좀 더 짧았다.

이 모든 생명체가 속한 것으로 보이는 계통에서 오늘날의 아프리카코끼리가 나타났으며 이 코끼리는 약 6,500만 년 전 공룡이 지구에서 사라진 이후 우리 행성의 표면을 돌아다니는 동물 중 가장 커다란 동물이다. (키를 기준으로 하면 가장 큰 매머드가 현대의 사촌에 필적하지만, 가장 큰 아프리카코끼리의 무게 6,800kg에는 미치지 못했을 것이다.) 우리 행성에 있는 것으로 추정되는 약 650만 종의 육지 생물 가운데,[10] 그리고 마지막 대멸종 이후 지구 표면에 살았던 수억의 생명체 가운데 코끼리는 진정으로 굉장한 짐승이다.

시간이 지나면서 작은 동물이 어떻게 큰 동물이 되는가에 관한 다윈주의의 설명은 상당히 상식적이며, 자연선택이 작용한 결과라고 본다. 크기와 힘의 측면에서 좀 더 우위를 가져다주는 돌연변이는 짝짓기 경쟁이나 먹이 싸움, 그리고 포식자를 물리치는 싸움에서 훨씬 잘 적응하는 개체가 된다.

그러나 코프 법칙에서 단 하나 가장 커다란 동인으로 손꼽을 만한 것이 있는데 이는 너무도 당연해서 오히려 종종 간과되곤 한다. "맨 꼭대기에는 늘 여유가 있어요." 진화생물학자 존 보너John Bonner가 예전에 내게 이렇게 설명해 주었다. 그의 지적에 따르면 작은 동물은 비슷한 생태적 지위에서 다른 많은 동물과 경쟁을 벌여야 한다. 그러나 자신이 속한 생물군계의 최상층에 오른 동물은 "경쟁에서 벗어날" 수 있다. 따라서 시간이 지남에 따라 많은 동물이 점차 커진다.

게다가 크기가 커질 뿐 아니라 종도 달라진다. 생명체가 점점 커짐에 따라 물질과 에너지를 지배하는 보편 법칙이 생명을 유지하는 힘에 영향을 미친다. 저서 『왜 크기가 중요한가Why Size Matters』에서 보너는 크기야말로 진화를 비롯한 생물학의 모든 것을 변화시키는 요인이라고 주장한다. 이는 코끼리가 왜 우리 인류의 공통 조상을 확대해 놓은 모습이 아니라, 코끼리처럼 생기게 되었는지 설명해 준다. 기다란 코 같은 돌연변이 덕분에 훨씬 적합한 형태를 갖추게 되어 몸집이 커진 것이 아니라, 오히려 커지는 몸집을 수용하기 위해 그러한 돌연변이가 필요했다는 것이다.

이를 설명하기 위해 보너는 조너선 스위프트Jonathan Swift의 『세계 머나먼 몇몇 국가로 떠난 여행. 네 개 지역. 처음에는 외과의였다가 이후 몇몇 배의 선장이 된 레뮤엘 걸리버의 여행기』(아마도 당신은 이 책을 『걸리버 여행기Gulliver's Travels』로 알고 있을 것이다)에 등장하는 거인국 주민을 즐겨 언급한다. 인간과 똑같이 생겼지만 키가 훨씬 작은 소인국 주민과 마찬가지로, 거인국 주민도 인간과 똑같이 생겼지만 우리보다 12배 정도 커서 키가 거의 20m 가까이 되는 것으로 묘사되어 있다. 그러나 이 정도로 키가 큰 생명체라면 물리학의 문제가 제기된다. 높이가 늘어나면 그에 따라 폭이 늘어나고 또 깊이도 늘어나게 될 것이다. 게다가 이 정도 크기 안에 신체 조직과 뼈가 가득 차 있으니, 무게는 대략 12~13t가량 될 것이다.

인간의 형태라면 단순히 다리가 더 커진다고 해서 이 무게를 지탱할 수 없다. 거인국 주민이 걷고자 하는 희망을 조금이라도 갖고 있다면 다리가 훨씬 굵고 짧아야 하며, 보너의 말에 따르면 "후기 단계로 접어든 코끼리피부병(만성적인 림프 부종으로 피부와 피부 밑 조직이 비대해져서 피부가 코끼리처럼 단단하고 두꺼워지는 병-옮긴이) 환자" 같은 생김새가 될 것이다.[11] 인간처럼 보이지 않을 뿐 아니라, 인간처럼 **보일 수도 없다.**

코끼리는 단지 물리학의 힘과 진화의 힘이 서로 어떻게 공모하는지 이해하는 기회를 제공하는 데 머물지 않는다. 여기서 더 나아가 생존의 문제에서 우리에게 많은 것을 가르쳐 준다. 코프 법칙의 가장 극단을 보여 주는 육지 동물의 사례가 그렇듯이, 코끼리 역시 이러한 면에서 유리한 점이 있는가 하면 불리한 점도 많기 때문이다.

많은 생명체, 특히 포유류의 몸집은 진화로 인해 시간이 지나면서 점점 커지는 것처럼 보이지만[12] 다른 한편 진화는 궁극적으로 몸집이 큰 동물을 멸종의 위기로 내몬다. 나는 이런 현상을 '코프의 절벽Cope's Cliff'이라고 생각하게 되었다. 몸집이 큰 동물일수록 매일매일 생존을 위해 더 많은 먹이와 물을 먹어야 하며 이로 인해 결핍의 시기에는 굶어 죽을 가능성이 커진다. 또 임신 기간도 길어지며 한 번에 한 마리 새끼만 낳는 경향이 있는데, 이는 몸집이 작은 동물만큼 빠르게 수를 늘리지 못하는 것은 물론 개체 수를 그대로 유지하지도 못한다는 의미다. 그 결과, 변화하는 기후에 맞춰 신속하게 진화할 수 없다.

키가 2m에 달하고 무게가 115kg이나 나가는 선사시대의 거대한 비버인 카스토로이데스Castoroides 같은 동물이 더는 우리와 함께 지구에 살지 못하는 것도 이러한 이유 때문이다. 카스토로이데스는 대략 1만 1,000년 전에 이 지구와 작별하고 멸종했을 가능성이 있으며, 이 무렵에 사라진 동물로는 폭스바겐 비틀 크기의 아르마딜로인 글립토돈Glyptodon, 그리고 3m 키의 나무늘보인 메갈로닉스Megalonyx가 있다. 이 모든 동물에 앞서, 치명적일 만큼 심각하게 코프 절벽으로 내몰린 것으로는 실재하는 빅풋(미국·캐나다의 록키산맥 일대에서 볼 수 있다는 미확인 동물 '빅풋'과 구분된다-옮긴이)이 있다. 빅풋은 3m 키에 무게가 450kg이나 되고 과일을 먹는 유인원 기간토피테쿠스Gigantopithecus로, 현재의

중국 남부 지역에 살았다.[13]

이들 모두 거대하고, 지금은 사라졌다.

그러므로 몸집이 더 크면 더 좋기는 하지만 언제까지나 좋은 건 아니다. 세상에서 가장 큰 육지 동물이 특별한 존재일 수밖에 없는 이유다. 코끼리는 커다란 몸집 덕분에 살아남을 수 있었고, 또 커다란 몸집에도 불구하고 살아남을 수 있었다. 어떻게 된 까닭인지는 모르지만, 격변하는 환경 변화나 굶주린 포식자, 진화의 필요성 같은 압력과 엄청나게 거대한 몸집 사이에서 진화의 줄타기를 하며 균형을 잡는 데 성공한 것이다. 코프 절벽의 위태로운 끝에 이르렀음에도 거의 기적적으로 절벽에서 떨어지지 않았다.

현존하는 모든 육지 동물 중에서 코끼리가 가장 크긴 해도, 이 밖에 자신이 속한 계통에서 가장 큰 생명 형태는 모두 코끼리와 비슷하게 믿을 수 없을 만큼 놀라운 진화 경로를 거쳐 왔다. 기린, 거삼나무, 대왕고래 모두가 그렇다. 이들 생명체는 진화상으로 볼 때 주짓수의 대가라고 할 정도로 힘, 균형, 체력의 완벽한 조합을 이루었다. 이들 생명체의 크기는 우리가 이들의 거대한 발을 기꺼이 연구하려 들기만 해도 이 세상에서 살아남는 법에 대해 엄청난 지식을 얻게 될 것이라는 단서다.[14]

코끼리가 암에 걸리지 않는 이유

얼핏 표현형만 보면 내 친구 주리와 나는 그다지 닮은 구석이 없어 보인다. 주리에게는 긴 코가 있지만 내게는 엄지손가락이 있다. 주리는 가죽이 쭈글쭈글한 회색이지만 내 피부는 주근깨가 있는 복숭앗빛이다. 주리는 코와 발로 진동을 탐지할 수 있는 낮은 웅웅거림으로 먼 거리에서도 의사소통하지만 내게는 문자메시지와 이메일, 트위터가 있다. 그리고 몸 전체의 크기, 이것만으로도 차이점은 충분하다. 주리는 새끼 시절에도 113kg이 훨씬 넘었지만 나는 성인이 되어서도 이 무게에 도달한 적이 없다.

생리학상으로 볼 때 아프리카코끼리, 록소돈타 아프리카나*Loxodonta africana*만큼 호모사피엔스*Homo sapiens*와 커다란 차이를 보이는 포유류는 찾기 힘들 것 같다.

그러나 다른 한편으로 공통점도 엄청나게 많다. 이 두 종은 포유류치고 유난히 장수하여 마지막 번식을 끝낸 뒤에도 수십 년을 더 사는데, 다른 많은 동물의 경우는 마지막 번식을 끝내고 생을 마감하는 경향이 있다. 코끼리와 인간은 사회성 동물로 둘 다 매우 복잡한 공동체를 이루어 살아간다. 그리고 둘 다 몸집에 비해 비교적 커다란 두뇌를 지니고 있다.

두 종의 유전체는 어떨까? 많은 부분이 겹친다. 코끼리 유전자 중 약 4분의 3이 인간의 것과 비슷하다. 게다가 이 모든 공통의 유전물질 속에는 심층적 이해를 도울 가능성이 숨어 있다.

종 분화 이후 인간과 코끼리가 공유하는 유전암호는 온갖 다양한 방식으로 압력을 받거나 길게 늘어났지만, DNA의 많은 유전자 서열은 지금도 확연하게 유사한 기능을 수행한다. 따라서 코끼리 유전체가 뭔가 해내고 있는 것을 본다면 적절한 상황에서 우리의 유전체도 똑같이 해낼 수 있다고 보아도 무리는 아니다.

DNA를 이용하여 진화 과정을 기록하는 분야의 선구자인 전설적인 생물인류학자 모리스 굿맨Morris Goodman이 이를 보여 주는 사례를 내놓았다. 굿맨은 인간의 커다란 뇌가 산소를 엄청나게 잡아먹는 문제에 대한 해법이 과연 인간만의 고유한 것인지 알고 싶었다. 그리하여 과거 3억 1,000만 년 동안 각기 뚜렷하게 다른 시기에 분화한 동물 15종의 유전체를 자세히 살펴본 결과,[15] 미토콘드리아의 산소 이용 방식에 영향을 미치는 '호기성 에너지 대사' 유전자에서 인간과 코끼리가 진화의 가속기를 거쳤다는 것을 깨달았다.[16]

여기에 정말 엄청난 것이 있다. 인간과 코끼리가 생명의 나무에서 서로 갈 길을 달리한 지 오랜 시간이 지난 뒤에 이 급속한 변화기가 일어났다는 점이다. 즉, 이 두 종이 점점 뇌가 커지는 문제에 공통으로 직면하면서, 서로 다른 시기에 제각기 진화한 똑같은 유전적 형질이 생겼다는 점이다.[17] 그러므로 우리가 분화될 당시 서로 같은 형질을 공유했다는 사실만이 아니라, 상황상 필요할 때 그러한 형질을 발달시킬 수 있는 유전체 속 잠재력 역시 중요하다.

이 잠재력이 현재 떠오르는 분야인 비교유전체학comparative genomics의 중심을 이룬다. 또 소아종양학자 조시 시프먼Josh Schiffman의 연구에서도 이 잠재력이 중심적 위치를 차지하는데, 그는 소아암 생존자로서 어쩌면 자신이 암 치료의 비밀을 풀 수 있을지도 모른다는 확신을 날마다 더해 가고 있다.

그 모든 것은 시프먼이 아끼던 개 로디가 피부 및 결합조직 세포가 공격당하는 질환인 조직구증histiocytosis으로 세상을 떠난 2012년 여름에 시작되었다. "아내는 내가 우는 걸 딱 한 번 봤는데 이때였어요. 로디는 우리 첫아이와 같았거든요." 그가 내게 말했다.

시프먼은 자신이 키우던 것과 같은 종의 개들이 암에 걸릴 위험이 크다는 이야기를 듣기는 했지만, 로디가 죽은 다음에야 그 위험이 얼마나 큰지 깨달았다. 10년까지 사는 버니즈 마운틴 도그Bernese mountain dog는 암으로 죽을 위험이 50%이다.

"이 모든 다른 세계, 즉 비교종양학이라는 신생 분야가 있다는 걸 문득 깨달았어요. 그리고 어쩌면 선구자가 되어서 이걸 계속 이끌어가는 지도자가 될 수도 있겠다는 생각에 빠져들었죠." 그가 말했다.

시프먼은 신체 크기와 암 발생률 간에 상관관계가 없는 것처럼 보인다는 사실에 오래전부터 흥미를 느꼈는데, 이는 옥스퍼드대학의 전염병학자 리처드 페토Richard Peto의 이름을 따서 '페토의 역설'이라고 알려진 현상이다. 그러나 시프먼이 아이들을 데리고 유타주의 호글동물원에 견학을 갔을 때 모든 것이 한꺼번에 다가왔다. 이 동물원은 내가 이따금 찾아가서 코끼리 친구 주리와 함께 점심을 먹곤 하는 바로 그곳이다.

에릭 피터슨Eric Peterson이라는 동물 사육사가 한 무리의 관람객을 상대로 막 강연을 마치고는 지나가듯 말했다. 동물원의 코끼리는 수의사 직원이 귀 뒤쪽 혈관에서 소량의 혈액 샘플을 채취할 때 순순히 응하도록 훈련받았다고 말이다. 관람객 무리가 흩어진 뒤, 깡마른 체구의 남자가 흥분한 기색으로 피터슨에게 다가왔다.

"이상하게 들릴지 모르지만 한 가지 물어볼 게 있어요." 시프먼이 말했다.

"우리는 온갖 이상한 질문을 듣는걸요." 피터슨이 대답했다.

"그럼, 좋아요. 혹시 그 코끼리 혈액을 내가 조금 얻을 수 있을까요?"

피터슨은 경비대에 전화를 걸까 생각했다. 그러나 시프먼의 설명을 조금 들어 본 그는 한번 알아보겠다고 이 호기심 많은 박사에게 말했다. 그로부터 두 달 반 뒤 동물원 기관 감사위원회에서는 시프먼의 요청을 들어주었다.

그 후로 상황은 빠르게 진전되었다.

암이 발생하는 이유는 부분적으로 세포분열 때문이다. 세포가 분열할 때 각기 DNA를 복제해야 하는데, 이따금 여러 이유로 이 복제본에 실수가 생긴다. 세포가 분열을 거듭할수록 이런 실수가 생길 확률은 높아지며 하나의 실수가 계속해서 반복될 가능성도 커진다.

그렇다면 코끼리 세포는 어떨까? 정말 미친 듯이 분열한다. 처음 만났을 때 주리 정도 크기에서 불과 몇 년 지나지 않아 현재 크기가 되기까지, 코끼리에게 필요한 세포분열의 횟수를 근거로 할 때 **많은** 암이 생겨야 이치에 맞다. 그러나 코끼리는 결코 암에 걸리지 않는다.

"135kg이던 새끼가 4,500kg 이상이 되기까지, 매일 1.3kg씩 무게가 늘면서 빠른 시일 내에 아주 빨리, 아주 크게 자라요. 실은 새끼 코끼리가 어른이 되지 못하는 게 자연스럽죠. 100배나 많은 암이 생길 테니까요. 가능성만으로 보자면 모든 곳에서 코끼리가 급사해야 맞아요." 이치대로라면 확실히 코끼리는 번식 나이가 되기도 전에 암으로 죽을 것이라고 그가 말했다. "멸종하는 거라고요!"

이미 비교종양학자들은 코끼리 암 발생률이 유난히 낮은 것이

p53 유전자와 관련이 있을 거라고 추측한다. 이 유사체가 인간에게서도 발견되는데, 이것이 바로 잘 알려진 암 억제 유전자이다. 대다수 인간은 유전자 복사본이 하나 있어서 두 개의 대립유전자를 갖는다. 그러나 리-프라우메니증후군Li-Fraumeni syndrome이라고 알려진 유전 조건을 지닌 사람은 한 개의 대립유전자밖에 없으며 암에 걸릴 가능성이 거의 100%에 가깝다. 그러므로 논리적으로 볼 때 p53 대립유전자가 많을수록 암을 피해 갈 가능성도 커진다는 결론이 된다. 코끼리의 경우 p53 대립유전자가 20개나 있는 것으로 밝혀졌다.

시프먼은 이 동물원에서 가져온 코끼리 혈액을 연구한 결과, 코끼리에게 이런 유전자가 많다는 중대한 발견뿐 아니라 유전자의 행동이 약간 다르다는 중대한 발견도 했다.

인간의 경우, 종양 발달을 억제하기 위한 유전자가 맨 처음 보이는 접근 방식은 결함을 지닌 세포, 즉 암을 일으키는 종류의 세포를 복구하려고 애쓰는 것이다. 그러므로 처음에 시프먼의 연구 팀은 코끼리에게 p53 유전자가 많으니 복구 팀의 규모가 클 것이라고 가정했다. 이 복구 팀이 어떻게 활동하는지 관찰하기 위해 연구 팀은 코끼리 세포를 방사선에 노출시켜 DNA 손상을 일으켰다. 그러나 그들은 코끼리 세포가 스스로 망가진 것을 수선하려고 노력하는 대신, 양심의 가책을 느끼는 것처럼 보인다는 사실을 알아차렸다.

이를 이해하기 위해서는 좀비 대재앙이 왔을 때 당신이 어떻게 대응할지 생각해 보면 도움이 될 것이다. 물론 당신은 감염되지 않도록 오랫동안 힘껏 싸울 것이다. 그렇지 않겠는가? 그러나 만일 좀비가 당신 팔뚝을 베어 물려는 순간 당신으로서는 이를 저지하기 위해 할 수 있는 일이 없고 게다가 총에 남은 총알이 한 개뿐이라면, 그리고 죽지 않은 사람 군단의 일원으로서 동료 인간에게 무엇을 해 줄 수 있을지 잠시 생각해 본다면 당신은 어떻게 하겠는가?

코끼리의 세포 역시 바로 그렇게 행동한다. p53의 명령하에 돌연변이 세포는 싸우지 않는다. 이 세포는 악성 돌연변이의 불가피성을 인식하는 순간, 이른바 세포 자살apoptosis이라고 알려진 과정대로 스스로 목숨을 끊는다.

게다가 이 세포는 한 종류의 암에 대해서만 이렇게 행동하는 것이 아니다. 분명 p53 유전자는 코끼리에게 있는 모든 종류의 악성 돌연변이에 대응하여 세포가 이렇게 행동하도록 프로그램을 만든다. 이는 우리가 암이라고 일컫는 이상 증상 복합체에 대해 단일 치료법이 존재하지 않는다는 기존의 가정과 정면으로 배치되는 발견이다.[18]

내가 처음으로 시프먼을 만났던 2016년 당시, 그는 암을 이해하는 데 도움을 줄 수 있을 코끼리의 잠재력 때문에 무척 흥분한 상태였다. 그러면서도 자신이 치료법에 가까이 접근했다거나 장차 그렇게 될 거라는 암시를 풍기지 않기 위해 매우 신중한 태도를 보였다.

그러나 그로부터 불과 몇 년이 지난 지금 시프먼은 세상의 암을 퇴치하고자 하는 자신의 목적을 공공연히 말하고 있다. 또 이러한 목적에 비춰 볼 때 그의 실험실에서 진행되고 있는 일은 조금의 과장도 없이 무척 고무적이다.

그와 연구진은 주리를 비롯한 전 세계 코끼리에게서 추출한 DNA를 본떠 합성 p53 단백질을 만든 뒤 이를 암세포에 주입하고 있었다. 저속 촬영 비디오로 살펴본 결과는 의심의 여지가 없었고 무척 놀라웠다.

유방암. 사라졌다.

골암. 사라졌다.

폐암. 사라졌다.

각 유형의 암세포가 하나씩하나씩 좀비 세포의 '할복'에 희생되어 쪼글쪼글해지더니 이내 터져 버려 돌연변이가 생길 만한 것이 하나도 남지 않았다. 시프먼은 현재 테크니온-이스라엘 공과대학에 있는 나노의학 전달체계 전문가 아비 슈뢰더Avi Schroeder와 함께, 합성 코끼리 단백질을 포유류의 종양에 투입하기 위한 작은 전달 매체를 만들고자 애쓰고 있다.[19]

코끼리 연구를 통해 얻을 수 있는 혜택이 이것뿐이라고 해도 결코 적다고 할 수는 없을 것이다.

그러나 이것이 전부가 아니다. 절대 그렇지 않다.

|

가장 큰 육지 동물의 정자 탐구

|

어느 여름날, 나는 오클랜드동물원에 있었다. 이곳은 미국에서 수컷 코끼리를 돌보는 동물 공원으로 공인된 몇 안 되는 곳 중 하나였다.

그날 오후 코끼리 전시관 부근에는 수십 명의 관람객이 서성이고 있었지만, 그 시점까지 오쉬라는 이름의 스물세 살짜리 짐승을 실제로 살펴보고 있던 사람은 별로 없었다. 이 수컷 코끼리가 커다란 머리를 아래위로 까닥거리면서 어슬렁어슬렁 다가와 관람객이 가장 가까이 접근할 수 있는 우리 모퉁이로 와서 휴식을 취하기 전까지는 말이다.

모퉁이에서 본 젊은 수컷 코끼리의 거대한 몸집은 눈길을 잡아끌었고 숨이 막힐 정도였다. 당시 이 코끼리는 키 3.2m에, 몸무게 약 6,000kg이었고, 다리는 우리 주변을 둘러싼 많은 나무의 둘레만큼이나 컸다. 두 눈은 호박빛으로 빛났고 두 귀는 고동치는 대동맥 같아서 펄럭거릴 때마다 어깨를 철썩철썩 때리며 공기 중에 커다란 먼지 구름을 일으켰다. 우르릉거리는 소리는 비둘기가 구구거리는 리듬과 비슷했고 멀리서 들리는 기차 소리처럼 높았다.

코끼리 오쉬가 코를 울타리 위로 높이 쳐들며 암컷 코끼리가 갇혀 있는 옆 우리를 쳐다보는 동안 관람객들은 킥킥 웃기도 하고 탄식을 내뱉거나 어머나 하고 놀라는 소리를 내기도 했다. 그러다 이윽고 오쉬가 옆 우리의 암컷 코끼리들을 바라보는 동안 뒷다리 사이로 모습을 드러낸 성기가 점점 더 크게 발기하자, 관람객 사이에서 충격받은 부모들의 헉하는 소리가 터져 나왔고 아이를 뒤돌아 세우고 잡아끄느라 이리저리 움직이는 발걸음 소리도 이어졌다.

오쉬가 암컷 동료에게 확실히 관심을 보인 점은 좋은 징조였다. 수컷 코끼리가 유난히 공격적으로 바뀌는 발정기를 처음으로 보인 뒤 1년 이상이 지나자, 오쉬를 돌보는 관리인들은 신중하면서도 간절한 마음으로 이 수컷 코끼리를 암컷 코끼리들이 있는 우리로 데려갔다. 요컨대 생식력을 지닌 수컷이 새로 등장할 때마다 이는 포획된 개체군의 다양성을 늘릴 기회가 되며, 동물원 옹호론자들의 주장에 따르면 이 포획된 개체군에 속한 동물 집단은 종 보존에 매우 중요하다.

2017년 이 시점에 인공 채취한 오쉬의 정액은 소변 오염으로 인해 생산성이 없는 것으로 판명되었다. 동물원의 동물 관리 감독관인 콜린 킨즐리Colleen Kinzley는 "자연의 순리를 따르는" 접근법을 더 많이 이용하면 번식 활력을 바꿀 수 있지 않을까 희망을 품고 있다고 내게 말했지만, 이 문제에 관한 한 오쉬가 주도해야 했다.[20]

킨즐리와 직원들이 오쉬와 관련해 직면한 문제들은 결코 특이한 것이 아니다. 야생 코끼리 개체군이 계속 급감함에 따라, 동물원·수족관협회AZA에서는 회원들에게 번식 문제를 최우선 순위로 삼도록 촉구해 왔지만 어느 야생종이든 포획 번식captive breeding에는 온갖 문제가 따르게 마련이다. 이러한 문제를 극복하려면 창의성과 인내, 행운과 경험이 요구된다. 그리고 돈이 있어야 한다.

이런 문제들을 연구하는 데 있어 어쩌면 시작이 늦었는지도 모른다. 그러나 요즘에는 해마다 야생 및 포획 코끼리에 관한 수백 가지 과학 보도가 게재되며 많은 연구가 사육과 번식에 관한 발견에 집중되어 있다. 웬디 키소Wendy Kiso는 이 분야의 주도적 인물 가운데 한 명으로, 2010년대 중반 플로리다 포크시티에 위치한 링링브라더스 코끼리보존센터Ringling Bros. Center for Elephant Conservation의 연구자였다. '링링브라더스 앤드 바넘&베일리 서커스Ringling Bros. and Barnum&Bailey Circus'에서는 코끼리 공연을 중단한 뒤 이전까지 공연했던 후피동물(코끼리처럼 가죽이 두꺼운 동물-옮긴이)을 이곳 보존 센터로 보냈다. 키소는 다른 많은 발견과 함께 특히 냉동 이후에도 코끼리 정자를 계속 확실하게 생존 가능 상태로 유지해 주는 새로운 방법을 발견했다. 달걀노른자를 기반으로 한 용액 속에 정액을 희석하면 생존 상태를 유지하는 데 도움이 되는 것으로 밝혀졌다.[21] 아울러 키소를 비롯한 연구 팀은 링링서커스 코끼리의 락토트랜스페린lactotransferrin 수치를 통해 이들 집단의 정자 품질 변동성을 예측할 수 있다는 것도 발견했다. 락토트랜스페린은 철분을 세포에 운반하는 데 도움을 주는 항균 단백질로, 모든 포유류가 지니고 있다.

이런 종류의 연구가 뭔가 비밀스러운 소수의 것처럼 비칠 수도 있지만, 결코 그렇지 않다. 인간의 암과 싸우는 문제에서 코끼리에게 많은 것을 얻을 수 있었던 것과 마찬가지로, 후피동물 보존에 대해서도 현재 우리가 이해하는 내용을 바탕으로 한다면 다른 동물을 구할 많은 방법을 배울 수 있다. 키소 연구 팀에서 실시한 연구는 관심이나 대중적 사랑, 기금 마련 측면에서 코끼리만큼 혜택을 누리지 못하는 다른 동물을 구하고자 노력하는 연구 과학자들에게 줄곧 디딤돌로 사용되어 왔다.[22]

국제자연보전연맹IUCN에서 지정한 멸종위기종 적색 목록에는 4만 종 이상이 올라 있다. 이 가운데 수천 종을 '심각한 멸종위기종'으로 선언했으며 최신의 개체군 평가에 따라 추가로 이름을 올리게 될 종도 수천 종에 이를 것이다. 이들 동물 가운데 코끼리만큼 전 세계 사람들의 마음을 사로잡고 지갑을 열게 만든 종은 거의 없었다.

멸종위기종을 구하기 위한 핵심적 노력의 하나는 유전적 다양성을 보존하는 것이다. 보호론자들이 유전자원은행genome resource banks을 개발하기 위해 애쓰는 것도 이러한 이유 때문이다. 정자, 배아, 조직, 혈액, DNA의 보관소라고 할 수 있는 유전자원은행은 가능한 한

다양한 원천에서 충분한 유전물질을 확보하고 있다는 일종의 '보험 증서'가 될 것이며, 이 유전물질은 멸종 직전의 동물을 구할 수 있는 최고의 기회를 제공해 줄 것이다.

멸종위기 동물의 정자 보존 문제에 관해 우리가 아는 것의 상당 수는 인간 생식력 연구에 쏟아부은 수십억 달러와 번식 성공을 위해 대량 사육한 가축이 있었기에 얻어 낸 것이다. 우리는 이제껏 호모사 피엔스에게 유효하면서 보스 타우루스*Bos taurus*(소의 학명-옮긴이)에게 도 유효한 방법이라면, 다른 모든 생물에게도 유효할 것이라고 보편 적으로 가정해 왔다. 그러나 키소 연구 팀은 그렇지 않다는 사실을 밝혀냈다. 아시아코끼리와 아프리카코끼리처럼 가까운 친척 관계인 (750만 년 전에 다른 종으로 분화되었다) 종조차도 각기 다르게 취급되어야 한다. 예를 들어 이들 연구 팀의 또 다른 연구에서는 아시아코끼리와 아프리카코끼리의 정자가 다양한 냉동 기법에 제각기 다르게 반응 한다는 것을 입증해 냈다.[23] 이때까지 세상에서 가장 큰 육지 동물과 두 번째로 큰 육지 동물의 정자는 대개 같은 것으로 취급되어 왔다.

이 논문이 발표되고 나서 2년이 지난 뒤 영향력 있는 스미스소니 언 컨소시엄Smithsonian Consortia의 책임자인 저명한 생물학자 피에르 코미졸리Pierre Comizzoli는 링링 연구 팀의 발견을 근거로 삼아 다른 동 물의 번식 연구에도 투자해야 한다는 주장을 폈다. 야생동물, 멸종위 기 동물뿐 아니라, 동료 위기종과의 공통점이 사람과 소 사이의 공통 점보다 훨씬 많은 동물도 대상으로 삼아야 한다고 했다. 냉동 보존이 국제 보존 노력에서 중요한 부분을 차지하기는 하지만 "사실상 다른 모든 종이 … 연구조차 되지 못한 채 사라졌다."라고 코미졸리는 한

탄했다.[24]

코끼리의 막강한 영향력 덕분에 이제 변화가 시작되고 있다. 엄청 난 크기로 우리의 집단적 환상을 사로잡아 온 동물들은 이 밖의 또 다른 면에서도 오래된 과학적 가정을 뒤바꿔 놓고 있다.

|

다들 아는 그 기린은 없어

|

대표적인 사례가 라마르크 유전인데, 이 학설은 1801년 장바티스 트 라마르크Jean-Baptiste Lamarck가 내놓은 것으로 특정 형질을 더 빈번 하게, 더 계속 사용할수록 이 형질이 더욱 두드러져서 해당 동물이 '발달 한계점the limit of its development'에 이른다는 내용이다.[25]

"토양이 거의 항상 건조하고 척박한 곳에서는 나무에 높이 달린 잎을 뜯어 먹어야 하며 거기까지 닿기 위해 끊임없이 애써야 한다." 라마르크는 1809년에 기린과 이들의 유난히 긴 목에 대해 이렇게 적 었다. "그 결과 이 동물의 앞다리가 뒷다리보다 길어지고 목이 늘어 났다."

라마르크가 지지한 생각의 많은 부분은 1859년 『종의 기원On the Origin of Species』이 출간되어 찰스 다윈Charles Darwin의 진화론이 확고 하게 자리 잡으면서 대체되었고, 용불용설(用不用說, 생물이 살아 있는 동 안 환경에 적응한 결과로 획득한 형질이 다음 세대에 유전되어 진화가 일어난다는 주 장-옮긴이)과 관련해서 유행하던 많은 부분도 1900년대 초 멘델 유전 이 유전 이론의 핵심으로 확립되면서 폐기되었다.[26] 그러나 나뭇잎에 닿기 위해 기린의 키가 커졌다는 견해는 여전히 남았다. 정작 다윈 자신이 이 가정에 힘을 실어 주었는데, 그는 기린이 "더 높은 나뭇가지의 잎을 뜯어 먹는 데 알맞도록 아름답게 적응했다."라고 썼다.[27]

오늘날 라마르크설과 다윈주의의 차이는 알지 못하더라도 대다수 사람은 기린이 진화를 통해 세상에서 가장 키 큰 동물이 되었다고는 하지만 그건 높은 나무의 잎에 닿기 위해서였을 뿐이라고 이야기할 것이다.

그러나 이 견해에는 한 가지 문제가 있다. 이를 뒷받침할 증거가 많지 않다는 점이다.

오래전인 1991년, 다른 과학자가 미처 보지 못한 것을 관찰하는 데 뛰어난 전문가였던 베테랑 현장 연구가 린 이스벨Lynne Isbell은 기린이 큰 키를 활용하여 먹이를 먹는 일이 별로 없다는 사실을 최초로 발견했다. 실제로 기린은 대부분의 시간 동안 고개를 **아래로 숙인 채** 먹이를 먹는다.[28] 이후 다른 과학자들도 이 관찰을 확인했고, 먹이 경쟁이 치열해서 선택압이 최고로 강해지는 건기에 잎을 먹는 다른 경쟁자들과 마찬가지로 기린도 낮은 덤불의 잎을 먹을 가능성이 더욱 커진다는 점에 주목했다.[29]

우리가 진화에 대해 생각할 때 A가 원인이 되어 B가 되었다는 식의 사고는 지나치게 단순한 것이라고 이스벨은 말했다. "내가 좋아하는 것 중 하나가 여러 선택압이에요." 그녀는 복수를 강조하기 위해 '여러'에 힘을 주어 발음했다. "동물이 살고 진화하는 환경은 매우 복잡해서 늘 다수의 선택압이 한꺼번에 작용하고 있죠."

기린이 가장 키 큰 동물의 지위에 오르도록 해 준 많은 요인 중에는 나뭇잎에 닿기 위한 노력도 있었을 가능성이 매우 크지만, 이스벨 같은 과학자들은 많은 사람이 배워 온 바와는 달리 이것이 유일한 원인이 아니었을 뿐 아니라 주요 요인도 아니었다는 설득력 있는 증거들을 내놓았다.

요컨대 기린은 긴 목과 다리를 먹이를 먹을 때 사용할 뿐 아니라 싸울 때도 사용한다. 수컷은 두툼한 머리를 공성 망치(성문이나 성벽을 두들겨 부수는 데 쓰던 나무 기둥같이 생긴 무기-옮긴이)처럼 이용하며 암컷을 놓고 경쟁을 벌일 때 목이 길고 무거울수록 유리하다. 그리고 발로 차고 달리는 데도 긴 다리를 이용하는데, 이는 지구상에서 가장 무자비한 육식동물들 사이에서 살아가야 하는 싸움-도주fight-or-flight의 현실에서 매우 핵심적인 두 가지 생존 기술이다.

기린이 가장 키 큰 동물이 된 것은 단순한 인과관계식 진화의 산물이 아니라, 여러 선택압이 한꺼번에 작용한 퍼펙트 스톰perfect storm의 결과일 가능성이 크다. 이 선택압에는 당연히 먹이에 닿을 수 있는 능력은 물론, 이 밖에도 짝짓기 경쟁, 포식자보다 빨리 달릴 필요성, 그리고 자신과 새끼를 보호할 때 맞서 싸우는 능력 등이 포함된다. 펜실베이니아주립대학의 과학자들은 기린보다 키가 작고 몸통 뒷부분이 얼룩말처럼 생긴 사촌 오카피의 유전체와 기린의 유전체를 비교했을 때, 두 계통이 분화된 뒤 비교적 짧은 1,100만 년 만에 70개의 각기 다른 유전자가 심각한 변화를 거쳤다는 것을 발견한 바 있는데, 이 역시 위의 모든 사실로 설명될 것이다.[30]

그러나 유전자 염기서열을 분석한 결과는 기린이 무수히 많은 선택압의 결과로 진화하여 키가 커졌다는 견해에 증거를 제시하는 선에 머물지 않았다. 거기서 더 나아가 이제 와 보니 종에 관한 근본적인 오해로 보이는 생각, 즉 기린이 **하나의** 종이라는 생각에 구멍을 내기도 했다.

악셀 얀케Axel Janke는 기린에 대해 우리가 생각하는 방식을 바꿔야 할지도 모른다고 맨 처음 제안했을 당시, 왜 사람들이 자신의 주장을 믿지 않으려고 하는지를 이해했다. 아프리카 전역의 기린에게서 채취한 DNA 샘플이 놀랄 정도로 엄청난 유전적 다양성을 보였을 때 이 선구적인 유전학자 자신도 이를 믿을 수 없었다.[31] "나는 '이건 뭔가 이상해.'라고 말했어요. 그 시점에는 각기 다른 종일 거라고 의심하지 않았죠. 하지만 여러 방법으로 자료를 분석했을 때 네 개 집단을 볼 수 있었어요." 그는 이렇게 회상했다.

당시에 그는 기린에 관한 기존의 지식과 명백하게 모순되는 주장을 내세우는 것이라서 머뭇거렸다. "생각해 봐요, 다들 기린을 알고 있잖아요. 네 살짜리에게 기린이 무엇인지 물어도 당신에게 설명해 줄 수 있을 거예요."

"네, 키가 큰 동물이죠." 내가 말했다.

"맞아요. 다들 그렇게 알고 있어요. 하지만 그거 말고는 별로 아는 게 많지 않아요… 한 가지 속성만을 기준으로 이 동물에 대해 생각한다면 뭔가 놓칠 수 있어요." 얀케가 말했다.

기린을 하나의 종으로 분류하는 결정은 1700년대에 내려졌다. 이러한 결정을 일방적으로 내린 사람은 그 전까지 살아 있는 기린을 실제로 한 번도 본 적 없고 기린이 몸 형태와 패턴, 행동 특징, 지역 분포, 짝짓기 행동 면에서 엄청난 차이를 보인다는 점을 깨닫지 못했으며 별로 신경도 쓰지 않았다. 그가 바로 생물분류학의 아버지인 칼 폰 린네Carl Von Linné였다. 그가 1만 2,000종의 동식물을 분류하면서 만든 조형적 분류 체계는 매우 확고하며 심지어 신성시되고 있다. 이 체계가 명백히 불완전하다는 점을 입증하고 대체 체계를 제안한 적도 있지만, 우리는 린네가 250년도 더 전에 개발한 이명법(二名法, 라틴어나 라틴어화한 낱말로 생물의 속명과 종소명을 나란히 쓰고, 학명을 처음 지은 사람의 이름을 붙이기도 한다-옮긴이)을 여전히 사용하고 있다.[32]

얀케는 린네가 단일 종이라고 정한 가정을 유전학적으로 검증함으로써 기린의 여러 집단이 북극곰과 회색곰의 차이만큼이나 서로 다르다는 점을 발견했다. 그는 남부기린, 그물무늬기린, 북부기린, 마사이기린 등 4개의 개별 종을 확인했다. 마사이기린Masai giraffe이 그중 가장 키가 커서 세상에서 가장 키 큰 포유류이다. 다른 기린 집단들도 별개 종으로 간주해야 한다는 유전학적 주장이 나올 수 있지만, 더 많은 시간과 연구가 필요할 것이라고 얀케는 내게 말했다.

'그런데 잠깐, 다른 기린 집단 간에 이종교배가 불가능한가?'라고 생각하고 있다면, 이는 당신 혼자만 그런 것이 아니다. 종 분화와 관련하여 가장 일반적인 견해 중 하나는 생식력 문제와 연관이 있다. 다른 기린 집단 사이에 이종교배는 안 된다.

적어도 유성생식을 하는 생명체에 관한 한 대다수 과학자는 분류학자 에른스트 마이어Ernst Mayr가 내린 정의를 사용하는데, 그의 주장에 따르면 종 분화는 생식적 격리reproductive isolation에서 비롯된다.[33] 이러한 격리는 분명 생물학적 장벽으로 생길 수 있지만 이 밖에 지리적 장벽이나 행동상의 장벽 때문에 생길 수도 있다.

기린의 여러 집단은 서로 격리되어 있다. 매우 확실한 격리다. 얀케는 야생에서 이종교배로 생겨난 잡종은 알려져 있지 않으며 동물원에서 있었던 유일한 사례 하나만을 알고 있다고 말했다. 그렇다. 서로 다른 집단에 속한 두 기린이 잠재적으로 새끼를 낳을 **가능성은 있지만** 서로 다른 기린 개체군이 진화하면서 이들 사이에 새끼는 나오지 않았다. 100만 년이 넘도록 말이다. 호모 네안데르탈렌시스*Homo neanderthalensis*와 호모 로데시엔시스*Homo rhodesiensis*를 비롯한 고대 인류의 대다수 종이 인류 공통 조상에게서 갈라져 나간 시점보다도 훨씬 오래전 일이다.

이 모든 것이 기린 보존 문제에 접근하는 방식에 근본적으로 영향을 줄 수 있다. 특정 동물을 멸종위기종으로 선언할지 여부를 판단하는 데는 수많은 요인이 영향을 미치지만, 무엇보다 수치 자체가 계산법의 큰 부분을 차지한다. 2010년 국제자연보전연맹에서는 멸종위기 가능성 측면에서 기린이 '관심 필요종least concern'에 해당하는 (단일한) 종이라고 선언했다. 그러나 남아 있는 10만 마리의 기린을 4개의 개별 종으로 분리하게 되면, 특히 이들 집단이 똑같은 비율로 분리되지는 않기에 상황은 훨씬 심각해 보인다. 예를 들어 북부기린nothern giraffe은 야생에 겨우 수천 마리가 남아 있을 뿐이고, 이마저도 아프리카의 수천 킬로미터에 각기 무리를 이루어 흩어져 있다. 그러나 오랫동안 이어져 온 가정은 좀처럼 사라지지 않아서, 국제자연보전연맹에서는 기린이 하나의 단일 종이며, 취약하기는 해도 멸종위기에 처해 있진 않다는 기존의 평가를 2018년까지도 여전히 바꾸지 않고 있다.[34]

유전적 증거는 매우 설득력이 있으므로 국제자연보전연맹의 기조가 조만간 바뀔 것이라고 생각한다. 그리고 일단 그런 상황이 되면 서로 다른 **모든** 기린에 대해서도 희망을 품을 더 큰 이유가 생길지 모른다. 국제자연보전연맹의 목록은 전 세계 국가에서 도덕적·법적 무게를 지니기 때문이다.

또 우리가 세계 공동체로 함께한다면 정말로 큰 생물들에 대해서도 대단히 커다란 영향을 미칠 수 있다.

|

대왕고래와 동시대에 존재하는 행운

|

배의 좌현 앞쪽에 부서지는 파도가 보였다. 배에서 동쪽으로 200m 정도 되는 거리였다.

"고래다." 나는 뿌옇게 김이 서린 바람막이 창 너머를 가리키며 말했다. 놀란 마음을 간신히 이 정도로 억누를 수 있었다. 이제껏 이런 장면은 한 번도 본 적이 없었기 때문이다.

나는 젊었을 때 미 해군으로 복역한 적이 있는데, 그때 해군 전함 니미츠Nimitz를 타고 세계를 돌아다녔다. 그러나 항공모함은 엄청나게 큰 배여서, 며칠 혹은 몇 주씩 갑판에 올라가지 않은 채 해가 뜨고 지는 것도 보지 않고 오직 종소리와 당직 교대로 시간을 구분하며 지낼 수 있었다. 나는 이따금 한밤중에 고물 갑판에 조용히 올라가 거대한 배 뒤로 길게 이어지는 생물 발광bioluminescent의 자취를 바라보며 감탄하곤 했다. 가장 작은 몇몇 해양생물체들이 선사하는 마법

같은 선물이었다. 그러나 지금처럼 이렇게 큰 자취는 본 적이 없었다.

20년이 지난 뒤 나는 캘리포니아주 몬터레이만에서 그때보다 훨씬 작은 배에 올라타 수염고래과Balaenopteridae의 고래들을 처음으로 만나고 있었다.

"혹등고래인가요?" 나를 안내해 주는 해양생물학자 낸시 블랙Nancy Black에게 물었다. 물 밖으로 돌연 모습을 드러낸 거대한 회색 꼬리가 수면을 철썩철썩 계속 때리고 있었고, 그 힘이 너무도 강해 우리가 있는 배 선실까지 소리가 들렸다.

"맞아요." 그녀가 말했다.

"거대하군요." 나는 여전히 경외감을 억누르려 애쓰면서 대답했다.

"저건 작은 녀석에 불과해요." 그녀가 웃었다. "장난치기 좋아하는 새끼예요."

예사롭게 넘기는 블랙의 태도를 보고 능히 그럴 만하다고 나는 추측했다. 그녀는 30년 동안 이 일을 해 왔으며 세계적으로 그녀만큼 고래를 많이 본 사람은 별로 없었기 때문이다. 그리고 이번 만남이 이루어지기 불과 일주일 전, 거대한 바다 생물 중 가장 큰 것이 몬터레이만을 찾아오기도 했다. 그날은 블랙 팀의 한 사람이 드론을 띄웠다. 대왕고래가 자기 크기의 반도 안 되는 배 가까이에서 수면 위로 올라오는 장면을 하늘에서 촬영한 사진은 대단한 장관이었다.

많은 극단의 생명체에 대해 그렇듯이 가장 큰 생물에 대한 과학적 탐구에서도 인간은 출발이 꽤 늦었다. 1986년 국제포경위원회IWC의 고래잡이 금지령이 나오기 전까지, 심지어 세계 몇몇 지역에서는 그 이후까지도 연구자들이 대왕고래를 찾기 위해 고래 사냥꾼들과 경쟁을 벌여야 했다. 이러한 면에서 고래가 아직 코프 절벽까지 내몰리지 않은 것은 행운이었다. 몇 세기에 걸쳐 가능한 한 많은 고래를 작살로 잡으려 했지만 그럼에도 멸종에 이르지 않았다는 것은 이 바다의 거물들이 진화적 적합성을 지녔다는 증거이다.[35]

특히 대왕고래blue whales, 발라에놉테라 무스쿨루스*Balaenoptera musculus*에 관해서 우리는 다소 놀라운 사실을 말할 수 있다. 이제껏 살았던 가장 큰 동물과 동시대 지구상에 우리가 존재한다는 사실이다.

이 사실이 얼마나 특별한지 완전하게 이해하려면, 에릭 커비Eric Kirby가 제안한 대로 축구장을 걸어 보라. 이때 90m 미식축구 경기장은 우리 행성의 45억 년 역사를 나타내는 대체물이다. 커비가 지질학을 가르치는 오리건주립대학[36] 레저스타디움의 북서쪽 골라인에서 남동쪽으로 걷기 시작하여 경기장 반대편 끝의 1.8m 라인 안으로 훌쩍 들어서야 현재 우리 지구의 산맥들이 생성된 시점에 닿게 되며, 고래가 등장하는 시점으로 가면 0.9m 라인에 서게 된다. 그리고 대왕고래가 생겨난 시점까지 도달하면 엔드존을 7.5cm 앞두게 된다. 이렇게 불과 몇 센티미터 남지 않은 구역 안에서 "머리카락을 두 가닥 뽑아 골라인 위에 놓으면 대략 이 폭이 우리가 지구에 문명을 세운 기간이 된다."라고 커비는 몇 년 전 미국 공영라디오방송NPR에서 언급했다.[37]

그런데 거기에 우리가 있고, 대왕고래도 있는 것이다. 대단한 행운 아닌가.

적어도 우리에게는 그렇다. 한 세기 전 우리 바다에는 수십만 마리의 대왕고래가 있었다. 오늘날에는 2만 5,000마리 정도가 남아 있다. 혹혹고래와 귀신고래는 한 세기 동안의 상업적 고래잡이에서 벗어나 되살아났으며, 이는 국제 협력이 효과를 거두었다는 진정한 증거이기도 하다. 그러나 전 세계적으로 대왕고래의 회복은 아직 지체되고 있다.

그러나 예외도 있어서 대왕고래가 번성하는 지역들이 있다. 나는 발길을 서둘러 캘리포니아 해안으로 고래를 보러 가게 되었다. 몇몇 연구자는 이 지역 대왕고래의 개체 수가 거의 역사적 수준 가까이 회복되었다고 믿기도 하지만, 다른 대왕고래 개체군의 경우에는 이런 현상이 나타나지 않은 것 같다.[38] 캘리포니아 해안 바닷물에 뭔가 특별한 일이 일어나 길이 30m, 무게 13만 6,000kg으로 세상에서 가장 큰 동물을 위기 직전에서 되돌려 놓은 것이다.

무슨 일이 있었던 것일까? 이에 대해 정확하게 밝혀진 바는 없다. 대왕고래가 엄청난 크기이긴 하지만 실제로는 매우 발견하기 힘들고 연구는 더더욱 어렵기 때문이다.

직관적으로는 이해가 되지 않을 것이다. 어떻게 대왕고래를 보지 못할 수 있겠는가? 그러나 대왕고래가 아무리 크다고 해도, 바다는 이보다 훨씬 더 크며 이따금 우리는 바다가 얼마나 큰지 잊곤 한다.

세계에 남아 있는 모든 대왕고래가 바다 해수면 한곳에 모여 서로 주둥이와 꼬리를 맞댄 채 나란히 줄지어 선다면, 5~8km² 남짓의 면적을 채우게 될 것이다. 그런데 지구 해수면은 거의 3억 6,200만km²이며 대왕고래의 영역은 이 면적 전체에 분포되어 있다.

그래도 혹시 이런 가정에 한번 도전해 볼 의향이 있다면 대왕고래를 좀 더 쉽게 찾을 수 있는 곳이 있다. 커비의 오리건주립대학 동료이자 해양생태학자인 리 토레스Leigh Torres가 뉴질랜드의 북섬 남서해

안에 있는 사우스타라나키만에서 발견한 곳으로, 테 이카 아 마우이 Te Ika-a-Maui라고도 알려져 있다. 토레스는 이 만에 있는 대왕고래 이 야기를 들었는데, 많은 뉴질랜드인은 세상에서 가장 큰 생물을 여기 에서 볼 수 있다고 믿었다. 그러나 2010년대 초 과학 문헌을 조사하 기 시작한 토레스는 이 만에 대왕고래가 있는지 아무도 확인한 적 없 다는 것을 알게 되었다. "'아, 그래. 대왕고래가 거기에 가끔 나타난단 말이지.' 정도의 사례였어요. 하지만 아무도 그 이상은 알지 못했죠." 그녀가 내게 말했다.

호기심이 생긴 토레스는 고래잡이 역사 기록을 뒤지기 시작했고, 해양학 자료를 연구하고 타라나키의 동식물 생활을 살펴보았다. "모 든 것이 하나의 주장을 가리키는 것 같았어요. 이 만은 대왕고래가 발견될 수 있는 지역일 뿐 아니라 그들에게 꼭 맞는 이상적인 환경이 라는 점이죠."

당시 대왕고래를 찾을 수 있다고 알려진 곳, 다시 말해 연구자가 충분한 대왕고래를 접하여 신뢰할 만한 연구를 내놓을 수 있다고 희 망을 품을 만한 지역은 몇 군데 되지 않았다. 보통 국제 협약과 국내 법으로 대왕고래가 한층 더 보호를 받고 있어서 새끼를 낳을 수 있는 곳들이었다.

토레스와 연구 팀은 그 만에 대왕고래가 있다는 것을 입증하기 위 해 2014년 원정을 떠났다. 이들의 목표는 쉽게 달성되었고 이 과정에 서 또 다른 발견도 했다. 타라나키만의 대왕고래는 뉴질랜드에 자주 출몰하는 다른 대왕고래와 유전적으로 구별된다는 점이다. 또 이 팀 이 전 세계 연구자에게 150마리가 넘는 개별 대왕고래의 사진을 보내자, 훨씬 놀라운 점이 밝혀졌다. 이 생물 중 어느 하나도 다른 곳에서는 확인된 적이 없다는 점이다. 그런데 이와 대조적으로 뉴질랜드 주변에서 확인되는 다른 대왕고래는 거의 모두 세계 다른 지역에서도 발견되었다.[39]

대왕고래는 일반적으로 지구에서 가장 큰 방랑자로 여겨지며, 새끼를 기르기 좋은 곳과 먹이를 찾아서 매년 수천 킬로미터씩 돌아다닌다.[40] 그러나 토레스 팀이 확인한 대왕고래는 타라나키만에서 거의 평생을 보내는 것 같았다. 최근 몇 년간의 수중 청음 기록으로 연중 내내 이 만에 대왕고래가 있다는 사실이 규명되었다.

토레스 덕분에 연구자들은 이제 세상에서 가장 큰 동물을 볼 수 있다고 거의 확실하게 보장되는 지역을 갖게 됐다. 또 이러한 상황은 이전까지 과학자가 접근할 수 없었던 생명체에 대해 이미 새로운 정보를 풍부하게 제공해 주고 있다.

그러한 발견 중 하나는 2017년 토레스의 공동연구자이자 남편인 토드 챈들러Todd Chandler가 드론 비디오로 포착한 것으로, 타라나키만의 대왕고래가 거대한 크릴새우 떼는 잡아먹으면서도 이보다 규모가 작은 떼에 대해서는 그냥 지나치는 장면을 보여 준다. 한 영상에서는 대왕고래가 구름 같은 분홍빛 갑각류 떼를 뒤쫓아가서, 옆으로 몸을 회전한 뒤 입을 크게 벌리고 활짝 열린 식도 가득 갑각류 떼를 집어삼켰다. 입을 크게 벌리는 건 마치 낙하산을 활짝 펼치는 것과 같아서, 마음껏 포식하기로 마음먹으면 대왕고래의 속도가 시속 약 11km에서 1.6km로 느려진다. 이는 곧 대왕고래가 다음번에 한입 가득 먹이를 잡아먹을 수 있도록 속도를 회복하기까지 엄청난 에너지를 써야 한다는 의미이다.

또 다른 영상에서는 같은 대왕고래가 좀 더 규모가 작은 다른 크릴새우 떼에게 거의 똑같은 방식으로 다가가기 시작하는 듯하더니, 에너지 대 먹이의 비율을 계산하여 다음번의 더 큰 식사를 기다리려는지 마지막 순간에는 입을 벌리지 않기로 결정하는 모습을 볼 수 있었다.[41]

토레스는 대왕고래가 항상 감각으로 얻은 많은 정보를 기반으로 실제로 아주 재빨리 이러한 선택을 내린다고 믿는다. 분명 시각이 일정한 역할을 할 테지만, 그에 못지않게 냄새와 소리, 심지어는 수천 마리의 작은 생명체들이 더듬이와 다리와 가시와 아가미 등을 움직일 때 따라 흔들리는 물의 '느낌'도 영향을 줄 거라고 그녀는 말했다.

우리 인간은 흔히 자신이 두뇌를 지닌 매우 똑똑한 생명체라고 믿지만 정작 이러한 종류의 일에는 꽤 서툴러서, 한 가지 감각을 사용할 경우 종종 다른 감각이 희생된다.[42] 반면에 고래는 여러 감각의 협력 작용으로 다양한 감각 정보를 얻음으로써 전광석화같이 빠른 결정을 불러오는 이미지를 형성할 능력을 지닌 듯 보인다.[43]

고래가 그러지 않을 이유가 뭐가 있겠는가? 우리는 지능이 다른 어떤 요인보다 두뇌 크기, 신피질 표면 영역, 뉴런의 수, 그리고 빠른 진화의 영향과 함수 관계에 있다고 믿는다. 고래에게는 이 모든 요인이 아주 많다. 세상에서 가장 큰 육지 동물을 연구함으로써 우리 자신에 대해 많은 것을 알 수 있었던 것처럼, 세상에서 가장 큰 해양 동물도 우리 두뇌의 작용 방식에 대해 많은 것을 알려 줄 것이다.[44]

그러나 타라나키만 같은 지역이 없었다면 도저히 이해할 수 없었던 생명체들을 앞으로도 이런 지역들 덕분에 계속 관찰할 수 있는 기회가 있어야만 가능한 일이다. 안타깝게도, 현재로서는 이 안전한 만이 앞으로도 계속 안전할 것이라는 보장이 없다.

2017년 여름, 뉴질랜드 환경보호국은 수중 채취 회사인 트랜스-타스만 리소시즈Trans-Tasman Resources가 타라나키만 해저에서 매년 5,000만 톤의 사철을 파낼 수 있도록 허가해 주었다. 이 회사는 광석을 가려낸 뒤 나머지 모래는 다시 만에 버리게 될 것이다. 그들은 이미 많은 상업 활동이 이곳에서 이루어지고 있다고 주장했다. 틀린 말은 아니지만, 현재 이루어지는 활동들 가운데 사실상 이 만을 해저에서 파낸 토사의 스노 글로브(snow globe, 동그란 유리 안이 투명한 액체로 채워져 있고 눈송이 같은 입자들이 들어 있어 흔들면 눈보라가 일어나는 듯 보인다-옮긴이)로 만들어 버릴 정도의 활동은 없다. 이 결정에 대해 즉시 뉴질랜드 고등법원에 항소가 제기되었다.

토레스는 자신의 연구가 이 만의 미래에 영향을 미치기를 희망한다. 그리고 그렇게 될 수도 있다. 가장 큰 것을 보호하면, 타라히키나 붕장어 같은 희귀 물고기를 비롯하여 다른 많은 생명체도 전부 보호하게 된다. 이들 다른 생명체도 똑같이 위협받고 있지만, 이 만의 대왕고래를 보호하기 위해 현재 트랜스-타스만 리소시즈에 맞서는 것과 같은 수준의 항의를 불러일으키지는 못할 것이다. 이 회사를 상대로 하는 고등법원 재판이 시작하기도 전에, 거의 1만 4,000명에 가까운 뉴질랜드인이 항의 서한을 보냈다.

"사람들은 거대 동물을 사랑해요. 그리고 많이 알면 알수록, 더욱 보호하려고 하지요." 토레스가 말했다.

고래 '콧물'을 뒤집어써야 알게 되는 것들

오리건주 뉴포트 해안에 마지막 남은 안개 몇 줄기가 걷히고 있던 토요일 아침, 우리는 항구를 떠났다. 바위로 이루어진 방파제에서 흰머리독수리 두 마리가 우리를 지켜보고 있었다. 바다는 비단처럼 부드러웠다.

10분도 지나지 않아 우리는 팬케이크를 발견했다. 팬케이크는 까불거리기 좋아하는 귀신고래gray whale 10대 암컷으로, 옆구리에 둥그런 흰색 반점이 있어 눈으로 식별할 수 있었다. 팬케이크는 물속에 길고 우아한 원을 그리면서 항구 입구의 북쪽으로 향하고 있었다.

"고래를 힘들지 않게 찾은 건 이곳이 처음이에요." 토레스가 내게 말했다. 그러는 동안 토드 챈들러는 우리가 타고 있는 밝은 오렌지색 조디악 보트가 12m 길이의 귀신고래 뒤쪽에 위치하도록 조종했다. "항구를 나서기만 하면 바로 고래들이 있어요."

이곳의 귀신고래는 매우 흥미로운 무리였다. 이들은 대략 2만 마리 정도 되는 집단의 일부로, 매년 바하칼리포르니아주에 있는 겨울 번식지에서 이주를 시작해 북쪽으로 향하며 베링해에 있는 여름 먹이터까지 이동한다.

그러나 팬케이크는 그 가운데서도 200마리 정도 되는 무리에 속해 있으며, 이 무리는 전체 경로 끝까지 가지 않는다. 이들은 중부 오리건주 해안을 따라 짧은, 정말이지 짧은 거리를 올라와 이곳 해안에서 기다린다. 나머지 집단이 알래스카에 올라갔다가 다시 돌아올 때까지. 새끼 몇 마리가 새로 태어나기도 하고, 나이 많은 고래가 죽어서 사라지기도 하지만 대부분 매년 똑같은 고래가 이곳에 온다. 가령 팬케이크는 2002년 이후부터 줄곧 이곳 바다에서 목격되었다.

이 무리가 게으른 것일 수도 있고, 어쩌면 똑똑한 것일 수도 있다. 아직은 아무도 확실히 알지 못하는데, 이는 과학자들이 사실상 귀신고래를 도외시해 왔기 때문이다.

이는 귀신고래에게만 해당하는 상황은 아니다. 1961년 이후 쇼 공연을 위해, 그리고 표면상으로는 연구를 위해 포획한 뒤 관리해 왔던 고래까지 포함하더라도 정말 기본적인 사항조차 알지 못하는 현실이어서 우리가 고래에 대해 아는 지식은 너무 초라해 보이기만 한다. 고래는 왜 노래를 할까? 어떻게 먹이를 찾을까? 어떤 과정으로, 그리고 어떤 이유로 저렇게 커진 것일까? 몇 가지 멋진 주장이 있기는 하지만 구체적인 답은 나오지 않았다.

더욱이 뉴질랜드 대신에 새로이 태평양 북서부 연안을 택한 토레스는 귀신고래에 대한 연구가 너무 빈약하다는 사실을 알고 놀랐다.

"오리건주에 갔을 때 정말 충격을 받았어요." 토레스가 말했다. 그러는 동안 팬케이크가 우리 배에서 몇 미터 떨어진 지점의 해수면으로 올라오더니, 옆으로 몸을 굴려 마치 하이파이브를 청하는 것처럼 한쪽 지느러미발을 들어 올렸다. "보시다시피 귀신고래를 쉽게 접할 수 있지만 이것이 이들에 관해 더 많은 것을 알 기회라고 여긴 사람은 많지 않았던 거예요."

귀신고래에 대해 알게 되면 이보다 찾기 힘든 다른 고래를 이해하는 데도 도움이 되는데 그러지 않는 건 매우 유감스러운 일이라고 토레스는 말했다. 심지어 뉴질랜드에는 대왕고래가 항상 있지만 이런 고래도 연구자들에게 큰 도전을 안겨 준다고 했다.

토레스는 이러한 학문적 무관심이 생겨난 것이 귀신고래가 1950년대에 거의 멸종 직전까지 갔다가 상당히 많이 되살아났기 때문이라고 생각한다. 귀신고래, 에스크리크티우스 로부스투스 *Eschrichtius robustus*는 1994년 멸종위기종 목록에서 빠졌다. 그렇다고 해서 귀신고래가 그다지 흥미롭지 않은 동물이 된 것도 아닌데, 너무 늦기 전에 당장 연구를 해야 한다는 인식이 사람들 의식 속에서 사라진 것이라고 그녀는 말했다.

그러나 일반적으로 고래 연구가 얼마나 힘든지 고려할 때, 귀신고래는 다른 대다수 사촌보다 바닷가에 훨씬 가까이 사는 덕분에 고래 연구의 중요한 창 역할을 하며, 심각한 멸종위기에 처한 고래를 비롯한 고래목 전반이 어떤 위기에 처해 있는지 알려 줄 수 있다고 토레스는 말했다.

이런 목적으로 자신과 챈들러가 벌이는 활동에 함께 참여해 보지 않겠냐며 그녀가 나를 초대했다. 그들은 하루 날을 잡아 오리건주에 '거주하는' 귀신고래를 관찰하고, 식별하고, 드론 비디오 영상 장면으로 갖가지 측정을 하고, 그리고… 똥을 퍼 담을 예정이었다.

이 마지막 작업이 나의 몫이 될 것이다.

"그런데 으음… 정확히 내가 어떻게 해야 하는 거죠?" 팬케이크 뒤쪽으로 가서 기다리는 동안 내가 그녀에게 물었다.

"똥을 퍼 담을 수 있는 시간이 아주 짧아요. 똥이 흩어져 사라지기 전 대략 30초 정도요. 하지만 고맙게도 토드가 아주 능숙하게 배를 조종해서 그 지점까지 갖다 댈 수 있어요." 토레스가 양동이에서 작은 그물망을 꺼내며 말했다. "그냥 물속으로 팔을 뻗어 그물망을 빠르게 돌리면서 똥을 최대한 많이 담으려고 노력하면 돼요. 한 번의 기회밖에 없을지도 모르거든요."

나는 그물망을 가만히 쳐다보았다. 손잡이가 겨우 45cm 정도밖에 되지 않았다. 게다가 나는 발꿈치를 들어야 선반에 겨우 손이 닿는 부류였다. 고래 똥을 퍼 담기 위해서는 뱃전 너머로 몸을 기울여 똥이 있는 곳까지 허리를 숙여야 할 거라는 생각이 들었다.

"그게… 냄새가 역겨운가요?" 내가 물었다.

"그렇게 나쁘지는 않아요. 사실 대왕고래 똥은 많이 고약해요. 훨씬 묽거든요. 하지만 똥에서 얻어 내는 걸 생각하면 충분히 그만한 가치가 있어요." 그녀가 대답했다.

연구자의 관점에서 볼 때, 고래 똥은 황금이다. 똥을 분석하면 고래가 무엇을 먹는지 알 수 있고, 임신했거나 수유 중인지 알 수 있으며, 유전자 샘플을 얻을 수 있고, 호르몬 수치를 모니터할 수 있다. 토레스 팀이 오랫동안 채집해 온 배설물 샘플을 확인하여, 인간과 고래에게 똑같이 핵심적 스트레스 반응 조절자로 기능하는 코르티솔 cortisol 등 다양한 호르몬을 살펴볼 수 있다.

스트레스 호르몬이 고래와 인간 둘 다에게 같은 방식으로 작용한다는 사실을 우리가 알게 된 데에는 매우 슬픈 사연이 있다. 2001년 9월, 나중에 앨런 잭슨Alan Jackson이 노래한 바 있듯이 "세계가 더는 돌지 않고 멈추었을" 때 뉴잉글랜드수족관의 연구자들은 메인주의 가장 동쪽 끝 연안, 그리고 캐나다 노바스코샤주와 뉴브런즈윅주 사

이에 있는 펀디만에서 고래를 연구하고 있었다.[45]

실제로 세상은 멈춰 서지 않았다.[46] 그러나 더는 돌지 않고 멈춰 선 것이 있긴 했는데, 그건 바로 대서양 서쪽 지역을 오가던 상선의 추진기였다. 미국과 캐나다에서 혹시 있을지 모를 후속 공격을 차단하기 위해 해상 운송 금지 조치를 취했기 때문이다. 토레스처럼 고래 배설물을 채집하던 연구자들은 이 조치 이후 배설물 속 당질코르티코이드glucocorticoids 수준이 곧바로 떨어지는 것을 목격했다.[47] 당질코르티코이드는 코르티솔을 포함한 스테로이드 호르몬의 한 종류로, 이 수치가 하락했다는 것은 곧 해상 교통이 고래의 건강에 엄청난 영향을 미치고 있었다는 점을 입증한 것이다. 이 발견 하나만으로도 상업 및 산업 활동이 인간을 포함한 모든 동물의 스트레스 수치에 어떤 영향을 미치는지에 대해서 대단히 흥미로운 일련의 물음이 제기될 장이 마련된 셈이다.

이제 토레스는 이러한 발견을 축적하기 위한 작업을 진행하는 중이다. 그녀의 동료인 조 핵슬Joe Haxel은 오리건주에 사는 고래가 모여드는 여러 지점에 수중 청음기를 설치해 두었다. 해상 운송에 따른 소음은 매일매일 변화 폭이 매우 클 수 있으므로 지속적인 모니터링과 꾸준한 배설물 채집 활동이 이루어져야만, 상업 활동이 늘어나고 줄어드는 데 따라 고래의 스트레스 수준에 무슨 일이 일어나는지 확인할 수 있다.

그렇다고 해도 핵심은 배설물을 채취하는 일이다. 우리는 45분 가까이 팬케이크의 뒤를 따라다녔지만 이 일에 관한 어떤 행운도 없었다. 그리하여 다른 고래에게로, 이어서 또 다른 고래에게로 계속 옮겨 갔다. 나는 애초 내게 할당된 작업을 두려워했지만, 시간이 지날수록 행여 이 일을 해내지 못할까 봐 초조해졌다. 비록 이 작업이 역겨울 수는 있지만, 그래도 이야기 도입부에 "그리하여 나는 그곳에서 고래의 똥을 퍼 올렸다."라고 시작하는 것만큼 좋은 방법은 없겠다고 깨달았기 때문이다.

아아, 그러나 고래는 협조해 주지 않았다. 내가 쓸 수 있는 최선은 "그리하여 나는 고래 콧물이 가득한 그곳에 있었다." 정도였다.

토레스가 진행하는 연구에서 가장 중요한 목표 중 하나는 배설물 샘플을 특정 고래와 연결 짓는 일이다. 귀신고래를 대상으로 이 작업을 수행하기 위해 연구 팀은 사진을 확보해야 하고, 이 사진을 이용하여 고래의 흑백 얼룩, 긁힌 자국, 흉터, 따개비 등을 파악한 뒤, 가령 우리의 친구 팬케이크처럼 이전에 확인해 놓은 고래 데이터베이스와 연결한다. 연구 팀이 관찰하는 고래가 무늬만 비슷한 것이 아니라는 점을 가능한 한 명확하게 확인하기 위해, 토레스 팀은 늘 고래의 양측에서 사진을 찍으려고 애쓴다. 그날 나는 이 작업에도 투입되었으며 이는 대체로 고래가 뱉어 낸 숨을 따라 배가 움직여야 한다는 의미였다.

토레스와 챈들러는 이것이 무엇을 의미하는지 알고 있었다. 나는 그렇지 못했다. 그리하여 팬케이크가 우리 배에서 불과 몇 미터 떨어진 바닷가 수면 위로 올라와 아침 공기 속으로 안개구름을 내뿜고, 토레스와 챈들러 모두 두 팔 사이에 고개를 파묻는 모습을 내가 건너보았을 때에야, 비로소 나는 내부자들끼리만 아는 낯선 농담을 목격하는 중이라고 판단했다.

이윽고 그것이 나를 덮쳤다. 썩은 생선과 담즙의 고약한 냄새가 뒤섞인 끈끈한 점액질의 축축한 공기였다.

고래를 연구하는 거의 모든 이에게는 이러한 경험이 있다. 고래가 내뿜는 날숨은 호기 응축물exhaled breath condensate, EBC, 또는 일명 '고래 콧물'로 알려져 있는데, 공기 중에 머물러 있는 시간이 꽤 길어서 때로는 고래가 보이기도 전에 냄새부터 나기도 한다.

고래 연구 및 교육 기관으로 매사추세츠주에 근거지를 둔 오션얼라이언스Ocean Alliance의 최고 관리자 이언 커Iain Kerr는 이런 공통 경험에서 영감을 얻어 고래의 생물학적 샘플을 다른 방식으로 채집하기 위한 다양한 방법을 생각해 보게 되었다.

그리고 고래 콧물 냄새가 그렇게 고약한 이유는 그 속에 화학 및 유기 물질이 가득하기 때문이라는 걸 깨달았다. 고래는 강력한 날숨을 내뿜을 때마다 공기 중에 엄청난 이산화탄소를 내뱉는데, 이와 함께 가래, 미생물, 그 밖에 고래 살에서 떨어져 나온 작은 조각들도 섞여 나온다.

그는 궁금했다. 이 콧물을 퍼 담을 수 있다면 우리는 거기서 무엇을 알게 될까?

전에도 이를 시도한 과학자가 몇몇 있었다. 연구 대상과 1m 남짓 떨어진 곳에 배를 대고, 끝에 스펀지가 달린 기다란 막대기를 고래 숨구멍 위쪽에 갖다 대는 것이다. 이는 엄청나게 힘든 일이며 위험하기도 했다. 게다가 고래에게 스트레스를 줄 가능성도 컸다.

많은 연구 기관처럼 오션얼라이언스도 오래전부터 비디오 관찰용 드론의 이점을 알고 있었다. 또 점점 좋아지는 편리성과 정확성, 그리고 비행 속도를 지켜보던 커에게 아이디어가 떠올랐다. 그는 소형 비행체에 표본 채집용 스펀지를 달아 자신의 기관에서 연구하는 고래 위쪽, 즉 EBC 속으로 날렸다.

이렇게 해서 스놋봇(SnotBot, 콧물 로봇이라는 뜻-옮긴이)이 탄생했다.

그리 오랜 시간이 지나지 않아 스놋봇이 장점을 발휘하기 시작했다. 맨 처음 떠난 중요 원정에서 드론은 대왕고래의 EBC 샘플을 채취했다. 알래스카대학의 켄들 매시번Kendall Mashburn이라는 해양생물학자가 여기에서 코르티솔과 프로게스토겐progestogen을 재빨리 확인할 수 있었고, 이로써 고래의 스트레스와 생식 상황을 확인하는 새로운 방법이 과학자들에게 제시되었다. 나중에 토레스가 내게 말하기를, 혹시 스놋봇을 이용하면 오리건주에 사는 귀신고래에게서 그 모든 마법의 똥이 나오기를 기다리며 따라다니는 시간을 조금은 줄일 수 있지 않을까 생각해 보았다고 했다.

스놋봇은 과학자들이 비교적 값싼 테크놀로지를 이용하여 정말로 커다란 도전에 덤벼 볼 수 있다는 것을 보여 준 훌륭한 사례이다. 아울러 과학자가 아닌 일반인이 과학 연구를 지원하고 싶은 열렬한 마음을 지니고 있다는 것, 특히 최상급 수식어가 붙는 생명체에 대해서 그러하다는 것을 보여 준 증거이기도 했다. 스놋봇 프로젝트의 기금을 마련하고 싶었던 이언 커는 킥스타터(Kick starter, 2009년에 설립된 미국의 대표적인 크라우드 펀딩 서비스-옮긴이)에 도움을 구했고 1,700명이 넘는 개인의 기부금으로 순식간에 목표 금액 22만 5,000달러를 채웠다.

어느 과학자든 오래 이야기를 나누다 보면, 결국 주제는 돈 문제로 귀결된다. 지난번 글로벌 경제 위기 시절에 줄어든 연구 기금은 경제가 개선되었음에도 아직 많은 곳에서 예전 수준으로 회복되지 못했다. 2014년 《크로니클 오브 하이어 에듀케이션Chronicle of Higher Education》에서 1만 1,000명의 연구자를 대상으로 조사한 결과, 거의 절반에 가까운 사람이 기금 중단으로 자신의 과제에서 '핵심'이라고 여겨지는 연구를 포기했다고 답했다.[48] 문제는 기초 연구가 "흔히 즉각적인 성과로 나타나지 않은 경우가 많은 것 같다"는 데 있다고 이 기사를 쓴 기자들은 결론을 내렸다.

이러한 인식은 잘못되지 않았다. 기초를 쌓는 연구, 가령 코끼리, 기린, 고래 등과 같은 가장 극단의 생물에게 이제 막 관심을 돌리는 유형의 연구는 대체로 질병에 대한 새로운 치료법이라든가 우주에 대해 눈이 번쩍 뜨이는 발견을 제공하지는 못할 것이다. 그러나 이러한 기초 연구가 쌓이지 않는 한 그러한 놀라운 일도 생기지 않을 것이다.

작은 기부금이 많이 모인다고 해서 기금 영역의 기울어진 운동장을 평평하게 만들지는 못할 것이다. 그러나 스놋봇 같은 프로젝트의 성공을 통해 어떻게 사람들에게서 과학에 대한 열띤 관심을 끌어낼지 단서를 얻을 수 있다. 그렇게 되면 대중적 관심과 지지를 기반으로 하여 입법자와 정책 입안자에게 행동을 촉구하는 노력에 활기를 불어넣을 수 있을 것이다.

토레스가 지적했듯, 사람들의 열띤 관심을 끌어내는 데는 거대 동물만 한 것이 없다.

그러나 거대 동물에서 멈출 필요는 없다. 세상에서 가장 큰 생명체는 결코 동물이 아니기 때문이다.

세상에서 가장 키 큰 나무가 지구온난화와 싸우는 법

숲 바닥에서 50m 높이쯤에 매달린 합판 받침대 위로 늠름한 얼굴 하나가 나타났다. "당신은 방금 내 아내 위로 올라온 겁니다." 수염이 지저분하게 자란 남자가 말했다. "알고 있었어요?"

내가 할 수 있는 질문거리가 백만 가지는 되었을 것이다. 아마도 진핵생물(세균 및 바이러스를 제외한 모든 생물을 말한다-옮긴이) 간의 이러한 혼인이 마무리되는 과정에 관해 뭔가 물을 수도 있지 않았을까? 그러나 이 거대한 침엽수의 절반 높이 이상까지 힘겹게 올라온 뒤여서 머릿속에 떠오르는 것이 별로 없었다.

"그럼, 사람들이 로랙스라고 부르는 게 당신인가요?" 내가 물었다.

"그래요. 나는 나무를 대변하는 사람이오." 남자가 대답했다.

오리건주 중부 지방의 폴 크리크에서 만난 나무 위 시위자들은 매우 흥미로운 무리였다. 로랙스Lorax라는 인물은 내가 도착하기 전날 밤 '그랜마Grandma'라는 이름의 나무와 실제로 혼인 서약을 주고받았으며, 그의 신부가 "네."라고 말하는 것을 들었다고 맹세했다. 환경운동 시위자들이 '레드 클라우드 선더Red Cloud Thunder'라고 부르는 캠프 안으로 내가 맨 처음 들어섰을 때는, 스카이Skye라는 인물이 벌거벗은 채 숲속을 질주하고 있었다. 이 밖에 태평양 연안 북서부의 오래된 숲이 위험에 처해 있다는 소식을 들은 뒤 항의 시위에 합류하기 위해 히치하이킹으로 국토를 가로질러 온 대서양 연안 지역 사람인 19세 세이지Sage도 있었다. 이들은 스스로를 이워크(Ewoks, 〈스타워즈〉에 등장하는 허구의 동물종으로 테디 베어를 닮았으며 다양한 수목 오두막집에 서식한다-옮긴이)라고 일컬었고, 미 산림청이 이들 나무에 대한 벌목권을 매각했던 1998년 봄부터, 벌목 회사가 지구에서 가장 큰 생명 형태를 베지 못하도록 막기 위한 노력의 일환으로 나무에서 밤낮을 보내기 시작했다.

나중에 경찰과 검찰이 주장한 바에 따르면, 폴 크리크에 모여든 시위자들은 이따금 지구해방전선Earth Liberation Front을 대표하여 이른바 '기업형 국가'에 대한 공격을 모의하기도 했다. 내가 이들의 캠프를 처음으로 방문하고 나서 1년이 지났을 무렵, 예전에 폴 크리크 나무 위 시위자였던 크레이그 '크리터(Critter, 생물-옮긴이)' 마셜과 제프리 '프리(Free, 자유-옮긴이)' 루어스가 인근 유진시의 쉐보레 대리점에 소이탄을 던진 혐의로 체포되었다. 이후 마셜은 《뉴욕타임스 매거진》에서 "열 명 중 한 명이 지구를 걱정한다면 이 한 사람은 다른 아홉 명 몫까지 열 배를 행해야 한다."라고 말했다.[49] 이 점에서는 그가 옳았지만, 변화를 촉구하기 위해 운동을 벌이는 방식 면에서는 어처구니없을 만큼 틀렸다. 나무 위 시위자들은 이전부터도 대다수 사람에게 괴짜로 여겨졌고, 소이탄 폭발 사건 이후로는 다른 부류, 즉 테러리스트로 보이기 시작했다.

그리고 나중에 밝혀졌듯이, 세상에서 가장 큰 나무를 구하기 위해 폭력까지 쓸 필요는 없다. 나무 스스로 완벽하게 자신의 정당성을 입증해 보이는 중이기 때문이다.

게다가 실제로 나무는 우리를 구할 수 있을지도 모른다.

우리 행성에는 대략 75억 명의 사람이 살고 있다. 예일대학에서 내린 한 평가에 따르면, 나무는 3조 그루가 넘는다.[50] 잠시 생물량bio-mass 개념은 잊어라. 수치만으로도 우리는 이미 엄청나게 뒤지고 있다.

좋다, 일단 지금은 생물량 개념을 잊지 **말자.** 창밖에 가장 가까이 있는 나무를 보라. 혹시 그 나무가 어쩌다 당신보다 키가 작을 수도 있겠지만 오랫동안 이대로 있지는 않을 것이다. 게다가 당신보다 훨씬 오래 살 것이다. 사과나무는 100년 이상 살 수 있고, 느릅나무속은 200년까지 살 수 있다. 참나무속은 300년까지도 산다. 이들 나무는 매년 자라고, 또 자라고, 계속 자란다.

식물계 왕국에서 가장 키 큰 나무들이 지구상의 전체 나무 수에서는 극히 일부를 차지할 뿐이지만, 이들이 대기의 탄소를 조절하는 데 대단한 몫을 담당한다는 것은 최근에 와서야 겨우 인식되기 시작했다.

오래된 미국삼나무(redwood, 레드우드 또는 세쿼이아라고도 부른다-옮긴이) 숲이 탄소 격리에 매우 효과적인 것은 당연하다. 이 나무는 3,000년 이상 살 수 있으며 90m 이상 높이까지 자랄 수 있다. 미국 레드우드 국립공원에서 하이페리온Hyperion으로 알려진 가장 키 큰 나무는 높이가 116m나 된다. 또 미국삼나무는 살아 있는 동안 매 순간 공기 중의 이산화탄소를 흡수하여 이를 심재 안에 가두는데, 심지어는 나무가 쓰러진 뒤에도 몇백 년 동안 이산화탄소가 그 안에 그대로 남아 있다.

우리는 1960년대 이후 탄소가 지구온난화에 미치는 영향을 알고 있으며, 열기를 붙잡아 두는 온실가스가 기후변화에 어떤 역할을 하는지에 대해 과학계에서 광범위한 의견 일치가 이루어진 지도 수십 년이 지났다. 그런데도 2009년 전까지 아무도 이 거대한 나무들이 얼마나 많은 탄소를 흡수하는지 측정하려고 시도하지 않았다.

이러한 종류의 연구가 절대로 쉽지는 않다. 이 연구 작업을 위해 훔볼트주립대학과 워싱턴대학의 과학자 팀이 캘리포니아의 11개 미국삼나무 숲을 조사하여 모든 나무와 덤불을 꼼꼼하게 측정했다. 높다란 미국삼나무뿐 아니라 그 아래 자라는 모든 것을 다 측정했다. 잎, 나무껍질, 심재 샘플을 성분 분석기에 돌려 각 샘플에 얼마나 많은 탄소가 들어 있는지 알아냈다.[51] 그런 다음 컴퓨터 모델을 이용하여 각 나무의 잎 개수를 추산했으며, 이 개수가 맞는지 확인하기 위해 몇몇 나무를 대상으로 실제로 거기에 달린 잎의 개수를 셌다. 이 모든 작업에 7년이 걸렸다.

결과는 놀라웠다. 세상에 알려진 숲 가운데 미국삼나무 숲만큼 많은 탄소를 저장할 수 있는 곳은 없었다. 태평양 연안에 있는 다른 침엽수 숲도 그에 미치지 못했고, 호주의 오래된 유칼립투스 지대도 그만큼 저장하지 못했다. 심지어는 대중적인 보존 운동에서 응당 받아야 할 만큼 아주 많은 관심을 받았던 열대우림도 그에 미치지 못했다. 우리 행성의 숲이 은행이고 탄소가 현금이라면, 거대한 미국삼나무들은 미국의 중앙은행인 연방준비제도에 해당할 것이다.

여기에 뜻밖의 반전이 있다. 인간으로 인해 이 행성에 탄소가 풍부한 대기가 형성되었지만 사실 이런 대기가 미국삼나무의 성장에는 좋은 것으로 보인다는 점이다. 연구자들은 최근 몇십 년 사이에 이산화탄소 수치가 올라가면서 미국삼나무 역시 성장했다는 것을 알아냈다.

그렇다고 해서 이 나무들이 제 할 일을 하도록 놔두기만 하면 모든 것이 잘될 거라는 의미는 아니다. 게다가 우리는 오래된 미국삼나무의 95%를 이미 파괴한 상태이다.[52] 기후변화 같은 아주 복잡한 문제에 단순한 해답은 있을 수 없다. 그렇다고 할 수 있는 것이 아무것도 없다는 주장에 굴복해서도 안 된다. 실은 변화를 만들어 내는 일이 그렇게 어려운 것은 아니기 때문이다. 그리고 그런 일을 하기 위해 나무에 올라가 살거나 쉐보레 대리점에 소이탄을 터뜨릴 필요도 없다.

내 생활로 인해 생긴 탄소 발자국(개인 또는 단체가 직간접적으로 발생시키는 이산화탄소의 총량-옮긴이)을 상쇄하기 위해 뭔가 의미 있는 일을 하고 싶은가? 그렇다면 미국삼나무를 심거나, 아니면 레드우드숲재단Redwood Forest Foundation이나 세이브더레드우드리그Save the Redwoods League 같은 환경보호 단체에 기부하라. 이런 실천은 세계에서 가장 큰 탄소 격리자를 구하는 데 도움을 줄 것이다.

그런데 미국삼나무가 가장 큰 식물은 아니다. 실제로 이보다 더 큰 것이 있기 때문이다.

훨씬 더 크다.

|

사시나무 클론, "나는 퍼져 나간다"

|

버턴 반스Burton Barnes는 대단한 발견을 하려던 게 아니었다.

그저 작은 발견을 하고 싶었다. 그 후 또 다른 발견을 하고, 그다음에도 계속 또 다른 발견을 하고 싶었다. 시간이 흐르면서 이 모든 작은 발견이 쌓여 뭔가 특별한 것이 될지도 모른다고 반스는 판단했다. 어쩌면 그렇게 되지 못할 수도 있지만 그래도 상관없었다. 아무에게도 관심을 받지 못하는, 세계의 작은 비밀들을 발견해 나가는 동안 아주 행복한 삶을 보냈기 때문이다.

반스는 아버지가 캠프 미샤와카Camp Mishawaka의 미술 교사로 일하는 동안 미네소타주 북부 지방의 포크가마 호숫가에 그늘을 드리우던 바위투성이 소나무 숲에서 유년 시절을 보냈다. 이후 소년기에는 일리노이주 찰스턴에 있던 집 동쪽의 울창한 너도밤나무-단풍나무 숲에서 시간을 보냈다. 그는 야영을 나가 잎과 꽃을 채집하여 눌러 말린 뒤, 자신이 발견한 식물에 대해 상세한 설명을 공책 가득 꼼꼼하게 기록했다.

음악을 향한 사랑이 없었다면 아마 반스의 과학 탐험 내용은 이 공책이 전부였을 것이다. 그러나 음악에 이끌린 이 열렬한 트롬본 연주자는 1950년대 초 미시간대학 악단에 들어갔고, 이후 훌륭한 음악 연주가로서 삼림 관리도 하는 학생에게 특별히 지급하는 조금 특이한 독일 장학금을 받아 괴팅겐대학에서 공부했다. 이 대학에서 불과 몇 킬로미터만 가면 울창한 가문비나무 숲과 물이끼로 덮인 늪지가 어우러진 하르츠산맥이 있었다.

반스는 찰스 다윈의 『종의 기원』 출간 100주년이자 현대 인간 유전학의 태동기인 1959년에 미국으로 돌아왔다. 당시 캐나다에서는 북미 전역에 가장 널리 분포한 북미사시나무quaking aspen, 포풀루스 트레물로이데스*Populus tremuloides*를 이보다 시장성이 높은 침엽수로 교체하기 위해 뿌리째 뽑는 광범위한 프로그램이 이루어지고 있었다. 괴팅겐에 있을 때 모든 종류의 숲, 심지어는 흔히들 '잡목'이라고 여기는 나무숲도 얼마나 우아하고 중요한지 인식하게 되었던 반스는 한 번에 작은 발견을 하나씩 이루어 나가기 위한 과정으로 사시나무를 더욱 자세하게 이해해 보려고 나섰다.

북미를 가로질러 동쪽에서 서쪽까지 도보 여행을 하다 보면 사시나무 혹은 그 그림자라도 거의 쉬지 않고 보게 될 만큼 엄청나게 널리 퍼져 있는 종인데도, 이 나무를 대상으로 한 연구는 거의 없는 실정이었다. 심지어 사시나무가 얼마나 많이 자랄 수 있는지조차 아는 사람이 없었다.

공평하게 말하자면, 사실 이는 대답하기 어려운 물음이다. 사시나무가 클론이기 때문이다. 땅속에서 퍼져 나가는 사시나무는 서로 연결된 하나의 체계를 통해 지표면 바로 아래에서 뿌리를 뻗는 한편, 대다수 사람이 나무 몸통이라고 일컫는 줄기를 뻗어 물을 찾거나 더러는 햇빛에 닿으려고 한다. 두 줄기가 서로 가까이 있는 경우, 혹은 서로 거리가 가깝기만 하다면 3개, 4개, 심지어는 20개 줄기도, 실은 하나로 연결된 단일한 유전적 군집일 가능성이 크다. 게다가 이 군집은 땅 위보다 땅 아래에서 훨씬 큰 덩어리를 이루고 있을 것이다.

반스는 독일에 있는 동안 숲을 분류하고 숲 지도를 그리는 법을 배웠다. 또 미세한 단서까지 포착할 수 있는 예리한 안목을 개발하여, 자신과 같은 생태학자라면 누구나 하나의 숲 안에 각기 독립된 클론의 지도를 그릴 수 있게 만들었다. 반스는 북미를 가로지르면서 나무의 잎과 껍질에 나타난 색상과 무늬를 연구하고, 자신의 메모를 항공사진과 비교하면서 하나의 사시나무 군집이 어느 정도 규모까지 커질 수 있는지 더 명확하게 이해하고자 했다.

유타주 중부 지역 피시호 남쪽 끝에 위치한 쿠츠 슬로 호수 부근 해발 2,745m에서 반스는 그 대답이 될 만한 것을 발견했다. 43만m² 정도 되는 군집의 둘레를 정했고, 그 과정에서 최고를 나타내는 깃발을 땅에 꽂았다. 그가 그곳에서 발견한 클론이 정말 그 정도 둘레로 크다면 이제껏 발견한 것 가운데 가장 큰 생명체가 될 것이기 때문이었다. 게다가 그 격차도 결코 작지 않았다.

사시나무 군집 그늘 아래 코끼리 떼 전체가 살 수 있을 정도였고, 완전히 자란 사시나무 줄기는 대왕고래의 입에서 꼬리까지의 길이보다 살짝 짧은 정도였다. 그리고 이 클론은 줄기가 4만 7,000개였다. 세계에서 가장 키 큰 미국삼나무로 알려진 하이페리온도 땅바닥에 내려놓으면 전체 길이가 116m이므로, 이 클론의 폭에 미치지 못할 것이다. 또 세상에서 가장 무거운 미국삼나무로 알려진 제너럴셔먼General Sherman도 무게가 122만kg 정도로 추산되므로 피시호 부근에 있는 사시나무 클론 무게의 5분의 1밖에 되지 않는다.

반스가 발견한 클론은 크기가 클 뿐 아니라 이동하기도 한다. 시간이 흐르면서 토양의 질이 더 좋고 하늘이 더 활짝 열려 있는 곳을 찾아 이곳에서 저곳으로 이동할 수 있다. 또 땅속에서 이렇게 느린 속도로 뻗어 가는 도중에 이따금 산사태나 불, 인간의 침범 등으로 클론의 일부가 주된 클론에서 떨어져 나오기도 한다. 이렇게 떨어져 나온 일부는 외과의사의 칼로 분리된 샴쌍둥이와 마찬가지로 유전적으로는 주된 클론과 여전히 동일하다. 그러므로 반스가 발견한 이 클론에도 비슷한 일이 일어났을 가능성이 있으며, 실제로 클론 한가운데 2차선 도로가 나 있으므로 하나의 생명체가 아니라 두 개의 생명체가 된다. 그렇다고 해도 이렇게 분리된 쌍둥이는 이제껏 세상에 알려진 것 중 가장 큰 식물과 두 번째로 큰 식물이 될 것이다.[53]

다른 발견자들이 그러듯이 반스도 피시호 클론에 자기 이름을 붙일 수 있었을 것이다. 그러나 1976년 그는 잘 알려지지 않은 캐나다 과학 학술지에 다른 사시나무 자료들과 함께 가장 큰 이 식물을 슬쩍 끼워 보고함으로써 묻어 버렸다. 나중에 가서 그는 이 발견이 단지 하나의 이상치에 지나지 않았다고 말하곤 했다. 2013년 내게 보낸 짧은 편지에서 그는 자신이 한 것이라고는 세상에서 가장 흔한 나무 중 한 가지의 '이례적인 사례'를 확인한 것뿐이라고 말했다.

이듬해 반스가 죽었을 때, 부고 기사에서는 피시호 사시나무에 대해 언급조차 하지 않았다. 반스의 발견이 심지어 삼림 과학자들 사이에서도 잘 알려지지 않은 탓에 이 클론은 오랫동안 거의 연구조차 되지 않은 채 안타깝게도 아무런 보호도 받지 못하고 방치되었다.

"클론 안쪽에 야영지와 오두막, 그리고 장작용 벌목지가 있었어요." 볼더에 있는 콜로라도대학의 생태학 및 진화생물학 교수 마이클 그랜트Michael Grant가 말했다. 그는 반스가 피시호 클론이 세상에 알려진 가장 큰 생명체라고 확인한 지 10년이 훨씬 지나 처음으로 그곳을 방문한 사람이다. "아무 표시가 없었어요. 사람들 눈에 띄도록 강조한 것도 전혀 없었고요. 이것이 중요한 의미를 지닌 자연의 경이라고 나타내 주는 게 하나도 없었죠." 클론의 벌거벗은 줄기에 갖가지 조각이 새겨져 갤러리를 방불케 했다. 야영지 주변에 특히 많았던 이 조각은 대개 이름이나 이니셜을 새긴 것이었다. 그런가 하면 평화의 표시나 성경 구절, 행복한 얼굴 모양도 있었고 조악한 포르노그래피 스케치도 있었다. 이렇게 새겨 놓은 조각 주변은 병들고 벌레가 꼬였다.

그랜트는 클론이 널리 알려지지 않고 익명으로 남아 있어서 안전하지 않다고 생각했다. 그리고 1992년 이를 바꿔 놓을 방법이 떠올랐다. 그해 캐나다와 미국 연구자들로 이루어진 한 연구 팀이 세계에서 가장 큰 유전적 단일 생명체를 발견했다고 《네이처Nature》에 자랑스럽게 발표했다. 그것은 나무뿌리에 자라는 15만 4,000㎡의 균류로, 미시간주 어퍼 반도에 있었다. 이에 지지 않으려고 미 산림청 및 워싱턴주 천연자원부도 자신들의 발견을 들고 나왔다. 애덤스산 남쪽에 있는 600만㎡의 균류로 대략적인 무게가 37만kg이었다. 그러나 이듬해 그랜트는 이 모든 것을 압도하며 유타주의 엄청난 사시나무 클론을 《디스커버Discover》에 내놓았다. 그리고 많은 보존 운동가가 판단했듯이 식물을 의인화하면 사람들이 이를 파괴하기가 더 어려울 것이라 여겨 사시나무 클론에 이름을 붙였다.

그와 동료들은 사시나무 클론을 '판도Pando'라고 불렀는데 이는 라틴어로 "나는 퍼져 나간다."라는 뜻이다.

"단순하죠. 부르기도 쉽고요. 음운도 좋고, 상황과도 꽤 잘 맞았어요. 효과가 있을 만한 다른 이름도 많겠지만, 우리는 그 이름으로 가기로 했어요." 그랜트가 말했다.

그 후 판도가 누릴 만한 온당한 명성에 대한 과학적 회의론이 늘어 가고, 생물학적 이상치를 둘러싸고 너무도 빈번하게 제기되는 일반적인 과학적 불만에 시달리는 동안에도 이 이름은 굳건하게 유지되었다.

그러다 2000년부터 2006년까지 광범위한 가뭄으로 미국 서부 지역 몇몇 곳에서 5분의 1이나 되는 사시나무가 죽고, 이들 사시나무 군집 덕분에 유지되던 생물다양성이 유례없이 붕괴되기에 이르렀다. 그러자 갑자기, 세상에 알려진 가장 큰 사시나무 클론이 특히 그 크기 **때문에** 학문적 흥미를 끌게 되었다. "사시나무가 잘 자라는 조건을 알고 싶다면, 가장 번성했던 사시나무를 살펴보아야겠죠." 2013년, 보존유전학자이자 분자생태학자 캐런 목Karen Mock이 내게 말했다.

그러나 캐런 목은 실제로 판도가 세상에 알려진 가장 큰 클론이라고 확신할 수 없었다. 43만m²라는 반스의 추정치가 사실은 틀린 것이라는 강한 의심을 품었다. 확실하게 알기 위해 그녀는 클론이라고 알려진 것의 DNA를 살펴보아야 했다.

이 일에 착수하기 전에 그녀는 많은 샘플을 모아야 했다. 작은 가시철사 조각과 얼음 낚싯대를 도구로 삼고 자전거 헬멧을 쓴 아이들을 낚시꾼으로 내세워, 캐런 목과 그녀의 가족은 집 뒷마당에서 나뭇잎 낚시를 시작했다. 이 작업은 쉽지 않았다. "정말 끔찍할 정도로 나뭇잎이 높이 매달려 있는 때도 있더라고요." 그녀가 말했다. 마침내 이들은 낚싯대와 가시철사를 버리고 새총을 이용했다. 그런 다음 주워 모은 나뭇잎을 고양이 배변통에 말린 뒤 가루로 부숴 DNA를 분석했다.

북미사시나무는 나무 중에서 유전체가 가장 짧아서 겨우 5억 5,000만 개의 염기쌍을 갖고 있다. 이는 일반 소나무보다 40배나 적은 수치이다. "그래도 여전히 많은 DNA죠." 그녀가 말했다.

데이터 고속 처리가 끝나자 캐런 목은 결과를 지도로 작성했다. 그녀는 피시호 클론이 하나의 구성체라는 연구 결과가 나올 것이라고 예측했다. 그리고 "하나의 구성체인 판도를 해체"하지 않고도 유전자 검사로 보여 준 바에 따르면, 나무의 유전자를 바탕으로 작성한 이 지도는 몇십 년 전 반스가 항공사진을 바탕으로 하되 세세한 것은 자신의 두 눈에 의존하여 작성했던 지도와 거의 완벽하게 맞아떨어졌다.

"투명한 종이를 대 놓고 베낀 것 같았어요." 그녀가 놀라워하며 말했다.

반스는 작고 세세한 것에 관심을 기울임으로써 세상에 알려진 가장 큰 식물을 정말로 발견했던 것이다.

이런 거대 조직체에는 어떤 비밀이 간직되어 있을까? 우리에게 어떤 과학적 통찰을 가져다줄까? 아직은 알지 못한다. 다른 많은 최상위 생명 형태들처럼 이 거대한 사시나무에 대해서도 별로 분석된 바가 없다. 캐런 목이 사시나무의 거대한 크기를 확인한 뒤로도 동료 심사를 거친 학술지에는 이 나무에 대한 아주 소수의 연구만이 발표되었다.

아주 많은 수수께끼가 여전히 남아 있다.

2

작은 것들

**가장 작은 것에서
모든 것이 시작된다**

콜로라도주 라이플(Rifle, 가필드 카운티에 있는 지방자치 도시로, 우라늄 오염 지역 중 하나-옮긴이)에 있는 그곳이 어떤 곳인지, 대략 어디쯤인지 알면서도 나는 그곳을 맨 처음 통과할 때 그냥 지나쳐 버렸다. 두 번째도 마찬가지였다.

가파른 진입로를 따라 내려가다가, 마침내 내가 찾던 것을 발견했다. 무선조종 자동차용 경주 트랙 뒤쪽에 자리 잡고 있었으며 경비는 다소 허술해서 목장 출입문처럼 생긴 문 하나와 철사 울타리로 되어 있었다. 나는 철샛줄 사이로 몸을 숙이고 들어갔다. 신전에 몰래 숨어드는 느낌이었다. 신성한 분위기가 풍겼다.

라이플 통합 현장 연구 시험장Integrated Field Research Challenge, IFRC 부지는 안타깝게도 콜로라도강을 따라 버려진 다른 구역과 비교해 그다지 예외적으로 보이지 않았다. 6월이었고 길게 자란 누런색 풀은 잘 부서졌다. 달라붙는 덤불이 내 종아리에 찰과상을 남겼고, 슬리퍼를 부츠로 바꿔 신어서 다행이었지만 반바지를 청바지로 바꿔 입지 않은 것은 후회되었다.

낮은 덤불 사이로 지름 15cm의 흰 파이프가 지면 위 몇 센티미터 높이로 삐죽삐죽 여러 개 튀어나와 있었다. 지표 아래 깊은 곳에서 물을 끌어올리는 우물이었다. 이 밖에 태양광 발전을 이용한 기상관측소가 하나 있었는데, 건설 직원들의 현장 사무소 비슷하게 생긴 이동식 싱글와이드 트레일러였다. 그리고 공구 창고가 한 개 있었다. 이것이 전부였다.

이 작은 땅은 낚시하기 좋은 곳처럼 보였다. 돗자리를 깔 수 있을 만큼 잡초를 베어 낸다면 피크닉을 하기에도 좋을 것 같았다. 단, 이 부지가 예전에 건조 중량으로 거의 500만t에 이르는 방사성 제분 폐기물로 덮여 있었다는 사실만 잊을 수 있다면.

찌꺼기라고 알려진 고운 모래 형태의 이 폐기물은 대부분 1940년대와 1950년대 원자력위원회AEC의 엄청난 핵연료 수요 급증으로 인한 잔재이다. 수십 년 동안 거기에 그대로 남아 강을 통해 땅속으로 스며들고 지하수로 오염 물질이 침출되었다.

1990년대 중반 미 정부는 찌꺼기를 옮기기 위한 1억 2,000만 달러 규모의 4개년 계획에 착수했지만 이미 피해가 생긴 상태였다. 흙과 물속에 남은 바나듐, 셀레늄, 우라늄은 '자연 저감 감시법'하에 서서히 흩어져 소멸할 것으로 추정되었다. 20년이 지났지만 오염은 아직도 계속되고 있다.

그리하여 정부는 아이디어를 찾아다녔다. 말도 안 되는 아이디어라도 상관없었다.

전국의 지질학자, 화학자, 생물학자로 이루어진 혼성 집단이 최근 들어 "2-브로모페놀을 이용하면서 황화물을 생산하는 농축 과정에서 16S 리보솜 RNA의 말단 제한효소 절편 길이 다형성 핑거프린트 법을 활용한 할로겐 이탈 미생물의 탐지 및 특징 묘사" 같은 제목을 달고 있는 논문들을 공들여 써 왔다. 저 제목을 우리가 알아들을 수 있게 풀어 보자면 "호흡으로 한 가지를 들이마시고 다른 것을 내놓을 수밖에 없는 미생물 확인하기"이다.

어쩌면, 호흡으로 우라늄을 들이마시는 세균을 찾을 수 있을지도 모른다고 제안한 것이다.

정말 말도 안 되는 아이디어였다. 세균이 온갖 것을 먹기는 하지만 이 목록에 방사성 폐기물은 포함되지 않았다. 어쨌든 우리가 아는 한은 그랬다. 지구 역사상 아주 최근까지도 그렇게 많은 방사성 폐기물이 아무렇게나 방치되어 있던 일은 없었다. 그런데 연구자들은 우라늄이 오랜 시간 라이플 시험장 부지의 흙 속으로 스며들고 있음을 알았다. 또 그곳에 많은 세균이 있다는 것도 알았다. 어쨌든 세균은 어디에나 있으니까. 어쩌면 세균은 우라늄을 들이마시는 습성이 생겼을지도 모른다. 그리고 연구자들은 세균이 다른 많은 물질을 호흡할 수 있게 하는 기법을 알고 있고, 이 기법을 이용하면 세균의 습성에 먹이를 주어 라이플 강변에 남은 우라늄을 없애는 데 도움이 될 수도 있을 것이다.

이 아이디어가 과학자들의 저스티스 리그(Justice League, 슈퍼맨, 배트

맨, 원더우먼 등 미국 DC 코믹스의 히어로들이 모여서 결성한 팀-옮긴이)를 콜로라도강 강둑에 자리한 가필드 카운티로 불러 모았고 이렇게 해서 라이플 팀이 출발했다.

그러나 세균이 세상에 긍정적 역할을 할 수 있을 거라고 처음으로 주장한 사람이 이들은 아니었다. 이런 견해에 이르기까지 실제로 긴 시간이 걸리기는 했지만, 당시에는 꽤 널리 퍼져 있는 지식이었다.

안톤 판레이우엔훅Antonie van Leeuwenhoek[1]이라는 아마추어 과학자가 1671년 자신이 만든 수제 현미경으로 '아주 작은 동물'의 세계를 보고 이를 처음으로 묘사한 이후, 우리는 세균을 끔찍한 골칫거리로 취급해 왔다. 실제로 세균은 그럴 수 있었다. 결핵, 라임병, 콜레라, 장티푸스. 이 가운데 하나만 골라 보라. 세균 질병에 걸린 세상은 정말 끔찍하다.

그러나 최근 들어 우리는 좋은 균과 나쁜 균이 있다는 점을 깨달아 가고 있다. 우리 몸에서 나쁜 균을 퇴치하고자 노력하는 과정에서, '지구 마이크로바이옴 프로젝트Earth Microbiome Project'(마이크로바이옴은 미생물microbe과 생태계biome를 합친 말로, 우리 몸에 사는 미생물과 그 유전 정보를 일컫는다-옮긴이)의 공동 책임자 잭 길버트Jack Gilbert와 롭 나이트 Rob Knight는 2017년에 다음과 같이 적었다. "의도치 않게 현대 전염병의 판도라 상자를 열게 되었다. 이는 서서히 죽음을 몰고 오는 비참한 만성적 건강 문제들의 집합체이며, 현대 세계 곳곳에 만연하게 되었다." 천식, 알레르기, 류머티즘성 관절염, 셀리악병, 과민성 대장 증후군, 다발성 경화증, 게다가 몇몇 정신 질환까지도.[2]

급속히 부상하는 과학 분야에서는 세균이 이 모든 질병을 해결하는 데 도움을 줄 수 있으며 그 이상도 가능하다고 입증해 보이는 중이다. 좋은 세균을 투여하여 나쁜 세균에 맞서 싸우도록 하는 세균 전이가 미래의 치료법이 될 수 있다는 사실이 점점 빠르게 명확해지고 있다. 머지않아 "비피두스균 두 알 먹고 내일 아침 전화하세요."라는 말을 의사에게서 듣게 될지도 모른다.

한편 우리 몸 바깥의 외부 세계에 세균이 존재하는 것이 우리 건강에 매우 이로울 수 있다는 점도 깨달아 가고 있다. 이는 냉전에 적지 않은 빚을 진 것으로, 서독과 동독이 40년 이상 '가진 자들'과 '가지지 못한 자들'의 경쟁국으로 나뉘어 있었기에 가능했다. 1989년 마침내 베를린 장벽이 무너졌을 때 에리카 폰 무티우스Erika von Mutius 같은 건강 연구자들은 '청결한' 서독과 '불결한' 동독에서 각기 자란 아이들에게 세균이 어떤 영향을 미치는지 연구할 기회라고 인식했다. 폰 무티우스는 동독 아이들이 알레르기 증상을 더 많이 보이고 천식에 시달리는 비율도 훨씬 높을 거라고 예상했다. 그러나 사실은 반대였다. 이 발견은 '위생 가설the hygiene hypothesis'이라는 별명이 붙은 새로운 탐구 영역의 발달에 매우 중요한 의미를 지닌다. 이 가설에 따르면 인간의 면역 체계는 많은 미생물에 노출될 때 엄청난 혜택을 얻는다.

그렇다. 나쁜 세균이 있고, 좋은 세균이 있는 것이다.

그러나 문제는 좋은 세균을 죽이지 않은 채 나쁜 세균만 죽이는 것이 정말 힘들다는 점이다. 페니실린도, 리솔 소독제도 특별히 두 가지를 구별하지 않는다. 게다가 더 큰 문제는 결국 모든 세균이 나쁜 세균 혹은 좋은 세균으로 나뉘는 것은 아니라는 점이다. 하나의 세균이 좋을 수도 있고 나쁠 수도 있으며 이는 꼭 우리 건강과 관련해서만 그런 것도 아니다.

베타프로테오박테리아betaproteobacteria라고 불리는 작은 생물체를 예로 들어 보자. 이것은 뇌수막염, 백일해, 임질을 일으킬 수 있는 끔찍한 세균이다. 라이플 시험장 부지의 우물에서 얻어 낸 수백 개 세균 속에 이와 같은 부류의 세균이 있었다. 그런데 연구 팀에서 곧 알게 된 사실은, 어떻게 된 일인지는 모르지만 이 미생물이 방사성 우라늄을 호흡하고 '환원'이라고 불리는 과정을 통해 전자를 가져옴으로써 방사능이 훨씬 적은 산물을 배출하도록 진화했다는 것이다.

연구자들은 성관계로 많이 전염되는 질병의 하나를 우리에게 감염시키는 세균이 이 방사성 폐기물 중 일부를 지구에서 없애는 데 도움이 될지 모른다는 가설을 세웠다. 아주 끝내주는 디스토피아 소설의 배경이 아니라면, 나는 이것이 대체 어떻게 가능한지 모르겠다.

솔직히 이런 생각이 머릿속을 스치고 있을 때, 휴대폰 벨이 울렸다. 라이플 시험장을 찾아오기 불과 며칠 전 주소록에 저장했던 번호가 화면에 떴다. 케네스 윌리엄스Kenneth Williams 박사 라이플 시험장. 우라늄을 호흡하는 세균에 관한 논문의 공동 저자이자, 내가 당시 서 있던 연구소 부지의 관리자가 전화를 건 것이다.

나는 고개를 들어 이동식 건물의 지붕을 쳐다보았다. 카메라 한 대가 나를 내려다보고 있었다.

"윌리엄스 박사님." 나는 과자 통에 손을 넣다가 딱 걸린 아이들이 부모에게 인사하는 것 같은 어조로 대답했다. "어떻게 지내세요, 박사님?"

연결 상태가 그리 좋지 않았다. 나는 몇 마디를 드문드문 알아들었지만 한 가지 질문은 또렷하게 알아들을 수 있었다. "지금 어디 계세요?"

나는 그가 나를 떠보는 거라고 여겼다. 내가 솔직히 털어놓자 그가 웃음을 터뜨렸다. 아무도 카메라를 모니터링하고 있지 않았다. 누군가를 시켜 하루 24시간 감시 카메라를 지켜보게 할 정도의 충분한 기금이 확보되어 있다고 내가 믿었다는 사실이 그를 웃게 한 것 같았다. 방사성 폐기물을 세계에서 없앨 새로운 방법을 발견하는 연구인데도 두둑한 연구 지원금을 받을 만한 티켓은 안 되는 모양이었다.

사실 그는 그 주에 내가 먼저 전화를 걸었던 일에 답을 하기 위해 전화한 것이었다. 나는 그 지역에 가 있는 동안 그를 만나고 싶다고 말해 두었고, 그 역시 나를 만나고 싶어 했다. 어쨌든 서로 할 이야기가 많았다. 우라늄을 호흡하는 세균이 꽤 흥미로운 이야깃거리라 해도, 라이플에서 나온 발견 중에서는 두 번째로 중요한 것에 지나지 않기 때문이었다.

"저기 말예요." 나는 윌리엄스에게 말했다. "이곳에는 정말로 청동 명판을 세워 놓아도 되겠어요. 가령 '이곳에서 우리는 생명과학을 바꿔 놓았다—영원히.'라는 식으로요."

"나도 같은 생각을 하고 있던 참이에요." 그가 말했다.

'생명의 나무'를 다시 그린 세균의 힘

콜로라도주 라이플에서 우리의 세계 전체가 바뀌었다. 생명의 나무(tree of life, 지구 모든 생물 종의 진화 계통을 나무에 비유하여 나타낸 그림-옮긴이)를 뿌리째 뽑아 자른 뒤 살바도르 달리Salvador Dalí풍으로 다시 조합한 것이다.

어떻게 이런 일이 일어났는지 이해하기 위해서는 1837년으로 거슬러 올라가야 한다. 찰스 다윈이 비글호를 타고 5년 가까이 돌아다녔던 발견의 여정을 끝내고 나서 케임브리지에 다시 자리 잡았던 때의 일이다. 현재 우리가 '진화evolution'라고 알고 있는 '변형transmutation' 이론이 막 떠오르기 시작하면서, 이에 대해 고찰하던 다윈은 아주 기본적인 생명의 나무를 스케치했다. 지구상에 있는 생물의 다양성, 그리고 이보다 앞서 "오랫동안 지속했던 멸종 생물 종들"을 거슬러 올라가면 하나의 공통 조상으로 이어진다는 자신의 믿음을 이 생명의 나무 속에 구체적으로 표현했다. 널리 알려져 있듯이 그는 『종의 기원』끝부분에 이렇게 썼다. "가장 아름답고 가장 놀라운 수많은 형태가 이토록 단순한 시작에서 진화했고, 지금도 진화하고 있다."

내가 대다수 과학자에게서 확인한 바 있고 (굳이 상상의 나래를 펴지 않아도) 예상할 수 있는 겸손의 전형을 보이면서, 다윈은 이 생명의 나무 옆에 "나는 이렇게 생각한다."라고 적어 놓아 자신의 가설 역시 진화할 수 있는 여지를 남겨 두었다. 분명 그 후로 우리는 이 생명의 나무에 살을 붙여 왔다. 모든 살아 있는 것을 고세균, 세균, 진핵생물, 이 세 영역으로 나누는 생물 분류 체계를 대부분 중학교 무렵부터 익숙하게 알고 있는데, 이 역시 1977년 미생물학자 칼 워즈Carl Woese가 생명의 나무에 살을 붙인 것이다.

이후 유전체 연구는 가령 아프리카코끼리와 바위너구리의 관계처럼 겉으로는 그렇지 않은데도 실제로는 가까운 친척 관계인 동물 사이에 진화적 연결고리를 이을 수 있는 새로운 방법을 우리에게 제공해 주었다. 또 이러한 것을 새롭게 알게 됨으로써 대개는 종 단위로 아주 서서히 생명의 나무를 다시 그리게 되었다.

그러다가 질리언 밴필드Jillian Banfield가 등장했다. 그녀는 미생물의 유전자 배열 순서를 밝히고 연구하는 분야에서 경력을 쌓아 왔고, 특히 세계에서 생물이 가장 살기 힘든 곳에 있는 미생물에 관심이 있었다. 그녀가 좋아했던 연구 장소 중 하나는 캘리포니아 북부에 있는 일련의 동굴들인데, 이곳은 기온이 거의 50℃까지 올라가고 천연 지하수는 지구에서 가장 산성이 강한 것으로 알려져 있다.

그녀는 우라늄이 섞여 있는 라이플의 지하수에서, 또 다른 끔찍한 놀이터를 찾았다.

연구자들은 실제로 찾고자 하는 것을 더 쉽게 찾기 위해, 흔히 필터를 이용하여 물에서 큰 오염 물질을 걸러낸다. 그런데 밴필드는 충동적으로 보일 수도 있는 엉뚱한 변덕을 부려 보았다. 일반적으로 물을 소독하는 수준 이상으로 계속 조밀한 필터를 이용해 정수한 것이다. 대다수 세균 연구자는 이렇게 하면 결국 모든 세균이 걸러져 애초의 목적을 이루지 못할 거라고 여기는 탓에 이 정도까지 하지 않는다. 그러나 그녀와 라이플 팀은 필터 막에 묻은 것을 긁어내어 유전자 배열 순서를 분석했고 그 결과 789세트의 유전암호를 발견했다. 이는 이전까지 확인된 다른 어떤 것만큼이나 작은, 어쩌면 그보다 훨씬 작은 생명체와 관련 있었다. 이는 지구상에서 가장 작은 생물체의 완전히 새로운 세계였다.

이 모든 생물체가 생명의 나무 어디쯤에 위치하는지 판단하는 일은 쉽지 않은 것으로 판명되었다. 이들 생물체가 모두 알맞게 놓일 만한 자리가 없었다. 정말 크고 넉넉한 여러 자리가 있어야 했는데, 가령 코끼리와 바워너구리를 한데 놓아 두고도 "으음, 완벽하게 잘 맞는군."이라고 말할 정도로 말이다.

밴필드 팀은 기존의 7개 문에 새로운 생명체를 위한 자리를 찾아 주고, 나머지에 대해서는 완전히 새로운 28개의 문을 만들어 줘야 했다. DNA가 그만큼 달랐기 때문이다. 미생물학자 로라 허그Laura Hug는 나중에 이렇게 의견을 밝혔다. "포유류의 새로운 종을 발견한 것과는 차원이 달랐어요. 말하자면 포유류라는 것이 존재하고 주변에 온통 널려 있는데도 우리가 전혀 알지 못했다는 사실을 발견한 것 같았죠."[3]

라이플의 발견으로 생명의 나무에서 세균 영역 가지의 수가 두 배 가까이 늘었고 고세균과 진핵생물의 영역은 훨씬 작아졌다. 다윈이 맨 처음 공책에 나무를 그릴 때 우리 인간이 위치한 자리로 그렸던 가지는 이제 고작해야 잔가지 정도로밖에 보이지 않았다. 게다가 발견은 막 시작된 상태이다. 한때 우리가 속했다고 믿었던 영역과 대비되어 앞으로 우리가 훨씬 더 초라하게 보일 것이라는 의미다.[4]

그리고 또 한 가지. 세계를 뒤흔들어 놓은 이러한 세균의 발견이 라이플 부지에서 이루어졌다는 점은 그다지 중요하지 않았다. 샘플을 채취해서 미생물 생명이 있는지 확인해 봐야 할 극단의 환경은 다른 곳에도 많이 있다. 필터로 거르는 간단한 행위를 거쳐 DNA를 찾아낸 뒤 유전자 배열 순서를 밝히는 몇 가지 새로운 방법만으로도 생명의 엄청난 다양성을 살펴볼 수 있는 완전히 새로운 길이 열린 것이다. 이러한 발견은 어디에서든 이루어질 수 있다.

그렇다고 해서 라이플 부지가 그다지 경이롭지 않다는 의미는 아니다. 적어도 내게는 그렇지 않다.

나는 스무 살에 처음으로 예루살렘에 갔었다. 그때 예수가 죽임을 당한 뒤 묻혔다가 부활한 곳이라고 많은 기독교인이 믿는 성묘 교회를 찾았다. 훨씬 정교하게 만들어진 성지와 성소도 다른 곳에 많았다. 바르셀로나의 사그라다 파밀리아 성당, 모스크바의 성 바실리 대성당, 런던의 웨스트민스터 사원 모두 건축의 경이를 보여 준다. 그 모든 곳에서 전하는 바에 따르면 예수는 고대 유대 지역과 사마리아와 갈릴리 전역을 다니며 민중을 선동했으니, 이 가운데 어느 곳에서든 십자가에 못 박힐 수 있었다. 그러나 전해지는 이야기들을 믿는다면 예루살렘 옛 시가지 기독교 구역의 다 허물어져 가는 회색빛 돌 교회에서 모든 것이 바뀌었던 것이다.

콜로라도강의 이 덤불투성이 작은 땅, 라이플 부지는 비록 요란하게 드러내지는 않아도 생명과학의 근본적인 도약을 이룬 곳이며, 모든 것을 예전과 다르게 바꿔 놓을 곳이다.

물벼룩 유전체의 완벽한 '코딩'

어쩌면 대왕고래에 관해 우리가 틀렸을 가능성도 있다. 아주 희박한 가능성이기는 하다. 1%에도 훨씬 못 미치는 아주 미미한 가능성이기는 하지만 그래도 있긴 있다.

대왕고래는 우리 행성에 살았던 동물 가운데 가장 큰 동물이 아닐지도 모른다. 더 큰 것이 있었을지도 모른다. 이제껏 알려진 화석 기록상으로는 그렇게 믿을 만한 근거가 없기는 하지만 그래도 고생물학 분야에서는 놀라운 일이 끊임없이 일어난다.

그러니 가능한 일이다.

그러나 반대쪽에서는 완전히 다른 상황이 펼쳐지고 있다. 이제껏 우리 행성에 살았던 것 가운데 가장 작은 생명체를 이미 발견했을 가능성이 있다. 하지만 이 가능성은 1%의 몇백 분의 1 정도밖에 되지 않는다.

이제까지 우리는 대략 600만 종류의 미생물을 확인했다. 그러나 1조 개 종의 미생물이 있을 수 있다고 믿는 과학자들도 있다.[5] 이를 이해하기 위해 세상에 존재하는 개별적인 새 한 마리 한 마리가 모두 별개의 종이라고 상상해 보라. 자, 머릿속에 다 그렸나? 이제 그 수를 두 배로 늘려라. 그러면 얼추 비슷할 것이다.

게다가 이 수치는 현재 우리와 함께 지구상에 살고 있을 미생물만으로 이루어진 것이다. 1조 개 종이라는 추정치를 발표한 바 있는 인디애나대학의 연구 듀오 제이 레넌Jay Lennon과 켄 로시Ken Locey는 2017년 나에게 이런 말을 들려주었다. 지난 35억 년(몇억 정도의 오차는 있을 수 있다) 중 특정 시점에 얼마나 많은 종이 지구에 살고 있었을까 하는 물음은 이들이 즐겨 천착하는 질문이라고. 당시 이들은 과거의 기나긴 시간 동안 다른 생명체에게 무슨 일이 일어났는지 더 잘 이해하기 위해, 지난 6억 년 동안 진핵생물군의 누적과 멸종을 설명하는 섭코스키 곡선Sepkoski Curve을 이용할 수 있을지 지질학자 케빈 웹스터Kevin Webster와 함께 가능성을 탐색하고 있었다. "섭코스키 곡선의 통계적 특성을 이해할 수 있으면, 물론 신중해야 할 테지만 이를 미생물에 적용하여 수십억 년 전까지 역추적할 수 있어요." 로시가 내게 말했다.

그런데 이제껏 발견된 미생물 중에는 아직 눈으로 확인되지 않은 것이 많다.

눈으로 확인하지도 못하는데 어떻게 발견했을까? 이는 인간의 성폭행 사건에서 아직 피의자를 찾지 못했을 때 검사가 기소하는 방식과 동일하다. 말하자면 DNA를 대상으로 기소하는 것이다. 예를 들어 2015년 가을 시애틀에서 검찰은 워싱턴주의 강간 사건 공소시효 10년 규정을 피하기 위한 색다른 접근법으로 '07-3116 Peri-SF'를 흉악 범죄로 기소했는데, 이 DNA 염기서열은 지난 8년 동안 FBI 데이터베이스에 계속 보관되어 있던 것이다.[6] 그들은 미래에 얻게 될 DNA 샘플을 '미해결 사건'과 연결 짓고자 하는 희망으로 이 방법을 사용했다. 그리 머지않은 미래에, 수사관이 범죄 현장에 남겨진 DNA를 토대로 범죄 프로파일을 만들거나 심지어는 개별 피의자의 상세한 합성사진을 만드는 일도 흔하게 이루어질 수 있을 것이다. 펜실베이니아주립대학교의 마크 슈라이버Mark Shriver라는 과학자와 그의 팀이 한 가지 과정을 제안한 바 있는데, 오로지 유전자 암호의 일부만을 기반으로 하며 피부·머리카락·눈 색깔, 코·입술·눈썹 모양 등 얼굴 특징과 관련된 수천 개 DNA 표지를 이용하여 꽤 신빙성 있는 인물 합성사진 스케치를 완성하는 것이다.[7]

콜로라도주 라이플에서 밴필드 팀이 했던 작업이 본질적으로 이와 똑같다.

비위가 약하지 않다면, 인체를 미니밴 크기의 음식물 처리기에 넣었을 때 어떤 모습으로 나올지 한번 상상해 보라. 밴필드 팀이 채취한 미생물이 이런 모습이었으며 DNA가 조각조각 부서져 있었다. 작은 뼛조각을 한데 모아 좀 더 큰 뼛조각으로 조립하는 고생물학자처럼 라이플의 연구자들은 이 생명체가 어떤 모습이었을지 이해하기 위해 DNA 조각을 모아 서로 겹치는 DNA를 확인함으로써 보다 긴 유전자 염기서열을 만들어 냈다.

그러나 몇몇 사례를 제외하고는 유전체 형태가 완전하지 않았다. 대부분의 미생물은 저마다 유전암호의 90%만 지니고 있었다. 각각의 미생물이 이전까지 확인된 바 없는 고유종이라고 파악할 정도는 되지만, 완벽한 합성사진을 만들 정도는 되지 못했다.[8]

이 팀은 자신들이 발견한 미생물 중 일부의 몇 가지 놀라운 사진을 확보했다. 이 과정에서 휴대용 초저온 플런저cryo-plunger가 이용되었고, 테이블용 와인 따개와 블렌더를 섞어 놓은 것처럼 생긴 이 기구를 이용하여 표본을 −272℃로 순간 냉동시킬 수 있었던 덕분에, 연구자들은 라이플 우물에서 발견한 세균을 꽤 긴 시간 동안 안정시켜서 실험실까지 가져갈 수 있었다. 그런 다음 10억 분의 1m를 5등분한 크기의 화소로 촬영할 수 있는 고성능 전자현미경으로 사진을 찍었다. 아무리 고성능 장비를 이용하여 찍었어도 사진은 흐릿했으며 마치 작은 안테나가 달린 흑백텔레비전의 화면 같았다. 밴필드는 나중에 내게 사진으로 포착한 생명체가 어떤 것인지 정확하게 알 수는 없다고 말했는데, 표현 형질과 유전자 염기서열을 연결 짓는 더 길고 정교한 과정이 요구된다고 했다. 그럼에도 불구하고, 모든 것을 고려했을 때 이 팀은 단세포생물의 몇 가지 사진을 확보하여 그 크기를 측정할 수 있었다.[9]

이 시점까지 알려진 지구상의 가장 작은 생명체는 반반의 확률을 갖고 있다. 기네스에서는 나노아케움 에퀴탄스*Nanoarchaeum equitans*라고 알려진 고세균 생명체가 "살아 있는 생명체로는 가장 작은 실체라고 보편적으로 인정된다."라고 오래전부터 고수해 왔는데, 이 생명체는 염분이 많고 산성이 강한 아주 뜨거운 해양 환경에 사는 '극한 미생물'이다.[10] 한편 클라우드로 연결된 위키피디아의 많은 편집자가 가장 작은 생명체라고 인정한 것은 미코플라스마 제니탈리움*Mycoplasma genitalium*으로, 이는 인간의 소화관, 방광, 기도에 사는 기생 세균이다. 두 생명체 모두 지름 300nm(1nm는 10억 분의 1m이다-옮긴이) 범위 내로 자란다. 과학자들은 대부분 한 발자국 물러나 있기는 있지만, 그래도 다들 위키피디아와 관련이 있어서 미코플라스마의 손을 들어 주는 것 같다.[11] 명백한 주장을 내세우기에는 아직 알려지지 않은 사항이 너무 많다.

이제 라이플에서 벌어진 일 덕분에 상황은 훨씬 애매해졌다. 그곳에서 확보한 사진으로 볼 때 이 세균성 생명체의 지름은 약 250nm였다. (축척 대신 설명하자면 이 문장 끝에 있는 마침표는 지름이 대략 100만nm쯤 된다.) 게다가 이는 라이플 우물에서 무작위로 채취한 미생물의 극히 일부일 뿐이다. 향후 몇 년 안에 지금까지는 상상할 수 없었던 나노 범위의 세계 전체가 초점 안으로 들어와 더욱 뚜렷하게 보이게 되면 더 많은 미생물이 발견될 것이다.

그러나 라이플 부지에서 나올 것 같지는 않다. 내가 불법적으로 라이플 부지를 방문한 지 몇 주 정도 지나 콜로라도주 크레스티드 뷰트에 있는 윌리엄스의 집을 방문했을 때, 그는 내가 무단으로 침입한 "신성한" 시설이 해체되는 중이라고 말했다. "우리가 이야기하고 있는 지금, 그들이 신전의 기둥을 무너뜨리고 있어요."

어쩌면 라이플에서 다른 샘플을 더 얻지 못할 수도 있다. 그러나 전 세계적으로 아직 발견되지 않은 수십억 개의 미생물 가운데 라이플에서 발견된 것보다 훨씬 작은 것을 끝내 찾지 못할 것 같지는 않다. 얼마 후면 그보다 훨씬 작은 것을 찾아낼 것이고 또 이어서 그보다 훨씬 더 작은 것을 찾아낼 것이다.

이는 우리 모두에게 좋은 징조가 될 것이다. 생명의 비밀을 풀면 우리가 생명을 유지해 나가는 데 도움이 될 수도 있으므로 이 문제에 관한 한 로마의 동식물 연구가 대★플리니우스Gaius Plinius Secundus가 2,000년 전에 했던 말보다 더 적절한 것은 없다.

"자연 세계 전체로 볼 때 가장 작은 것만큼 위대한 것은 없다."[12]

우리가 이해하지 못한다고 '쓰레기'는 아니야

"크기는 중요하지 않아."

아주 오랫동안 자기 학급과 축구 팀에서 거의 항상 가장 작았던 딸에게 나는 이 말을 되풀이해 왔다. (이 밖에도 "하든가 안 하든가 둘 중 하나야. 한번 해 보는 식은 안 돼."와 "절대 나한테 확률을 말하지 마."도 있다. 〈스타워즈〉에는 가치 있는 삶의 지혜가 가득하다.) 정말 우리의 유전자에 관한 한 요다가 옳았다. 크기는 우리를 현혹할 수 있다(〈스타워즈〉에서 등장인물 요다는 크기는 중요하지 않다며, "날 크기로 판단할 거냐?"라고 묻는다-옮긴이).

예를 들어 2011년 국제 과학자 집단[13]이 물벼룩, 다프니아 풀렉스 *Daphnia pulex*의 유전체 염기서열을 분석했을 당시 연구자들은 자신들이 발견한 것을 보면서 망연자실했다. 작은 갑각류는 단백질 암호화 유전자가 인간보다 25%나 많았으며, 이들 유전자는 갖가지 놀라운 방식으로 표현되어 몸의 형태나 특성 면에서 다양성을 만들어 냈다. 가령 보호용 헬멧 역할을 하도록 껍질의 특정 부위가 두툼하기도 했고 심지어는 포식자가 삼키기 힘들도록 '목 이빨'이라는 것도 생긴 상태였다.[14] 몸길이가 절대로 3mm 이상 커지지 않고 다 자란 뒤에도 대체로 0.5mm를 넘지 않는 생물이 세상에서 가장 복잡한 유전체의 하나를 지니고 있음을 발견한 것이다.

그러나 물벼룩의 유전체가 복잡하기는 해도 길이는 짧다. 어떻게 그런 일이 가능할까? 훌륭한 컴퓨터 프로그래머라면 누구라도 말하듯이, 복잡성과 길이는 서로 다르며 프로그램을 정말 훌륭하게 코딩하는 프로그래머는 적은 것으로 많은 일을 해낸다. 그리고 물벼룩은 믿을 수 없을 만큼 훌륭하게 코딩되어 있다. 유전체 안에 많은 유전자가 있음에도 염기쌍은 겨우 1억 개 정도이기 때문이다. (비교하자면 인간의 염기쌍은 30억 개다.)

순전히 암호 길이의 측면에서 볼 때, 물벼룩은 최근 몇 년 사이 값싸고 손쉽고 처리 속도도 빨라진 유전자 연구의 경향과도 잘 맞아

떨어진다. 5,500개가 넘는 종에 대해 유전체 크기 추정치가 나와 있으며, 이 가운데 가장 긴 암호와 가장 짧은 암호 사이에는 7,000배의 차이가 있다. 말하자면 많은 유전암호가 점점 더 시장에 나오면서 많은 동물 집단의 몸 크기와 유전체 길이 사이에 확실한 상관관계가 있음을 보여 주는 연구도 늘어나고 있다.[15] 그러므로 짧은 유전암호를 찾아봐야 할 이유가 있다면, 세상에서 가장 작은 생명체에게 눈을 돌리게 될 것이다.

생화학자 크레이그 벤터Craig Venter와 댄 깁슨Dan Gibson은 짧은 유전암호가 필요했다. 1990년대 말, 이들이 합성 기술로 기존의 생명체를 재현해 내고자 시도했을 무렵에는 합성 DNA를 만드는 과정에서 한 번에 몇천 자의 암호밖에 만들 수 없었다. 대다수 생명체, 심지어는 미생물도 수백만 개의 염기쌍을 지니고 있다. 게다가 우리가 아는 한 수십억 개의 염기쌍을 지닌 생명 형태도 수두룩하다.

이들은 작은 크기의 생명체 가운데 가장 작은 것을 자신들의 실험에 이용해 볼 수 있겠다고 여겼다. 세상에 알려진 가장 작은 생명체라고 오래전부터 위키피디아에 인용되었던 세균 미코플라스마 제니탈리움의 염기쌍은 겨우 58만 73개였다. 또 유전자도 525개밖에 되지 않아 전통적으로 생명이라고 일컬어지는 것 가운데 세상에서 가장 적은 수의 유전자를 갖고 있었다. 그러나 깁슨은 나중에 내게 미코플라스마 제니탈리움에는 한 가지 문제가 있었다고 말했다. 성장 속도가 너무 더뎌서 연구 속도까지 떨어뜨린다는 문제였다.

그러나 아주 가까운 친척 종 중에서 완벽하게 꼭 맞는 것을 찾았다. 젖소, 양, 염소의 내장에 사는 세균인 미코플라스마 미코이데스

*Mycoplasma mycoides*였는데, 염기쌍이 겨우 120만 개를 넘는 정도였다. 이 정도 수치면 세상에 알려진 가장 적은 수의 유전체 범위에 충분히 들어간다. 게다가 이 세균은 사촌 세균보다 성장 속도가 10배나 빨랐다.

미코플라스마 미코이데스의 염기서열을 이용하게 된 연구자들은 레고 세트의 지시 사항을 따르는 아이들처럼 1,000개가 넘는 개별 암호 조각을 이어 붙여 화학적으로 합성한 염색체를 만든 다음, 자연적으로 자란 세포에서 DNA를 제거하고 이 세포 안에 염색체를 넣었다.[16] 그 결과 유전자 워터마크만 제외하면 미코플라스마 미코이데스와 아주 많이 닮은 복제 세포를 얻었다. '유전자 워터마크'는 이 반인반신의 과학자들이 2010년 《사이언스》에 탄생을 알린 미생물을 정말 그들 자신이 만들어 냈다는 증거로 덧입혀 놓은 표시였다.

이 학술지 논문이 주는 가장 흥미로운 깨달음은 프랑켄슈타인의 창조물과 마찬가지로 이 합성 생명체 역시 전기 충격을 가하여 세포 껍질 속에 염색체를 집어넣음으로써 비로소 생명이 시작되었다는 점이다. 나는 극적인 효과를 잘 연출하는 것으로 유명한 벤터가 하늘을 향해 두 팔을 뻗은 채, "살아 있어!"[17]라고 소리치는 장면이 절로 상상되었다.

2016년 벤터 팀은 똑같은 작은 생명체를 이용하여 또 다른 큰 도약을 이루어 냈다. 미코플라스마 미코이데스를 아주 흡사하게 복제하는 데 성공한 이들은 이 합성 세균에서 염기쌍을 하나씩 제거해 보고, 급기야는 유전자 전체를 제거하는 수준까지 나아감으로써 자신들이 어느 수준까지 염기쌍을 제거하여 합성 세균을 만들 수 있는

지 알아보았다. 마침내 이들은 원래 유전암호의 절반 이상을 잘라 내는 수준까지 갔다.[18] 그 결과 JCVI-syn3.0이라고 불리는 생물이 생겼으며, 염기쌍은 겨우 53만 1,560개, 유전자는 473개였다. 자연 세계에 알려진 다른 어떤 것보다 작으면서도 생명을 유지하는 유전체였다. 이 덕분에 우리는 생명 유지에서 가장 기본적인 유전적 구성 요소가 무엇인지 이해하는 데 가장 근접할 수 있었다.

한 가지 생명 형태에게 기본적인 DNA가 다른 모든 생명 형태에게도 그러한지 알기 위해서는 더 오랜 기간의 연구가 필요할 것이다. 그러나 이런 지식을 얻은 이상 우리는 유전자가 개별적으로, 또는 서로 협력하여 무슨 일을 하는지 이해할 수 있는 더 나은 위치에 놓이게 된다. 그리하여 유전자 세계를 이해하는 데 비어 있는 아주 커다란 구멍 몇 가지를 채우는 데도 도움이 될지 모른다.

어쨌든 인간 유전체 염기서열 분석에 수십 년의 연구와 수십억 달러의 돈을 쏟아부었지만, 아직도 우리의 유전암호 가운데 결코 이해하지 못한 것들이 아주 많다. 실은 거의 대부분 이해하지 못한다. 존경할 만한 과학자들조차 이러한 유전자 암흑 물질을 오랫동안 '쓰레기'라며 조롱했다. 그러나 오늘날 우리는 그것이 쓰레기가 아니라는 걸, 상상력을 아무리 총동원해도 그건 절대 아니라는 걸 알고 있다. 이 유전물질의 많은 부분이 유전자 발현 조절에 관여하며 예측 불가능한 세계에서 살아남기 위한 목적으로 특정 시기에 어떤 유전자가 발현되어야 할지 결정하는 데 도움을 준다는 것을 알게 되었다. 그러나 우리가 이 발현 조절 DNA를 존중하게 되었다고 하더라도, 이것이 모두 무슨 일을 하는지 조금이라도 특정할 만큼의 이해 수준에는 더 가까이 가지 못했다.

이는 우리의 DNA가 많은 점에서 저 엉뚱한 루브 골드버그 장치 Rube Goldberg machines를 닮았기 때문이다. 이 장치는 단순한 과제를 애써 복잡하고 기발한 방식으로 완수하기 위해 만든 것으로, 골드버그의 가장 유명한 창작물(만화에만 등장할 뿐 실제로 만들어진 적은 없다)은 도르래, 앵무새, 들통, 로켓 등을 이용하여 만든 '자동 냅킨' 기계다. 미국 록밴드 오케이 고OK Go의 노래 〈디스 투 셸 패스This Too Shall Pass〉[19]의 뮤직비디오에는 한도 끝도 없이 이어지는 훨씬 복잡한 장치가 등장하는데, 밴드 멤버들에게 고작 페인트볼 4개를 발사하기 위한 구식 타자기, 피아노, 전자기타, 진짜 포드 에스코트 '레몬스' 경주용차,[20] 그리고 이를 본떠 만든 레고 모형이다.[21]

오케이 고 뮤직비디오에 등장하는 장치는 완성된 형태로 어떤 목적을 이루기 위한 건지 좀처럼 상상하기 어려운 데다, 개별 부분들을 하나씩 떼어 보아도 각기 어떤 역할을 할지 상상이 잘되지 않는다.

그러나 처음부터 끝까지 이 장치가 차례차례 사용되는 것을 보면 각 부분의 목적이 무엇인지 명확해진다. 이와 마찬가지로 아주 기초적인 것만 있는 유전체에 유전자를 다시 하나씩 더해 가면 이들 유전자가 더 복잡한 생명체의 한 부분으로서 어떤 목적을 지니는지 분명해진다. 기본적인 것, 다시 말해 생명 유지에 절대적으로 필요한 필수 요소에서 시작함으로써 저 신비한 다른 모든 DNA의 목적을 훨씬 잘 이해할 수 있다고 연구자들은 믿고 있다.

모든 커다란 것을 더 잘 이해하기 위해 가장 작은 것에서 시작한다는 원리는 가장 작은 식물에서부터 가장 작은 곤충, 그리고 가장 작은 양서류와 가장 작은 포유류에 이르기까지 많은 집단을 살펴보는 데도 유용하다. 각 영역에서 가장 작은 이 생명 형태들은 다른 모든 것에 관해 뭔가 근본적인 것을 알려 줄 수 있다.

우리가 이들을 놓치지만 않는다면.

몸속 마이크로바이옴이 뇌만큼 중요한 이유

1600년대 말, 안톤 판레이우엔훅이 미생물의 세계를 우연히 마주하게 된 것은 특별한 사건이었다. 이 네덜란드 사람은 훈련받은 과학자가 아니었다. 그는 바구니 제작 및 양조업 가문에서 태어났다. 젊은 시절 델프트에서 직물 상인으로 자리 잡았으며 이곳에서 화가 요하네스 페르메이르Johannes Vermeer와 동시대인으로 살았다. 페르메이르는 〈진주 귀고리를 한 소녀〉로 유명하지만 〈천문학자〉와 〈지리학자〉 같은 그림을 보면 당대 델프트에 퍼져 있던 과학과 학문에 대한 존경이 나타나 있다.[22] 판레이우엔훅이 현미경 제작 기술을 익히고 이전까지 보이지 않던 세계를 취미로 연구하기 시작한 것은 바로 이러한 분위기 속에서였다. 아마 다른 환경이었다면 그는 미친 사람으로 비난받을까 봐, 아니 그보다 더 심각하게는 정말로 미쳤을까 봐 두려워 현미경 렌즈 아래서 본 것을 혼자만 간직했을지도 모른다. 그러나 그는 대담하게 '자연과학 진흥을 위한 런던왕립학회Royal Society of London for Improving Natural Knowledge'에 편지를 써서 자신이 본 것을 설명했다.

왕립학회 회원들은 상당한 회의론을 극복하고 나자 원생동물, 세균, 정자 등이 포함된 판 레이우엔훅의 발견에 매혹되었다. 그러나 이들 작은 생명 형태가 뭔가 하는 일이 있기는 한지, 혹시 있다면 그것이 무엇인지 아무도 판단하지 못하자 현미경 세계의 신기함은 곧 시들해졌다. 눈으로 살펴볼 수 있고 뭔가 특별한 것이었지만, 그저 그 정도 쓸모밖에 없는 것처럼 보였다.

"거의 200년 가까이 지나서야 이들 생명체가 진지한 관심을 얻게 되었다."라고 2015년에 럿거스대학의 폴 팔코스키Paul Falkowski가 썼는데, 그는 생명체가 지구의 화학적 성질을 어떻게 변화시켰는지 연구한 학자다. "놀랍게도 중력, 광파, 별 주위 행성의 회전, 그리고 수학에서 과학을 분리한 믿을 수 없는 일 등 17세기 과학의 근본적 발견은 물리학과 화학에서 수많은 발견을 폭발적으로 촉발한 반면, 생물학의 근본적 발견은 대체로 지체되고 그마저 인간의 건강과 관련해서만 중요성을 지녔다."[23]

인간 건강에서 미생물이 하는 역할에 대해 현재 우리가 배우고 있는 것을 생각해 보면 아이러니는 배가된다. 게다가 미생물이 지구 최초의 생명 형태일 뿐 아니라 수십억 년 이상 우리 행성에 산소를 공급하면서 현재 우리가 아는 모습의 생명이 존재하는 세상을 만들어냈다는 점을 생각할 때 더더욱 아이러니하다.

계몽주의 시대 동안 다른 과학 분야에서 이루어진 것과 같은 수준의 발견이 미생물 세계에서도 널리 이루어졌다면 우리가 무엇을 알게 되었을지 말하기는 어렵다. 그러나 미생물학자들 사이에서는 우리가 기회를 놓쳤다는 한탄이 일관되게 나오는 것처럼 보인다.

"우리는 여전히 따라잡으려고 애쓰는 중인 것 같아요." 2017년 롭 나이트가 내게 말했다.

너무도 오랫동안 미생물을 무시한 결과 우리가 무엇을 놓쳤는지에 대해, 나이트는 파라오의 무덤에서 시작하는 비유를 들었다. 고대 이집트 장의사는 파라오가 사후 세계에서 필요로 할 모든 장기를 제거하여 단지에 담는 등 죽은 지도자의 몸을 세심한 손길로 보존한다.[24]

그러나 그중 뇌는 제외되었다. 이들은 뇌가 무슨 일을 하는지 알지 못했기에, 죽은 파라오의 코에 고리를 찔러 넣은 다음 그 모든 회백질을 휘저어 밖으로 빼낸 뒤 버렸다.

마이크로바이옴에 대해서 우리가 한 일도 이와 같다고 나이트는 종종 말한다. 아주 오랫동안 우리는 마이크로바이옴이 있다는 것을 알았지만, 그것이 실제로 무슨 일을 하는지 알지 못했기 때문에 전혀 중요하지 않은 것처럼 취급했다.

나이트는 잃어버린 시간을 벌충하기 위해 야심 찬 과학 프로젝트에 착수했다. 이 프로젝트는 사람 내장에 무엇이 들어 있는지 미국인이 이해하도록 돕기 위해 시민의 기금으로 진행되는 과학 계획이다. 아울러 이러한 노력의 결과로 전국 곳곳에서, 이후에는 다른 나라 곳곳에서도 마이크로바이옴에 대한 일종의 인구조사가 이루어졌다. 농담이 아니다. 실제로 나이트는 우편으로 대변 샘플을 그에게 보내는 영예의 대가로 1만 1,000명 이상의 사람에게 샘플 1개당 99달러를 지불하게 했다.[25] 게다가 몇 년에 걸쳐 자신의 대변에서도 매일 샘플을 채취했다. 유난히 온화한 그의 파트너 아만다 버밍엄Amanda Birmingham 역시 똑같이 했다.[26]

그러나 우리 몸의 세균이 모두 장에만 있는 것은 아니다. 그중 많은 수가 다른 부위, 특히 아랫도리에 많다. 수년간의 연구 끝에, 나이트는 신생아가 산도産道를 빠져나올 때 건강한 세균에게서 얻을 수 있는 초기 도움을 상당 부분 얻을 수 있다는 걸 알았다. 그와 버밍엄의 딸이 응급 제왕절개로 태어났을 때 그들은 딸이 이런 좋은 기회를 놓치는 것을 원치 않았기에, 버밍엄의 질에서 얻은 표본을 탈지면에 묻혀 아기의 귀와 입을 포함한 몸 전체에 발라 주었다.

그들은 이러한 행동을 혼자서만 간직하지도 않았다. 나이트는 2014년 테드 강연에서 이 과정을 상세하게 설명했고 이를 책으로 써서 이듬해 출간했다.[27] 왜 그랬을까? "우리 딸의 무도회 데이트 날 이 이야기를 들려줄 때를 대비하는 거죠." 그는 이렇게 농담했다.

그러나 혹여 민망할 수도 있는 자기 가족의 비밀을 공유한다는 것은 기준을 세우는 문제였다. 당신이 수천 명의 사람에게 당신을 믿고 대변을 맡기라고 부탁하면서 그들에게 당신 이야기를 터놓고 말하지 않을 수는 없다. 나이트가 이제껏 세계에서 가장 대규모로 이루어진 시민 참여 과학 실험에 사람들이 참여하도록 설득하는 데 성공할 수 있었던 이유는 단지 그 자신이 훌륭한 과학자였기 때문만은 아니다. 그는 진정으로 소통하는 사람이었으며, 요즘에는 이 점 역시 마찬가지로 중요하다.

이미 미국인의 장 데이터 세트American Gut data set가 활용되고 있는데 여기서 입증된 바에 따르면, 견과류와 꽃가루 알레르기를 지닌 성인은 장내 미생물군의 다양성 수준이 낮고 클로스트리디움목Clostridiales(보통 '좋은 균'이라고 불린다) 개체군의 수치는 평균보다 낮은 반면, 박테로이데스목Bacteroidales(대체로 '나쁜 균'에 속한다)은 평균보다 높다.[28] 질산염과 아질산염과 산화질소를 감소시키는 구강 세균과 편두통을 앓는 사람 간의 잠재적 연관성도 입증되었다.[29] 아울러 제왕절개 수술로 태어난 사람은 유아기뿐 아니라 성인이 되고 나서도 오랫동안 마이크로바이옴이 뚜렷하게 다르다는 것을 입증함으로써 나이트와 버밍엄의 산후 대응 조치가 훌륭한 아이디어였다는 것을 확인해 주었다.[30]

우리가 사는 세계에서 가장 작은 것을 간과할 때 이는 곧 우리 자신에 대한 위험을 각오하는 것임을 이 모든 것이 말해 준다.

|

나치와 결탁한 해충?

|

나는 버턴 반스의 부고 기사가 이례적이라고 여겼다. 어쨌든 반스 자체가 별난 사람이었으며, 그의 특정 학문 분야에 속하지 않은 일반인이라도 40만m²의 사시나무 클론이 지니는 실제적 중요성을 인식할 수 있는데도 이를 묵살해 버렸다. 반스는 미시간대학의 한 강의에서 '세상에서 가장 큰 생명체'라는 개념에 흥분하는 사람들을 공개적으로 조롱하기도 했다. 그리하여 2014년 7월 그가 죽은 뒤 생애를 979자로 정리한 《앤아버 뉴스Ann Arbor News》 부고 글에 그의 가장 커다란 발견을 적지 않은 것은 그를 존중하는 의미에서 생략한 것으로 보였다.[31]

그러다 나는 이전에도 똑같은 일이 있었다는 것을 깨달았다.

"존 W. '잭' 비어즐리John W. 'Jack' Beardsley가 2월 5일 시내에서 자신이 좋아하던 곤충 연구 작업을 하다가 74세의 나이로 비숍 박물관에서 죽었다." 2001년 2월 14일 《호놀룰루 스타불리틴Honolulu Star-Bulletin》에 실린 667자 부고 기사의 도입 문장은 이렇다. 뒤이어 650개가 넘는 과학 논문과 그 밖에 하와이섬의 외래종 곤충에 관한 무수한 발표 메모 등 비어즐리가 곤충학 분야에서 이룩한 수많은 엄청난 공로가 상세하게 서술되어 있다.[32]

그러나 가장 작은 발견에 대해서는 한마디도 없었다.

사망하기 불과 1년 전, 비어즐리와 동료 곤충학자 존 후버John Huber는 총채벌과mymaridae family에 속하는 작은 말벌을 발견했다고 보고했는데, 총채벌과는 흔히 요정파리로도 알려져 있다. 하와이섬, 몰로카이섬, 오아후섬에 있는 나무에 노란 끈끈이 덫을 높이 1.5~2.5m 정도에 매달아 놓고 잡은 이 곤충은 머리에서 배까지 길이가 190μm(1μm는 100만 분의 1m이다-옮긴이), 그리고 폭은 사람 머리카락 몇 가닥 정도였다.[33]

그들은 이 종을 키키키 후나Kikiki huna라고 불렀다.

혹시 빅 카후나(Big Kahuna, 영향력 있는 거물-옮긴이)라는 말을 들어 보았는가? 이 종은 작은 빅 카후나였다. 작은 키키키 후나.[34]

반스의 발견도 그러했지만 키키키 후나를 확인했다는 소식도 별로 유명하지 않은 과학 학술지 《하와이 곤충학학회 공식 기록Proceedings of the Hawai'ian Entomological Society》에 처음으로 발표되었다. 훌륭한 과학이라면 응당 그래야 하듯이 신중하고 겸손한 태도로 쓰인 이 보고에서는 기록을 세웠다는 주장을 공공연하게 내세우지 않았다.

그러나 키키키는 기록을 세웠다. 이제껏 발견된 것 가운데 날아다니는 곤충으로는 가장 작았고, 완전히 새로운 속의 요정파리였다. 이후 더 많은 표본을 채취하여 연구하면 키키키가 길이 158μm 정도로 훨씬 더 작을 수도 있다는 사실이 드러나게 될 것이다.

키키키를 처음 발견했을 때 비어즐리와 후버는 하와이섬에만 있는 고유종을 발견한 것이라고 여겼다. 그러나 많은 발견이 그렇듯이 연구자들이 세상을 다르게 바라볼 수 있다고 알게 되면 이전까지 보이지 않던 것이 확실히 풍부하게 드러난다. 오늘날 가장 작은 요정파리는 아르헨티나, 호주, 코스타리카, 트리니다드섬, 인도에서도 발견되었다.

곤충학자 프라샨트 모한라즈Prashanth Mohanraj가 내게 들려준 바에 따르면, 인도에서는 어느 한 지역에서 키키키가 발견되자 이에 자극을 받은 연구자들이 다른 지역도 찾기 시작했다. "우리는 키키키 후나의 분포 범위가 극히 한정되어 있어서 인도에는 희귀할 것이라는 인상을 갖고 있었어요. 그러나 광범위하게 채집 활동을 벌였던 곳에서도 덫에 걸린 키키키 후나가 보이자 놀랍고 기뻤죠."

과학자들이 키키키 후나를 **찾기** 시작하자 이전에 다른 많은 곤충을 찾느라 이미 거쳐 갔던 곳에서도 키키키 후나를 발견하게 되었다.

어떻게 된 일인지 두 가지 가능한 이유를 생각해 볼 수 있다.

첫째, 과학자들이 전에는 키키키 후나를 그냥 지나쳤을 수 있다. 라이플에서 풍부하게 발견된 초미세 세균의 경우처럼, 작은 것이 어느 정도로 작을 수 있는지에 대한 과학자의 가정을 접고 나니 세계의 아주 큰 부분이 초점으로 들어와 또렷하게 보이게 되었다. 이렇게 되자 과학자들은 아주 작은 것을 포착하기 위한 최선의 실행에 재빨리 관심을 쏟았고, 요정파리를 잡기 위한 매우 정확한 지시 사항이 마치 요리책 레시피와 같은 형태로 다른 연구자들에게 제공되었다. 후버와 동료 곤충학자 존 노예스John Noyes는 한 논문에서 "표본 병에 있는 에탄올을 분류 접시에 깊이 2~3mm가 되도록 붓는다."라고 쓴 뒤, 접시는 "바깥쪽에 1cm 간격으로 홈이 새겨져 있고 인디아 잉크로 검은 선이 그려져 홈이 또렷하게 보이는 9cm 플라스틱 페트리접시여야 한다."라고 구체적으로 명시했다.[35]

둘째, 이전까지 그 지역에 키키키가 없었다가 아주 최근에야 이주했을 수 있다. 이때 생기는 한 가지 의문은, 키키키가 원래 어디에서 생겼는가 하는 점이다. 이 점은 확실하지 않다. 그러나 그보다 훨씬 최근에 발견된, J. M. 배리J. M. Barrie의 피터 팬 이야기에 등장하는 짓궂은 요정과 보모 개(요정 팅커벨, 아이들을 돌보는 반려견 나나를 일컫는다-옮긴이)의 이름을 딴 말벌 팅커벨라 나나Tinkerbella nana가 단서를 제공할지도 모르겠다.

몸 크기(평균적으로 팅커벨라가 키키키보다 아주 약간 클 뿐이다), 그리고 특정한 배열로 되어 있는 두 종의 날개 시맥翅脈으로 볼 때 팅커벨라는 키키키와 아주 많이 흡사한 것으로 드러났다. 그러나 더듬이 형태, 눈의 시각 단위 수, 발 관절은 다르다. 훨씬 가까워 보이는 친척 종을 발견하여 유전체를 살펴보면 키키키의 원산지가 어디인지 조금 더 확실한 견해를 갖게 될 것이다. 현재로서 후버는 하와이섬 개체군이 "다른 어딘가에서 우연히 들어왔을 것이 거의 확실하다"고 믿고 있으며 아마도 그곳은 중미일 가능성이 크다.

여기서 핵심은 '우연히'라는 단어이다. 키키키 후나가 인간 배나 비행기로 이동했다는 의미이다. 이는 세계화되어 있는 우리 세계에 침입종이 넘쳐 나지 않도록 싸우는 상황에서, 이 싸움과 관련한 매우 중요한 사실을 우리에게 말해 준다. 너무 늦었다는 점이다.

보존론자들 사이에서는 외래종이 지금의 생태계를 바꿀지도 모르는 지역에 정착하지 못하게 막아야 한다는 견해가 널리 자리 잡았고, 많은 증거가 이른바 '침입자'에 반대하는 보호론자의 입장을 뒷받침하고 있다.

호주, 인도네시아, 파푸아뉴기니의 토종으로 식욕이 왕성한 갈색나무뱀brown tree snake은 제2차 세계대전 뒤 대부분 배나 비행기로 괌에 들어와 이곳의 조류 개체군을 거의 전멸시켰다.[36] 뿐만 아니라 새가 거의 남지 않아 괌의 나무는 가장 소중한 씨앗 전파자를 잃어버렸다. 그 결과 새로운 숲 성장이 90%까지 감소할 가능성이 있다.[37]

지카 바이러스를 옮길 가능성이 있는 흰줄숲모기Asian tiger mosquito가 미국을 점령한 과정을 추적한 결과, 1985년 일본에서 단 한 차례 중고 타이어를 들여온 일에서 비롯되었다. 흰줄숲모기는 텍사스주 휴스턴에서 발견된 지 10년 만에 24개 주로 퍼져 나갔다. 현재는 40개 주에서 발견되고 있으며 남미, 중미, 아프리카 중동 전역에도 정착했다.[38]

우크라이나의 콰가홍합quagga mussel[39]은 1989년 북미 오대호에서 처음 발견되었다. 콰가홍합 1개가 1년에 100만 개의 알을 낳을 수 있기 때문에, 20년 만에 경계 지역에서 경계 지역으로, 호수 연안에서 연안으로 퍼져 나가면서 식물성 플랑크톤을 마구 먹어치워 밑바닥에서부터 먹이사슬을 파괴하고 연어와 화이트피시, 토종 홍합의 개체군을 파괴했다.

이른바 침입이 일단 시작되고 나면 되돌리기가 정말 어렵다는 것을 우리는 여러 차례 배웠다. 그러나 우리는 제2차 세계대전 때 윈스턴 처칠이 해로스쿨Harrow School에서 행한 유명한 연설 「절대로 포기하지 마라, 절대로 포기하지 마라, 절대로, 절대로, 절대로never give in, never give in, never, never, never」 정신을 종교처럼 숭배하는 세상에 살고 있다. 이러한 정서는 생태 보존주의 세계에도 어김없이 자리 잡고 있다. 1958년에 저서 『동물 및 식물의 침입 생태학The Ecology of Invasions by Animals and Plants』에서 외래종을 설명하기 위해 '침입자'라는 단어를 우리에게 제공했던 사람이 처칠과 동시대 영국인인 동물학자 찰스 엘턴Charles Elton이었다는 사실도 어쩌면 우연한 일은 아닐 것이다.[40] 엘턴은 양차 세계대전을 모두 거쳤고, 제2차 세계대전 동안에는 영국 식량 보관 시설에 침투함으로써 "실질적으로 나치와 결탁한" 해충 통제 임무를 맡았다.[41]

나중에 다국적 환경보호 단체인 네이처컨서번시Nature Conservancy의 창립을 돕기도 했던 엘턴은 많은 사람이 아직 자기가 관여된 것조차 알지 못하는 싸움에서 스스로 '종군 기자'를 자임했다. 그는 책 서문에서 동물과 식물을 침입자라고 여기게 된 최초의 생각이 제2차 세계대전 때 형성되었다고 언급하면서 자신의 견해 밑바탕에 군국주의적 토대가 깔려 있다는 것을 감추려 하지 않았다.[42] 그는 이렇게 경고했다. "핵폭탄과 전쟁만이 우리를 위협하는 것은 아니다."[43]

세계를 '구하기' 위한 전쟁에 나서야 한다고 요청받은 우리는 외래종과 싸우기 위해 미국에서만 수십억 달러를 썼다. 이들 종이 미국 경제에 미친 몇 조 달러의 폐해를 줄이기 위한 노력의 일환으로 이러한 비용이 들어갔다는 점을 지적해 두어야 할 것이다. 1990년대 북미에 들어온, 아시아 원산지의 서울호리비단벌레emerald ash borer는 겨우 20년 만에 물푸레나무 목재 생산량에 100억 달러가 넘는 피해를 입혔다.[44]

이미 많은 돈을 낭비한 곳에 돈을 더 쓰고 있는 것일까? 많은 경우 그러하며 거의 확실하게 그렇다고 할 수 있다.

이 지지 않는 불굴의 세계에서 우리가 이따금 잊고 있는 것이 있다. 그것은 "명예롭고 분별 있는 확신이 있을 때를 제외"한다는, 변함없이 확고한 원칙에 대한 처칠의 경고이다. 다시 말해, 당신이 패배한 때를 알아야 한다는 것이다. 특히 세상에서 가장 작은 종에 관한 한 우리는 패배했다.

갈색나무뱀은 키키키 후나에 비하면 아주 많이 크지만, 숲이 울창한 섬에서 뱀을 발견해 없애는 것은 거의 불가능했다. 이 때문에 독이 있는 쥐를 공중에서 투하하는 등 이상한 해법까지 등장했지만 지금까지 뱀은 계속 살고 있다.

게다가 작은 것일수록 해법을 가늠하기조차 힘들며, 점점 더 이상하고 심지어는 섬뜩하게 들리는 방법들이 가능성 있는 해법으로 제시되기 시작한다. 미 국립야생동물연맹NWF에서는 침입종 홍합을 완전히 없애기 위한 싸움이 '불가능'하다고 결론 내렸고, 다른 야생동물에게 지독한 해를 끼치지 않게 할 해법도 아직 알아내지 못했다.[45] 그러면 흰줄숲모기는 어떨까? 가장 가능성 있는 것으로 꼽히는 제안은 "높은 치사율을 지닌 곤충을 풀어놓는 방법release of insects with dominant lethality", 즉 RIDL이다. 이는 유전자변형 모기를 야생에 대량 방출하는 방법인데, 이렇게 되면 미국 전체가 모로 박사(영국 작가 H. G. 웰스가 1896년에 발표한 공상과학소설 『모로 박사의 섬』의 주인공으로, 남태평양 어느 섬에서 동물을 변이시켜 반인반수의 생명체로 만든다-옮긴이)의 섬으로 바뀔지 모른다고 걱정하는 사람들이 있다.

이들 종은 그나마 우리 눈에 쉽게 보이지만 키키키는 볼 수 없다. 어쨌든 잘 보이지는 않는다. 우리 손에 묻거나 입이나 내장 속에 들어 있는 채로 매일매일 세계의 모든 국경을 넘나드는 수조 개의 미생물은 더 말할 것도 없다. 바닥에서부터 붕괴되고 있다.

그렇다고 수건을 던져야 한다는 의미는 아니다. 하지만 '토종'과 '침입종'이라는 낡은 관념은 던져야 한다는 의미일 수 있다.

2011년에 생태학자 마크 데이비스Mark Davis가 바로 이런 견해를 제시한 바 있다. 그해 그는 스무 명 가까이 되는 다른 과학자들 사이에서 주도적 역할을 하여 《네이처》에 "자연보존론이 가진 토종 대 외래종이라는 이분법의 실제적 가치가 감소하고 있으며, 심지어는 역효과를 낳기도 한다."라고 주장했다.[46]

수십 년 동안 군사적 비유가 주도해 온 보존주의 문화 속에서, 그리고 마구 먹어 치우는 외래종이 어떤 폐해를 가져오는지 목격한 대중 사이에서, 데이비스는 차라리 환생한 베네딕트 아널드(Benedict Arnold, 미국 독립 전쟁에서 대륙군을 배반하고 영국군에 참전한 군인으로, 미국에서는 '배신의 대명사'로 통한다-옮긴이)로 자처하는 편이 더 나았을지도 모른다. 데이비스와 그의 일파 앞으로 보내는 날카로운 표현의 반박문에 140명이 넘는 과학자가 서명했다.

그러나 데이비스가 모든 곳에서 두 팔 벌려 외래종을 다 환영해야 한다고 주장하는 것은 결코 아니다. 그의 주장에 담긴 내용은 외래종에 대한 우리의 대응이 '선과 악'의 개념에 기초해서는 안 된다는 점, 그리고 우리가 만들어 낸 세상에서는 도시화의 확산, 토지 이용의 변화, 기후변화 등은 말할 것도 없고, 사람들이 아주 작은 미생물을 몸속에 지닌 채 매일매일 이곳에서 저곳으로 이동하고 트럭과 배와 비행기가 오가고 있어서 우리의 생태계 세계가 이미 되돌릴 수 없을 만큼 세계화되었다는 점이다. 절대 예전으로 돌아갈 수 없다.

가장 작은 것을 상대로 벌이는 이 전투에서 우리가 이미 패배했다고 인정하는 사람이 점점 늘어 가고 있으므로, "명예롭고 분별 있는 확신"도 거의 확실하게 바뀔 것이다.

게다가 이는 좋은 일이다. 과학은 시간이 지남에 따라 우리가 세상을 바라보는 방식을 변화시켜야 하기 때문이다. 큰 것에서든 작은 것에서든.

|

홍보에 최적화된 생물

|

세상에서 가장 큰 개구리에 대해 우리가 얼마나 몰랐는지 기억하는가? 글쎄, 가장 작은 개구리 파이도프리네 아마우엔시스*Paedophryne amauensis*에 대해서는 그보다 더 모를 것이다.

세상에 알려진 가장 작은 척추동물은 2009년 파푸아뉴기니의 남동 반도에서 발견되었는데 너무 작아서 오랫동안 미처 알아채지 못했다. 서구 연구자들만 그런 것도 아니었다. "지역 주민 역시 이런 것이 있을 거라고 생각하지 못했어요." 공동으로 개구리를 발견했던 루이지애나주립대학의 파충류 학자 크리스토퍼 오스틴Christopher Austin이 내게 말했다. "지역 주민은 아주아주 훌륭한 자연사 역사가인데 정말 말도 안 되는 일이죠. 그들은 기본적으로 숲에 있는 모든 종을 알거든요."

그러나 이 개구리들은 정말 작았다. 코에서 꼬리까지 8mm도 안 되며 크기가 대략 옥수수 알갱이 정도였다. 너무 작은 나머지, 배고픈 동물이 많은 곳에서는 포식자에게 쉽게 잡아먹힐 수 있었다. 심지어는 맛있고 작은 이 양서류를 삼킬 정도로 큰 벌레잡이 식물도 있었다. 그래서 이 개구리는 우림 바닥이 드러나 있는 부분이 아니라 바닥을 온통 뒤덮은 썩은 잎들의 축축한 층 **사이**에 있었다. 이런 개구리를 발견했다는 것 자체가 놀라운 일이었다.

사실 우연한 발견이 아니었다면 파이도프리네 아마우엔시스는 애초 과학 기록 서적에 절대 올라가지도 못했을 것이다. 뉴기니의 "더디게 흘러가는 밤"이었다고 오스틴은 회상했다. '허핑(herping, 양서류 및 파충류를 찾는 작업으로, 양서파충류학을 뜻하는 Herpetology에서 따온 말이다-옮긴이)'을 하다 보면 그런 밤이 숱하게 많다고 했다. 그의 팀이 실제로 찾고 있던 개구리는 울음소리를 많이 내지 않아서 허핑을 시작하기에 좋은 곳이 없었다.

오스틴은 당시 박사과정 제자였던 에릭 리트마이어Eric Rittmeyer, 그리고 파푸아뉴기니국립박물관에 있던 동료 불리사 로바Bulisa Lova와 함께 허핑 중이었다. 이들은 규칙적으로 반복되는 고음의 소리를 알아차렸지만 개구리 소리 같지는 않았다. 그때 녹음했던 소리를 그들이 내게 들려주었는데, 비닐 레코드판[47]이 다 돌아가서 끝에 바늘이 반복적으로 튀는 소리가 연상되었다. 그들에게는 이 소리가 벌레 울음소리처럼 들렸다. 개구리를 찾아야 했지만, "우리가 조금 지루하기도 했거든요."라고 오스틴이 말했다.

그리하여 이들은 찍찍대는 소리의 진원지를 정확히 알아내기 위해 한밤중에 길을 나섰고, 플래시 빛을 이리저리 비추며 우림 속을 더듬었다.

그리고 애석하게도 아무것도 찾지 못했다.

물론 소리가 들려오는 지점이 있었다. 그래서 오스틴은 바닥의 잎을 크게 한 움큼 집어 비닐 지퍼백에 담은 뒤, 그날 밤의 일을 마무리했다. 다음 날 아침 그는 잎 더미에서 천천히 하나씩 잎을 걷어 내기 시작했다. 그러자 거기 상상할 수 없을 만큼 작은 개구리가 그를 올려다보고 있었다. 녹슨 금속 빛깔 얼룩이 있고 파란빛이 감도는 흰색 작은 반점이 불규칙하게 찍혀 있는 짙은 갈색의 개구리였다. 오스틴만큼 개구리에 대해 많이 아는 사람은 세상에 몇 명 없는데도 그 역시 그런 개구리는 한 번도 본 적이 없었다.

당연히 이 개구리를 시작으로 다른 개구리를 찾아 나서게 되었다. 그리하여 마침내 오스틴과 팀원들은 충분한 표본을 모았고, 세상에서 가장 작은 평균 7.7mm의 척추동물을 발견했다고 결론 내릴 수 있었다.[48]

오스틴은 이 발견을 자랑스러워하면서도 한편으로 신중한 태도를 보였다. 이보다 훨씬 작은 또 다른 개구리가 있지 않을까? "당연히 그럴 수 있죠. 이 초소형 개구리 가운데 아직 규정되지 않은 새로운 종 무리가 있고 그들 중에는 파이도프리네 아마우엔시스보다 훨씬 작은 개구리도 있을 가능성이 있어요."

더 작은 개구리를 찾는 일이 단지 또 다른 최고 기록을 세우는 문제만은 아니다. 우리는 새로운 유전체, 특히 극단의 생리학 가장자리에 있는 생명체들의 새로운 유전체가 우리의 유전 역사에 대한 집단적 이해를 높여 줄 수 있는 세상에 살고 있다. 이는 진화적으로 뚜렷이 다른 생명이 질병 치료를 위한 새로운 단서를 제공해 줄 수도 있다는 뜻이다. 가령 프라시노하이마*Prasinohaema*라고 불리는 뉴기니 도마뱀의 한 속은 쓸개즙 색소 같은 밝은 녹색 피를 갖고 있는데, 오스틴은 이 피에 말라리아를 퇴치할 단서가 들어 있을지도 모른다고 추측한다. 또 몇몇 개구리의 피부 점액이 유행성 독감을 무력화하는 것으로 입증되었으므로, 새로운 개구리 종이 발견될 때마다 독감 없는 세상에 더 가까이 다가갈 수 있을지도 모른다.[49]

새로운 종의 가능성이 많은 부분 제약製藥과 관련되기는 하지만 다른 한편으로는 진화론이나 기후학과도 연관이 있다. 불규칙하게 서서히 커진다는 코프 법칙의 특성과 반대로 움직였던 파이도프리네 아마우엔시스가 하루아침에 극단의 종이 된 것은 아니다. 이 축소 모형 같은 척추동물, 그리고 이에 못지않게 작으며 유연관계가 가까운 몇몇 사촌은 뉴기니에서 개구리가 진화적으로 확산하던 초기부터 생겨났다고 유전적 분석으로 입증되었다. 한편 우리는 작은 개구리로 살아가는 데 커다란 문제가 있다는 걸 알고 있다. 항상 축축한 상태를 유지해야 하기 때문이다. 흠뻑 젖은 낙엽 바깥에 한 시간만 있어도 말라 죽을 수 있다. 이 두 가지 사항이 우리에게 알려 주는 바는 뉴기니의 기후가 아주 오랫동안 한결같이 안정적이었다는 점이다. 이들 개구리가 충분한 습기를 확보하여 계속 작은 크기로 진화할 수 있도록 늘 축축한 상태이면서도, 낙엽에 물이 넘쳐 개구리가 익사할 만큼 지나치게 축축하지는 않았다는 것이다.

4,000m²의 숲 바닥에 수천 마리가 있을 정도로 이들 개구리가 빽빽하게 밀집되어 있다는 것을 알았으니, 이제 우리는 파푸아뉴기니에서 지구온난화가 미치는 영향을 관찰하고 측정할 수 있는 또 하나의 운 나쁜 지표를 갖게 될 것이다.

아울러 이들 개구리는 우리가 찾아봐야 할 새로운 생태적 틈새를 제공했다. 그토록 오랫동안 이들 작은 생물의 존재를 놓치고 있던 주된 이유는, 연구자들이 흔히 낙엽 사이가 아닌 낙엽 위와 아래에만 초점을 맞추었기 때문이다. 곤충학자들이 키키키 후나를 찾을 수 있다고 기대하기 시작한 뒤로 팅커벨라 나나를 찾게 되었듯이, 뉴기니에 있는 축축한 숲의 낙엽을 살펴보게 될 미래의 원정대가 더 작은 개구리를 발견하고, 더 나아가 이전까지 알려지지 않은 다른 생명까지도 발견하리라고 믿는 것은 얼토당토않은 일이 아니다. 새로운 발견이 나올 때마다 그 속에는 유전적·화학적·진화론적 비밀이 담겨 있고, 이 비밀이 풀리면 우리 모두에게 혜택을 가져다줄 수 있다.

우리가 거의 살펴본 적 없는 광활한 뉴기니의 숲 바닥만 찾아봐야 하는 것은 아니다. 바다는 이보다 더 광활하며 가 보지 않은 곳도 훨씬 많다고 오스틴이 내게 일깨워 주었다. 그는 '가장 작은 척추동물'

이라는 칭호가 물고기에게 돌아갈 가능성이 매우 크다고 생각한다.

그런 생각을 했던 사람이 몇몇 있다.

'가장 작다'는 개념에 이르는 과정이 순수하게 객관적인 것은 아니다. 가장 작다는 것은 무게의 문제인가? 전체 질량의 문제인가? 길이의 문제인가? 또 길이의 문제라면 어디에서 시작해서 어디에서 끝나야 하는가?

개구리는 '코에서 항문'까지 측정하는데, 항문이 엉덩이 맨 끝에 있어서 끝에서 끝까지 측정하는 것이 비교적 쉽다. 이전까지 '가장 작은 척추동물'의 기록을 보유했던 것은 파이도키프리스 프로게네티카 *Paedocypris progenetica*라고 알려진 동남아시아의 물고기인데 이 물고기의 길이를 개구리와 비슷한 방식으로 측정하려면 몸을 길게 반으로 잘라야 할 것이다.[50] "개구리와 똑같은 측정 방식을 파이도키프리스에게 적용하면, 즉 똑같은 기준점을 사용하면 파이도키프리스 프로게네티카가 여전히 가장 작은 척추동물로 입증된다." 2012년 'Phys.org'에서 랄프 브릿츠Ralf Britz가 이렇게 말한 바 있는데, 그는 작은 개구리로 대체되기 전까지 이 물고기가 기록 책에 실리도록 도움을 준 어류학자였다.

광적인 낚시꾼인 오스틴은 제대로 된 정신을 가진 사람이라면 누구도 물고기를 그런 식으로 측정하지 않을 것이라고 말한다.

이제까지 알려진 가장 작은 척추동물을 둘러싼 논쟁은, 적어도 이를 논쟁이라고 할 수 있다는 전제하에 항상 부드러운 논쟁이었다고 오스틴이 말했다. 그러나 한편으로 연구자는 자신의 발견이 실제로 이례적일 경우에도 최상위의 칭호를 붙이기 꺼려 하는 성향이 있으며, 이러한 성향을 보이는 또 다른 이유가 여기서도 두드러지게 나타난다. 흔히 훌륭한 과학은 논쟁적이지만, 적극적으로 논쟁을 일으키려는 과학은 별로 없다. 게다가 오스틴의 말에 따르면, 현재로서는 어느 것이 기록적으로 가장 작은 척추동물인가에 관계없이 두 종에 대해 많은 연구가 이루어질 수 있고 또 그렇게 되어야 한다.

한편으로, 약간의 논쟁은 홍보에 나쁘지 않다. 그리고 사람들의 관심을 끄는 면에서 볼 때, 아주 작은 척추동물에 대해 설명하는 논문과 이제껏 알려진 가장 작은 척추동물에 대해 설명하는 논문은 하늘과 땅 차이다. 많은 과학자들이 대중에게 이야기하느니 차라리 실험용으로 많이 쓰는 페트리접시에 점심을 담아 먹겠다고 하겠지만, 언론 매체에 더 많은 과학이 소개되어야 할 필요성은 분명하다.

오스틴은 자신의 발견에 관심을 끌어모으기 위해 기발한 생각을 했다. 파이도프리네 아마우엔시스를 발견하는 즉시, 주머니에서 10센트 동전을 꺼내 작은 개구리를 그 위에 올려놓았던 것이다. 그렇게 얻은 사진은 전 세계적으로 수백만 번 넘게 공유되었다.

그러나 그의 연구 홍보를 위해 더 좋은 한 가지 방법이 있었다.

"그러니까 으음… 파에이도, 으음, 파렌, 으음, 암누, 아멘, 암… 이런 젠장, 이걸 뭐라고 읽어야 할지 모르겠어요." 처음 이야기를 나눌 때 내가 오스틴에게 말했다. "별명은 없어요?"

"우리는 초소형 개구리micro-frogs라고 불러요."

"그쪽이 훨씬 좋네요."

사람들이 자연에 친밀감을 느끼게 하려면, 이름은 중요한 출발점이다. 팅커벨라 나나는 이를 보여 주는 훌륭한 사례다. 눈으로 보지 못했더라도 어느 정도 사랑하는 마음이 생기지 않을 수 없다.

훌륭한 홍보에 완벽하게 들어맞도록 설계된 것처럼 보이는 생물종이 최소한 하나는 존재한다. 최상위의 지위에서 생기는 매력적인 명성, 약간의 부드러운 논쟁, 그리고 사랑스러운 이름이 있다면 이 작은 개구리는 이제껏 세상에 알려진 것 가운데 가장 잠재력 있는 과학의 사절단이 될 수 있을 것이다.

벌을 닮은 2g짜리 박쥐를 만나던 날

이름에서 시작해 보자. 실제로 몇 가지 이름이 있다. 학명은 크라세오닉테리스 통글롱기아이*Craseonycteris thonglongyai*이며 키티돼지코박쥐Kitti's hog-nosed bat로도 알려져 있다. 그러나 이 동남아시아 박쥐는 얼핏 보았을 때 검은 뒤영벌black bumblebee이라고 착각하기 쉽기 때문에, 내 생각에는 뒤영벌박쥐bumblebee bat라는 세 번째 이름이 아주 완벽하다.

게다가 회색 또는 가끔 밝은 갈색 털의 보송보송한 갈기, 분홍색 얼굴과 끊이지 않는 미소, 그리고 나비 날개 같은 모양의 귀 때문에 당신이 상상하는 것만큼 귀엽다.

이 박쥐는 키티돼지코박쥐과 가운데 마지막으로 남은 박쥐로 알려져 있고, 대략 4,300만 년 전 다른 박쥐 종에서 분리되어 나왔다. 이 때문에 박쥐목에 속하는 다른 사촌의 유전적 역사와 관련한 정보의 원천으로서 독보적 잠재력이 있다. 박쥐목에 속하는 다른 알려진 동물들처럼, 이 박쥐도 멸종위기에 직면해 있을지 모른다고 믿는 과학자들이 많으며, 전 세계 숲과 늪지대의 환경 상황을 판단할 소중한 지표종이라고 지적하는 과학자들도 있다. 우리가 박쥐에 대해 더 많이 알수록 서식지 파괴와 기후변화가 우리 세계 전반에 미치는 영향을 더욱 잘 이해할 수 있을 것이다.

많은 최상위 종들과 마찬가지로, 우리는 아주 최근까지 뒤영벌박쥐가 존재한다는 사실조차 알지 못했다. 겨우 1974년에야 발견되었으며 그 후 20년 가까이 이 박쥐의 서식지로 알려진 곳은 태국 서부지역 깐차나부리 지방의 몇몇 동굴뿐이었다.

그러다 2001년 미얀마 남부 지역의 한 석회암 동굴에서 분류학자 폴 베이츠Paul Bates가 높이 15m 되는 지점에서 입구를 망으로 막아 놓은 채 걸터앉아 박쥐 개체 수를 조사하고 있을 때 작은 박쥐 한 마리가 망 위에 내려앉았다. 그의 오른손에서 불과 몇 센티미터 떨어진 지점이었다. 박쥐를 손으로 잡는 순간, 그는 아주 놀라운 것을 발견했음을 예감했다.

"젠장, 이렇게나 작다니, 네가 어떤 존재인지 알 것 같아." 그는 박쥐를 보며 말했다.

그날 늦게 채집 가방에서 작은 박쥐를 살며시 들어 올려 살펴보던 그는 짐작이 맞았다는 것을 확인했다. "거기에 있을지도 모른다고 늘 마음속으로 생각해 왔어요. 하지만 마침내 눈으로 직접 보게 되면 정말 흥분되죠. '아주 보람찬 하루군.'이라고 생각했던 기억이 나네요." 그가 내게 말했다.

이 박쥐의 최고로 작은 크기 덕분에, 보람찬 하루는 그 후 보람찬 몇 년간의 추가 연구로 이어졌다. 베이츠의 말에 따르면, 미얀마 과학계의 임원들은 세계에서 가장 제약이 많은 나라 중 한 곳에서 전 세계 과학자 동료들과 함께 연구할 기회가 열리면서, 이 박쥐가 세상에서 가장 작은 포유류라고 얼마간 권리를 주장할 수 있게 된 것에 무척 흥분했다.[51]

"세상에서 가장 작다"는 표현을 연구 지원금 신청서에 올릴 수 있다는 점 역시 연구자에게는 보너스였다.

"전에 연구 지원금 신청 위원회에 참석해 본 적이 있어요." 베이츠가 말했다. "솔직히 너무 지루했어요. 신청서도 많고요. 특히 이 신청서들이 매우 전문적이고 당신 분야가 아니라면 '아, 별거 없군.'이라고 생각할 거예요. 하지만 뭔가 눈길을 잡아끄는 것이 있어서 이를 잘 활용한다면 분명 도움이 돼요. 이 박쥐는 무게가 2g이고, 이 모든 미묘한 과정에 정말 딱 들어맞지요. 지원금 제공자와 일반 대중에게 이 박쥐를 홍보하는 건 어렵지 않아요."

그렇다고 해서 과학적 흥미가 조금이라도 떨어지는 것은 아니다. "이 박쥐는 귀엽고 신기하면서도 학문적으로도 흥미로워요." 베이츠가 덧붙였다. "이 박쥐는 자기가 속한 계열의 맨 끝에 있거든요. … 성공한 동시에 성공하지 못한 거예요. 이 박쥐는 아주 오래되고 그만큼 많이 진화하지 않은 것처럼 보이지만, 그럼에도 분포 범위가 좁아요. 많은 물음이 생기죠."

얼마 지나지 않아 베이츠는 닭이 먼저냐 달걀이 먼저냐 하는 진화 수수께끼를 탐구하기 위해 동남아시아로 향하는 국제 연구 팀에 합류하게 되었다.

미얀마에서 발견된 뒤영벌박쥐는 태국에서 발견된 것과 매우 유사했지만 연구자들은 특이한 차이를 알아차렸다. 미얀마 개체군과 태국 개체군의 울음소리 주파수가 무려 10kHz나 달랐다. 박쥐는 보통 근처에 다른 박쥐가 있을 때 혼란을 피하기 위해 울음소리가 약간 달라지는 것으로 알려져 있다. 마치 인접한 축구장의 심판이 자기도 모르게 옆 축구장의 경기를 중단시키는 일이 생기지 않도록, 때때로 각기 음높이가 다른 호각을 사용하는 것과 마찬가지이다. 그러나 미얀마 박쥐와 태국 박쥐의 차이는 작지 않았다. 두 개체군의 주파수를 AM 라디오라고 한다면, 각기 고전 록 음악과 컨트리 음악 채널 정도가 될 것이다.

뒤영벌박쥐는 유연관계가 가까운 다른 종이나 아종으로부터 유전자 유입이 없으며 진화상으로 뚜렷하게 다른 종이기 때문에 오랫동안 널리 퍼져 있던 가설을 검토하기에 완벽한 동물이다. 이 가설에 따르면, 박쥐의 울음소리 등과 같은 짝짓기 특성의 차이가 진화의 동력으로 작용함으로써 한 종의 동물을 두 가지 진화 방향으로 이끌고, 시간이 흐르면서 한 개 또는 그 이상의 새로운 종으로 진화하게 된다.

이 '감각 동력 가설sensory drive hypothesis'은 감각적 특징의 차이가 진화의 원인인지, 아니면 다른 진화 동력으로 인한 영향인지 판단하기 힘들다는 데 연구의 어려움이 있다. 예를 들면 이 두 집단의 뒤영벌박쥐가 울음소리 차이로 인해 제각기 떨어진 지리적 위치에 살게 되었을까, 아니면 지리적 격리로 인해 울음소리가 달라진 것일까? 베이츠 연구 팀에서는 두 뒤영벌박쥐 개체군의 유전자 샘플을 이용하여 DNA 차원의 차이를 찾는 데까지 나아갔다.

태국 박쥐와 미얀마 박쥐는 대략 26만 8,000년에서 54만 5,000년 정도 서로 떨어져 살았으면서도 유전자가 놀라울 정도로 비슷했다. 이는 두 박쥐가 발견된 5,200km² 면적의 동남아시아가 살기에 적합했다는 증거이다.

그러나 *RBP-J* 라고 일컫는 유전자에 중대한 차이가 있었다. 이 유전자는 내이內耳의 유모세포有毛細胞 형성에 관여하는 것으로 입증되었는데, 인간과 박쥐의 청각에 똑같이 중요한 부위이다.

연구 팀은 뒤영벌박쥐의 하위 집단에 나타난 유전체의 다른 작은 차이들을 측정한 결과, 태국 박쥐와 미얀마 박쥐가 서로 분리된 이후에 *RBP-J* 변이가 생겼을 것이라고 결론 내렸다. 이는 곧 달라진 환경에 적응해야 할 필요 때문에 감각 적응에 변화가 생긴 것이지, 그 반대는 아니라는 의미이다.[52]

이것이 감각 동력 가설의 종말을 알리는 것은 아니지만, 그래도 핵심 증거가 제시되었으므로 기존에 이 가설과 연결되어 있던 수십 개의 연구 및 활동에 영향을 미쳤다. 세상에서 가장 작은 포유류의 하나로 꼽히는 동물 덕분에 오늘날 우리는 진화의 동력을 더욱 함축적으로 이해하게 되었다.

그런데 나는 왜 "세상에서 가장 작은 포유류의 하나로 꼽히는"이라고 말했을까? 파푸아뉴기니의 초소형 개구리가 "세상에서 가장 작은 척추동물"이라는 칭호를 정당하게 요구할 수 있는지를 둘러싸고 얼마간 논쟁이 있듯, 뒤영벌박쥐도 세상에서 가장 작은 포유류의 칭호를 반박의 여지 없이 모두에게 인정받고 있지는 못하다.

'땃쥐 로봇'의 탄생

엄지손가락 크기의 뒤영벌박쥐가 현존하는 포유류 가운데 가장 길이가 짧다고 알려진 포유류인 것은 사실이다. 그러나 에트루리아 땃쥐Etruscan shrew는 이보다 길이가 약간 길기는 해도, 무게가 1.8g으로 살짝 더 가볍다.

1.8g이면 어떤 느낌인지 상상이 잘 안 되는가? 그러면 일회용 설탕을 뜯어서 절반을 손바닥에 부어 보라. 그 느낌이 바로 에트루리아땃쥐, 순쿠스 에투르스쿠스Suncus etruscus를 들었을 때의 느낌이다.

뒤영벌박쥐와 마찬가지로 에트루리아땃쥐 역시 연구 가능성으로 가득하다. 게다가 최상위에 있는 다른 많은 종과 마찬가지로 아직 많은 물음의 답을 얻지 못했고, 심지어는 어디에 사는가 하는 정말 기본적인 정보조차 여전히 수집하는 중이라서 물음조차 정하지 못하는 경우도 많다.

이러한 문제는 부분적으로 에트루리아땃쥐가 아마도 동물 왕국의 가장 훌륭한 탈출 곡예사이기 때문이다. 너무 가벼워서 무게로 작동되는 덫에 걸리지 않고 우리의 아주 작은 틈새도 빠져나갈 만큼 작을 뿐 아니라, 무엇보다 너무 빨라서 잡기도 어렵다. 에트루리아땃쥐의 분포 지역도 대개는 올빼미 펠릿pellet을 통해 알게 된 것이다. 올빼미 펠릿이란 올빼미가 먹이를 삼키고 나서 뼈, 이빨, 털 등 소화하지 못한 것을 땅에 도로 뱉어 놓은 것으로, 조류학자와 초등학생 과학자 둘 다에게 똑같이 올빼미 먹이의 증거로 이용된다. 그러나 올빼미가 다니지 않거나, 굳이 성가시게 그렇게 작은 간식까지는 먹지 않거나, 아니면 믿을 수 없을 정도로 작고 빠른 먹이를 잡는 데 성공하지 못한 지역도 많다.[53]

좀처럼 붙잡기 힘든 이 생물은 우리 뇌가 어떻게 작동하는지 이해하는 데 결정적인 단서를 제공할 수 있다. 대뇌피질은 기억, 주의력, 지각 부문에서 필수적인 역할을 하는 뇌 영역인데, 에트루리아땃쥐의 대뇌피질도 뇌 회로 면에서 우리를 비롯한 다른 포유류와 공통점이 많은 것으로 보인다. 게다가 에트루리아땃쥐는 매우 작아서, 뇌 연구자들이 오랫동안 골치를 썩었던 문제를 해결하는 데 도움을 줄 수 있다. 그 문제란, 활동 중인 대뇌피질의 정확한 영상을 어떻게 얻는가이다.

오랫동안 신경 생리학자들은 이광자二光子 현미경 검사를 이용해왔다. 이는 근적외선으로 형광염료를 '자극'하여 살아 있는 조직의 아주 상세한 다층 영상을 만드는 기술인데, 일반적으로 두께가 1mm 되는 조직에만 유용하다. 대다수 포유류의 경우 이 정도 두께면 겨우 몇 개 층에 해당하는 대뇌피질 세포밖에 얻지 못한다. 그러나 에트루리아땃쥐의 대뇌피질은 신용카드보다도 얇다. 그러므로 연구자는 에트루리아땃쥐의 뇌 활동을 전 영역에서 한 번에 기록할 수 있다.

이것이 대중에게는 큰 의미가 없었을지 몰라도 베를린 훔볼트대학의 신경 연산 전문가 로베르트 나우만Robert Naumann에게는 획기적인 일이었다. 그는 각기 다른 여러 뇌 영역의 구조 및 기능 간에 어떤 관계가 있는지 이해하는 데 에트루리아땃쥐가 완벽한 모델이 될 수 있으며, 심지어는 시각 피질 같은 영역에서 모든 뉴런의 활동을 기록할 수 있게 해 줄 것이라고 제시했다. 그렇게 되면 포유류의 뇌가 눈을 통해 수집한 영상을 어떻게 처리하는지 우리에게 알려 줄 수도 있다.[54]

아울러 에트루리아땃쥐는 우리가 다른 방식으로 사물을 '볼' 수 있게 돕기도 한다. 굴을 파는 많은 동물이 그렇듯이 이 동물 역시 세계 최고의 시력을 갖지는 못했지만, 대신 귀뚜라미 등 먹이가 될 만한 것을 알아보며 수염에 귀뚜라미가 스치는 느낌만으로도 30ms(1ms는 1,000분의 1초이다-옮긴이) 만에 귀뚜라미를 공격할지 말지 판단한다.[55] 이런 일이 가능하려면, 땃쥐의 뇌는 인간 뇌가 눈으로 수집한 영상을 처리하는 속도만큼이나 빨리, 아니 그보다 훨씬 빨리 수염을 통해 형성한 먹이의 '영상'을 처리해야 한다.

셰필드대학 로보틱스센터의 토니 프레스콧Tony Prescott에게 이는 단지 생물학 분야의 경이로운 위업만이 아니라 로봇 분야의 시험대이기도 했다.

세계와 상호작용하는 대다수 로봇은 간단한 카메라에서 레이저 빔까지 시각 영역에 의존하는 일종의 인터페이스를 통해 상호작용을 한다. 프레스콧은 로봇이 다른 방식으로 주변 세계를 일별하는 방법이 없을지 알아보는 데 관심을 두고 있었다. 그리하여 수염의 촉각으로 먹이를 빠르게 알아보는 땃쥐의 이상한 능력을 알게 되자 계획을 세우기 시작했다. 그 결과 나온 것이 '쉬루봇'(Shrewbot, 땃쥐를 뜻하는 shrew와 robot의 합성어-옮긴이)이었다. 이는 카메라가 없는 로봇으로, 18개 수염의 뿌리에 자석이 있으며 이 자석의 움직임을 바탕으로 주변의 지도를 그릴 수 있다. 미래에는 연기 가득한 방이나 막힌 파이프, 대기층이 두꺼운 행성, 또는 빛을 사용할 경우 동물 생활에 해를 끼칠 수도 있는 깊은 해구 등 다른 감각기가 잘 작동하지 못하는 곳에서 이 수염 로봇을 운용할 수 있을 것이다.[56]

행동을 본뜰 실제 동물의 존재가 없었다면 이런 로봇을 상상이나 할 수 있었을까? 과학자와 엔지니어는 한없이 똑똑한 사람들이므로, 물론 "아마도 가능할" 것이라는 대답까지는 내놓을 수 있을 것이다. 그러나 합리적인 확실성을 갖고 말할 수 있는 한 가지는 쉬루봇에 영감을 주었던 것과 같은 특징이 애초 이 땃쥐에게 발달할 수 있었던 까닭은 믿을 수 없을 정도로 작은 몸 크기 때문이었다는 사실이다. 그 덕에 자극 유발 신호가 수염에서 뇌까지, 그리고 몸의 나머지 부분까지 아주 빠른 속도로 이동할 수 있었던 것이다.

0.33mm의 쿠바 물달팽이water snail from Cuba, 암모니케라 미노르탈리스*Ammonicera minortalis*는 세상에서 가장 작은 연체동물로 알려져 있는데 이 달팽이를 세밀하게 연구하면 어떤 영감을 얻을 수 있을까? 그와 비슷한 크기의 남미 생물인 가장 작은 딱정벌레 스키도셀라 무사와센시스*Scydosella musawasensis*에게서는 무엇을 배울 수 있을까? 가장 작은 파충류로 알려진 스파이로닥틸루스 아리아사이*Sphaerodactylus ariasae*, 혹은 가장 작은 조류로 알려진 멜리수가 헬레나이*Mellisuga helenae*, 가장 작은 영장류로 알려진 미크로케부스 베르타이*Microcebus berthae*를 심층 연구하면 무엇을 얻을 수 있을까? 이들 생명 가운데 어느 것에 대해서도 특별히 연구가 이루어진 적은 없었다.

세상에서 가장 작은 것을 찾는 데 훨씬 많은 노력과 시간을 쏟으면 무엇을 알게 될까?

우라늄을 호흡하는 미생물을 세계에 알리는 데 도움을 주었던 콜로라도주 시험장 부지의 관리자 켄 윌리엄스에게 이 질문을 던졌을 때 그는 라이플 팀이 애초에 극단적으로 작은 생명체를 찾으려 했던 것은 아니라고 지적했다. 균을 활용하여 방사능 폐기물을 중화하는 방법을 찾으려고 했다는 것이다.

연구 질문을 제기하고 그에 따라 생명의 나무를 다시 그리게 된 것이 아니었다. 단지 행복한 우연 덕분이었다. "내 생각에 가장 중요한 것은 당신에게 행운이 찾아올 수 있도록 조건을 조성하는 일이에요." 그가 내게 말했다.

아울러 라이플에서는 하나의 질문을 둘러싸고 여러 분야의 석학이 모이긴 했지만 그러면서도 폭넓게 질문을 던지고 답을 찾도록 권장했다고 그는 말했다.

우리 세상에서 가장 작은 것을 탐구하는 영역에 이와 비슷한 과학의 저스티스 리그를 모아 놓으면 어떤 결과를 얻게 될까? 우리는 이미 꽤 알고 있다. 진화가 어떻게 이루어지는지 새로운 이해를 얻었고, 유전자 염기서열 분석의 혁신을 이루었으며, 인류 건강의 증진과 완전히 새로운 환경적 적소適所를 발견했다.

이는 결코 작은 것이 아니다.

3

오래 사는 것들

오래된 것들이 주는
가장 새로운 깨달음

○
○

라이플을 벗어나 70번 주간고속도로를 타고 서쪽으로 차를 몰면 파노라마 같은 서부의 전경이 한 폭의 그림처럼 펼쳐진다. 고속도로는 콜로라도강을 따라 130km쯤 달리다가 유타주 경계에서 길이 갈라진다. 이 지점에서 강은 왼쪽으로 급하게 꺾여 아치스국립공원의 남쪽 가장자리를 따라가다가 캐니언랜즈국립공원 중앙을 가로질러 남쪽의 그랜드캐니언을 향해 계속 흘러간다.

나는 이 큰 강을 따라 계속 가고 싶었지만 내 앞에 펼쳐진 도로가 이 강만큼이나 풍요로운 자연의 보물을 내게 제시했다. 나는 다시 판도를 찾아가고 있었다.

숲 생태학자 버턴 반스는 피시호 사시나무 클론의 거대한 크기에 대해서만 훌륭한 추정을 내놓았던 게 아니다. 나아가 그는 사시나무 클론의 나이에 대해서도 추정치를 내놓았다. 사시나무 클론 잎의 특징적인 생김새를 비슷하게 생긴 화석과 비교한 결과, 반스는 사시나무 클론의 나이가 무려 80만 살에 이를 수 있다고 판단했다.

코프 법칙이 구체적으로 크기의 진화를 특정해서 언급하기는 하지만, 기본 원칙은 생명의 모든 속성에 적용될 수 있다. 요컨대 맨 꼭대기에는 늘 여지가 남아 있다. 더 무거워질 수 있는 여지, 더 높아질 수 있는 여지, 더 오래 살 수 있는 여지. 그리고 무언가 한 방향으로 늘어나게 되면, 종종 다른 방향으로도 같이 늘어나게 된다.

반스가 추정한 판도의 나이가 사실이라면, 이 사시나무 클론은 세상에 알려진 가장 나이 많은 생명체일 뿐 아니라, 엄청난 배수의 격차가 생길 정도로 오래되어 아마 이제껏 살았던 것 가운데 가장 나이 많은 생명체가 될 것이다. 반스의 계산에 따르면, 이 거대한 식물은 초기 인류의 조상과 같은 시기에 탄생했을 수도 있다. 호모에렉투스*Homo erectus*가 불을 이용하기 시작하고 우리 조상의 뇌가 크기와 복잡성 면에서 급속하게 진화하기 시작된 때 말이다.[1]

수천 년의 세월이 왔다가 가는 동안 인간의 DNA는 상당히 많이 바뀌었다. 그러나 판도가 생겨났던 시기에 쓰인 필수 암호, 곧 사시나무 유전체에 표현된 그대로 그 시기와 장소에 대해 알려 주는 기록은 예전 그대로 변함이 없다. 그러므로 분필처럼 새하얀 이 나무의 껍질을 손가락으로 쓰다듬으면 이는 현재 상태의 생명뿐 아니라 아마도 **우리**만큼이나 오래되었을 예전 상태 그대로의 이 생명을 근원적으로 접촉하는 셈이다.

반스가 믿기 힘들 정도로 큰 판도의 크기를 추정했을 때와 마찬가지로, 판도의 나이에 대한 대략적인 추정을 내놓았을 때도 의구심을 표한 사람이 많았다. 그러나 판도의 유전자가 피시호 주변 전역으로 얼마나 멀리까지 퍼져 나갔는지는 상당히 확실하게 알 수 있는 반면, 판도의 나이를 확인하는 일은 훨씬 어려운 것으로 드러났다.

대다수 나무의 경우에는 비교적 쉽게 나이를 판단할 수 있으며 거의 모든 사람이 그 방법을 알고 있다. 이 방법은 나무 몸통의 횡단면을 살피는 일에서 출발한다. 일단 나이테가 드러나면 수를 세기 시작한다. 몇 가지 과학적 판정 기준에 의거하면, 나이테 한 개가 1년을 나타낸다.

클론의 줄기 역시 이 방법으로 나이를 셀 수 있다. 나는 판도의 줄기를 벤 적이 없지만 자연적으로 쓰러져 바닥에 흩어져 있는 줄기가 많았으며 숲 관리인들이 이들 줄기 중 많은 수의 횡단면을 잘라 쉽게 수를 셀 수 있게 해 주었다. 어느 추운 가을 오후, 내가 수를 세 보았던 한 줄기는 나이테가 87개였다. 다른 줄기는 94개, 또 다른 줄기는 103개였다. 그러나 이들 줄기 가운데 그 어떤 것도 클론 자체의 나이만큼 된 건 없었다. 그 정도는커녕 비슷하지도 않았다. 사람의 머리에 난 머리카락이 그렇듯, 오래된 것이 죽으면서 새로운 것이 나오지만 숲은 그대로인 것이다.

이런 이유로 이 클론 생명체가 "가장 나이 많은"이라는 최상급 수식어를 누리기는 아무래도 어렵다고 판단한 사람들도 있다. 나는 이에 동의하지 않는다. 사시나무 클론이라고 당신이나 나와 다르지 않다. 거울 속의 자신을 바라볼 때 우리는 그것이 늘 같은 얼굴이라고 인식할지 몰라도 사실은 그렇지 않다. 이 점을 일깨우기 위해서는 10년 전

사진을 한 번 보기만 해도 된다. 우리 피부를 구성하는 세포는 기껏해야 몇 주 동안 지속될 뿐이다. 우리 몸의 나머지 부분 세포는 며칠에서 몇십 년까지 각기 다른 시간 단위로 죽고 또 새로 생겨난다. 당신이 지닌 살아 있는 세포 중에는 태어날 때부터 갖고 있던 것도 있겠지만 그 수는 많지 않으며 매일매일 줄어든다. 시간이 지나고 우리 세포가 생겼다가 죽으면서 외모도 변한다. 그러므로 당신은 과거의 당신이 아니지만 그래도 여전히 당신이다.

그러나 당신에게는 아마도 출생 기록이 있을 것이다. 판도는 그렇지 않다. 그렇다면 판도가 그렇게 오래되었다는 것을 어떻게 확실히 알 수 있을까? 간단하게 답하면 불가능하다. 어쨌든 아직은, 불가능하다.

지금까지 알려진 사시나무 클론의 최대 성장률로 클론의 전체 크기를 나누면 최소한의 가능한 나이를 얻을 수 있다고 추론한 사람들도 있었다. 이 공식을 이용하여 몇몇 연구자는 판도가 약 8만 살 정도 되었을 거라고 추측했으며, 최근에는 대략 이 수치 근처로 의견이 모아졌다.[2] 물론 반스의 추정치와는 거리가 멀지만, 8만 살 정도로도 판도는 여전히 상당한 차이로 우리가 아는 살아 있는 것 가운데 가장 나이가 많다. 이때 판도의 출생 시기는 인류가 아프리카 밖으로 벗어나 첫걸음을 내디뎠던 무렵이 될 것이다.

그러나 이 추정치에는 뚜렷한 한계가 있다. 사시나무는 엄청난 진화적 다양성을 보이며 서식지도 다양하다. 가령 네덜란드인의 평균 키가 183cm인 반면 인도네시아인의 평균 키는 157cm이듯이[3] 각기 다른 유전자를 지닌 채 각기 다른 환경에서 살아가는 인간이 서로 다르게 성장하는 것처럼, 사시나무 역시 각기 다른 유전적·생태적 환경 아래 각기 다른 크기로 자란다고 가정해야 안전할 것이다. 판도는 놀라울 정도로 빨리 자라는 표본이라서 8만 년은 후하게 계산한 수치일 수도 있다. 그러나 불이나 홍수, 산사태의 문제도 있고, 아울러 수천 년의 세월을 지나는 동안 초식동물이 많이 베어 먹어 클론의 크기가 줄었을 가능성도 있다. 그리하여 실제로는 판도의 현재 크기가 예전보다 약간 더 작을 수 있다.

머지않아 보다 정확한 수치를 얻게 될지도 모른다.

유타대학의 환경 기록 및 교란 실험실Records of Environment and Disturbance Lab[4]에서 일하는 제시 모리스Jesse Morris를 2018년 처음 만났을 당시, 그는 피시호 한복판에서 핵심 침전물을 채취하기 위한 연구 지원 기금을 확보하고 싶다고 내게 말했다.

모리스의 설명에 따르면 이 지역의 대다수 호수는 빙하에 의해 형성되었으며 대략 8,500년쯤 되었다. 그러나 피시호는 콜로라도고원에 있던 그레이트베이슨(Great Basin, 미국 네바다·유타·캘리포니아·아이다호·와이오밍·오리건 등 6개 주에 걸쳐 있는 광대한 분지-옮긴이)이 지각 변동으로 내려앉아 형성되었다. "이 호수는 100만 년 정도 되었을지도 몰라요." 모리스가 말했다.

아울러 모리스의 추정에 따르면, 곳에 따라 깊이가 30m 이상 되기도 하는 피시호 아래에는 어쩌면 30~40m 정도 되는 치밀한 침전물이 있을 수 있으며, 이는 과거 기후뿐 아니라 수만 년 전에 이 근처에 살던 식물에 대해 말해 주는 증거의 금광이 될 것이다. "정말 놀랄 정도로 오래된 호수 부근에 그처럼 오래된 생명체가 있다는 것은 사실

뜻밖의 우연이죠. 그보다 더 좋은 상황을 찾지는 못할 거예요." 그가 말했다.

모리스가 일하는 실험실은 퇴적 작용에 의한 꽃가루 화석을 이용하여 수천 년 전의 기후를 재구성하는 데 얼마간 성공을 거두었다. 이 연구 팀은 꽃가루 화석을 이용하여 로키산맥의 사시나무가 4,000여 년 전의 가뭄기 동안 오르막 비탈을 따라 어떻게 이동했는지 입증해 보이기도 했다.[5]

아주 오래된 꽃가루를 **특정** 사시나무 클론과 연결 지을 수 있을지 모리스는 알지 못한다. 그러나 연구자들이 시간을 거슬러 더 깊이 내려감에 따라 표본에서 사시나무 꽃가루가 완전히 사라지는 지점이 생긴다면, 더욱 확정적으로 '가장 오래 산' 나이를 제시할 수 있을 것이다.

판도의 나이를 더 확실하게 안다는 것은, 단지 정통한 사람들이 또 하나의 최상위 생물을 알게 되어 술집 잡담거리가 생기는 데 그치지는 않을 것이다. 이는 특정 유전체가 우리 세계에서 얼마나 오래 존재할 수 있는지 상한선을 이해하는 데 도움을 줄 것이며, 우리 행성에 존재하는 생명의 기본적 구성 요소가 어느 정도 기간까지 오래 살 수 있는지에 대해 무언가 이야기해 줄 것이다. 아울러 우리 자신에 대해서도 뭔가 말해 줄 수 있을 것이다.

독특한 인간 유전체가 우리 생명에 관한 비밀을 푸는 데 어떤 도움이 되는지 우리는 오래전부터 알고 있었다. 심지어는 유전체가 무엇인지 알기 전부터도, 과학자들 중 몇몇은 희귀 유전 조건을 지닌 인간이 나머지 인간에게 축복을 가져다줄 수 있다고 이해했다.[6] 우리 모두 역시 종종 인식했듯이, 오래전 1882년 영국의 병리학자 제임스 패짓James Paget은 희귀 조건을 지닌 사람을 그저 "기형"으로 취급하는 것은 과학적으로도, 또 도덕적으로도 파산한 접근법이라고 인식했다. 다른 특징을 지닌 사람에 대해 "신기한 일"이니 "우연한 일"이니 하면서 안일한 생각이나 말로 이들을 제쳐 놓아서는 안 된다고 그는 썼다. "그들 중 누구도 의미 없는 사람은 없다. 그런 일이 왜 희귀한지, 또 희귀하다면 이 경우에는 왜 나타났는지 등과 같은 질문의 답을 찾을 수만 있다면 탁월한 지식의 발단이 되지 말라는 법도 없다."

암 연구자 조시 시프먼 역시 이런 물음의 답을 찾고자 노력하고 있다. 그는 연구 대상을 사람의 경험에만 한정하지 않고, 슬프게도 암에 잘 걸리는 개와 신의 섭리로 암이 없는 코끼리까지 확대함으로써 답을 찾고자 한다. 이러한 연구의 결과는 우리가 알다시피 암과의 투쟁 방식에 관한 사고를 근본적으로 변화시켰다.

판도의 나이가 그토록 중요한 것도 이런 이유 때문이다. 식물은 사람이 아니지만 공통의 진핵생물 조상을 두고 있으며 이는 곧 얼마간 유전자를 공유한다는 의미이다. 당연히 사시나무는 다른 식물과 더 가까운 유연관계를 갖는다. 천 년이 지나고 또 지나도록 판도가 이 세상에 적합한 삶을 유지하려고 이용했던 전략은, 빠르게 변해 가는 이 행성에서 살아남고 번성하기 위한 노력, 특히 다른 식물이 확실하게 생존하도록 하기 위한 노력에 정보를 제공할 수 있다.

그렇다면 이 생명의 장수 문제를 단지 호기심의 차원으로 밀어 놓는 것은 부끄러운 일이 될 것이다. "왜 오래 살까?" 또 "오래 산다면 어떻게 그렇게 되었을까?" 등의 물음에 답을 찾고자 노력하기만 한다면 탁월한 지식의 원천이 될지도 모르기 때문이다.

장수와 불임은 어떤 관계가 있을까?

캐런 목이 사시나무를 대상으로 했던 유전 연구는 세상에 알려진 가장 큰 생명체라는 판도의 명성을 입증하는 데 도움을 주었을 뿐 아니라, 더 나아가 이 나무가 지닌 커다란 유전적 의문도 드러냈다. 사시나무 중 놀랄 만큼 많은 수가 세 개의 염색체를 갖고 있었고, 판도도 그중 하나였다.

대다수 진핵생물은 두 개의 염색체를 갖고 있다. 그리고 (우리와 마찬가지로) 2배체(유전자를 가진 하나의 염색체와, 이와 한 쌍인 염색체를 더 가져 총 2배의 염색체를 가진 개체-옮긴이)인 사시나무도 많다. 그러나 북미 전역의 사시나무를 연구했던 캐런 목과 연구 팀은 일부 지역의 사시나무 중 무려 3분의 2가 3배체라는 점을 발견했다. 이는 뜻밖이었다. 우리가 생물학에 대해 알고 있는 모든 사실에 비춰 볼 때, 3배체는 세포가 제대로 분열되지 못하기 때문에 일반적으로 번식의 어려움을 겪기 때문이다.

역시 클론체인 다른 두 종에 대한 연구가 판도의 불임을 이해하는 데 도움이 되고 있다.

첫 번째는 "세상에서 가장 나이 많은 식물"이라는 칭호를 놓고 겨루는 또 다른 경쟁자로, 왕의 호랑가시나무King's holly라고도 일컬어지는 식물 종 로마티아 타스마니카*Lomatia tasmanica* 가운데 가장 최근에야 알려진 식물이다. 이 식물은 동식물 연구가 데니 킹Denny King이 1934년에 맨 처음 확인했는데 1998년이 되어서야 부근에서 똑같이 생긴 화석 잎을 찾아 방사성 탄소 연대 측정법을 시행한 결과, 이 식물이 4만 3,000년, 심지어 그보다 더 오래되었을 수도 있다는 사실이 밝혀졌다.[7] 이 식물은 분홍색 꽃이 피긴 하지만 판도와 마찬가지로 3배체여서 열매를 맺지 못하고 씨앗도 생기지 않는다.

배스해협 건너편에 수수께끼의 또 다른 일부인 그레빌레아 레누익키아나Grevillea renwickiana가 있다. 세계에 남아 있는 이 식물의 개별 표본은 12개가 안 되며 모두 원산지인 호주 남동 지역에 있다. 아울러 판도나 로마티아 타스마니카와 마찬가지로 이 식물도 3배체이다. 노새처럼 불임이다.[8]

그레빌레아 레누익키아나가 별로 많이 남지는 않았지만 그래도 남은 것들은 제법 건강하다. 실제로 하나는 모턴국립공원에 있는 엔드릭강 근처 지역 곳곳에 거미줄처럼 얽힌 채 33만m^2 면적에 퍼져 있다. 판도의 크기라고 주장되는 면적에 비해 그리 작지 않다.[9]

대규모 불임은 필시 종의 종말을 초래할 것이다. 그러나 그레빌레아 레누익키아나에 관한 한 아마도 세계에서 가장 중요한 연구자로 꼽힐 보존유전학자 엘리자베스 제임스Elizabeth James는 이 세 식물이 살아남은 것이 상당히 이해된다고 내게 말했다. "불임이니까 번식에 에너지를 쓰지 않잖아요."

"하지만 번식에 에너지를 쓰지 않으면 결국에는 하나씩 다 죽어버리지 않을까요?" 내가 물었다.

"그 식물들은 분명 진화적으로는 정체되어 있어요. 하지만 남은 것들은 번성하고 있는 것처럼 보여요."

3배체는 식물에서 가장 복잡한 부분이자 많은 에너지를 써서 생산하는 꽃과 씨앗을 만들지 않는 대신, 이용 가능한 물과 햇빛과 영양분을 튼튼한 뿌리 체계를 구축하는 데 전적으로 이용할 수 있다. "그게 3배체에게 유리하죠." 그녀가 말했다.

내가 아는 한 이와 무관한 부모는 없다. 자신의 삶에서 자녀가 많은 시간을 앗아 가는 것 같다고 느끼지 않는 부모가 우리 중 누가 있겠는가?

그러나 농담은 접어 두고, 실제로 가임과 장수 사이의 역상관관계를 보여 주는 증거는 많다. 지난 반세기에 걸친 거의 모든 생명체 연구에서, 번식은 수명을 단축시키는 것으로 나타났다.[10] 전 세계 153개국에서 수명과 다산의 연관성을 연구한 모스크바국립대학의 연구자들은 매우 커다란 부정적 경향을 발견했다. 종교, 지리, 사회·경제적 요인, 질병에 대한 고려 사항 등을 통제한 뒤에도 평균 자녀 수와 기대 수명 간에 상쇄 관계가 관찰되었다.[11]

이러한 상쇄 관계가 과학적으로 중요한 의미를 지니긴 하지만 상대적으로 볼 때 대단하지는 않다. 북미사시나무, 그레빌레아 레누익키아나, 로마티아 타스마니카 같은 식물이 기하급수적으로 장수하는 이유는, 서로 연결된 뿌리 구조로 잘 설명될 수 있다. 이들 식물은 지표면의 토양 덕분에 단기적 환경 변화로부터 보호받지만, 유성생식에 의존하는 식물은 이러한 보호를 받지 못한 채 죽을 수도 있다.

"2배체 염색체를 지니고 씨앗을 생산하는 식물이 환경 조건의 변화로 씨앗을 발아하지 못한다면, 세대 전체가 사라질 수 있어요. 이 개체는 죽고 나면 없어져 버리지만 3배체는 계속 지속할 수 있죠." 제임스가 말했다.

이런 지식이 어디에 쓸모 있을지 알아보려면, 세계 과학자들이 인간 활동으로 인한 기후변화의 결과로 장차 어떤 현상이 생길 것이라고 믿는지 생각해 보자. 지구가 더워지고 있는 것은 거의 의심의 여지가 없다. 아울러 우리는 엄청난 양의 온실가스를 대기에 배출한 대가의 일부로, 심각한 기상 상황, 예를 들면 허리케인이나 폭염, 역사적 가뭄을 겪고 있다는 것도 이해하게 되었다.

이러한 교란 상황에서 살아남을 뿐 아니라 그 후 야기된 생태적 불안정성까지도 완화할 수 있는 식물로는 무엇이 있을까? 아마 북미 사시나무, 로마티아 타스마니카, 그레빌레아 레누익키아나 같은 식물일 것이라고 제임스는 주장한다. 이들 식물은 수천 년 동안 발아를 통해 재생할 필요 없이 이러한 일을 해 왔기 때문이다.

마지막으로 살아남은 그레빌레아 레누익키아나 클론이 몇 살이나 되었는지는 확실하게 알기 어렵다. "그러나 분명 정말 나이가 많을 거예요."라고 제임스가 내게 말했다. 2배체의 그레빌레아 레누익키아나는 수천 년 전에 죽어 없어졌을 가능성이 있지만 3배체는 다가올 수천 년 후에도, 심지어는 기후변화 속에서도 살아남을 것이라고 했다.

우리가 다른 방법으로 이 식물을 죽이지 않는 한은 그럴 것이다. 솔직히 말해서, 인간은 대자연이 아주 오랫동안 지속해 온 것들을 종말로 이끄는 재능을 갖고 있기 때문이다.

최장수 생물에게 찾아온 노령화

80만 년? 8만 년? 판도의 나이를 어떻게 알고 있든, 한 가지는 확실하다. 사시나무 클론은 1800년대 백인 정착민이 북미의 이 지역으로 이주하기 훨씬 전부터 있었다는 점이다.

우리보다 오래 살아남을까? 이 점은 그다지 확실하지 않다. 지구에 살아 있는 가장 나이 많은 생명임이 분명할 것 같은 이 놀라운 생명체도, 현재 죽어 가는 것으로 보이는 까닭이다.

2010년 처음으로 판도 속을 걸었던 야생자원연구가 폴 로저스Paul Rogers는 자신이 본 광경에 불안을 느꼈다. P. D. 제임스P. D. James의 디스토피아적 소설 『사람의 아이들The Children of Men』 줄거리를 '사람' 대신 '판도'의 입장에서 다시 쓴 것 같은 광경이었다. 1992년에 출간된 제임스의 소설과 그것을 각색한 2006년의 영화에서는, 원인을 알 수 없는 이유로 더는 아이들이 태어나지 않으며 지구에 남은 나이 든 사람들은 혼돈 속으로 내던져진다.

판도에는 100살 혹은 그 이상 되었을 '노인' 줄기들이 여전히 많다. 70대와 80대의 '어르신'도 마찬가지로 많다. 그러나 젊은 성인은 매우 적으며 10대는 조금밖에 없다. 게다가 아이는 거의 없다. 새로 나오는 줄기는 완전히 사라졌다.

"뭔가 문제가 생긴 거예요." 특히 심각한 타격을 입은 클론 지역을 걸어가면서 로저스가 내게 말했다. 그곳에는 마치 나무 블록 빼기 게임을 하다 전부 무너져 버린 것처럼 최근에 쓰러진 줄기들이 온통 바닥을 뒤덮었고 아무것도 남지 않은 피시호의 전경만 훤하게 드러나 있었다. "30년, 40년, 50년 동안 새로 성장한 게 전혀 없어요."

로저스가 더욱 걱정스럽게 여기는 것은 이를 알아차린 사람이 거의 없다는 점이다. 이 거대하고 오래된 것이 코프 절벽 밑으로 떨어지고 있는데, 이와 관련해 뭐라도 해 보려는 사람이 아무도 없었다.[12]

판도의 놀랄 만큼 오래된 삶이 끝에 다다른 것이라면 이는 자연스러운 과정일지 모른다. 그러나 그런 일이 벌어지는 것 같지는 않았다.

"증거가 확실히 시사하는 바로는 이 식물의 최근 역사에서 무언가가 바뀌었다는 거예요." 로저스가 말했다. 그리고 이 미스터리에서 가해자를 찾는 일은 어렵지 않았다. 피시호 클론이 수천 년 동안 생생하게 잘 번성하고 있었는데, **우리**가 등장한 것이다.

그러나 보드게임 〈클루〉(Clue, 용의자, 도구, 장소 카드를 활용해 범인을 찾는 추리 보드게임-옮긴이)에서처럼, 범인을 안다고 다 되는 것은 아니다. 어떤 무기를 썼는지 알아내야 한다.

한 가지 추리: 불. 아니, 오히려 불이 나지 않은 문제를 꼽을 수 있다. 사시나무는 방해가 있을 때 번성한다. 클론의 줄기를 베면, 건강한 사시나무 뿌리 체계는 그 대신 더 많은 줄기를 내보낸다. 불이 군집 전체로 번지면 새로운 뿌리 순이 불길을 따라갈 것이다. 그러나 피시호는 인기 있는 휴양지이며, 판도 경계 안쪽에 실제로 자리 잡은 몇몇 거주지를 포함하여 숲 전역 곳곳에 오두막이 세워져 있어 주 당국 화재 관리원들이 한가롭게 놀고 있지 않았다. 예전에는 이곳에 이따금씩 자연적으로 불이 나곤 했지만, 이제 더는 불이 나지 않는다.

가능성 있는 또 하나의 무기: 기후변화. 미국과 캐나다 산림청이 공동연구 활동을 벌인 결과, 사시나무의 급격한 감소가 일어난 지역은 최근 들어 기온이 상승하고 겨울이 건조했던 곳으로 나타났다.

로저스의 또 다른 추론: 사슴과 엘크. 이들이 너무 많다는 것이다. 이 지역의 주된 포식자인 회색늑대가 전멸한 지 80년쯤 되었다. 이 시기는 판도의 줄기가 마지막으로 크게 번성했던 시기와 일치한다. 이 지역의 퓨마 개체군 역시 지난 세기에 급격히 수가 줄었는데 처음에는 1913년에서 1959년까지 거의 4,000마리의 생명을 앗아 간 포상금 프로그램 때문이었고, 이후에는 사냥꾼들에게 허가 없이 아무 때나 고양잇과의 큰 동물을 몇 마리든 마음대로 잡도록 허용했던 사냥 규정 때문이었다.[13]

포식자가 사시나무 생태계에 미치는 영향을 이해하기 위해서는 판도에서 북쪽으로, 옐로스톤국립공원의 크리스털강 지역까지 일직선으로 약 560km를 가 보면 도움이 된다.

옐로스톤국립공원에 널리 살던 회색늑대는 1926년을 마지막으로 전멸했다. 그 후 1990년대 중반 늑대 31마리를 국립공원에 다시 들여왔으며, 그리 오래 걸리지 않아 효과가 나타났다. 당시 옐로스톤국립공원에는 1만 8,000마리 정도의 엘크가 있었다. 항상 배가 고팠던 이들이 즐겨 먹는 간식 중 하나가 어린 사시나무 줄기의 잎이었다. 그러나 늑대 역시 항상 배가 고팠고 이들이 즐겨 먹는 간식 중 하나가 엘크였다. 늑대가 잘하는 일을 하기 시작하자, 엘크는 오랜 시간 한 장소에 머물면서 사시나무 숲 전체를 먹어 치우지 못하게 되었다. 오래지 않아 옐로스톤국립공원의 사시나무 숲은 크리스털강 주변처럼 번성하게 되었다.

늑대에서 나무로 연결되는 현상을 연구한 야생생물 생태학자 댄 맥널티Dan McNulty는 앞으로 더 많은 시간이 흘러야 옐로스톤국립공원의 사시나무를 확실하게 구했는지 명확해질 것이라고 말했다. "옐로스톤국립공원 사시나무에 대한 전망이 밝기는 하지만 안심할 단계는 아니에요." 그가 내게 말했다.

그러나 한 가지 분명한 점: 회색늑대의 영향이 단지 엘크를 줄이고 사시나무를 늘리는 정도에서 그치지 않는다는 점이다. 이 영향의 파장은 지속될 것이다. 사시나무 숲이 더 커지고 건강해지면 새에게 서식지를 제공하고 비버에게 건축 재료를 더 많이 공급하며, 비버가 지은 댐은 지하수면 상승에 도움이 되어 더 많은 나무 서식지가 형성될 것이다.[14]

로저스가 일방적으로 유타주에 포식자를 다시 들일 수는 없을 것이다. 환경보호 정책을 강하게 시행하는 유타주에는 이 문제와 관련해서 뭔가 말할 거리가 있는 사냥꾼과 농부, 목장주가 많이 있기 때문이다. 그러나 로저스는 이 지역의 발굽 동물들이 이 거대하고 오래된 생명체를 마치 무한 리필 샐러드바처럼 이용하지 못할 경우 판도가 어떻게 될지 알고 싶어 했다.

"여기 동물들이 특히 맛있는 사시나무를 발견하면 일주일이고 한 달이고 진을 치고 먹어 치우는데도 막을 방법이 하나도 없어요." 어느 날 숲을 걸으면서 그가 내게 말했다.

나는 사시나무 잎을 따기 위해 풀쩍 뛰어 가장 가까운 나무 쪽으로 손을 뻗었고 마치 신선한 시금치라도 먹는 것처럼 사시나무 잎을 입안에 넣었다. 아스피린을 씹었을 때와 같은 맛이었다.

"특별히 맛있는 사시나무는 **아니네요.**" 나는 이렇게 말하면서 다시 뱉으려 했지만 잎 때문에 이미 침이 다 말라 버렸다는 것을 깨달았다.

"당신은 발굽 동물이 아니니까요." 로저스가 웃었다. "게다가 발굽 동물들은 어린잎을 좋아하는 경향이 있어요."

"이 동물들을 쫓는 늑대가 없는 한 그렇다는 거죠?"

"맞아요. 하지만 늑대가 없어서, 대신에 우리는 울타리를 세웠어요."

클론에 울타리를 쳐 놓은 사분면의 출입문으로 그가 나를 안내했다. 이곳은 '연구 복원 구역'으로 알려져 있었다. 서서히 진행되는 판도의 죽음의 원인으로 의심되는 처음 두 요소, 즉 화재와 기후변화의 영향은 특히 단기간에 측정하기 힘들 것이다. 그러나 세 번째 요소, 즉 사슴과 엘크의 영향은 통제할 수 있다. 그래서 울타리를 쳤고 그로부터 한 달쯤 지난 상태였다.

울타리를 세운 뒤 처음으로 판도를 찾은 날이었다. 로저스는 그 정도 시간으로는 큰 변화를 보기 힘들 것이라고 예상했다. 발굽 동물이 문제의 일부이긴 해도 화재와 기후변화, 그리고 "신만이 아는 다른 요소" 역시 공범자임이 거의 확실하며, 한 가지를 해결하는 것만으로는 판도를 구하기 힘들 거라고 그가 내게 말했다.

그러나 얼마 후 그것이 보였다. 길어 봤자 18cm 남짓 되는 작은 뿌리 순 줄기 하나가 바위 근처 땅속에서 삐죽이 튀어나와 있었고 위쪽에 밝은 초록색 이파리 몇 개가 달려 있었다.

그리고 쓰러진 통나무 부근에 또 하나가 보였다.

그의 느린 발걸음에 속도가 붙기 시작했다. 이윽고 그는 숲속을 이리저리 달리며 쓰러진 줄기를 뛰어넘기도 하고 빙빙 돌기도 하면서 잇달아 뿌리 순을 발견했고, 정강이 높이 정도 오는 새순의 잎사귀를 손가락으로 쓰다듬었다.

"여기 하나 있어요." 그가 소리쳤다. "여기도… 여기도요!"

그 순간 그의 모습은 과학자가 아니었다. 40만m² 면적의 숲속에서 뛰노는 소년의 모습에 가까웠다. 그러나 해가 지기 시작하자 그는 차분한 성향을 되찾았다. "이게 무슨 의미인지 말하기는 너무 일러요. 분명 가능성이 보이지만 장차 어떻게 될지 기다려 봐야 해요."

그날 나는 로저스의 흥분을 온전히 이해하지 못했다. 그러나 5년 뒤 다시 클론을 찾아 울타리 선을 따라 걸으면서, 나는 로저스가 나를 판도로 안내했던 그날 나로서는 상상으로만 겨우 알 수 있었던 그 기분, '세상에! 정말 이런 일이 일어나다니!' 하는 기쁨 속에서도 최대한 절제하려 했던 그의 기분을 느낄 수 있었다.

울타리 안쪽에는 우리가 몇 년 전 발견했던 작은 새순들이 이제 튼튼한 줄기로 자라 있었고, 바닥에는 1년 남짓 된 뿌리 순들이 가득했다.

울타리 바깥은 어땠을까? 뿌리 순이 거의 보이지 않았다.

울타리 안쪽의 판도가 소생했다고 해서 이것이 옐로스톤국립공원에 보이는 것과 같은 생물다양성 회복으로 이어질지는 아직 말하기 이르다. 그러나 발굽 동물이 너무 많이 뜯어먹은 것이, 피시호 사시나무 클론을 감소시킨 **바로 그** 핵심 요인은 아니라도, 그중 하나였다는 사실에는 논쟁의 여지가 없다.

판도의 둘레 전체에 울타리를 세우는 일은 실행 불가능하지는 않겠지만 큰 비용이 들 것이다. 우리는 그런 방식으로 이 오래된 것을 구할 수 있을 거라고 여긴다. 그러나 이는 계속 확장할 수 있는 해결책이 아니다. 모든 사시나무 클론 주위에 울타리를 세울 수는 없다.

그러나 야생생물 관리의 아버지인 알도 레오폴드Aldo Leopold의 목소리에 귀 기울일 수는 있다.

1945년 레오폴드는 이렇게 썼다. "여러 주 정부가 잇달아 늑대를 없애는 것을 보며 살아왔다. 늑대가 사라진 뒤 새로워진 많은 산의 얼굴을 지켜보았으며, 새로 생긴 사슴 길이 미로처럼 이어져 남쪽 비탈길에 주름이 생기는 것을 보았다. 식용 가능한 덤불과 묘목이 모두 동물에게 뜯어 먹혀, 처음에는 생기 없는 무용한 존재가 되었다가 이윽고 죽음에 이르는 것을 보았다. 식용 가능한 모든 나무의 잎이 말 안장의 뿔 높이까지 죽어 있는 것을 보았다. 산은 마치 누군가가 신에게 새로운 전지가위를 준 뒤, 다른 모든 활동은 금지한 것 같은 모습이었다. 결국 한때는 사슴 떼를 이룰 것으로 기대했으나, 그 수가 너무 많아 굶주려 죽은 사슴 뼈가 죽은 세이지와 함께 하얗게 바래거나 아니면 저 위에 높다랗게 선을 이룬 향나무 아래서 썩어 가고 있다."15

「산처럼 생각하라Thinking Like a Mountain」라는 레오폴드의 에세이에 담긴 것은 단순한 간청이었다. 포식자들이 진화해 온 생태계에서 그들이 응당 해야 할 역할을 하게 놔두라는 것이다.

그렇게 한다면 우리 세상에서 가장 나이 많은 살아 있는 것 중 몇몇을 살릴 수 있을지도 모른다. 그러고 나면 아주 확실하게 그보다 더 많은 것을 살리게 될 것이다.

강털소나무가 경고하는 기후위기

내게는 보물 지도라고 할 만한 것이 있다. 물결을 이룬 솔방울과 지그재그식 도로에 대한 몇 가지 단서. 어디를 바라보고 무엇을 찾아야 하는가에 대한 기본적 설명. 그리고 아주 오래된 사진 한 장.

그러나 산길을 따라 강털소나무bristlecone pine가 수천 그루나 있었다. 새파란 하늘을 배경으로 필사적으로 꽉 움켜쥔 듯한, 뒤틀리고 옹이가 많은 강털소나무. 이들 나무는 지옥을 탈출하려고 애쓰다가 도중에 얼어 버린 것처럼 보였다. 캘리포니아주에 있는 바위투성이 화이트산맥의 '장수 강털소나무 숲'에서 그 많은 나무 중 특정 나무 하나를 찾겠다는 생각은 아무래도 무리인 것 같았다.

그러나 내게 주어진 단서들을 찾아 계속 걸었고, 이윽고 내 앞에 그것이 나타났다.

므두셀라Methuselah.

4,850살로 지구에서 가장 나이 많은 것으로 알려진 단일 나무이며, 이집트 최초의 피라미드가 세워질 무렵에 발아했다. 므두셀라가 어디 있는지는 소수의 몇몇 사람만 알고 있으며 이들은 이 나무가 언약궤(Ark of the Covenant, 『구약성서』에 나오는 솔로몬 성전의 지성소, 즉 1년에 한 번 대제사장만 들어갈 수 있는 곳에 안치되어 있던 거룩한 상자-옮긴이)라도 되는 듯이 그곳의 위치를 보호해 왔다.

이유인즉슨 이러하다. 몇십 년 전 므두셀라에 표지판으로 표시를 해 두자 방문객들이 이 나무에서 표본을 떼어 집으로 가져갔다. "죽도록 사랑하려고" 했던 것이라고 숲 관리들은 걱정했다. 그리하여 공원 관리인들은 세상에서 가장 나이 많은 나무가 앞으로도 계속 세상에서 가장 나이 많은 나무로 지내게 하려는 시도로 표지판을 떼어냈다.

이 결정에는 흥미로운 이중성이 작용하고 있었다. 한편에서는 애리조나대학의 크리스 베이선Chris Baisan 등 강털소나무를 연구하는 학자들이 아무리 가장 나이 많은 것일지라도 개별 나무의 나이는 과학적으로 중요하지 않다고 말한다. "트로피를 노리는 사람이 아닌 과학자라면 가장 나이 많은 개체가 필요하지 않아요."라고 2015년에 베이선이 말한 바 있다.[16] 다른 한편에서는 나이테 연구자와 숲 관리자가 므두셀라를 보호하기 위한 일이라면 무엇이든 하려고 했으며, 실제로 므두셀라 자체가 중요하지 않다면 이런 일은 그다지 말이 되지 않는다.

므두셀라의 표지판이 내려졌을 무렵 톰 할런Tom Harlan이라는 연륜연대학자(나무의 나이테를 통해 과거의 기후변화와 자연환경을 밝혀내는 학문을 연구하는 사람-옮긴이)가 므두셀라보다 훨씬 오래된 강털소나무를 확인했다고 말하고 다니기 시작했다. 할런을 아는 사람 중 누구도 그가 그런 주장을 지어냈을 거라고 믿는 사람은 없는 것 같았다. 그러나 이 애리조나대학의 연구가는 오래도록 자신의 발견을 발표하려고 하지 않았고, 2013년 이 나무의 위치에 대한 비밀을 무덤까지 가져갔다.[17] 할런의 동료들이 의문에 싸인 이 나무에 대해 단서를 찾기 위해 그의 메모와 핵심 표본 모음을 샅샅이 뒤졌지만 아무 흔적도 나오지 않았다.

내 추측에는 할런이 므두셀라에게 숨 쉴 여유를 조금 더 주기 위해 이야기를 지어냈을 가능성이 있다. 그러나 애리조나대학에 있는 할런의 동료 매슈 샐저Matthew Salzer는 만일 그 나무가 존재한다면 어디에 있을지 지역을 알 것 같다고 말했다. 그는 이 나무를 찾아 나설까 고민했고, 나는 그에게 만일 가게 되면 나도 데려가 달라고 부탁했다.

그럼에도 나는 내가 정말 알고 싶어 하는지 확신이 없었다. 오래된 나무들 속에서 어느 것이 가장 신성한 것인지 알지 못한 채 화이트 산맥을 걸어가는 일은 뭔가 신성한 느낌이 있기 때문이다.

므두셀라 산길을 처음 걸어갔을 때, 나는 어느 나무가 가장 나이가 많은지 알지 못했다. 그리하여 그날 내 마음속에는 많은 나이 때문이 아니라 나이와 크기 간의 연관성 때문에 경외감이 일었다. 수천 년의 성장으로 사시나무 클론이 신과 같은 규모의 생명체로 변할 수 있음을 목격한 뒤라 그런지, 화이트산맥의 오래된 강털소나무를 보고 나서 내가 맨 처음 느낀 인상은 정말 작아 보인다는 것이었다. 불과 몇 초면 옹이 진 줄기를 타고 올라가 맨 꼭대기 가지까지 닿을 것 같았다.

대다수 나무와 마찬가지로 강털소나무도 1년을 살면 나이테가 한 개 늘어나며, 이들 나무 중 몇몇은 스톤헨지가 세워지기 전부터 계속 이렇게 해 왔다. 그러나 1년에 성장해 봐야 1mm의 몇 분의 1밖에 늘지 않으므로 아주 오래된 강털소나무의 나이테를 맨눈으로 정확히 세는 것은 불가능하다.

화이트산맥의 강털소나무가 더디게 자라는 것은 쉽게 이해된다고, 어느 이른 가을 학기 애리조나대학의 실험실에서 만난 샐저가 내게 말했다. 애리조나대학은 예전에 할런이 재직했던 곳이기도 했다. 강털소나무는 상상할 수 있는 가장 살기 힘든 조건에서 살며, 특히 수목 한계선에 있는 가장 높은 지점의 나무들은 더욱 혹독한 조건에서 산다. 이 지점은 해발 3,350m로 연중 오랜 기간 내내 기온이 영하권에 머물고 짧은 성장기 동안에도 극히 건조하다. "그래서 그 나무들은 천천히 자라는 거예요." 샐저가 말했다.

살아 있는 강털소나무 가운데 겨우 몇 그루만 므두셀라 정도의 나이에 이를 수 있다. 그러나 화이트산맥 곳곳에는 죽은 강털소나무가 곳곳에 적지 않게 흩어져 있고, 그중 일부는 수천 년 동안 그런 상태로 누워 있었다. 살아 있는 나무와 죽은 나무의 나이테 성장 패턴을 비교하고 겹쳐 봄으로써 샐저는 1만 년에 걸친 강털소나무의 성장 시간표를 거의 다 완성해 가고 있다. 이는 콜로라도주 라이플의 과학자들이 서로 중첩되는 DNA를 이용하여 긴 염기서열을 완성한 작업과 별반 다르지 않다. "몇 개의 퍼즐 조각만 남았어요. 맞는 조각만 찾으면 돼요." 그가 말했다.

나이테를 대조하는 작업은 기술이자 과학이다. 개별 나무는 심지어 서로 가까이 붙어 있을 때도 매년 자라며 이들이 자라는 양상에는 고도, 경사, 토양, 그 밖의 요인들이 영향을 미칠 수 있다. 따라서 연륜연대학자는 특정 시기에 살아 있는 모든 나무에 영향을 줄 만큼 커다란 기후 상황의 흔적을 나이테에서 찾고자 한다. 실험실 현미경을 들여다보던 샐저가 강털소나무 중요 표본에서 그러한 부분을 지적해 주었다. 훈련받지 않은 나의 눈에도 그 부분은 다른 곳보다 "흐릿하게" 보였다. "이게 상륜(霜輪, 서리 때문에 철이 아닌데도 잎이 지고 다시 나서 줄기에 생긴 위연륜, 즉 정상적으로 생기는 나이테 외에 같은 해에 생기는 나이테 모양의 구조-옮긴이)이에요. 세계 곳곳에 화산재를 날렸던 대규모 화산 폭발과 시기적으로 일치하죠. 광범위하게 퍼져 있어요. 곳곳의 강털소나무에서 이 상륜을 볼 수 있죠." 그가 내게 말했다.

내가 보고 있던 상륜은 무함마드가 메카를 정복했던 때와 거의 같은 627년의 것이었다. 샐저와 다른 나이테 연구자들은 536년뿐 아니라 687년, 899년, 1201년, 1458년, 1602년, 1641년, 1681년[18]의 강털소나무 나이테에서도 이와 비슷하게 이례적인 나이테를 발견한 바 있다. 이 가운데 536년은 옛날 비잔틴 역사가인 프로코피우스Procopius가 광범위한 흉작과 기근으로 이어졌던 전 세계적 "먼지 장막dust veil"에 대해 썼듯이 "태양이 빛을 발해도 밝지 않았던" 해였다.[19] 1만 년의 연대기는 여전히 정리 중이지만 이러한 흔적들 덕분에 샐저와 연구 팀은 탄탄한 데이터 집합을 개발할 수 있었고 이를 통해 4,650년에 걸친 강털소나무의 성장 연대기를 보여 주며, 이 나무가 '느리지만 꾸준한' 전략으로 오랜 세월 건강한 삶을 유지해 왔다는 것을 입증했다. 4,000년이 넘는 기간 동안 연간 나이테 성장의 중간값은 0.4mm 미만이었으며 이는 인간 손톱 두께 정도다.

그러나 최근 들어 화이트산맥의 가장 높은 고도에서 변화가 생겼다. 이곳의 강털소나무가 최근 들어 맹렬하게, 적어도 상대적으로는 맹렬한 기세로 자라고 있다. 1951년에서 2000년까지 이들 강털소나무는 연평균 0.58mm 성장했다. 이는 연대기상으로 기록적인 수치이며, 이전에 딱 한 번 이 수치에 근접한 적이 있었다.[20]

이 현상에 대해서는 많은 설명이 있을 수 있다. 그러나 신뢰할 만한 기온 자료가 확보된 시기를 대상으로 나이테 성장을 관찰한 샐저 연구 팀은 연간 지역 평균기온과 나이테 성장 간에 강한 상관관계를 발견했다. 이 연구는 현재 우리 세계에서 목격하는 급격한 기후변화와 관련하여 상당히 긴요한 정황을 제시해 준다. 또 이 시점에 꼭 필요한 것은 아니지만 그래도 이러한 변화가 결코 더 긴 대순환의 일부는 아니라는 추가적 증거도 제공한다.

강털소나무는 세계 기후라는 광산의 카나리아 같은 존재이다. 그러나 예전에 작은 노란 새가 일산화탄소로 죽어 가면서 광부에게 치명적 가스를 경고했던 것과 달리, 강털소나무는 기온 상승의 결과 더 빠른 속도로 더 높은 곳에서 자라고 있다.

화이트산맥에서 눈으로 확인할 수 있는 수목 한계선의 가장 높은 지점까지 올라갔을 때, 나는 살아 있는 생명의 색깔에서 이를 확인할 수 있었다. 3,350m가 약간 넘는 그곳의 오래된 나무 옆에서 나는 또 다른 생명을 찾기 위해 근방을 훑어본 뒤, 내가 갈 수 있는 한 곧장 직선으로 걸으면서 몇 걸음마다 멈춰 서 생명의 흔적을 찾으려고 눈을 들어 산 위쪽을 바라보았다.

그리 오래지 않아 옅은 회색 지형을 배경으로 순수 초록의 생명이 살고 있는 흔적을 찾을 수 있었다. 작지만 강인한 생명. 점점 더 높은 곳으로 향하고 있는 작은 강털소나무들이었다. 우리가 세상을 변화시켰고 이 작은 강털소나무는 점점 커지는 생물학적 자리의 온도 한계를 쫓아 움직이고 있었다. 이전까지 어떤 나무도 가 본 적 없는 곳이지만, 이제 이 나무들은 갈 수 있기에 그곳으로 가고 있는 것이다.

강털소나무들의 나이가 얼마나 되는지 알기는 어렵다. 나로서는 이 작은 어린나무들이 앞으로 어떤 삶을 살게 될지 생각하기가 더 어렵다. 이 역시 우리가 그들의 삶을 망치지 않을 경우의 이야기이다. 어쨌든 화이트산맥의 역사적인 수목 한계선 위에서 내가 본 어린나무들이 므두셀라만큼 오래 살게 된다면 아마 우리는 서기 7,000년을 향해 가고 있을 것이다.

이 어린나무들이 그때까지 잘 버텨 낸다면, 그리고 우리가 이 나무들을 방해하지 않는다면 이 나무들은 아마도 계속 나이 들어 갈 것이다.

그러나 늙지는 않는다. 이는 완전히 다른 문제이다.

|

나이 먹되 늙지는 않는 노화 혁명

|

모든 것은 늙는다. 우리는 이를 알고 있지 않은가? 시간이 지나면서 지구상의 모든 생명 형태를 구성하는 세포는 고장 나고 오작동을 일으키기 시작하다가 그대로 고물차가 되어 버리며, 결국에 가서는 더는 생명을 유지할 수 없게 된다.

적어도 대부분은 이렇게 진행된다. 연구자들은 강털소나무 역시 아주 느린 속도이기는 해도 이렇게 진행되었을 것이라고 가정했다. 실제로 이를 확인하지는 않았다. 그리하여 2000년대 초 미 산림유전학연구소Institute of Forest Genetics의 한 연구 팀은 23년 된 나무뿐 아니라 4,713년 된 나무까지 살펴보면서 그들이 생각할 수 있는 모든 면에서 강털소나무의 노쇠 징후를 찾아보기 시작했다.

연구자들은 뿌리에서 싹과 잎까지 물을 운반하는 물관부를 조사했다. 광합성으로 만든 당분과 다른 물질대사 산물이 이동하는 체관부를 조사했다. 이들 운반 세포조직의 기능에 어떤 변화가 있는지 찾아보았다. 그리고 새순의 성장에 어떤 변화가 있는지, 즉 나무가 얼마나 빨리, 얼마나 높이 자라는지 차이를 찾아보았다. 꽃가루의 생존 능력도 살펴보았다. 씨앗의 무게를 재고, 씨앗이 얼마나 잘 발아하는지도 연구했다.

다른 과학자들도 노화의 징후를 찾고 있었다. 플로리다대학에 있는 맥나이트뇌연구소MBI의 한 집단은 이 식물의 텔로미어, 앞서 개구리 이야기를 할 때 언급했던 염색체 보호 캡을 오랫동안 열심히 살펴보았다. 텔로미어가 나빠지면 인간을 포함한 생명체는 노화 관련 질병에 걸리기 쉬워진다.[21]

그들은 모든 곳을 살펴보았다.

무엇을 찾아내었는지 아는가? 아무것도 찾지 못했다. 노쇠의 징후가 없었다.[22]

20년 가까이 흘렀지만 우리는 왜 이런 일이 생기는지, 혹은 왜 생기지 않는지 예나 지금이나 크게 다를 바 없이 별로 알아낸 것이 없다. 그러나 강털소나무의 내부 활동을 연구했던 과학자들 사이에서 그나마 타당하다고 꼽는 추측은 강털소나무의 분열조직에 무언가 있다는 것이다. 이 분열조직은 뿌리와 싹의 말단에서 세포가 증식되는 부분으로, 말하자면 식물 영역의 줄기세포라고 할 수 있어서 새로운 성장을 만들어 낼 뿐 아니라 매년 지속적으로 성장하게 해 준다.

우리가 기록을 남기기 훨씬 전에는 기후가 어떠했는지 알려 줄 가능성을 강털소나무에서 찾을 수 있는 것도 이 때문이다. 강털소나무가 오랜 기간의 기록을 간직하고 있기 때문만이 아니라, 매우 지속적으로 그래 왔기 때문이다. 강털소나무는 나이가 들어도 활동이 거의 달라지지 않기 때문에 그들이 한 해 한 해 살아온 조건의 기록으로서 믿을 만하며, 실제로도 고고학자들이 방사성 탄소 연대 측정을 대조하는 데 이용할 정도였다. 강털소나무 나이테의 크기, 패턴, 밀도, 그리고 나이테 안에 갇혀 있는 안정적인 동위원소를 통해 우리는 수천 년의 시간을 거슬러 올라가 과거의 기후, 물 이용 가능성, 습도, 대기 순환을 살펴볼 기회를 얻는다. 그러나 노화 현상을 거의, 심지어는 전혀 겪지 않는다고 과학자들이 말하고, 겉으로도 늙지 않는 것처럼 보이는 생명체가 비단 우리의 과거만 알려 주는 것은 아니다. 이들 생명체는 우리의 미래를 알려 주는 열쇠도 될 수 있다.

다니엘 마르티네스Daniel Martínez는 아주 미미한 수준의 노쇠 현상이야말로 세계적으로 판을 바꿔 놓을 만큼 대단한 잠재력을 지닌 과학 주제라고 여겼다. 아울러 왜 많은 과학자가 이 문제의 답을 찾고 있지 않은지 의아했다. 2012년 퍼모나칼리지의 한 생물학자는 이렇게 쓴 바 있다. "아주 미미한 수준의 노쇠 현상이 실재한다는 사실을 믿지 않는 것이 아니라면, 우리는 보다 나은 설명을 찾기 위해 노력해야 할 것 같다."[23]

하버드의과대학에 있는 자신의 실험실에서 노화를 연구하는 데

이비드 싱클레어는 나의 친구이자 이따끔 공동연구자가 되어 주는데, 그는 이 말에 전적으로 동의한다. 그는 과학자가 노화 증상을 늦추거나 중단시키고 심지어는 거꾸로 되돌리기 위한 생의학적 개입을 하기에 가장 유망한 대상이 될 인간 유전자가 어떤 것인지 확인하는 데, 강털소나무 같은 생명 형태가 핵심 역할을 할 수 있다고 믿는다. 2017년 그는 내게 이렇게 말했다. "사람들은 아주 오래된 나무를 보면 이런 생각을 해요. '으음, 저 나무는 나와 다르게 생긴 만큼 엄청 다를 거야.' 하지만 사람들은 우리 모두가 같은 곳에서 생겨났고, 넓은 시야에서 보면 생명의 나무에서 서로 갈라져 나온 기간이 비교적 짧다는 걸 잊고 있어요. 그들과 우리는 똑같은 유전자를 많이 갖고 있어요."

얼핏 아주 다르게 보이는 생명체와 사람 간에 뭔가 공통점이 있다고 설득하는 일은 쉽지 않다고 그는 말했다. 노화와 관련한 비교유전체학에 대해 대화를 시작할 때, 우리와 비교적 가까운 사촌인 북극고래bowhead whale 이야기부터 즐겨 꺼내는 것도 이런 이유 때문이다. 그는 이렇게 말했다. "모든 포유류는 온혈동물이며 젖을 생산하고 다른 동물에게서는 볼 수 없는 특유의 뇌 구조를 갖고 있어요. 무엇보다도 고래는 인간처럼 고도의 사회생활을 하며 복잡한 의사소통 수단을 갖고 있죠." 고래와 인간이 많은 유전자를 공유하는 것도 전혀 놀라운 일이 아니다. 그 수가 거의 1만 3,000개에 이르며 그중에는 *FOXO3*로 불리는 유전자도 있는데 이 유전자의 변형이 인간 장수와 관련이 있다.

인간이 대다수 포유류보다 오래 살긴 하지만, 북극고래와는 비교가 안 된다. 북극고래의 수명은 200년 이상이어서 우리가 아는 포유류 가운데 가장 오래 산다. "정말 흥미로운 점은 다른 어디에서도 볼 수 없는 *FOXO3*의 변형이 북극고래에게 있다는 점이에요." 싱클레어가 이야기했다.

가까운 사촌이 우리와 공유하는 유전자로 뭔가 특별한 일을 한다는 걸 이해하게 되면, 아주 가까운 유연관계는 아니더라도 유전자를 공유하는 생명체에게서 무엇을 알아낼 수 있을지 쉽게 인식할 수 있다고 싱클레어는 덧붙였다.

마르티네스가 퍼모나칼리지의 실험실에서 연구하는 생명체가 바로 이러한 생명 형태의 하나로, 해파리와 유연관계가 있는 민물 폴립인 히드라 불가리스*Hydra vulgaris*다. 마르티네스는 히드라가 적절한 조건만 갖춰지면 영원히 죽지 않을 수도 있다는 소문을 대학원 시절에 처음 들었는데, 당시는 믿지 않았다. 그러나 아무도 이 문제를 들여다보지 않자 그 스스로 이 주장이 틀렸다는 것을 증명해 보기로 했다.

일반적으로 히드라는 약 1.3cm 이상 크지 않으며 야생에서 그리 오래 살지 못한다. 그래서 마르티네스는 히드라가 사실 영원히 살지 못한다는 것을 입증하는 데 그리 오랜 시간이 걸리지 않을 것이라고 여겼다. "1년 반 정도면 될 거라고 생각했어요. 그로부터 4년 뒤 내 생각이 틀렸다는 논문을 발표해야 했어요." 그가 내게 말했다.

히드라가 오래 살 수 있는 잠재적 이유 중 하나는? 바로 줄기세포다. 히드라는 거의 전부 줄기세포로 이루어져 있다. 그러므로 마르티네스 실험실의 이 폴립은 더 많은 줄기세포를 지속적으로 만드는 데 필요한 깨끗한 물과 이틀에 한 번씩 먹을 수 있는 약간의 브라인슈림프(brine shrimp, 하등 갑각류인 풍년새우의 하나―옮긴이)만 확보할 수 있다면, 언제까지나 오래된 세포를 새로운 세포로 대체할 수 있다. 그리고 지금까지 기력이 쇠하는 어떠한 징후도 보이지 않은 채 계속 이렇게 해 오고 있다.

그러나 줄기세포가 많이 공급되는 것으로는 충분하지 않다. 마르티네스가 히드라의 놀라운 장수를 탐구할 때에 핵심이 되는 것은 히드라 유전체가 세포의 스트레스에 대응하여 줄기세포에 어떤 지시를 내리는지, 그리고 세포 성장과 관련된 유전자의 발현을 언제 통제하는지이다.[24] 이러한 연구 경로를 따라 마르티네스와 다른 히드라 연구가들은 히드라 불가리스의 중요한 줄기세포 조절자 *FOXO3*에 관심을 돌리게 되었다.

한 생명체가 특정 유전자로 뭔가 한다는 사실을 알게 되면 흥미가 생길 수 있다. 이런 생명체를 두 개 발견한다면 우연의 일치일 수도 있다. 그러나 이런 생명체를 많이 발견하기 시작하고, 게다가 이들이 그 일을 할 때 쓰이는 유전자가 우리에게도 있는 유전자라면 이는 하나의 **단서**가 된다.

2018년 하와이대학의 생물발생연구소IBR에서 필립 데이비Philip Davy가 이끄는 연구 팀은, *FOXO3* 및 이에 상응하는 다른 생명체의 유전자가 "특히 중요해 보이며 인슐린/인슐린-유사 성장인자 신호전달 경로에서 핵심 유전자가 되고, 다양한 종에서 수명에 영향을 미치는 것으로 보인다."라고 썼다.[25] 또한 히드라 같은 생명체의 유전자가 무슨 일을 하는지에 대한 마르티네스 같은 연구자들의 새로운 통찰을 추가할 때, 우리에게는 "인간의 노화와 장수를 조절하는 분자적·세포적·생리적 과정"을 살펴볼 새로운 방법이 생긴다고 덧붙였다.

　연구를 시작한 지 몇십 년이 된 마르티네스는 맨 처음 세운 가정이 완전히 틀렸다는 점을 이제 전보다 훨씬 확실하게 믿는다. 어쨌든 그의 실험실에 있는 작은 녀석들이 여전히 튼튼하며, 다른 과학자들도 비슷한 결과를 보고 있기 때문이다. 한 연구에서 마르티네스는 독일과 덴마크의 히드라 연구자들과 팀을 이루어 각기 다른 12개의 히드라 집단을 살펴보았다. 거의 모든 집단이 흥미로울 만큼 낮은 사망률을 보였는데, 167개 개체 가운데 연간 1개 비율이었다. 이유를 알 수 없는 죽음도 있었지만, 대다수는 개별 히드라가 배양접시 뚜껑에 달라붙어 말라 죽는 것과 같은 실험실 사고였다.

　그리고 놀라운 점이 있다. 1년이 되든 40년이 되든 관계없이 히드라의 사망률에 변화가 없었다는 점이다. 많은 연구를 거쳤음에도 강털소나무와 마찬가지로 노화의 징후를 전혀 보이지 않았다. 가령 마르티네스의 한 연구에는 개별 히드라를 390만 일 이상 관찰하는 것도 포함되어 있었다. 이는 100개 히드라를 100년 이상 살펴보는 것과 맞먹는다.[26]

　이들 히드라는 지금도 잘 헤엄쳐 다닌다. 아주 즐겁게.

　아니, 더할 나위 없이 아주아주 즐겁게.

4,862년 산 나무를 죽인 젊은이

1964년 8월 7일은 생물학자, 생태학자, 그리고 이야기를 접한 다른 모든 이들 사이에서 불명예스러운 날로 통한다.

그날 노스캐롤라이나대학의 도널드 커리Donald Currey라는 대학원생이 네바다주 동부 휠러피크 봉우리 부근에서 자기 마음에 든 강털소나무의 나이를 측정하려고 하던 중 구멍 뚫는 도구를 망가뜨렸다. 주변에 비슷한 표본도 많은 데다 또 다른 도구도 망가뜨릴 위험이 있어서, 그는 이 나무 자체가 그런 위험을 감수할 만한 가치가 없을 거라고 판단한 뒤 미 산림청 관리들에게 어떻게 하면 좋을지 물었다.[27]

"베어 버리세요." 슬림 핸슨Slim Hansen이라는 숲 감독에게서 이런 이야기를 들었다.

산림청 톱질꾼들이 커리를 도와 나무를 치웠고 횡단면으로 자른 나무줄기 한 토막을 그에게 주었다. 이 나무토막을 모텔 방으로 가져온 그는 그곳에서 나이테를 세기 시작했다.

3,000… 4,000… 4,500….

"그리고 4,900년쯤에서 끝났죠." 2001년 커리가 자기 행동에 대해 유일하게 인터뷰를 허락했던 라디오 방송국 NOVA에서 말했다. "그리고 당신은 이렇게 생각할 거예요. '뭔가 잘못이 있었을 거야. 다시 세 보는 게 좋겠어. 또다시 세 보는 게 좋을 거야.'"[28]

그는 거듭해서 살펴보았다. 그리고 서서히 깨달았다. 자신이 당시 세계에서 가장 나이 많은 것으로 여겨지는 나무를 죽이는 데 일조했다는 것을 말이다. 그 나무는 최소한 4,862년은 되었고, 이는 곧 트로이를 세울 무렵 태어났다는 의미였다.

다윈 램버트Darwin Lambert라는 한 지역신문 기자가 거칠게 화를 냈다. 그는 《오듀본Audubon》에 기고한 「한 종을 위한 순교자Martyr for a

Species」라는 에세이에서 커리를 살인자라고 비난했다. 이 나무의 죽음으로 인한 후유증으로 "우리는 사랑하는 가장의 장례식을 치른 뒤 집으로 걸어오는 기분이었다."라고 썼다.

프로메테우스로도 알려져 있고, 표본 조회 번호 WPN-114로도 알려진 이 나무의 토막 몇 개는 결국 애리조나대학으로 갔다. 내게 상륜에 대해 가르쳐 준 연륜연대학자 매슈 샐저는 남은 나무의 잔해에 저주가 서려 있다는 소문이 끈질기게 돌았다고 말해 주었다. "이 토막들은요." 선반에서 두툼한 나무토막 몇 개를 꺼내면서 그가 말했다. "어느 불안한 연구자 손을 거쳐 이리로 오게 되었어요."

그가 나무토막들을 책상 위에 내려놓은 뒤 이리저리 돌리기도 하고 뒤집기도 하자 마침내 오래된 퍼즐이 하나로 합쳐지며, 한때 세상에서 가장 나이 많은 나무로 알려졌던 것이 2m짜리 횡단면의 형태로 모습을 드러냈다. 때 이르게 종말을 맞기 전까지 이 나무가 살았던 한 세기 한 세기를 작은 접착용 식별표로 표시해 두었고 이것이 마치 강처럼 구불구불 흐르는 선을 이루어 가운데 중심을 향하고 있었다.

그 순간 나는 이 나무에 정말 저주가 서려 있는지 신경 쓸 필요도 없다고 생각했다. 나는 손가락으로 선을 더듬어 나가면서, 미국 독립 선언이 있었던 해 부근에서 잠시 멈추었고, 이어 예수가 태어났던 해 옆에서도 멈추었다. 나이테의 시작 지점에 다다랐을 때 이 나무의 원에 검지를 대고 선을 따라 둥그렇게 원을 그렸다. 나보다 126배나 오래 살았고, 엄청난 실수만 아니었다면 분명 앞으로도 나보다 오래 살았을 나무였다.

슬픈 마음이 들었다. 나무에 대해서도, 이 나무를 파괴한 사람에 대해서도. 커리는 나무가 자라지 않는 유타주 서부 사막의 소금 평원 연구로 유타대학에서 잘 알려져 있어 그곳에서 인기 있는 지리학과 교수가 되었을 테지만, 2004년 죽을 때까지, 그리고 이후까지도 줄곧 프로메테우스에게 가한 행동의 불명예를 지고 살았다.[29] 커리의 이야기는 이후 수십 년에 걸쳐 여러 차례 반복해서 이야기되었다. 심지어 어떤 이는 〈역사상 가장 커다란 실수 다섯 가지〉라는 영상에서 중국의 대기근을 악화시켰을지도 모르는, 생태계의 악몽이라 할 만한 마오쩌둥毛澤東의 제사해운동(除四害運動, 1958년부터 1962년까지 장려되었던 들쥐, 파리, 모기, 참새 제거 정책-옮긴이)과 인도에서 무려 1만 6,000명의 목숨을 앗아 간 것으로 추정되는 유니언카바이드 회사의 화학물질 유출 옆자리에 이 일을 나란히 놓기도 했다.

이런 식의 과장된 평가를 제쳐 놓더라도 역사란 늘 반복되게 마련이다. 아니나 다를까, 커리가 죽은 지 2년 뒤 가장 나이 많은 또 다른 생명체가 연구자들의 손에 죽었다.

이번 희생자는 나무가 아니라 북대서양대합quahog clam, 아르크티카 이슬란디카Arctica islandica로, 기후변화를 연구하던 연구자들이 수심 80m의 차가운 해저에서 비슷한 부류의 다른 조개 200개와 함께 이 대합을 건져 올렸다. 대합은 몇백 년이나 사는 것으로 알려져 있으며 나무가 나이테를 더하듯 조개도 매년 껍데기에 성장선을 더해 간다. 여기에는 형성 시기의 환경과 관련한 엄청난 정보가 담겨 있다. 나이테와 마찬가지로 성장선도 성장 여건이 우호적일 때 더 커진다.[30]

대합은 가장 흔하게 잡히는 조개 종류였으므로(혹시 클램 차우더를 먹은 적 있다면 몇백 년 정도 살다가 잡힌 동물의 살을 먹어 소화했을 수도 있다) 대

수롭지 않게 생각한 과학자들은 흔히 어부들이 그러듯이 잡은 조개를 전부 배 안의 냉장고에 집어넣었다.

이후 실험실로 돌아가 조개 성장선을 세기 시작한 과학자들은 그제야 비로소 자신들이 잡은 조개가 이제껏 연구한 다른 어떤 것보다 오래 산 조개라는 사실을 깨달았다.

처음 세었을 때는 조개의 나이가 405살이었다. 다시 세어 보고, 방사성탄소연대측정까지 시도해 보니 한 세기가 늘었다. 태어났을 당시 중국이 명나라 왕조여서 '밍Ming'이라는 별명이 붙은 이 조개는 죽을 때 507살이었다.

밍을 죽인 연구자들의 경우 지금까지 프로메테우스 강털소나무를 죽인 사람만큼의 악명은 면했지만, 그래도 그들을 미워하는 사람 수가 응당 그들 몫으로 있어야 할 정도는 되었다. 《인디펜던트The Independent》에서는 밍 조개의 죽음을 "재난!"이라고 일컬었으며, 그보다 더한 평도 있었다. "우리를 조개 살인자라고 비난하는 이메일을 많이 받았어요." BBC에 출연한 해양지질학자 제임스 스코스James Scourse는 이렇게 말했다.[31]

과학자들이 최상위 지위에 있는 종을 찾고 연구하기를 꺼리는 이유는 예전부터도 많았으며, 만일 그렇지 않았다면 프로메테우스와 밍 이야기가 더 많은 중단을 초래했을지도 모른다. 연구 활동은 늘 그 대상에 위험을 가할 소지가 있다. 이렇게 말하지 않는 사람이 있다면, 그건 말을 얼버무리는 것이다. 게다가 최상위 지위에 있는 대상을 망친 경우에는 그것이 실제로 부주의의 결과이든 아니면 우연한 결과이든 반응은 훨씬 증폭될 것이다.

그렇다. 프로메테우스를 벤 것도, 밍을 얼려 버린 것도 모두 우연한 사고이며 어쩌면 피할 수 있었을지도 모른다. 또 두 경우 모두 대상을 죽이는 사고 없이도 연구 목표를 이룰 수 있었을 것이다. 그러나 이 두 가지 일 모두 중요한 과학적 혜택을 가져왔다.

내가 샐저의 실험실에서 보았던 프로메테우스의 횡단면은 연륜연대학을 확립하는 데 이용되어 과거, 현재, 미래 기후를 이해하는 데 도움을 주고 있다. 밍 조개껍질 역시 같은 방식으로 이용되어, 과학자들은 이 조개와 다른 대합의 성장선 패턴을 비교함으로써 우리 인간이 망쳐 놓기 전까지 늘 조화롭게 작동되던 해양 체계와 대기 체계가 인간 활동으로 인한 기후변화로 서로 어긋나기 시작했음을 입증할 수 있었다.[32] 이는 특별히 중요한 발견이며, 가장 나이 많은 동물의 죽음보다 훨씬 커다란 비극을 알리고 있다.

그리고 실은 밍 조개가 이제껏 발견된 가장 나이 많은 동물이 아니었다는 사실도 지적할 필요가 있다. 그 근처에도 가지 못한다. 이 기록은 나이 많은 또 다른 바다 생물의 몫이다.

|

유리해면, 세상에서 가장 오래된 온도계

|

세상에서 가장 나이 많은 동물은 대다수 사람이 머릿속으로 그리는 동물 모습과는 그다지 닮지 않았다. 입도 눈도 없으며, 다리도 지느러미발도 없다.

그럼에도 모노라피스 쿠니*Monorhaphis chuni*는 동물이다. 그리고 정말 나이가 많다.

모노라피스 쿠니는 육방해면류六放海綿類라고 일컬어지는 동물 집단의 한 종류이고, 흔히 유리해면이라고도 알려져 있다. 윗면이 해면을 상당히 닮은 것처럼 보이고, 내 눈에는 햇볕에 그을린 커다란 목욕용 스펀지처럼 보인다. 그러나 아래쪽은 크립톤 행성에 살았던 슈퍼맨의 조상들이 전쟁터에 가져갔을 법한 2.7m짜리 유리 투창과 비슷하게 생겼다. 이것이 해면의 이산화규소 침골針骨, 즉 바다 밑바닥에 밀착시키는 기다란 골격 다리이다.

오래된 것을 뜻하지 않게 죽이는 또 다른 사고 이야기의 중심에 이 해면이 있다. 이 해면은 수심 1,100m의 동중국해 오키나와 해곡 깊은 곳에서 오랫동안 평화로운 삶을 누리다가, 1986년 인정사정없이 바다 위로 건져 올려졌다. 이 해면이 중국과학원에 제공되었을 당시, 이것으로 뭘 해야 하는지 아무도 알지 못했다. 이제까지 본 것 가운데 가장 기다란 육방해면을 그저 기이하다고만 여겼다. 이런 이유로 사람들은 재미 삼아 이 해면과 함께 사진을 찍었다. 그게 다였다. 이후 해면은 선반에 올려진 채로 사반세기를 보냈다.

이 육방해면이 최고 2만 살까지 되었을 가능성이 있다고 가정한 연구자들도 있었으며, 만일 확인되기만 하면 세상에서 가장 나이 많은 동물의 왕좌로 곧바로 직행할 수 있었다. 그러나 비교적 최근까지도 이 주장을 어떻게 입증할지 알지 못했다. 육방해면은 잡기 힘든 것이어서 아무도 이에 대해 많은 생각을 하지 않았다. 그러나 먼 옛날의 기후를 이해하기 위해 새로운 방법을 찾고 있던 클라우스 요훔 Klaus Jochum이라는 고기후학자가 중국과학원에 이제까지 본 것 중 가장 기다란 육방해면 침골이 아무 손상 없이 온전하게 보관되어 있다는 이야기를 몇 년 전 들었다. 그는 한번 살펴보기를 청했다.

원통형의 이산화규소 다리 횡단면에는 나무의 나이테처럼 동심원의 성장 패턴이 나타난다. 그리고 나이테처럼 이 성장테도 각기 다른 크기와 폭을 보인다. 그러나 아무리 도수 높은 확대경으로 보아도, 하나의 이산화규소층이 어디에서 끝나고 다시 시작되는지 확인하기 힘들었다. 그리고 모노라피스 쿠니의 다른 많은 표본 없이, 특히 해저 기후가 꼼꼼하게 모니터링 되는 장소에서 시간 경과에 따라 측정된 샘플이 없는 상황에서는, 이 이산화규소 다리의 성장테가 나무의 나이테나 조개의 성장선처럼 매년 나타나는 것인지, 아니면 다른 비율로 나타나는지도 확실하지 않았다.

그러나 요훔의 팀원들은 여러 성장테 위의 지점들을 대상으로, 흔히 고대의 해수 온도 대신 측정하는 마그네슘 대 칼슘의 비율, 산소 동위원소를 검사한 결과 뭔가 흥미로운 점을 발견했다. 침골의 가장 바깥쪽, 즉 가장 어린 성장테 지점을 분석한 결과 4℃라는 추정치가 나왔는데, 이는 이 표본이 심해에서 건져 올려졌던 당시 오키나와 해곡 바닥의 환경과 정확하게 일치했다. 중심으로 가까이 들어가면서 성장테를 검사하자 해수 온도 추정치가 삐쭉 올라가는 지점들이 나왔는데 이는 일시적 열수 활동의 결과일 가능성이 있었다. 그러나 대체로 과학자들은 지난 빙하시대 이후 이 지역의 해수 온도가 서서히 상승했다고 보는 다른 연구들과 놀랄 만큼 일치하는 점진적인 변화를 확인했다.

그리고 가장 오래된 골격인 중앙 부분에서 1.9℃의 검사 결과가 나왔다. 이는 과학자들이 1만 1,000년 전 이 지역 심해의 수온이라고 믿는 온도였다. 오래전에 죽은 이 해면은 세상에서 가장 오래된 온도계였던 것이다.[33]

과학자가 응당 그래야 하듯, 이들 역시 선언에 신중한 태도를 보이면서 아래위로 3,000년의 편차를 두었다. 이 표본의 나이는 1만 4,000살일 수도 있고 8,000살일 수도 있다. 그러나 가장 보수적으로 잡아도, 이 표본은 이제까지 확인된 가장 나이 많은 동물이며 그 격차도 크다. 이 동물이 한 번 사는 동안 밍 조개 15마리가 태어났다가 죽었을 것이다.

이 해면이 태어났을 당시, 인간은 분명 사회를 이루어 문제를 해결하고 도구를 사용하던 초기 인류였지만 아직은 지구에 심각한 영향을 미치지 않는 종이었다. 이 해면이 죽었을 무렵 우리 종은 200년 동안의 공포 정치를 통해 전 세계적인 대량 멸종과 기후의 급격한 변화를 가져왔다.

이 점에서 모노라피스 쿠니는 특히 가치 있는 자원이다. 우리가 해발 3,350m의 기후를 어떻게 바꿔 놓았는지 강털소나무가 알려 주었듯이, 그리고 얕은 바다에서 우리의 영향이 어떻게 나타났는지 북대서양대합이 말해 주었듯이, 이 해면 역시 심해의 고기후를 이해할 수 있는 가능성을 열어 준다. 깊은 바다에서 줄곧 우리의 영향을 목격해 온 증인인 것이다.

모노라피스 쿠니가 우리에게 가르쳐 줄 수 있는 것은 이게 전부가 아니다.

장수의 삼위일체: 단순한 생활-스트레스-생존력

모노라피스 쿠니가 개체로서, 그리고 하나의 종으로서 이룩한 놀라운 성공 비결의 핵심은 단순한 생활, 스트레스, 세포 차원의 생존력, 이 세 가지이다.

오키나와 해곡에서 건져 올린 표본은 느리게 흐르는 심해 해류에서만 활동하면서 매우 단순한 삶을 살았다. 다른 해면은 작은 편모를 끊임없이 휘저으면서 이를 통해 물과 양분을 퍼올려 몸 전체로 보내는 반면, 육방해면은 이런 편모조차 없었다. 대략 400만 일에 걸친 해면의 삶에서 매일매일, 결국은 적은 양의 식사밖에 되지 않았을 텐데도 바다에서 제공하는 대로 작은 크기의 먹이라도 무엇이든 그저 받아먹기만 했다.

그러나 단순한 생활이라고 해서 스트레스가 없는 건 아니다. 실제로 심해만큼 생명체에게 가해지는 물리적 압력이 큰 환경도 없을 것이다. 오키나와 해곡의 해저는 수압이 1cm²당 105kg 가까이 되며, 해면이 수천 년에 걸쳐 긴 삶을 사는 동안, 수온은 얼어 죽을 만큼 차가운 0.8℃에서 시원하게 수영할 수 있을 정도로 높은 10℃까지 변동을 거듭했을 것이다. 그러나 매일 훈련해 온 권투 선수가 시합에 나설 준비를 하듯, 이 육방해면은 수억 년 동안 이러한 스트레스를 견디며 "운동"해 왔고 그 결과 헤비급 챔피언처럼 강인한 생명체가 되었다. 이보다 스트레스가 적은 환경이었다면 덜 적합한 종이 생겨났을 테고, 이토록 오랫동안 살아남지 못했을 것이다.

스트레스야말로 하나의 종이 장수 생물로 진화하는 데 꼭 필요하다. 단, 세포가 이러한 스트레스에 쓰러졌을 때 손쉽게 이를 재생할 방법이 있는 경우에 한해서다. 모노라피스 쿠니는 이 점에서 유리했다. 이 해면은 줄기세포로 가득 차 있기 때문이다. 비록 건물 철거용 쇠뭉치를 미친 듯이 내려치는 것 같은 환경에서 존재했을 수도 있지만, 다른 한편으로 그들은 세포를 재생할 수 있는 내장 방식의 벽돌 공장도 몸 안에 지니고 있었다.[34]

단순한 생활-스트레스-생존력이라는 공식이 이 해면에게만 해당되는 것은 아니다. 이제까지 논의한 다른 장수 생명체에게서도 모두 이를 확인할 수 있다. 예를 들어 사시나무도 꽤 단순한 생활을 하는데, 유전자부터 간단하다. 북미사시나무는 염기쌍이 겨우 5억 5,000만 개로 나무 중에서 가장 짧은 유전체를 갖고 있다. 북미사시나무 외에도, 혹시 기억할지 모르겠지만 오래되고 거대한 두 종, 로마티아 타스마니카와 그레빌레아 레누익키아나도 유성 생식 같은 시시한 일로 삶을 복잡하게 만들지 않는다. 이 식물들은 생존하고 번성할 수 있는 더 단순한 방식을 알아냈다.

그러나 엄청나게 큰 판도의 품속에서 하룻밤을 지내 보면 이들 북미사시나무의 단순한 삶이 결코 스트레스 없는 삶은 아님을 직감적으로 이해하게 된다. 해발 2,740m는 정말 춥고, 매년 한 번에 몇 달씩 두껍게 쌓인 눈으로 숲 바닥이 보이지 않는다. 게다가 늑대와 퓨마를 모두 죽이기 전에도 사시나무 새순을 뜯어 먹기 좋아하는 사슴과 엘크는 늘 있었다. 여기에다 수천 년 동안 숲을 휩쓸곤 했던 화재도 있었다. 이건 정말 심각한 스트레스다.

그러나 판도에는 식물 왕국의 줄기세포라 할 수 있는 것이 꾸준하게 공급되었다. 모든 식물 생명체의 뿌리와 새순 끝에서 발견되는 분열조직 세포가 바로 그것이다. 줄기를 베거나, 불에 줄기가 타 버리거나, 딱정벌레가 줄기를 먹어 치우거나, 발굽 동물이든 뭐든 입안에서 줄기를 우적우적 씹거나 하게 되면, 이 미분화 세포의 공급 지점이 즉시 작동하여 신속한 세포 분열로 새순을 만들어 낸다. 식물 노화 전문가인 바르셀로나대학의 생물학자 세르히 문네보슈Sergi Mun-né-Bosch는 이 분열조직 세포가 식물 체스 게임의 '왕'에 해당한다고 묘사했다. 하나의 분열조직 세포가 여전히 살아 있는 한 게임은 계속된다. 다른 모든 조직은 "분열조직 세포를 섬기는 이타적 역할을 담당한다."라고 그는 썼다.[35]

　　북극고래 역시 장수의 삼위일체가 작동한 또 다른 사례다. 이 고래 역시 비교적 단순한 삶을 산다. 다른 대다수 고래와 달리 이동하지 않으며 북극해와 북극에 가까운 곳에서 평생을 지낸다. 또 가장 느리게 헤엄치고 사회성이 가장 낮은 고래목에 속한다. 이뿐 아니라 끊임없는 스트레스 속에서 사는데, 북극해는 몹시 차가우며 기나긴 겨울 동안 동물성 플랑크톤을 만나기도 힘들다. 아니나 다를까, 2015년 국제적인 유전학 연구 팀이 북극고래의 염기서열을 분석했을 때, DNA 복구, 세포 주기 조절, 암 억제, 노화 억제를 촉진하는 것으로 보이는 종 특유의 돌연변이를 발견했다. 아주 차가운 바다에서 오래 사느라 손상되는 것을 막기 위해 맞서 싸울 유전적 무기를 잘 갖춰놓은 무기고 같았다.[36]

　　이 세계에서 오랜 삶을 근근이 이어 나가는 생명체들이 매우 기본적인 생활, 환경의 시련, 그리고 다시 보충해야 할 때 '의존'할 수 있는 세포로부터 이점을 얻는다는 사실을 연구는 거듭 반복해서 보여 준다.[37]

인간도 이와 마찬가지로 단순한 생활-스트레스-생존력의 공식을 익힐 수 있을까? 존 데이John Day는 그렇다고 생각한다. 스탠퍼드대학과 존스홉킨스대학에서 교육받은 이 심장 전문의는 2016년 중국 남부에서 나를 만났을 때 이를 입증할 수 있다고 단호한 결의를 보였다.

그는 우선 나에게 마타오Matao를 소개하는 일부터 시작했다. 그녀는 강가 땅에서 채소를 한 아름 수확하는 중이었다. 쪼그리고 앉아 칼로 채소를 자른 다음 두 팔 가득 들고 집으로 돌아갔다가 다시 또 채소를 가지러 왔다. 이렇게 몇 번을 반복했고 그러는 내내 미소를 띤 얼굴이었다.

나는 그녀가 활기찬 80대 정도라고 어림잡아 짐작했다. 실제로는 101세라고 데이가 내게 말했다.

웃음이 저절로 나왔다. "마음껏 웃어도 돼요. 마타오는 이 마을 100세 이상 노인 가운데 **가장 젊은** 사람이에요. 가장 활동적인 축에 들지도 않고요." 데이가 말했다.

중국과 베트남의 국경선 부근, 평온한 판양강 양쪽에 걸쳐 있는 바판Bapan의 노인들은 공식적인 출생 기록이 없다. 이 때문에 바판은 '블루존Blue Zone'으로 통했다. 이 단어는 사람들이 이례적으로 오래 사는 전 세계 곳곳의 지역을 가리키기 위해 인구통계학자 미셸 풀랭Michel Poulain이 만들어 낸 말이다. 예를 들면 주민 2,000명 중 100세 이상 노인이 약 1명 정도 되는 오키나와 같은 곳을 말한다. 데이의 추정에 따르면, 바판은 세상에서 **가장 푸르른** 곳 중 하나다. 이 마을은 주민 100명 중 1명꼴로 한 세기를 채우는 나이까지 살고 있으며 그 뒤를 바로 잇는 사람들은 더 많다. 서구 세계 같으면 **차라리** 죽는 편이 낫겠다고 다들 말할 나이를 훨씬 지났는데도, 믿을 수 없을 만큼 건강하고 활기찬 삶을 살고 있다.

마을 사람 중에는 110세를 넘긴 사람도 몇 명 있었다.[38] 내가 방문했을 당시 가장 나이 많은 사람은 116세로 알려진 보신Boxin이라는 노인이었다. 그는 지금도 매일 자기가 자던 나무 침대 매트에서 일어나, 놀랄 만큼 건강한 장수 생활의 비결을 배우기 위해 전국에서 찾아오는 관광객들을 맞이한다. 그러나 이들 관광객에게 그가 들려주는 대답은 실제로 아무 비결이 **없으며** 단지 삶의 좋은 교훈 몇 가지가 있다는 것이다.

데이는 이 몇 가지 교훈을 정리하여 음식, 움직임, 마음가짐, 공동체, 리듬, 환경, 목적, 이렇게 일곱 가지 기본 원칙을 만들었다. "이 모든 것의 기본이 되는 것이 단순한 삶이에요." 부드럽게 흔들거리는 보행자 전용 다리를 지나 강 건너에 사는 몇몇 농부를 만나기 위해 걸어가던 어느 날 그가 내게 말했다. "이곳 사람들은 건강한 삶을 살도록 도와주는 운동 다이어트 요법이나 영양 관리사를 필요로 하지 않아요. **단순하게** 그저 건강한 삶을 사는 거지요."

그렇다고 이들이 스트레스 없는 삶을 살아온 것은 아니다. 오히려 정반대다. 이곳 노인은 일주일에 7일 밭에서 일하며, 90대와 100대 나이를 지나서도 잘해낸다. 이들은 수십 년에 걸쳐 전쟁과 정치적 박해를 경험했으며, 문화대혁명(1966년 5월부터 1976년 12월까지 중국에서 일어난 사회·문화·정치상의 대변혁-옮긴이) 동안 고문을 받았던 사람도 있고 사형의 위협을 받았던 사람도 있다.

단순한 생활? 요건 충족.

스트레스? 요건 충족.

내가 차츰 이해하게 된 보편적인 장수 공식에서 유일하게 빠진 것은 세포의 월등한 생존력뿐이었다.

"재미있는 건 이제껏 제가 시행한 검사나, 읽었던 연구 자료 어디에서도 이들에게 조금이라도 다른 점은 **전혀** 발견되지 않았다는 거예요. 나나 당신과 비교할 때, 이들이라고 장수의 특별한 유전적 조건을 갖추고 있지는 않아요." 데이가 내게 말했다.

그렇다고 이들의 몸이 특별한 세포 생존력의 조건을 갖추지 않았다는 의미는 아니다. 우리 **모두의** 몸이 그렇거나, 혹은 그렇게 될 수 있다는 의미이다.

가공 처리를 하지 않은 신선한 음식을 먹을 때. 계속 움직이는 삶을 살 때. 세상을 긍정적으로 바라보고, 사랑하는 사람 속에 둘러싸여 살며, 안정적인 리듬에 따라 생활하면서, 건강한 환경을 추구하고, 삶의 목적을 찾을 때. 이렇게 살아갈 때, 우리 몸의 세포는 생존력을 가지게 된다. 이는 단지 우리 자신에게만 주는 선물이 아니다. 사회적으로도, 후성유전학적으로도 우리는 물려줄 수 있는 유전자 발현의 힘을 통해서 우리 자녀에게, 손주에게, 증손주에게 좋은 습관과 건강한 유전체를 물려줄 수 있다. 아울러 이들과 더 오랜 시간을 함께 보낼 가능성도 커진다.

4

빠른 것들

상상을 앞지르는
'다양한' 속도 전쟁

○ ○
○

엔세스사코테 야생동물보호소의 치타들은 본프리재단Born Free Foundation이 에티오피아 중부에서 운영하는 보존 및 교육 센터에 도착하기 전까지 지옥을 거쳐 왔다.

밀렵꾼들이 이들 치타의 엄마를 죽였고, 밀수업자들은 공기 구멍조차 없는 작은 나무 상자나 고리버들 바구니, 양동이에 치타를 꽉꽉 채워서 오래전부터 치타를 애완동물로 많이 찾던 중동에 보낼 요량이었을 것이다. 마침내 에티오피아 당국에서 치타 새끼를 구해 내기는 했지만, 이들 형제자매 중 많은 수가 죽고 난 뒤였다.

이 이야기를 들었을 때, 나는 장차 보호소에서 만나게 될 치타의 모습 역시 만일 이들을 야생에서 몰래 훔쳐 오지 않았을 경우 이들이 놓였을 처지의 또 다른 모습일 것 같았다. 이것이 착각이어서 기뺐다. 비록 엔세스사코테 치타들이 엄마의 보살핌을 빼앗기고 덤불에서 자립적으로 살아나가는 데 필요한 자연조건을 빼앗겼는지는 몰라도, 햇볕 속에서 다 함께 잠을 자고, 나무 사이로 높다랗게 자란 풀 사이에서 즐겁게 뛰놀며, 혹시 야생 까마귀와 매들이 감히 겁도 없이 내려와 앉을 때면 웅크린 자세로 이 새들 주변을 어슬렁거렸다.

해가 지기 시작하고 먹이를 먹을 때가 되면, 치타는 태생적으로 해 오던 일을 했다.

치타가 처음 질주하기 시작하는 몇 걸음이 얼마나 인상적인지는 어떤 표현으로도 적절하게 묘사할 길이 없다. 마치 활시위를 당기듯 몸 전체를 뒤로 당겼다가 놓아 주면서 바람 속으로 질주한다. 이토록 폭발적인 힘이 그렇게 조용할 리 없는데도, 치타는 풀잎에 휙휙 스치는 소리와 발아래 땅을 긁는 소리 말고는 거의 아무 소리도 내지 않고 달린다.

초등학교 학생이라면 모두 치타가 세상에서 가장 빠른 동물이라고 말할 것이다. 그러나 가장 빠르다는 건 종잡을 수 없는 개념이다. 가장 크다든가, 가장 작다든가, 가장 오래되었다는 개념보다도 더 종잡을 수 없다. 속도에 대해서는 수백 가지 방식으로 생각할 수 있기 때문이다.

오랫동안 우리는 우사인 볼트Usain Bolt를 '세계에서 가장 빠른 인간'이라고 불렀다. 100m 단거리 경주에서 거의 누구도 넘볼 수 없는 수준이었기 때문이다. 그러나 우사인 볼트가 타우피크 마클루피 Taoufik Makhloufi와 함께 1,600m 경주를 하거나, 엘리우드 킵초게Eliud Kipchoge와 함께 마라톤을 뛰거나, 캐슬린 쿠식Kathleen Cusick과 함께 울

트라마라톤을 한다면 이들에게 한참 뒤질 것이다.

앞서 말한 사람 중 누구라도 수영선수 케이티 레데키Katie Ledecky와 함께 풀장에 들어가면 어떻게 될까? 또는 레데키가 장거리 수영의 경이로운 존재인 클로이 맥카델Chloe McCardel과 함께 넓은 물속에 들어간다면 어떻게 될까? 맥카델을 비행기에 태워 스피드 스카이다이빙 기록 보유자인 헨리크 라이머Henrik Raimer와 나란히 비행기 문밖으로 뛰어내리게 하면 어떻게 될까? '가장 빠른 사람'이 매번 달라질 것이다.

인간의 속도를 측정하는 방식이 다양하므로 세계에서 가장 빠른 사람을 정하기는 힘들다. 게다가 인간 이외의 자연 세계에서는 속도 측정 방식이 이보다 훨씬 더 많다.

치타는 주목할 만한 동물이다. 아주 짧은 순간에 시속 95km가 넘는 속도에 이를 수 있다. (100m 단거리 경주를 기준으로 한 육상 기록은 2012년 사라라는 이름의 고양잇과 동물이 세운 것으로, 최고 속도 시속 98km를 기록했다.) 그러나 연구자들이 야생 치타 다섯 마리에게 목걸이 표식을 달아 달리기 습관을 추적한 결과, 대개는 이 속도의 절반밖에 안 되는 속도로 달리며 그것도 몇백 미터까지만 이 속도로 달릴 수 있다는 사실을 알게 되었다. 하루에 한 번 그렇게 달리고 나면 흔히 그것으로 끝이다.[1]

그러므로 치타, 아키노닉스 유바투스*Acinonyx jubatus*는 결코 세상에서 가장 빠른 동물이 아니다. 하나의 물체가 거리를 이동한 비율을 속도라고 한다면 어떤 기준으로 따지든 치타는 가장 빠른 기록 근처에도 미치지 못한다.

그러나 치타가 달리는 모습을 보면 이런 기준 같은 것들에 더는 신경을 쓰지 않게 된다. 코에서 꼬리까지 완벽한 설계를 눈으로 목격하게 되기 때문이다.

앞에서부터 시작해 보자. 대다수 고양잇과 동물은 콧구멍이 비교적 작은 편이며, 이는 냄새보다 다른 감각을 우선시하는 포식자들과 일치한다. 그러나 치타의 두개골에는 콧구멍이 크게 벌어져 있다. 이 점에서 치타는 전투기를 많이 닮았다.

다목적 제트기 F/A-18 호넷의 속도를 더 높이고 싶어 했던 해군이 맨 먼저 추진한 것은 공기 흡입구의 흡기 램프intake ramps를 크게 만드는 작업이었다. 이렇게 하면 비행기 압축기로 더 많은 공기가 흘러 들어가서 연소실을 지나는 공기의 압력을 높여 준다. 공기 흐름이 많아진다는 것은 추진력이 강해진다는 의미이다. 이렇게 해서 슈퍼 호넷이 탄생했다.

동물의 경우도 이와 비슷하게 작동한다. 결국 공기는 산소를 운반하며 산소는 생명을 유지해 주는 기체로, 우리 신체가 기능하기 위해서는 이 산소가 필요하며 끊임없이 보충되어야 한다.

물론 많은 공기가 들어온다고 해도 이를 이용하여 할 수 있는 것이 없다면 그다지 도움이 되지 않는다. 치타의 가슴속에는 커다란 폐와 강한 심장, 큰 간肝이 가득 차 있고, 이 기관으로 산소를 들이마시고 운반하며 또 이 산소로 글리코겐을 동원하여 폭발적인 에너지를 뿜어낸다.[2]

흡입구에서 엔진까지 통로가 곧바로 이어지고 효율성을 극대화하기 위해, 치타는 달릴 때 고개를 완벽하게 고정된 상태로 유지한다.

스프링 같은 척추 덕분에 치타의 머리 아래쪽 모든 것이 미친 듯이 움직이는데도 고개는 움직이지 않는다.

고양잇과 동물은 일반적으로 유난히 유연한 척추를 지니고 있다. 당신이 집고양이를 기르지 않는다고 해도, 고양이가 전형적인 핼러윈 장식에서처럼 등을 활처럼 휘게 하는 모습을 떠올릴 수 있을 것이다. 그것은 고양이가 공포를 느낄 때 보이는 흔한 반응이다. 대다수 고양잇과 동물은 매일 4분의 3 이상 잠을 잔 뒤에 반드시 해야 하는 근육 스트레칭을 위해 유연성을 사용한다. 그러나 치타는 달릴 때 다리를 쭉 펴기 위해 이 유연성을 사용한다.

이것이 어떤 모습일지 이해하려면, 야구공을 집어 올리듯이 손을 아래로 오므렸다가 가능한 한 빨리 손가락을 올려 보라. 치타는 포유류의 일반적인 네 박자 걸음걸이인 회전식 질주rotary gallop로 달리는데, 이때 앞다리와 뒷다리를 교차했다가 다시 벌리면서 척추를 쭉 펴는 모습이 이런 방식이다. 치타는 척추를 바로 펴는 데서 더 나아가 바깥으로 살짝 휠 만큼 척추를 쭉 늘이면서 스프링이 튕기듯 다리를 밖으로 내민다. 이 덕분에 치타는 달리기 보폭을 늘일 수 있다. 한 번 내달리는 걸음에 6m 이상 이동한다. 사람의 경우 한 번 길게 내달리는 보폭 길이는 대략 2.4m이다.

그러나 이런 보폭이 단지 척추에서만 비롯된 것은 아니다. 치타는 앞다리와 뒷다리에 상당한 차이를 보이는 독특한 원투펀치(one-two punch, 권투에서 날카롭게 잽을 넣으면서 다른 쪽 손으로는 스트레이트를 넣는 일-옮긴이) 방식의 근섬유를 갖고 있다. 뒷다리에는 빠른연축근섬유가 월등하게 많아서 엄청난 힘을 생성하지만 지구력은 약한 반면, 앞다리에는 느린연축근섬유가 많은 부분을 차지해서 생성되는 힘은 작지만 쉽게 피로해지지 않는다. 그런데 치타의 **앞발**은 앞다리의 다른 부위보다 빠른연축근섬유가 훨씬 많아서 뒷다리를 더 닮았다. 이 덕분에 치타는 빠른 속도에서도 균형을 유지할 수 있다.[3]

연구자들의 말에 따르면 치타는 기본적으로 고성능 조종 장치를 갖춘 후륜구동 자동차와 같다.[4] 게다가 좋은 타이어까지 있다. 다리 맨 끝에 단단한 발바닥과 오그라들지 않는 발톱이 있어서 예외적으로 아주 빠른 속도에서도 쉽게 방향을 바꿀 수 있다.

마지막은 꼬리인데, 이 꼬리야말로 치타가 먹이를 덮치는 능력에서 가장 놀라우면서도 가장 과소평가되어 온 측면이라 할 수 있다. 치타가 직선으로 달릴 때는 꼬리가 몸 뒤쪽에 바로 붙어 있다. 그러나 치타가 조금이라도 방향을 틀 때는 이 뒤쪽의 부속물을 채찍처럼 균형 잡기 수단으로 이용한다. 꼬리가 왼쪽으로 휙 움직이면 치타가 오른쪽으로 방향을 튼다. 꼬리가 오른쪽으로 휙 움직이면 치타가 왼쪽으로 방향을 튼다. 꼬리가 다시 휙 움직이면, 가젤이 저녁 식사가 된다.

그러나 속도에 관한 한 어쩌면 치타의 신체 설계보다 훨씬 중요한 것이 있을지도 모른다. 바로 신체 크기이다.

마치 속도를 위해 만들어진 동물처럼 아무 결점이 없어 보이는 치타의 신체 설계에도 불구하고, 세상에서 가장 빠른 고양잇과 동물은 동물 왕국에서 속도가 차지하는 역할을 알고자 하는 생물학자에게 맨 먼저 하나의 문제를 제기한다. 동물의 신체 크기가 커지는 데 따라 왜 절대속도가 늘어나지 않는가 하는 점이다. 집고양이가 시속

48km로 달릴 수 있고 이보다 큰 스라소니가 시속 80km로 달릴 수 있으며 스라소니보다 큰 치타가 시속 96km로 달릴 수 있다면, 왜 치타보다 훨씬 큰 호랑이는 더 빠르게 달리지 못할까?

생태학자 미리암 히르트Myriam Hirt는 더 커다란 고양잇과 동물이 더 빨리 달릴 **수도 있다**고 믿는다. 적어도 이론상으로는. 대체로 커다란 동물은 같은 과의 작은 동물에 비해 빠른연축근육이 더 많아서 이 근육에 공급되는 산소가 너무 빠르게 고갈되지만 않는다면 이를 이용하여 더 오랜 기간 속도를 높일 수 있다.[5] 호랑이가 산소를 빠르게 재공급함으로써 빠른연축근육에 약물 투여 효과를 낼 수 있다면, 커다란 몸 크기에 비례하여 세상에서 가장 빠른 고양잇과 동물이 될 수 있을 것이다. 그러나 애석하게도 독일 에코넷랩EcoNetLab의 히르트와 동료들은 현실 세계에서는 큰 몸집을 움직이는 데 필요한 연료가 이론상의 최대 속도에 도달하기 훨씬 오래전에 고갈된다는 이론을 세웠다.[6] 이들의 이론에 따르면, 크고 힘차게 발걸음을 내디딜 정도로 몸집이 큰 것과 산소를 근육 운동으로 잘 전환할 만큼 몸집이 작은 것 사이에는 '최적의 접점'이 있다.

이 이론은 비단 고양잇과 동물에만 해당하는 것이 아니며 포유류에만 해당하는 것도 아니다. 사실 포유류에만 초점을 맞춘 것이 이 비교적 단순한 통찰에 더 일찍 도달하지 못한 이유였을지도 모른다. 제한적인 몸집 크기 범위 내에 있으면서 생리적으로 다른 많은 유사성을 지닌 동물들을 살펴보면 상관관계가 그리 명확하지 않다.[7] 그리하여 히르트와 동료 연구가들은 자신들이 발견한 것을 발표하기에 앞서 새, 절지동물, 파충류, 포유류 등 460마리에 이르는 온갖 종류의 달리는 동물에게 자신들의 계산을 적용해 보았다. 몸 질량에 대비한 이들 생물의 최대 속도를 점으로 표시하여 연결하자, J형 곡선을 뒤집어 놓은 것 같은 모양이 되었다. 작은 곤충에서 시작하는 이 곡선은 놀라울 정도로 꾸준하게 위로 올라가다가 마침내 시속 96km와 몸무게 45kg에서 정점에 이르는데, 이 정점은 물론 치타이다. 그리고 이 지점에서 곡선은 곤두박질쳐서 그 끝에 놓인 무스와 하마와 코끼리 등 몸집이 크고 느린 동물에 이른다.

그러나 히르트는 달리는 동물에서 머물지 않았다. 그녀와 연구 팀은 헤엄치는 동물과 날짐승에 대해서도 유사한 도표를 만들었고, 이번에도 이들 생물이 동물의 왕국 중 어디에 속하는지는 고려하지 않았다. 헤엄치는 동물에 새와 파충류, 포유류, 절지동물, 물고기, 연체동물이 포함되었다. 각 집단별로 속도와 크기의 정점이 조금씩 다르기는 했지만 매우 비슷한 곡선 모양이 나왔다. 각 동물 집단별로 몸집이 커질수록 속도가 빨라지는 곡선이 꾸준하게 유지되다가 마침내 4분의 3이 되는 지점에서 정점에 이르고, 이후 몸집과 속도의 상관관계는 없어지기 시작한다.[8]

우리가 아는 동물들 사이에서는 이 모델이 잘 성립되기 때문에, 이제껏 한 번도 실제로 보지 못한 동물을 포함하여 우리가 잘 알지 못하는 동물에도 재빨리 적용됐다. 그리고 나는 우리 가족이 가장 좋아하는 영화 중 하나인 〈쥬라기 공원〉 이후로 이미 많은 흠집이 난 과학에 또 다른 오점을 남기지 않을까 걱정되었다.[9]

이 멋진 시리즈의 첫 편 초반부에서 쥬라기 공원의 소유주인 등장인물 존 해먼드는 이렇게 떠벌린다. "티라노사우루스 속도를 측정했더니 시속 50km가 나왔어요."

바로 이 속도가 영화의 가장 유명한 장면 중 하나에서 표시되는데, 내가 자동차 사이드미러에 적힌 "사물이 거울에 보이는 것보다 더 가까이 있음"이라는 문구를 볼 때마다 픽 웃는 이유이기도 하다.

그러나 히르트의 이론이 육식성 공룡에게도 들어맞는다면 티라노사우루스가 시속 30km 이상을 돌파했을 가능성은 없다.[10] 그래도 물론 대다수 인간보다는 빠르다. 그러므로 티라노사우루스가 호모 사피엔스와의 도보 경주에서 이겼을 가능성은 여전히 높지만, 점심 식사로 먹으려면 제법 긴 경주가 되었을 것이다.

치타 덕분에 더 잘 이해하게 된 동물은 공룡만이 아니다. 우리는 치타 연구를 통해 동물이 진화의 시간 동안 어떻게 살아남았는지 많은 것을 배우게 되었다.

치타가 불리한 유전체에도 멸종되지 않은 이유

홍적세 후기의 멸종은 우리 세계의 생물들에게 혹독한 사건이었다. 대략 추정해 볼 때, 미국과 호주에서 몸무게 40kg 또는 그 이상 되는 대형 포유류의 약 4분의 3이 사라졌다. 유럽과 아시아에서는 절반 가까이가 희생되었다.

아프리카 동물은 폭풍을 더 잘 견뎌 냈다. 이 대륙의 대형 포유류 중 겨우 6분의 1만 죽고, 나머지 많은 수는 살아남기 위해 투쟁했다. 특히 치타가 궁지에 몰렸다. 개체 수가 너무 적어져서 광범위한 근친교배만이 살아남기 위한 유일한 방법이었다.

당연히 이러한 생존 전략은 수확체감(생산 요소가 일정 수준 넘게 투입되면, 한계 생산성이 상대적으로 줄어드는 현상-옮긴이)을 보였다. 홍적세의 대참사 이후에도 살아남아 대략 4,000년 전까지 북극해 브란겔섬에 살았던 지구상의 마지막 매머드가 이를 증명한 바 있다. 과학자들은 이 털북숭이 짐승의 유전적 다양성이 그토록 감소한 결과 '유전체 붕괴'로 이어지지 않았다면 여전히 우리와 함께 살고 있을 것이라고 믿는다.[11]

다음번의 대멸종 사건(우리 인간으로 인한 멸종)이 일어났을 때, 치타가 여전히 해로운 돌연변이를 축적하는 과정에 있었는지, 아니면 매우 더딘 회복 과정에 놓여 있었는지는 명확하지 않다. 우리가 아는 것은 홍적세 개체군 병목현상의 결과로 나타난 종이, 측정 가능한 거의 모든 점에서 유전체의 극심한 감소를 보인다는 점이다. 즉, 단일 염기 변이의 부족, 미토콘드리아 DNA의 다양성 부족, 그리고 면역 반응을 지원하는 세포 표면 단백질의 결핍 등을 보인다. 조직 적합성이라고도 알려진 마지막 범주의 유전적 단일성에 한 줄기 희망이 있다면, 그것은 거의 모든 치타가 형제자매인 것처럼 다른 치타의 피부 이식을 매우 잘 받아들인다는 것이다.[12]

그리고 유전적으로 말해서, 그들은 거의 형제자매가 맞다.

1980년대에 수십 마리 치타의 유전체를 처음으로 연구했던 유전학자 스티븐 오브라이언Stephen O'Brien은 자기 눈으로 본 것에 당황했다. "정말 50마리 치타를 모아 온 것 맞아요?" 그는 워싱턴 DC에 있는 국립동물원의 수석 수의사로 연구용 샘플을 마련해 준 미치 부시

Mitch Bush에게 이렇게 농담했다. "실제로는 한 마리 치타의 피를 채취해서 50개 관에 나눠 담은 거 아닌가요?"

치타는 유전적으로 거의 같다. 오브라이언은 저서 『치타의 눈물 Tears of the Cheetah』에 이렇게 썼다. "치타의 유전자는 의도적으로 근친교배한 실험실 혈통의 생쥐나 쥐와 같은 형태를 보였다."

야생 치타의 유전체 염기서열은 평균적으로 95%가 동형접합적(두 개의 염색체상에 동일한 한 쌍의 유전자가 있는 경우-옮긴이)이어서 아마 자연 세계의 포유류 유전체 가운데 가장 다양성이 작을 것이다. 비교해보자면, 심각한 멸종위기에 놓인 비룽가산맥의 마운틴고릴라는 78% 동형접합적이고 근친교배 비중이 높은 아비시니아고양이는 63% 동형접합적이다.[13]

이 같은 유전적 유사성을 지닌 결과, 치타는 동물 개체군 가운데 새끼 치사율이 이례적으로 높고 동료 고양잇과 동물에 비해서도 질병 감수성이 월등히 높다.[14] 물론, 아프리카에 인간 개체군이 폭발적으로 증가하여 폐해를 입기 **전부터** 치타는 이러한 상황에 직면해 있었다.

1900년대 초에는 약 10만 마리의 야생 치타가 아프리카와 아시아 전역에 퍼져 있었다. 오늘날은 7,000마리 정도 남았다. 또 근친교배를 완전히 없앨 가망성이 조금이라도 남은 개체군은 겨우 두 개 집단뿐이다.[15] 한 개체군 집단은 4,000마리 정도로 아프리카 남부에 있고, 다른 집단은 1,000마리 정도로 세렝게티에 있다. 아프리카에 있는 다른 무리들은 규모가 작고 수가 점점 줄고 있으며 아시아에는 제대로 기능하는 개체군이 없는 것으로 보인다.

개체군이 이렇게 급감한 커다란 요인의 하나는 짐작하다시피 밀렵꾼과 밀매업자 때문이다. 그러나 자기네 가축을 보호하기 위해 치타를 죽인 농부도 여기에 한몫했다. 포식자 논쟁에서, 북미에 늑대가 있다면 아프리카에는 치타가 있다. 2017년 연구 목적으로, 자유롭게 돌아다니는 치타에 목걸이 표식을 달아 추적한 결과 아홉 마리 중 네 마리가 토지 주인의 총에 맞아 죽었다.[16] 자동차 도로도 또 다른 커다란 위험 요소이다. 2011년과 2012년, 2년에 걸쳐 한 치타 개체군을 추적한 연구자들은 사인이 밝혀진 죽음 가운데 4분의 1 이상이 자동차나 트럭에 치인 결과였다고 밝혔다.[17]

이 모든 것을 종합한 결과가 현재의 개체군 감소율이며 몇몇 연구자는 이 감소율이 연간 10%라고 믿고 있다. 만일 치타가 이런 비율로 계속 감소한다면 향후 10년 안에 세계 치타 개체군의 절반이 사라질 수 있다.

에티오피아에 있는 본프리재단의 수석대표 젤레알렘 테페라 아셰나피Zelealem Tefera Ashenafi는 이러한 이유 때문에, 재단에서 치타를 구조하여 치료한 뒤 다시 돌려보내더라도 이 치타가 제대로 살아남는 데 성공할 가능성에 대해 매우 신중한 태도를 보인다.

"물론 치타에게 사냥하는 법을 가르치는 것도 문제이지만 이는 우리가 극복할 수 있는 문제라고 믿어요." 그가 내게 말했다. "더 큰 문제는, 이 치타들을 어디로 데려가는가예요. 치타 개체군을 파괴하는 도처의 위협으로부터 안전할 수 있는 곳, 아니 그나마 비교적 안전하다고 할 수 있는 곳이 있을까요?"

그는 그래도 시도해 보려 한다고 말했다. "이 치타들이 실제로 도움이 되어 보전에 기여하지 못한다면, 우리 보존 센터에 그대로 두는 게 무슨 소용이겠어요?"

그는 엔세스사코테에서 동쪽으로 160km 떨어진 아와시국립공원을 유력한 재도입지로 주목하고 있다. "이 정도 가까운 거리면 우리가 치타를 지켜보면서 보호할 수 있을 거예요. 만약 밝혀진 대로 치타 스스로 먹고살지 못하는 경우에는, 무선 목걸이 표식을 달고 먹이를 주는 등 융통성 있게 풀어놓고 감시 장치를 둘 수도 있겠죠."

그럼에도 가능성이 높지는 않은 것 같다고 아셰나피는 한탄했다.

하지만 그토록 많은 동료 척추동물이 멸종되었던 한 세기 동안, 심지어 유전체마저 유리하지 않은 상황에서도 치타는 어떻게든 살아남았다.

어떻게 살아남을 수 있었을까? 어쩌면 그들의 생존을 위협했던 유전적 다양성의 부족 자체에 해답이 있을지 모른다. 기본적으로 근육 수축, 스트레스, 심폐 반응에 적응하도록 암호화된 치타의 '속도 유전자'로만 한정되어 DNA 선택 범위가 좁았을 것이다. 빠른 치타끼리 교배하면 무리에게 실패를 안겨 줄 '유전적으로 느린' 치타는 절대로 나올 수 없다. 그리하여 아주 느린 먹이를 잡는 데는 불필요했을지라도, 오랜 진화의 시간 동안 그런 속도를 유지함으로써 치타는 유전적 불리함을 상쇄할 진화적 초과 이득을 누렸을 것이다.

"이러한 병목현상이 벌어진 이상 치타는 완전히 어쩔 도리가 없다고 말하는 이들도 있어요." 2017년 상트페테르부르크국립대학의 직무에서 놓여난 휴식기 동안 미국에 돌아와 있던 오브라이언이 내게 말했다. 그는 그곳 대학에서 더 많은 러시아 과학자가 유전체 분석

프로젝트에 참여할 수 있도록 애쓰고 있었다. "하지만 나는 반드시 그렇지는 않다고 말해요."

개체군 병목현상에 대해, 오브라이언은 이렇게 말했다. "카드 패와 조금은 비슷해요. 포커 게임에서 대부분은 그저 그런 카드가 손에 들어오겠지만 가끔은 완전 엉망인 패도 들어오죠. 그런데 모든 병목현상은 말하자면 카드를 다시 섞는 것과 마찬가지예요. 이따금 당신에게 이익이 되는 카드를 가져갈 수도 있는 거죠."

치타는 유난히 좋은 패를 들고 게임을 해 왔다. "좋은 유전자를 엄청나게 많이 갖고 있었던 거예요." 그가 말했다.

유전자 풀이 좁은 치타가 어떻게 살아남을 수 있었는지 이해하려고 노력하는 과정에서 우리가 계속 알게 되는 사실들은, 개체 수 감소로 유전적 다양성의 문제를 겪는 다른 동물의 문제를 해결하는 데도 도움이 될 것이다.

물론 치타가 멸종한다면 우리가 알게 될 사실도 형편없이 줄어들 것이다.

바야흐로 경주가 시작된 것이다.

|

가지뿔영양은 달린다, 러닝머신 위에서도

|

내 앞에 나타난 가지뿔영양pronghorn은 그 자리에 그대로 멈춘 채 더는 가까이 다가오지 않았다. 그 순간을 머릿속으로 다시 떠올려 봐도, 우리가 어쩌다가 흙 절벽 위에서 불과 몇십 센티미터 떨어진 채

서로 얼굴을 마주하고 서 있게 되었는지 도무지 알 수 없다.

우리는 그렇게 한동안 서로 마주 보며 서 있었다. 나는 고개를 오른쪽으로 기울였다. 그러자 가지뿔영양은 고개를 떨구었다가 다시 쳐들어 뒤로 젖히면서 가슴에 삼각형 모양으로 난 새하얀 털과 근육질 어깨를 드러냈다. 커피색의 뿔은 길이가 내 팔꿈치에서 손가락 끝까지 정도 되었고, 안쪽으로 둥그렇게 휘어 있어서 뿔 끝이 서로 닿을락 말락 했다.

수컷 가지뿔영양은 정말 아름다웠다. 이제껏 본 것 중 가장 커다란 가지뿔영양이었다. 나는 가지뿔영양을 제법 많이 보았다. 와이오밍 남부의 붉은 사막Red Desert은 북미에서 가장 커다란 무리를 이루어 이동하는 가지뿔영양 떼의 본고장이어서 보지 못하고 지나치기가 힘들다.

얼마나 오래 그러고 있었는지는 확실하지 않다. 1분 정도 되었을까, 어쩌면 5분, 10분이 지났을 수도 있다. 우리는 서로를 받아들이고 있었다. 늦은 오후의 태양 아래 눈을 가늘게 뜬 채 바라보면서. 나는 세상 전체가 느리게 돌아가는 것 같았는데, 가지뿔영양 역시 그런 경험을 하고 있을지 궁금했다.

그러다 일이 벌어졌다. 가지뿔영양 뒤쪽에 있는 세이지브러시 관목숲에서 아마도 산토끼일 것이라고 짐작되는 뭔가가 살짝 움직였다. 그러자 가지뿔영양이 풀쩍 뛰어오르더니 관목숲과 바위를 껑충껑충 뛰어넘어 달아났다. 몸을 이리저리 기울이며 왼쪽으로, 다시 오른쪽으로, 그러다 다시 왼쪽으로 급회전을 하며 관목 숲에 너울너울 굽이치는 물결을 남겼다. 5, 6초쯤 지났을까, 가지뿔영양이 사라졌다.

가지뿔영양의 최고 속도는 시속 88km에 이르는 것으로 알려져 있다. 치타만큼 빠르지는 않지만 그렇다고 격차가 크지도 않다. 그러나 가지뿔영양은 치타가 **일반적으로** 도달하는 속도를 더 오랫동안 지속할 수 있다. 치타가 수백 미터까지 시속 64km로 달릴 수 있는 반면, 가지뿔영양은 수 킬로미터까지도 그 정도 속도를 유지할 수 있다.[18]

어떻게 그럴 수 있을까? 이 질문에 답하기 전에 우선 분류학 이야기부터 해야 할 필요가 있다.

많은 초등학생처럼 내가 맨 처음 머릿속으로 그렸던 미국 서부의 이미지는 나중에 〈목장 위의 집Home on the Range〉이라는 노래로 불리기도 했던 브루스터 히글리Brewster Higley의 시 「나의 서부 집My Western Home」에서 대체로 정보를 얻은 것이다. 그러나 "아메리카들소가 어슬렁어슬렁 돌아다니고 사슴과 영양이 뛰노는 집을 내게 주오."라는 히글리의 가장 유명한 가사는, 알고 보니 그레이트플레인스에 실제로 사는 동물들의 삶에 대한 우리의 집단적인 이해에 약간의 해를 끼친 것이었다. 미국 목장을 어슬렁거리며 돌아다니는 아메리카들소는 없으며 전에도 그런 적이 없었다. 아메리카들소buffalo는 아프리카들소나 아시아물소와 마찬가지로 솟과에 속한다. 그러나 가젤, 양, 영양도 마찬가지로 솟과에 속하는데, 그중 영양은 미국이 원산지도 아니다. 그리고 우리가 평원에서 보는 '영양Antelope'은 정확히 말해 가지뿔영양이다.[19]

문화적으로 이는 의미론적 구분이다. 1913년부터 1938년 사이에 주조된 5센트 동전을 '버팔로 니켈buffalo nickels'이라고 부르지 말아야 할 이유는 없다(미국 목장에 버팔로가 없는데도 미국에서 주조한 동전에 '버팔로'

라는 이름을 붙였다-옮긴이). 또 개척자 사냥꾼들이 그레이트솔트호의 가장 큰 섬에서는 가지뿔영양을 못 보고 놓치기 힘들 만큼 많다는 뜻으로 그 섬을 앤털로프섬Antelope Island이라고 부르게 되었는데, 이 섬을 더는 그렇게 부르지 말아야 하는 것도 아니다.

그러나 학문적으로 볼 때, 하나의 생명 형태와 또 다른 생명 형태 간의 외형적 유사점들이 있다고 해도 이것이 항상 가까운 유연관계로 진화적 역사를 공유했다는 뜻은 아님을 이해할 필요가 있다. 그리하여 우리의 생물학 전임자들은 이따금 관계를 잘못 추정했을 뿐 아니라 이러한 추정을 분류학적 명명법 속에 넣어 두기까지 했다는 면에서는 우리에게 전혀 도움이 되지 못했다. 가지뿔영양의 경우도 이렇게 볼 수 있는데, 가지뿔영양의 학명은 안틸로카프리데에 속하는 안틸로카프라 아메리카나*Antilocapra americana*이다(학명을 보면 마치 영양과 같은 종류인 것처럼 느껴진다-옮긴이).

우리는 비교유전체학을 통해 우리 존재의 기반인 유전자 암호에 대해 깊은 통찰을 얻는 세상에 살고 있다. 그러나 두 유전체가 어떤 DNA를 공유하는지 찾는 일은, 엄청나게 큰 도서관에서 특정 문장 몇 줄을 찾는 것과 같다. 게다가 서지 정보가 잘못 붙어 있거나 엉뚱한 책꽂이에 꽂힌 책이 있다면 전혀 도움이 되지 않을 것이다.[20]

그러므로 조상들, 특히 문화적 진지함을 고수하는 조상들이 설정한 가정으로 인해 오랜 세대에 걸쳐 학문적 관점이 흐려졌을 가능성을 경계해야 한다.

알다시피 기린이 이런 경우이다. 우연하게도 기린은 가지뿔영양과 가까운 유연관계를 지니는데, 영양과 가지뿔영양의 유연관계보다도 훨씬 더 가까울 정도다.

기린은 포식당하지 않기 위해 키 큰 동물로 진화했을 뿐 아니라, 한 번의 발차기로 사자도 죽일 만큼 발을 세게 차며 아주 빠르게 달리는 동물로 진화했다. 가지뿔영양 역시 같은 이유에서 빠른 속도로 달리는 능력이 진화했다.

그러나 가지뿔영양이 미국 대초원에서 상대해야 하는 포식자들이 어떤 동물인지 한번 살펴본다면, 왜 그들이 그렇게 빨리 달려야 하는지 의문이 들 수 있다. 늑대와 코요테가 빠르기는 하지만 가지뿔영양의 속도 근처에도 가지 못한다. 심지어 어린 가지뿔영양도 흔히 이들 포식자보다 빨리 달릴 수 있다.

그렇다면 가지뿔영양이 시속 88km까지 달려야 하는 이유는 무엇일까?

이에 대해 몇몇 과학자는 아메리카 치타인 미라키노닉스 이넥스펙타투스*Miracinonyx inexpectatus*와 미라키노닉스 트루마니*Miracinonyx trumani* 때문이라고 믿는다. 이 두 종은 코프 법칙으로 유명한 에드워드 코프가 처음으로 확인한 대형 고양잇과 동물로, 수백만 년 동안 북미에서 가지뿔영양과 나란히 진화했으며 이따금 '가짜 치타'라고도 불린다.[21]

크기는 퓨마 정도 되지만 생김새는 치타 같아서 매우 빨랐을 것이라고 추정되는 이 아메리카 치타들은 대략 1만 1,000년 전에 모두 죽었다. 그러나 동물학자 존 바이어스John Byers가 확인했듯이, 이 아메리카 치타의 유산이 오늘날 가장 빠른 동물 중 하나의 DNA에 살아 있다.

바이어스에 따르면 가지뿔영양은 "달리기 속도가 현저하게 뒤떨어지는 포식자들의 세상에서 진정한 올림픽 대표 달리기 선수이다".[22] 또 가지뿔영양이 그렇게 과도한 능력을 지니게 된 이유는 북미에 아메리카 치타 같은 포식자가 득실거릴 때 잘 달리는 동물로 진화했기 때문이라고 그는 믿는다.[23]

거의 모든 동물이 더는 필요하지 않은 진화상의 특정 잔재를 계속 지니고 있다. 인간은 꼬리뼈가 있고 사랑니가 나며 소름이 돋는데, 이 가운데 어느 것도 오늘날에는 그다지 유용하지 않다. 충분한 시간이 지나면 우리에게서 이러한 특징이 떨어져 나갈 것이라고 가정해도 무방하다.

그러나 좀 더 편안한 삶이나 좀 덜 위험한 삶을 살기 위해 생겨난 특징이 아니라 죽음과 멸종을 절실히 피하려고 생겨난 특징, 다시 말해 생존의 필요성으로 생겨난 특징은 이후 이 필요성이 없어지거나 그다지 자주 생기지 않을 때에도 사라지기 어려운 것 같다. 검劍 모양 송곳니를 지닌 고양잇과 동물에게 습격당하거나 혹은 영장류를 잡아먹는 거대한 독수리에게 공격당해 우리의 일상적 삶이 중단되는 일은 거의 없는데도 불구하고,[24] 우리는 여전히 교감 신경계에 의존하여 이렇게 흔치 않은 생사의 기로에서 살아남기 위한 아드레날린 adrenaline과 노르에피네프린norepinephrine을 대량 분비한다.

그리하여 우리는 빨리 달리는 가지뿔영양을 보게 된 것이다. 비단 그들의 분포 지역에서뿐 아니라, 러닝머신에서도 보게 되었다.

그렇다. 러닝머신 말이다.

이는 모두 스탠 린드스테트Stan Lindstedt라는 사람 덕분이다. 가지뿔영양이 빨리 달릴 수밖에 없도록 촉발한 진화적 트리거는 확인된 것 같지만, 노던애리조나대학의 이 생리학자는 이러한 진화가 어떻게 가능했는지 생체 역학을 이해하고 싶었다.

가지뿔영양이 실제로는 대단한 달리기 선수처럼 보이지 않기 때문이다. 그보다는 털로 덮인 소시지에 막대기 같은 다리가 달린 것처럼 보인다. 가지뿔영양의 생김새는 염소와 그다지 다르지 않으며 아무도 염소가 달리기를 즐길 거라고 예상하지는 않을 것이다.[25]

그러나 확실히 해 두기 위해 린드스테트는 확인 절차를 거쳤다. 분명 염소는 러닝머신을 좋아하지 않았다. 연구자들이 염소에게 뇌물로 많은 음식을 바칠 때만 겨우 러닝머신에서 달렸다.

그러나 린드스테트의 팀이 가지뿔영양을 러닝머신 위에 올려놓자, 이들은 잘 달릴 뿐 아니라 심지어는 러닝머신에서 달리는 걸 좋아하는 것 같았다. "당신이 실험실 문을 열어 주면, 가지뿔영양은 곧바로 달려가 러닝머신 위에 올라갈 거예요."[26] 린드스테트는 예전에 《뉴욕타임스》에서 이렇게 말했다.

린드스테트가 알아낸 바에 따르면, 가지뿔영양은 염소와는 달리 산소 운반에 최적화된 구조로 태어났다. 산소를 들이마실 수 있는 더 큰 기도가 있으며, 이 산소를 흡수할 수 있는 더 큰 폐를 갖고 있다. 또 산소를 근육까지 운반하는 헤모글로빈도 훨씬 많고, 근육의 세포에는 수축 운동에 연료를 공급하는 미토콘드리아가 훨씬 많이 집중되어 있다. 분명 가지뿔영양은 스피드 머신처럼 생기지는 않았다. 그러나 생김새는 착각을 불러올 수 있다.

하찮은 진드기에게 한번 물어 보자.

바람에 날리는 먼지처럼 질주하는 진드기

지하실 전깃불을 켜는 순간 바닥에서 부리나케 흩어져 도망가는 바퀴벌레를 본 적 있는 사람이라면 누구든 이 생물이 얼마나 빠른지 증언할 수 있을 것이다. 날개가 달려 있고 날 수도 있지만, 실제로는 날 필요가 없다. 바닥을 돌아다닐 때보다 공중을 날 때 훨씬 느리기 때문이다.

오랫동안 기네스 기록에서는 '가장 빨리 달리는 곤충'의 칭호를 미국바퀴American cockroach, 페리플라네타 아메리카나*Periplaneta americana*[27]에게 부여했다. 그러나 시간이 흐르면서 연구자들은 사냥에 관한 한, 그리고 당신을 사냥감으로 삼는 것들로부터 살아남는 문제에 관한 한, 몸 크기와 비교한 동물의 상대속도가 절대속도보다 언제나 더 중요하다는 것을 깨닫기 시작했다. 토머스 메릿Thomas Merrit이라는 곤충학자는 진정으로 가장 빠른 곤충이 무엇인지 정하기 위해 동료 곤충 연구가들에게서 자료를 모아 각 벌레의 길이와 비교한 수치를 정리했다. 그 결과 미국바퀴는 1초당 자기 몸길이의 50배만큼 이동할 수 있다고 밝혀졌다.

그 정도면 빨랐다. 비교해 보자면 치타의 경우 1초당 자기 몸길이의 겨우 16배 정도를 달릴 수 있다. 그러나 메릿이 새로운 챔피언으로 뽑은 건 미국바퀴가 아니라 다른 곤충이었다. 호주의 길앞잡이Australian tiger beetle, 키킨델라 에부르네올라*Cicindela eburneola*는 1초당 자기 몸길이의 170배 이상을 달릴 수 있다. 비교해 보자면 키 183cm 인간이

그 정도 속도를 내려면 시속 1,160km로 달려야 할 것이다.[28]

그러나 기록은 깨지게 마련이다. 놀라운 일이 정말 끊이지 않는 자연계만큼 이 말이 잘 들어맞는 곳도 없다.

다니엘 마르티네스가 거의 불멸에 가까운 히드라 집단을 관리하고 있는 실험실에서 그리 멀지 않은 캘리포니아주 클레어몬트에는 새뮤얼 루빈Samuel Rubin이라는 학부생이 이끄는 연구자 집단이 있었다. 이들은 서던캘리포니아대학교의 뜨거운 열기 속에서 인도 위를 맹렬히 질주하는 작은 진드기, 파라타르소토무스 마크로팔피스*Paratarsotomus macropalpis*에게 주목했다.

누구나 이 진드기를 알고 있었다. 1916년에 처음으로 확인되었고, 세상에서 가장 많은 사람이 사는 곳 중 하나로 꼽히는 대도시 한복판에 살고 있었기 때문이다. 그러나 이전까지는 아무도 이 진드기에게 조금의 학문적 관심도 보이지 않았다. 2010년대 초반을 통틀어 '사이언스다이렉트'에 올라온 데이터베이스를 찾아본 결과, 이 작은 녀석을 언급이라도 한 논문이 하나도 없었다.

"지나치기가 쉽죠." 포모나대학 재학 시절 루빈의 지도교수이자 논문 공동 저자인 조너선 라이트Jonathan Wright가 말했다. "길이가 1mm 정도로 아주 작아요. 그리고 달릴 때는 아주 빠르게 움직여서 주의 깊게 자세히 살피지 않는다면 그저 바람에 날리는 먼지라고 결론 내릴 수도 있죠."

게다가 잡기도 엄청 힘들다. 라이트는 이 진드기가 인도와 차도를 좋아해서 고맙다고 말했다. 자연 속에 있는 모래 서식지에서 잡으려고 시도했다가는 대체로 흡인기 속에 흙먼지만 가득한 채, 단 한 마리의 진드기도 잡지 못하고 끝날 것이다.

이 팀은 진드기가 인도 위를 쏜살같이 달리는 영상을 얼마간 얻을 수 있었다. 이 화면을 이용하여 진드기가 남긴 경로를 추적한 뒤 이동 거리를 측정했을 때 연구자들은 어안이 벙벙했다.

처음에 루빈은 계산이 잘못되었을 거라고 생각했다. 그러나 다시 계산해 봐도 확실했다. 그는 세상에서 가장 빨리 달리는 동물을 발견하는 데 일조한 것이다.

이 진드기는 1초당 자기 몸길이의 322배까지 이동했다. 이를 인간의 속도로 환산하면 시속 2,000km쯤 될 것이다.[29] 조금 다른 관점으로 보자면, **비행기**가 시속 2,000km 이상으로 날았던 것도 역사상 대략 열두 번 정도밖에 되지 않는다.

이 진드기는 이곳에서 저곳으로 풀쩍 뛴 것이 아니었다. 1초당 135걸음의 비율로 엄연히 달리기를 했다. 이는 어느 동물이든 체중 지지 근육을 사용한 횟수로는 이제껏 알려진 것 가운데 가장 높은 수치이다.[30] 비교해 보자면 인간 단거리 주자는 1초당 세 발걸음 정도를 내디딘다. 아주 빠르게 움직일 수 있어서 물 위로도 걸어 다니는 유명한 바실리스크도마뱀, 일명 '예수도마뱀'조차도 1초당 스무 걸음 정도밖에 걷지 못한다.

이 진드기의 놀라운 달음박질에 대한 발견은, 생명체의 크기가 작을수록 속도를 높이는 데 필요한 힘이 작아지는 비례에 관한 과학적 이론을 보강함으로써 나노모터의 가능성을 이해할 정보를 제공하게 되었다. 나노모터란 분자 수준에서 에너지를 운동으로 전환할 수 있는 유기체 엔진을 말한다.[31]

아울러 이 진드기는 우리가 가속, 감속, 빠른 회전에 적합한 기계를 만들도록 가르쳐 줄 수도 있다. 요컨대 이 작은 진드기는 한순간에 정지할 수도 있고, 빠른 속도와 여러 각도로 회전하여 다른 동물들의 다리 사이로 길을 낼 수도 있다.

이런 움직임이 어떻게 가능한지 이해하기 위해서 루빈과 라이트는 진드기 영상 재생 속도를 느리게 하고 화면 크기도 확대했다. 그러자 이 진드기에게 두 가지 회전 전략이 있다는 점을 알게 되었다. 하나는 빠른 회전을 위한 것이고, 다른 하나는 정말 토 나올 만큼 빠른 회전을 위한 것이다. 빠른 회전 전략은 행진 악대가 회전하는 방식을 발전시킨 것이라고 할 수 있다. 회전축 안쪽에 있는 대원들은 축을 중심으로 회전하기 위해 거의 제자리걸음만큼 보폭을 줄이는 반면, 바깥쪽에 있는 대원들은 보폭을 늘여야 한다. 진드기도 이런 방식을 따른다. 회전축 안쪽에 있는 다리는 매우 짧은 보폭으로 움직이고 바깥쪽 다리는 긴 보폭으로 움직인다.[32]

정말 토 나올 정도로 빠른 회전 전략은, 이제는 고전이 된 팀 버튼 Tim Burton의 1989년작 〈배트맨〉에서 망토 걸친 투사가 자동차를 추격하는 동안 배트카로 급회전을 하기 위해 고정용 갈고리를 사용하던 것과 같은 전략이다. 이 진드기는 로프 대신 안쪽의 세 번째 다리를 이용하여 이 다리의 발목마디로 바닥에 있는 덩어리에 갈고리를 걸어 놓은 뒤 다크 나이트와 똑같이 회전 속도를 높일 수 있다. 비록 다크 나이트보다 몸집도 작고 더 오싹하며 유기공포(abandonment issues, 버림받고 혼자 남겨질 것을 두려워하는 심리 상태로, 극중 배트맨이 느끼는 감정-옮긴이)로 괴로워하는 일은 적지만 말이다.[33]

세계에서 가장 유명한 자경단원은 그만의 특별한 형태의 먹잇감이라 할 수 있는 범인을 배트카로 쫓는다. 여기서 한 가지 질문이 제기된다. 그렇다면 이 진드기는 무엇을 쫓는 것일까?

아무도 모른다. 그러나 거의 확실한 것은 그 대상이 이 막강한 작은 진드기보다도 더 작고 더 빠를 가능성이 있다는 점이다.

그러므로 상대속도에 관한 한, 우리는 어쩌면 세상에서 가장 빨리 달리는 동물을 아직 발견하지 못한 것인지도 모른다. 그러나 그보다는 더 확실한 '가장 빠른' 클럽의 일원들은 존재한다.

|

비행기가 새에게서 더 이상 배울 것이 없다는 오만

|

오래전부터 사람들은 매peregrine falcon가 세상에서 가장 빠른 새라고 여겨 왔다. 절대속도 면에서는 모든 동물 중 가장 빠를 것이다. 매의 최고 속도는 오랫동안 이론상의 수치였다. 매는 예측 불가능한 삼차원의 광활한 환경에서 날기 때문에 적합한 속도 측정기를 쓰기 어려웠다. 아주 최근인 1990년대까지도 우리는 매, 팔코 페레그리누스 *Falco peregrinus*가 얼마나 빨리 날 수 있는지 확실히 알지 못했다.

켄 프랭클린Ken Franklin은 이를 받아들일 수 없었다. 전문 조종사이자 매를 잘 부리는 달인인 데다 아마추어 과학자이기도 했던 그는 인간의 비행에서 새가 본질적 역할을 했다고 믿었다. 라이트 형제는 키티 호크(Kitty Hawk, 미국 노스캐롤라이나주 동북부의 마을로, 라이트 형제가 이곳에서 첫 비행에 성공했다-옮긴이)에서 이륙하기 전까지 조류의 비행 기술을 광범위하게 연구했고, 나중에 오빌 라이트Orville Wright는 이렇게 썼다. "새에게서 비행의 비밀을 배우는 것은 마술사에게 마술의 비밀을 배우는 것처럼 매우 훌륭한 계획이다. 무엇을 찾고자 하는지 알고 나면 이전까지 알아차리지 못한 것이 보일 것이다." 그럼에도 우리가 살펴보지 않은 탓에, 모든 새 가운데 가장 빠른 새가 무엇을 할 수 있는지조차 알지 못한다고 프랭클린은 한탄했다.[34]

그래서 그는 알아내기로 했다. 속도 측정기가 제 역할을 해내지 못할 것이므로 다른 길을 택하기로 했다. 말하자면 '하늘길'(The high road, 숙어로 '가장 확실한 방법'을 뜻한다─옮긴이)을 택한 것이다.

지상에서 관찰할 수 있는 것을 토대로 매의 속도를 측정하려고 시도한 이들이 있었다. 그러나 프랭클린은 매가 보통 수 킬로미터 고도까지 솟아오르는 경우가 많다는 걸 알고 있었다. 이는 지상 관찰이 가능한 수준을 훨씬 넘어선 높이였다. 그리하여 그는 프라이트풀이라는 이름의 매를 데리고 고도 1,000m 가까이 되는 지점에서 시작하여 점점 높은 곳으로 이동하면서 훈련 요법을 시작했다. 이 훈련의 정점에 이르러 고도 5,180m 지점에서 사람과 매가 함께 세스나 172Cessna 172 비행기에서 뛰어내렸다.

프랭클린은 비디오카메라를, 프라이트풀은 14g짜리 기록용 고도계를 매달고 있었다. 비행기에서 함께 뛰어내린 뒤에 프랭클린이 납으로 된 추가 달린 미끼를 던지면 프라이트풀은 이 미끼를 쫓아 급강하하면서 시속 390km의 속도에 이른다.

이 속도로 프라이트풀은 1초당 축구 경기장 길이만큼 떨어지는 것이다.

프랭클린은 자신의 연구 팀이 프라이트풀과 함께한 여러 실험에서 힘들게 얻은 자료가 항공우주산업의 엔지니어들에게 항력과 난류를 줄이는 방법을 이해하도록 도움을 줄 거라고 기대했다. 아울러 매가 빠른 속도로 급강하하는 동안 신체 형태와 날개 윤곽선, 깃털 배열이 어떻게 되는지 심도 있게 살펴보도록 항공우주산업 엔지니어들을 설득하는 데 힘썼다.

결과적으로 매우 힘든 설득 작업이었다. 프랭클린과 프라이트풀의 공적을 수년간 추적해 온 작가 톰 하폴Tom Harpole은 짐 크로더Jim Crowder를 만났을 때 항공기 제작 산업이 새들에게서 무엇을 배울 수 있을지 이해하는 데 관심을 지닌 사람을 찾았다고 생각했다. 짐 크로더는 보잉사의 기술 선임 연구원이었고 비행기 성능을 개선하기 위해 기류를 연구하는 것이 그의 전문 분야였다. 게다가 그는 아마추어 새 사육자이기도 했다.

그러나 크로더는 "새는 아직 알려지지 않았지만 향후 밝혀낼 가치를 지닌 온갖 종류의 일을 한다"고 믿는다고 말하면서도, 다른 한편 내부적으로는 항공산업 스스로 새를 비행 지식의 원천으로 삼는 시기를 지나 "완숙기에 들어선 산업"이라 여긴다고 하폴에게 경고했다. 비행과 관련한 발견이 아직 남아 있다면 "지금쯤은 누군가 발견하지 않았겠는가" 하는 일반적인 통념에 대해 크로더는 한탄했다.

"돌아보면 그들이 어디 출신이었는지 이해돼요. 나는 박사 학위가 없었어요. 그들은 평생에 걸쳐 비행 관련 수학을 수치화하면서 보냈으니 그들 눈에 나는 그저 비행기에서 새나 던지는 신출내기였던 거죠." 나중에 프랭클린이 내게 말했다.

프라이트풀은 2012년 무렵에 죽었고, 프랭클린은 스카이다이빙 게임을 그만두었다. 요즘 그는 맹금류 대신 비둘기를 키우고 있다. "프라이트풀과 내가 함께 비행기에서 뛰어내린 게 200번이 넘어요." 그가 말했다. "우리가 할 수 있는 최대한까지 해낸 거예요."

프라이트풀이 동물 비행 기록을 세운 지 10년도 더 지나는 동안, 매의 자유낙하는 항공 업계에서 그저 스쳐 가는 눈길 이상의 관심을 얻지 못했다. 그러나 2010년대 초, 마침내 변화가 일어났다.

그 무렵 독일 과학자 팀은 매가 어떻게 그렇게 빨리 날 수 있는지, 나아가 그 정도 속도로 나는 동안 900g 되는 새의 골격에 가해지는, 밀고 당기는 기계적 하중을 어떻게 견뎌 내는지 적어도 한 번쯤 살펴보는 것이 그리 나쁜 생각은 아님을 깨달았다. 거의 자기 몸무게와 맞먹는 미끼를 움켜잡고서 극단적인 급강하로부터 벗어날 때 프라이트풀이 맞서게 되는 중력가속도는 미 공군 F-22 랩터의 한계치보다 더 크다.[35]

하늘에서 낙하하는 프라이트풀을 관찰하여 얻어 낸 것을 바탕으로, 독일 과학자들은 한 무리의 매를 모아 60m 높이 댐에서 급강하하도록 훈련시켰다. 그 정도 높이에서는 이 매들이 최고 가속도에 도달할 수 없었지만 훨씬 더 빠르게 낙하할 때 프라이트풀이 보여 준 것과 동일한 몸체와 날개의 배열 형태로 들어갔다. 게다가 이 댐을 배경으로 하면 선명한 이미지를 얻을 수 있기 때문에, 연구자들은 여러 대의 고속촬영 비디오카메라를 이용하여 새의 정확한 비행경로와 몸체 형태를 재구성할 수 있었다. 그러한 이미지를 이용하여 연구팀은 이들 매 가운데 한 마리를 본떠 실물 크기 모형을 만든 뒤 유성

페인트를 듬뿍 발라 풍동(風洞, 인공으로 바람을 일으켜 기류가 물체에 미치는 작용이나 영향을 실험하는 터널형 장치-옮긴이)에 넣었다. 모형에 남은 기다란 페인트 자국은 떨어지는 매의 몸체 주위에서 공기가 어떻게 움직였는지를 보여 주었다.

그때 독일 연구 팀은 뭔가 흥미로운 점을 발견했다. 모형의 등과 날개를 따라 몇몇 부위에 페인트가 두껍게 쌓였는데, 이는 바람의 '흐름 분리'(Flow separation, 날개 면과 비행 방향이 이루는 각도가 과도하게 커지면서 고체 표면에 형성된 경계층이 버티지 못하고 떨어지는 현상-옮긴이)가 일어났다는 뜻이었다. 새의 영상 화면으로 돌아가 곧장 그 부위를 찾아본 과학자들은 모형에서 페인트가 두껍게 쌓인 곳과 정확히 일치하는 매 신체 부위에 일련의 작은 깃털들이 튀어나와 있음을 알아차렸다. 그들은 깃털의 배열이 모형에 나타난 유체 분리 현상을 막았다는 가설을 세웠다.[36] 어찌 된 일인지 새들은 날개의 어느 부위에서 공기가 효율적으로 흐르지 않는지 알아채고 문제의 해결책을 찾아낸 것 같았다.

이 발견은 런던대학 박사과정에 있는 마르코 로스티Marco Rosti라는 학생의 흥미를 불러일으켰다. 이 젊은 이탈리아 항공공학도가 속한 팀에서는 스톨stall 문제를 해결하기 위한 새로운 방식을 찾던 중이었다. 스톨이란 비행기 날개 방향과 다가오는 공기 흐름 방향 간의 평행이 현격하게 어긋나 심각한 흐름 분리가 일어나고 양력揚力이 떨어지는 현상을 말한다. 이 문제는 비행의 역사만큼이나 오래되었으며, 글라이더 비행의 선구자인 오토 릴리엔탈Otto Lilienthal은 1896년 스톨로 인한 비행기 추락 사고로 사망하기도 했다.[37] 이후 한 세기 동안 항공 분야에서 엄청나게 많은 혁신이 이루어졌지만, 아직 우리는 스톨을 '해결'하지 못한 상태이다.

그러나 매는 이 문제를 해결한 것으로 보인다. 그리하여 매 실험에서 알게 된 사항을 바탕으로 로스티와 동료 연구자들은 날개 위쪽에 토션 스프링(torsion spring, 축을 따라 끝을 비틀어 작동하는 스프링-옮긴이)으로 고정한 플랩flap을 달기로 했다. 자가작동하는 이 플랩은 마치 매 날개에 달린 작은 깃털들처럼 튀어나와 흐름 분리를 막도록 설계되었다.[38]

로스티는 자신이 항공학을 연구해 온 기간 내내, 동물 비행과 관련해서 켄 프랭클린이 프라이트풀 비행을 뒤쫓으며 들어 왔던 것과 똑같은 종류의 이야기를 들었다고 말했다. "아마 곤충 같은 동물들이 완전히 새로운 비행 방법을 알아보도록 도움은 주겠지만, 우리가 이미 갖고 있는 비행 방식을 향상시키지는 못할 거라고 했어요."

그럼에도 불구하고 그의 팀이 매에게서 영감을 받아 스톨 문제를 해결하려는 의지는 매우 뜨거웠다. 이런 열정은 비단 비행기 설계자뿐 아니라 헬리콥터 업계에서도 마찬가지였다. 이 업계 역시, 비록 다른 측면이긴 해도 아주 오래된 문제에 직면해 있었기 때문이다.

로스티는 여전히 신중한 태도를 보인다. 많은 난관이 남아 있는 까닭이다. 그중에는 현재의 항공 문화도 적지 않은 부분을 차지한다. 에어포일(airfoil, 항공기 또는 프로펠러 등의 날개-옮긴이)이 무릇 어떠어떠하게 작동되어야 한다는 관념에 집착하며, 심지어 여기에는 에어포일이 제대로 작동하지 않는 상황이 많다는 전제가 깔려 있다.

로스티는 궁극적으로 자기 팀의 설계가 비행기 여행을 획기적으로 혁신하지 못할 수 있다는 점을 수긍한다고 말했다. 그러나 일부 사람을 위해서라도 불편함을 줄일 수 있다면 시도해 볼 만한 가치가 있을 것이라고 했다.

그러나 더욱 중요한 부분은 생물에서 영감을 받은 설계를 통해 프랭클린 같은 사람들의 생각이 옳았다고 입증되었다는 점이다. 우리는 비행 시대에 접어든 지 한 세기 정도가 지났을 뿐이지만, 매는 수백만 년 동안 그들만의 비행을 해 왔다. 인간의 비행에 대해 새에게서 배울 것이 없다는 생각은 순전히 오만이다.

이는 그저 우리 자신이 말해 왔던 이야기일 뿐이다. 그리고 이야기가 언제나 진실은 아니다.

|

당신이 먹는 참치에 대해 모르고 있는 것

|

물고기 이야기치고 이 이야기는 꽤 괜찮은 편이다. 1908년에서 1935년까지 롱키 낚시 캠프Long Key Fishing Camp에는 연중 내내 스포츠 낚시 선수들이 모여들곤 했다. 이 캠프는 플로리다 끝단에 있는 바다 낚시꾼들의 천국으로, 전설적인 미국 작가 제인 그레이(Zane Grey, 1872년생 미국 모험소설 작가로, 바닷물고기 낚시 부문 세계 신기록을 다수 보유하고 있고 국제 스포츠 잡지에 기사를 쓰는 등 낚시에 관한 글을 많이 남겼다-옮긴이) 덕분에 유명해졌다. 그리고 바로 이곳에서 예전에 돛새치sailfish가 3초 만에 낚싯줄을 90m나 끌고 가는 것을 클럽 회원들이 목격한 적이 있다고들 했다. 이 말이 사실이라면 이 특별한 물고기가 시속 110km의 속

도로 헤엄쳤다는 이야기이다. 그렇게 되면 이 이스티오포루스 플라팁테루스*Istiophorus platypterus*는 세상에서 가장 **빠른** 물고기가 될 것이다.

바로 이 주장에 근거하여 돛새치가 '세계에서 가장 **빠른** 물고기'로 널리 유명해졌다. 시속 110km라는 기록이 수천 개 웹사이트로 퍼져 나갔고, 미 국립해양대기청NOAA뿐 아니라《내셔널 지오그래픽》이나《필드&스트림Field&Stream》같은 명성 있는 간행물에 반복적으로 등장했으며[39] 과학 문헌에도 상당히 실리고 있다.[40]

그러나 알려진 사실의 1차적 출처는 역사 속으로 사라져 버린 것으로 보인다. 어쩌면 애초부터 롱키에서 유래한 것이 아닐지도 모른다.[41]

재미있는 점은 마침내 가속도계를 기반으로 일련의 측정을 시도하여 이를 검증한 결과, 시속 110km의 속도는 돛새치가 실제로 헤엄칠 수 있는 속도에 비해 상당히 낮을 수도 있다고 밝혀졌다는 사실이다. 마이애미대학의 연구자들은 실제로 돛새치가 아주 짧은 순간에 시속 125km까지 이를 수 있다고 결론 내렸다.[42]

다른 한편으로 돛새치의 최고 속도를 바로잡는 과정에서 마이애미대학 과학자들은 이 물고기가 왕좌에 군림하는 기간을 줄이게 되었다. '참치 실험실'로 더 많이 알려진 매사추세츠대학의 대형부어연구소Large Pelagics Research Center 사람들이 돛새치의 새로운 기록을 알고 다시 생각해 보게 되었기 때문이다. 알려진 돛새치의 기록이 실제 가능한 속도보다 훨씬 느리다면 이 외에도 틀린 것이 있지 않을까?

실험실의 연구자들은 대서양참다랑어Atlantic bluefin tuna, 툰누스 틴누스*Thunnus thynnus*를 수년간 관찰해 왔으며 이 특별한 물고기가 다 자라면 몸무게가 무려 680kg까지 나가는데도 아주 빨리 헤엄친다는 사실을 알고 있었다. 전에 돛새치의 경우에 근거가 되었던 출처에 비하면 조금 더 신뢰할 만한 출처들에서 보통 시속 72km라고 언급되는데 아마도 이 속도 이상으로 밀어붙이는 가속의 순간들이 있을 거라고 그들은 생각했다.

참치 실험실의 해양학자 몰리 럿캐비지Molly Lutcavage와 동료들은 마이애미의 동료들과 동일한 연구 계획을 바탕으로 참다랑어 한 무리에게 소형 위성 표지를 달았다. 이 표지는 흔히 이동 동물의 경로를 추적할 때 사용되는데, 한 달이 지나면 톡 떨어져 나와 수면 위를 떠다니면서 신호를 보내므로 이를 다시 회수해 올 수 있다. 대개는 협력 어부들이 회수해 온다.

불과 일주일도 안 되어 360kg짜리 참다랑어에게서 이 표지가 때 이르게 떨어졌고, 이것이 실험실로 돌아왔을 때 연구자들은 어안이 벙벙했다. 장치가 조각날 정도로 참다랑어가 빨리 헤엄쳤다는 의미였기 때문이다.

표지가 찢어질 정도면 물고기가 얼마나 빨리 헤엄쳤다는 것일까? 다운로드한 데이터에 따르면, 최고 속도 시속 230km에 달했다.

참다랑어는 우리가 오래전부터 물고기의 최고 속도라고 믿어 왔던 것보다 두 배 이상 빨리 이동했던 것이다.

치타와 마찬가지로 참다랑어도 최고 속도를 오랫동안 유지하지는 못한다. 연구자들은 기록을 세운 참다랑어가 불과 몇 초 동안만 그런 수준의 초고속을 유지했을 것으로 추정한다. 하지만 충분히 그럴 만했던 것이, 참다랑어는 공기보다 약 800배 밀도가 높은 환경에서 그 속도에 도달했다.

항공공학계가 매의 비행에 얼마나 무관심했는지 기억하는가? 항해계 또한 그와 비슷하게 냉담한 태도로 이 수중 속도의 대가大家로 새롭게 인정된 존재에 반응할 것인지 아직은 알기 이르다. 그러나 수중에서 가장 빠른 생물이 돛새치라고 널리 가정하고 있었는데도 이 물고기의 속도를 이해하려는 관심은 별로 없었다는 점은 지적할 수 있다. 그러다 2013년이 되어서야 돛새치의 유체역학에 대해 무언가 의미 있는 조사에 착수하게 되었다.[43]

그러나 참다랑어는 이야기가 다를지도 모른다. 우선 이들이 가장 빠른 물고기라는 지위를 주장할 만한 더 나은 학문적 출발점이 이미 마련되어 있다. 또 다른 하나는 이들이 참치라는 점이다. 참치는 모두들 알고 있다. 참치 통조림, 참깨를 입힌 참치, 살짝 구운 참치, 톡 쏘는 참치 스시롤 등 우리는 참치를 많이 먹고 있다. 그리하여 참치는 세계에서 경제적 가치가 가장 큰 물고기 가운데 하나로 꼽힌다.[44]

대서양참다랑어 역시 문제 상황에 놓여 있으며, 국제자연보전연맹에 멸종위기종으로 등록되어 있다. 아직 별 소용은 없었지만 생물다양성센터The Center for Biological Diversity에서 미연방 정부를 상대로 대서양참다랑어를 멸종위기종 보호법에 따라 멸종위기종으로 등록할 것을 청원해 오기도 했다.

경제적 가치와 개체군 감소가 교차하는 지점에서 흔히 연구 관심이 폭발한다. 참다랑어의 경우는 이 물고기가 바다에서 가장 빠른 생물일지 모른다는 주장이 제시되기 전부터도 그랬다. 가령 최근 몇 년 동안 지중해에 사는 대서양참다랑어의 서식지에 대해,[45] 그리고 바다의 여러 지역별로 이 물고기의 DNA가 어떻게 다른지에 대해,[46] 이 물고기가 바다에서 어떻게 이동하고 떼를 짓는지에 대해[47] 연구가 이루어졌다.

이 밖에 미 해군의 고스트스위머GhostSwimmer도 있는데, 이는 참치처럼 생겨서 참치처럼 헤엄치도록 설계된 로봇이다. 자동 잠수정인 이 로봇은 일명 '사일런트 니모Silent Nemo'라고 불리는 비밀 연구 및 개발 작전의 일부로 고안된 것이다. 매사추세츠공과대학의 로보튜나 프로젝트RoboTuna project에서 적지 않은 영감을 받았는데, 이 프로젝트의 엔지니어들은 잠수정과 관련하여 200년 이상 된 기존의 사고방식을 버리고 물고기처럼 움직이게 설계된 잠수정을 만들었다. 그 결과 기존 무인 잠수정에 비해 쉽게 조종할 수 있고 에너지도 덜 소비되는 잠수정이 탄생했다. 아울러 해양 환경에 더 잘 섞일 수 있었다고 미 해군은 빠르게 인정했다.

해군에서 아직 공식적으로 밝히지는 않았지만, 자주 비판받는 냉전 시대의 작전으로서 물밑에서 이루어지는 '미 해군 해양 포유류 프로그램Navy Marine Mammal Program, NMMP'을 고스트스위머가 대신할 수 있을 것으로 보인다. 군 조직에서는 수뢰를 찾거나 수중 잠입자를 감시하거나 잃어버린 장비를 회수하는 데 돌고래와 바다사자를 이용하고 있으며,[48] 인간 질병과 건강 문제를 해결할 목적의 중개 연구를 위해 동물을 제공한다.[49] 그러나 후자의 역할은 동물복지 활동가들에게 받아들여지지 않고 있다. 이들은 포획된 동물 연구 활동이 동물의 보존에 직접적 영향을 미친다고 판단하여 해군에게 프로그램을 중단하라고 압력을 넣어 왔다.[50]

동물을 로봇으로 대체하는 데는 한 가지 어려움이 따른다. 적어도 당분간은 고스트스위머가 돌고래나 바다사자만큼 빠르지 못하고, 미 해군에서 훈련한 해양 포유류 정도의 지구력이나 다이빙 실력을 갖추지 못한다는 점이다. 로봇 물고기는 짧은 지속 시간 동안 시속 27km, 지속 시간을 더 길게 하면 시속 5km로 이동할 수 있다. 큰 돌고래는 시속 35km가 넘는 속도로 헤엄칠 수 있고 긴 시간 동안 시속 11km로 순항할 수 있다.[51]

그러나 그 어떤 것도 참다랑어의 순간속도 근처에 미치지 못한다. 그리고 이런 사실은 전략적 상황에서 중요할 수 있다. 해군이 이런 사실을 염두에 두고 참다랑어가 그렇게 빠른 속도로 헤엄칠 수 있었던 자연적 적응 과정을 연구해서, 기계 참다랑어를 진짜와 더 비슷하게 만들려고 노력하게 될까? 틀림없이 그렇게 될 것이다.

하지만 대자연이 설계한 시속 232km의 돌진 속도에 근접하는 기계 동물을 만드는 데 성공할 수 있을까? 아마 그렇지 못할 것이다.

우리가 직면한 것과 비슷한 문제를 해결하기 위해 동물이 자연 속에서 어떻게 진화해 왔는지 살펴봄으로써 우리의 기술을 월등하게 향상시킬 수 있다는 것에는 의심의 여지가 없다. 그러나 우리의 기술이 향상될수록 더욱 명확해지는 점이 있다.

자연은 우리보다 훨씬 앞서 있다는 사실이다.

5

시끄러운 것들

**귀를 기울여야 들을 수 있는
절박한 메시지**

그 날카로운 울음소리를 결코 잊지 못할 것이다.

그날 아침 나는 붐비는 비행기를 탔고 오후에는 그보다 훨씬 더 붐비는 버스를 탔다. 그 후에는 낡은 픽업트럭의 녹슨 화물칸에 타고 있었고 에콰도르 에스메랄다스주의 저지대 숲 너머로 해가 진 다음에는 일인용 텐트를 치고 슬리핑백 안으로 미끄러져 들어갔다.

그때였다.

목 뒷부분을 타고 나오는 것처럼 걸걸하게 외치는 에콰도르망토고함원숭이Ecuadorian mantled howler의 고함 소리는 정말 대단한 것이었다. 숲의 다른 모든 소음을 뚫고 솟구쳐 올라 수 킬로미터까지 간다. 그러나 나는 수 킬로미터 떨어진 곳에 있지 않았다. 바로 아래 있었다.

이런 경험을 했음에도 나는 고함원숭이가 왜 그렇게 큰 소리를 내는지 한 번도 궁금하지 않았다. 정글에는 **무언가** 가장 큰 소리를 내는 존재가 있을 것이라고 그저 막연하게 판단했고, 그 뭔가가 고함원숭이였던 것이다.

그러나 레슬리 냅Leslie Knapp은 세상을 다르게 보는 사람이었다. 그리고 그건 정말 다행스러운 일이었다. 그녀는 고함원숭이의 청각이 그렇게 비범한 이유가 무엇인지 해답을 찾으려 노력했고, 그것이 생물학 역사에서 가장 매력적으로 재미있는 연구 발견 중 하나로 이어졌기 때문이다.

생물인류학자인 냅의 주된 연구 분야는 주조직 적합 복합체major histocompatibility complex, MHC였는데, 이는 말하자면 치타가 거의 모든 다른 치타에게서 피부 이식을 받을 수 있는 것과 같은 면역 체계의 한 부분이다. 그러나 그녀의 연구 초점은 고양잇과가 아니라 영장류였다. 냅은 원숭이, 유인원, 그 밖의 진원류(원숭이하목에 속하는 영장류의 총칭-옮긴이) 간에 조직 적합 유전자가 어떻게 다른지, 그리고 그런 유전자의 다양성이 어떻게 생성되고 유지되는지 연구한다.

나와 마찬가지로 냅 역시 중남미를 여행하는 동안 경외감을 불러일으킬 만큼 크고 귀가 찢어지는 듯한 고함원숭이의 고함 소리를 알게 되었다. 그러나 내가 알아차리지 못한 뭔가를 그녀는 알아차렸다.

모든 고함원숭이는 소리가 크다. 정말 크다. 몇몇 추정에 따르면 세상에서 소리가 가장 큰 육지 포유류다. 그러나 다른 종에 비해서도 소리가 훨씬 더 큰 종이 있는 것 같았다. 종의 몸집 크기와는 상관관계가 없는 것으로 보였다. 냅은 그 이유를 알아내고 싶었다.

그녀는 재빨리 고함원숭이의 설골舌骨에 연구 초점을 맞추었는데,

이 설골은 꽥 하는 소리를 확성기처럼 증폭시키는 작용을 했다. 황금망토고함원숭이golden mantled howler, 알로우앗타 팔리아타*Alouatta palliata*의 설골은 부피가 겨우 8cm³밖에 되지 않고 시끄러운 동료들에 비하면 가장 조용한 축에 속한다. 남미의 검은고함원숭이black howler, 알로우앗타 카라야*A. caraya*는 설골이 약간 더 크고 따라서 좀 더 깊고 굵은 소리를 낸다. 갈색고함원숭이brown howler, 알로우앗타 구아리바*A. guariba*와 과테말라검은고함원숭이Yucatan black howler, 알로우앗타 피그라*A. pigra*는 설골이 훨씬 더 크고 그만큼 소리도 더 크다. 베네수엘라붉은고함원숭이Venezuelan red howler, 알로우앗타 세니쿨루스*A. seniculus*의 설골은 부피가 거의 65cm³ 가까이 되어 무리 중 가장 크다. 이 덕분에 베네수엘라붉은고함원숭이는 유난히 낮고 크며 울림이 깊은 소리를 내어 과시하고 잠재적 짝짓기 대상을 소리쳐 부르며 경쟁자에게 겁을 줘서 쫓아낼 수 있다.

그러나 설골이 큰 만큼, 제법 실질적인 균형trade-off이 이루어진 것 같다. 베네수엘라붉은고함원숭이는 고환이 정말 작기 때문이다.

자, 지금쯤 당신이 어떤 질문을 하고 있을지 안다. 그렇다. 동물의 고환을 재는 기존의 방법이 있다. 우선 디지털 캘리퍼스(digital calipers, 자로 재기 힘든 물체의 외경, 내경, 두께 등을 측정하는 기구-옮긴이)를 사용하여 각 고환의 길이와 폭을 잰다. 그런 다음 장축 타원체의 부피를 계산하는 일반 공식을 간단히 사용하면 된다.[1] 이후 왼쪽 고환과 오른쪽 고환의 변동성을 해결하기 위해 두 수치를 더해 '전체 고환 부피'를 얻어 낸다.

소리 크기와 고환 크기의 반비례 도표를 작성한 냅은 소리가 가장 큰 원숭이의 경우 고환이 가장 작아서 4cm³도 안 된다는 것을 알아냈다. 소리가 가장 작은 원숭이의 고환은 가장 커서 무려 22cm³나 되었다. 나머지는 반비례 도표 선 안에 들어왔다.

소리가 가장 큰 원숭이는, 무언가를 보완하고 있었던 것 같다.

고환이 작은 원숭이는 생산하는 정자 수가 적다. 이런 이유로, 냅은 그 원숭이가 더 많은 짝짓기 상대의 관심을 끌면서 유전자를 퍼뜨리기 위해 더 열심히 애써야 한다고 판단한다.

이는 성욕에 관한 기발한 발견, 그 이상이었다. 냅의 고함원숭이 연구는 처음으로 과학자가 성적 생리학과 목소리 특성 간의 진화적 균형을 확인했다는 의미가 있었다.

아울러 동남아시아에 사는 작은 뒤영벌박쥐의 울음소리처럼, 소리를 내고 처리하는 과정이 어떻게 종 분화를 일으키는지 다양한 방식을 이해하기 위한 또 다른 사고 틀을 연구자들에게 제공했다. 그리하여 생쥐, 사슴, 아가마도마뱀, 개구리의 진화에 관한 추가적 연구에 영향을 미쳤다.

이것이 우리 자신에 대해서도 뭔가 가르쳐 줄지 모른다고 냅은 판단한다. 어쨌든 고함원숭이와 인간은 진화적으로 가까운 사촌이기 때문이다. 2015년 이 연구가 발표되었을 때, 냅은 이 연구가 "영장류 행동을 이해하도록 도와줄 것이며 그리하여 우리 자신에 관해 더 많은 것을 알게 해 줄 것"이라고 말했다.[2]

예를 들어 보자. 우리는 속도가 빠르고 소리가 큰 차를 좋아하는 성향이 있다.

'보상작용 자동차compensation cars'에 관한 학문적 연구는 많지 않았다. 그러나 '소리와 고환' 연구가 발표되기 전해에, 영국의 한 자동차 리스 회사에서는 500명이 넘는 고급 차와 스포츠카 소유자, 그리고 그들의 파트너를 대상으로 다소 개인적인 것을 물어보았다고 발표했다. 이들이 으쓱해 할 만한 결과가 나오지는 않았다.[3]

공정하게 말하면 이 조사를 후원한 업체에서는 더 조용하고 허세가 적은 자동차를 운전하는 통제 집단을 설정하지 않았던 것으로 보인다. 게다가 이런 주제와 관련하여 더 공식적인 여러 학문적 연구에 나타난 경향을 보면, 남자들은 보통 어떤 종류의 차를 모는가에 상관없이 자기 평가 면에서 상당히 후하다. 가령 자기보고 방식의 측정에 의존하는 익명의 연구들조차 연구자들이 얼마간 더 적극적으로 개입한 연구들에 비해 월등히 더 큰 평균을 보여 준다.[4]

안타깝게도 우리가 추정하는 것과 우리가 내놓은 것이 서로 다른 경우가 많다. 그러나 소리와 고환의 연관성에 관한 연구는 보상작용에 관한 우리의 성향이 단지 인간 문화에서 비롯된 결과만은 아니라고 말해 준다. 어쩌면 실제로는 훨씬 깊은 곳에 자리한 뭔가가 작용하고 있던 것인지도 모른다.

아울러 인간의 청각 한계, 또는 그 훨씬 너머에 존재하는 생물들이 의사소통뿐 아니라 길 찾기나 먹이 쫓기, 그리고 포획당하지 않으려는 노력에 어떻게 청각의 스펙트럼을 이용하는지 밝히려는 각양각색의 연구가 바로 여기서 시작되는 것이다.

인간에게 들리지 않을 뿐

많은 최상위의 생물들이 그렇듯이, 세상에서 가장 소리가 큰 동물이 무엇인지에 관해서도 명확하게 일치된 의견은 없다. 소리는 매우 다양한 방식으로 만들어지고 전달되고 지각되기 때문이다. 우리는 소리의 주파수, 세기, 지속 시간 등이 한데 합쳐진 조합을 '큰 소리'라고 인식한다. 고함원숭이는 그 소리가 보통 이 세 가지 요인 모두에서 인간의 지각 범위 안에 들어가기 때문에 기록 보유자 지위를 얻게 된다. 이 원숭이는 우리가 들을 수 있는 주파수로, 그리고 우리의 고막을 울릴 수 있는 세기로 오랫동안 고함을 지른다. 내가 에콰도르 숲에서 야영했던 그 첫날 밤에 깨달았던 것처럼 정말 오랫동안 말이다.

우리는 아주 최근까지도 인간의 청각 범위 밖에서 동물이 발생시키는 주파수에 관심을 기울이지 않았는데, 인간의 청각 범위는 대개 20Hz에서 시작해서 약 2만Hz까지 걸쳐 있다.[5] 이러한 인간 중심적인 편향 때문에 우리의 동물 동료에 대한 다소 기본적인 뜻밖의 사실들을 깨닫지 못했으며, 이런 편향을 진즉에 극복해야 했음에도 생각보다 꽤 오랫동안 지속했다.

예를 들어 삶의 대부분을 코끼리와 함께 보낸 사람들조차도 이 동물이 우리가 들을 수 있는 아주 좁은 범위를 벗어나서까지 소리 낼 수 있다는 점을 깨닫지 못했던 것 같다. 그리고 누군가 그저 코끼리의 소리를 귀 기울여 듣기 시작했을 때 이러한 발견이 이루어졌다.

생물학자 캐서린 페인Katherine Payne은 몇십 년 동안 혹등고래의 소리를 기록하고 분석하는 일을 해 왔다. 그 결과 혹등고래가 복잡한 반복구, 멜로디 전개, 심지어는 인간의 라임과 비슷한 반복적 패턴까지 이용하여 서로에게 '노래'를 한다는 획기적 발견을 이끌어 냈다.[6] 1980년대 중반에는 워싱턴공원동물원이라고 알려져 있던 곳의 한 동료가 페인에게 오리건주로 와서 거대 동물에 대한 메모를 비교해 보자고 청했다. 페인은 혹등고래에 관해 아는 내용을 동물원 직원들에게 말해 줄 수 있었고, 이에 대한 화답으로 그들은 코끼리에 관한 정보를 제공해 줄 수 있었다. 강한 흥미를 느낀 페인은 일주일 내에 비행기를 타고 포틀랜드로 날아갔다.

페인은 코끼리에 관해 그저 이야기를 나누는 선에서 만족하지 않았다. 코끼리 소리를 직접 들어 보고 싶었다. 그녀는 동물원 관리인들에게 이들이 돌보는 동물 중 가장 커다란 동물과 얼마간 함께 있을 시간을 달라고 부탁했다. 그러나 "너무 가까이 접근하지 마시오."라는 엄숙한 경고문이 붙어 있는 만큼, 관리인들은 그녀의 요청을 정중하게 거절할 수밖에 없었다. "코끼리가 쇠창살 사이로 잡아당기면 당신은 국수 가락처럼 되고 말 거예요." 한 직원이 경고했다.[7]

그러나 관리 직원들이 자리를 뜨자 어느새 페인은 쭈글쭈글한 회색빛의 두툼한 코끼리 코에 둘러싸인 자신을 발견했다. 코끼리가 코를 벌름거리며 그녀 옷의 냄새를 맡고 그녀 어깨를 더듬고 그녀와 눈을 마주쳤다. 그녀와 함께 있는 것을 환영한다는 자신들의 생각을 분명하게 전하려고 애쓰는 것 같다고 그녀는 느꼈다.

일주일 뒤 페인은 오리건주를 떠나면서, 대다수 사람은 꿈에서나 할 수 있는 체험을 했다고 여겼다. 그러나 과학적으로 뭔가 중요한 것을 보았다거나 들었다고 생각하지는 않았다.

집으로 돌아가는 비행기를 타고 공중에 떠 있을 때, 그녀는 문득 깨달았다. 코끼리와 함께 있는 동안 향수를 불러일으키는 느낌을 받았다는 것, 10대 시절 가톨릭 성가대로 예배당 오르간의 파이프 옆에 서서 노래 부르던 일을 자꾸 떠올렸다는 것이었다. 마음 깊은 곳에서 울림이 전해지는 것 같았고, 비행기에서 내릴 무렵 그녀는 다시 포틀랜드로 가야 한다고 생각했다.

포틀랜드에 다시 갈 때 그녀는 초저주파음 녹음기를 챙겼다. 그리고 인간 귀에 들릴 수 있도록 녹음 속도를 높였을 때, 세상 전체가 달라졌다.

이 거대한 동물은 우리가 수백만 년 동안 알고 있던, 적어도 안다고 생각했던 생물이었지만 우리가 상상했던 것보다 훨씬 더 복잡했다. 우리는 그동안 줄곧 코끼리가 우리 귀에 들리는 소리만 낸다고 여겼다. 그리하여 코끼리가 놀랐을 때 울부짖고, 몹시 힘든 일을 할 때 얼마간 끙끙대기는 하지만 그렇다고 특별히 수다스럽지는 않은, 대체로 조용한 동물이라고 생각했다. 그러나 이제 진실을 알게 되었다. 코끼리는 세상에서 가장 말이 많은 동물 중 하나였다.

이후 페인이 아프리카에서 추가로 진행한 연구에서는 코끼리가 늘 서로 의사소통한다는 것이 확인되었다. 소리 세기가 90dB(에스프레소 기계가 차이 라테를 휘젓는 동안 그 옆에 서 있을 때 들리는 소리와 같다)에 이르지만 인간에게 들리지 않는 주파수라는 것이다.[8] 매우 낮은 주파수는 높은 주파수에 비해 훨씬 멀리까지 닿을 수 있기 때문에, 코끼리는 길게 뻗은 사바나 전체 곳곳에서 이동하는 동료 코끼리를 상대로 수다를 떨면서 아주 먼 거리까지 의사소통하고 있었다.

코끼리가 실제로 얼마나 수다스러운지 알게 되자 수문이 활짝 열린 것 같았다. 우리는 발정기에 있는 수컷 코끼리가 이를 널리 알린다는 점을 알게 되었다.[9] 이들 동물의 삶에서 장거리 의사소통과 단거리 의사소통이 각기 다른 역할을 맡는다는 사실도 알기 시작했다.[10] 아울러 코끼리가 진화해 온 과정에 대해서도 다시 평가하기 시작했다.[11]

페인의 놀라운 발견을 시작으로 마구 쏟아져 나온 연구들은 코끼리에 그치지 않았다. 인간 청각 범위 밖에 있는 동물의 발성법을 찾아보도록 다른 과학자들에게도 영감을 주었다. 이러한 경향이 고래,[12] 젖소,[13] 설치류[14]에 대한 발견으로 이어졌고, 이는 나아가 또 다른 연구로 이어져 우리가 돌고래를 보호하고[15] 농장 동물을 돌보고[16] 인간의 우울증 모델을 만드는 방식에 정보를 제공했다.[17]

맨 뒤에 언급한 연구는 정신건강 문제를 지닌 사람들에게 특히 중요하다. 우리의 정신이 삶에 어떻게 영향을 받는지 더 잘 이해하기 위한 많은 연구를 포함하여 압도적 다수의 임상의학 연구는 동물 모델을 이용하여 실시된다. 그러나 한참 동안 우리는 실험실 동물이 의사소통에 이용하는 모든 주파수에 귀를 기울이지 않았다. 페인의 연구는 인간의 청각 범위 밖에 있는 동물 소리에 대한 추가적인 연구를 촉진했으며, 심리학 연구자들에게도 실험실 동물을 이해할 수 있는 추가적인 방법을 제공했다. 그 결과 실험실 설치류의 정신건강 문제를 이해하는 능력이 월등하게 향상됐고, 이 능력은 인간의 정신건강을 이해하는 데도 매우 중요하다.

이 모든 것과 관련해서 불만스러운 점은, 실제로 조금 더 일찍 이런 일에 착수할 수도 있었다는 것이다. 우리 귀에 들리는 소리 말고도 코끼리의 의사소통에 다른 뭔가가 더 있다고 페인이 의심하기 시작한 시점만 해도, 프랜시스 골턴Francis Galton이 오늘날 개 조련용 호루라기dog whistle라고 불리는 것을 발명하여 동물이 초음파 소리를 들을 수 있다고 입증한 지 100년도 더 지난 무렵이었다.[18] 그리고 초음파 주파수 탐지 기계를 개발한 바 있는 교수의 연구실에 하버드대의 도널드 그리핀Donald Griffin이라는 학부생이 박쥐가 가득 든 새장을 갖고 들어와서 박쥐가 그런 소리를 들을 수 있을 뿐 아니라 낼 수도 있다고 밝힌 뒤로부터도 거의 반세기가 지나 있었다.[19] 요컨대 아주 작은 동물이 인간의 청각 범위를 뛰어넘어 의사소통할 수 있다면, 큰 동물도 우리의 지각이 미치지 못하는 범위에서 그럴 수 있지 않을까 당연히 의심해 봐야 했다. 그러나 뭔가를 묵살해 버리고 나면, 심지어 코끼리처럼 몸집이 크고 소리도 큰 것을 묵살해 버리면, 우리의 가정을 깨고 벗어나기가 힘들다.

오늘날 우리는 매우 낮은 주파수를 이용하여 의사소통하는 존재가 비단 코끼리만은 아니라는 사실을 알고 있다. 아프리카에서 코끼리는 하마, 코뿔소, 기린과 초저주파 채널을 공유한다. 사바나에 나가 보면 실은 우리 귀에 들리는 소리보다 들리지 않는 소리가 훨씬 시끄럽게 울려 퍼지고 있을지 모른다.

이제 우리는 초음파 통신을 이용하는 작은 포유류가 박쥐뿐이 아니라는 걸 안다. 많은 종의 설치류가 우리 귀로 듣기에는 너무 높은 주파수로 재잘거린다. 예를 들어 쥐는 위험한 상황에서 2만 2,000Hz

의 경고 소리를 내고, 다른 생물과 우호적인 만남을 가질 때는 5만Hz 의 소리를 낸다.[20] 이 소리는 너무 높아서 대다수 개의 청각 범위도 벗어난다.[21]

이러한 발견이 지지하는 또 다른 가설이 있다. 소리 스펙트럼의 가장 높은 끝에 위치하는 동물 소리와 가장 낮은 끝에 위치하는 동물 소리에 대해, 우리는 대체로 동물의 소리 주파수와 몸 크기 간에 상관관계가 있을 거라는 가설을 오래전부터 갖고 있었지만 한 번도 입증한 적은 없었다.

그게 바로 코브 마틴Kobe Martin이 생각한 것이다. 호주 뉴사우스웨일스대학의 대학원 연구자였던 그녀는 몸집이 클수록 소리 주파수가 낮다는 가정을 자신의 연구에 인용할 만한 단서가 조금이라도 있다면, 정말 다행스럽게 이 가정을 과학적 사실로 계속 받아들였을 것이라고 내게 말했다. 그러나 널리 퍼져 있던 이 원리에 대해 참조할 만한 문헌을 계속 찾았지만 결국 빈손이었다.

"아무도 진득하게 앉아 이 가정을 상세하게 살펴본 사람이 없었어요. 몸집이 큰 포유류는 저음의 소리를 내고 작은 포유류는 고음의 소리를 낸다는 개념이 널리 받아들여졌죠. 사람들도 그렇게 생각했고요. 하지만 이를 수량화해 보려는 생각은 누구도 하지 않았어요." 그녀가 말했다.

이런 연구 부족은 우리가 다른 포유류의 소리를 이해하는 능력에만 영향을 미친 것이 아니었다. 우리를 하나의 종으로 구분하는 특징 중 하나는 의사소통 방식이다. 우리의 의사소통 능력이 어떻게 진화해 왔는지 이해하기 위해서는 다른 포유류의 의사소통 방식이 어떻게 진화했는지 이해해야 한다. 진지한 연구가 부족하면 주파수 방출 등급 체계에서 우리가 어느 위치에 놓이는지 이해할 수 없고, 아울러 **왜** 우리가 낼 수 있고 들을 수 있는 주파수 소리로 말하고 듣는가 하는 물음에 접근조차 할 수 없다고 마틴은 말했다.

"이 견해처럼 아주 많이, 그리고 널리 가정되는 생각이 있을 때, 대개 누군가가 알아차리고 '이 생각을 검증해 봐야겠어.' 하게 마련이죠." 마틴이 말했다.

그런 사람이 없었기에 그녀가 나섰다. 마틴의 팀은 찾을 수 있는 모든 포유류 종의 최소 주파수와 최대 주파수에 관한 과학 문헌을 모았는데, 모두 200여 종 가까이 되었다. 그런 다음 동물의 소리와 몸집 질량을 대비하는 도표를 만들었다. 예전에 몸집 크기가 속도에 어떤 영향을 미치는지에 대한 결론을 도출하기 위해 에코넷랩의 사람들이 했던 것과 같은 방식이었다.

처음에는 모든 것이 예상했던 대로였다. 몇 가지 이례적 사례가 나왔으며 마틴은 이를 '색안경cheaters'이라고 일컬었다. 예를 들면 이 사례들은 고함원숭이처럼 일반적으로 몸집 크기에서 허용되는 수준보다 훨씬 낮은 소리를 내도록 특별한 장비가 진화한 동물이었다.[22] 그러나 대체로 추세는 명확했다. 큰 동물일수록 소리가 낮았다.

이후 마틴의 연구 팀은 수생 포유류로 넘어갔다. 그러자 데이터가 뒤얽혔다.

물론 연구자들은 흔히 돌고래 같은 해양 포유류가 고음의 소리를 낸다는 것은 알고 있었다. 그러나 마틴은 육지 포유류와 마찬가지로 동물의 몸집이 클수록 소리가 점진적으로 낮아지는 추세를 보일 것이라고 예상했다. 그리고 몸집이 큰 동물일수록 더 많은 공간이 필요하고, 낮은 주파수는 물속에서 더 먼 거리를 이동하므로 이러한 추세는 드넓은 바다에서 일리가 있다고 했다.

그러나 실제로 나타난 현상은 그렇지 않았다. 장대한 수염고래류처럼 아주 큰 동물 가운데 매우 높은 고음을 내는 동물들이 있었다. 그런가 하면 사랑스러운 물개처럼 몸집이 아주 작은데도 매우 낮은 저음을 내는 동물들도 있었다.[23]

수생 포유류는 모두 예전에 육지에 살던 동물에서 진화했다는 사실을 기억해야 한다. 이들의 진화 역사에서 한때는 이들 모두가 몸집이 클수록 낮은 소리를 낸다는 원칙을 따랐을 것이라고 가정할 수 있다. 그러나 "해양 환경 때문에 동물들이 이 규칙에서 벗어나게 된 것 같아요."라고 마틴이 말했다.

소리에 관한 한 크기는 중요하다. 그러나 환경이 훨씬 더 중요하다. 존 보너가 『크기의 과학: 왜 모든 생명체의 크기는 서로 다를까?Why Size Matters』에서 주장했듯이 크기가 생물학 전반에서 가장 큰 추동 요인일지라도, 항상 모든 변화를 추동하는 요인은 아니다.

마틴의 연구는 흔히 특정 형질이 진화의 가위바위보 게임으로 인한 결과인 경우가 많다는 것을 입증했다.[24] 그러나 아마도 이보다 더 중요한 것은, 그녀의 연구가 우리에게 다시 보여 주었듯이, 최상위에 속하는 이례적 사례는 살아 있는 생물의 세계가 작동하는 방식에서 광범위하게 퍼져 있는 가정을 크게 훼손할 수 있다는 점이다. 게다가 실제로 위대한 과학을 촉발할 만한 것이 등장한다면, 광범위하게 퍼져 있는 가정은 무너질 것이다.

귀를 기울이면 모든 것이 달라진다

우리는 꼬마물벌레water boatman의 일종인 미크로넥타 스콜트지*Micronecta scholtzi*의 특별한 재능에 대해 오랫동안 알고 있었지만, 연구 분야에서는 이 재능을 숨겨 왔다고 할 수 있다.

오래전 1989년 안티 얀센Antti Janssen이라는 헬싱키대학 동물학자가 곤충의 신기한 소리 생성 능력에 관한 보고서를 발표했다. 얀센은 이렇게 썼다. "미크로넥타의 소리 생성 과정에는 다음과 같은 행위가 포함된다. 이 곤충의 8절 좌엽에 의해 형성된 주머니 속 중앙 모서리 부근에 한두 개 솟아 있는 꼭대기(피크)에 대고 오른쪽 성기 측편 밑부분에 튀어나온 돌출부의 솟은 부위(현)를 비벼 대는 것이다."[25]

오케이, 여기까지. 잠든 거 아니지?

과학자가 과학자처럼 글을 썼다고 못마땅해하는 것은 아니다. 그러나 과학이 반드시 따분할 필요는 없다. 재미있어도 된다. 격식을 갖추지 않아도 된다. 거칠어도 된다. 유럽에 있는 거의 모든 연못 옆에서 있기만 해도 들을 수 있는 빠르고 시끄러운 찍찍 소리가, 실은 곤충이 올록볼록 이랑이 있는 복부에 자기 성기[26]를 비벼서 내는 소리라고 사람들에게 말한다면… 음, 그들이 관심을 보이지 않을까.

찍찍 울리는 미크로넥타 스콜트지의 대화는 99dB로 녹음되었다. 머리 위 30m 상공에 떠 있는 헬리콥터만큼 시끄러운 소리다.[27] 1.8mm 남짓한 몸길이에 비교해 볼 때 꼬마물벌레 중에서도 더 작은 이 종의 벌레는 세상에 알려진 가장 시끄러운 동물이다.[28]

이는 가장 큰 소리를 내는 동물이 누구인가 하는 재미있는 사실 이상의 의미를 지닌다. 이는 우리 세계에서 소리가 만들어지고 활용되는 다양한 방법에 대해 눈을 뜨게(그리고 귀를 열게) 해 주는 진입로이다. 어느 동물이 가장 큰 소리를 내는가를 생각할 때, 일반적으로 우리는 어느 동물이 폐와 목, 혀, 입으로 가장 높은 데시벨을 만들어 내는지를 생각한다. 그러나 살아 있는 생물의 세계 곳곳에서 동물은 소리 생성 압력파를 만들어 내는 다양한 방법을 발달시켰고, 이러한 방법을 만들게 된 목적 역시 매우 다양했다.

호랑이딱총새우(tiger pistol shrimp, 우리나라에서 쓰이는 일반명이 아니라 영어 일반명을 우리말로 옮긴 것이다-옮긴이)를 예로 들어 보자. 이 딱총새우의 집게발에는 '닥틸dactyl'이라고도 알려진 움직일 수 있는 발가락에 플런저처럼 작동하는 톱니가 솟아 있는데, 이 톱니가 움직이지 않는 발가락의 구멍에 물을 밀어 넣으면 딱 소리와 함께 물이 빠르게 분사되면서 먹이를 옴짝달싹하지 못하게 하거나 다른 새우에 위협을 가할 수 있다.[29]

오래전부터 그 소리는 집게발 발가락이 서로 부딪히면서 나는 소리라고 추측되었지만, 2000년에 네덜란드 트벤테대학의 연구 팀은 고속촬영을 통해 실제로는 물 분사로 인해 기포가 터지면서 나는 소리임을 입증했다.[30] 그 결과 210dB에 이르는 소리가 나는데, 수중 음파 탐지기를 이용하여 물속을 탐색하는 사람들이나 전투원은 100년이 넘도록 이 소리로 고충을 겪어 왔다.[31] 그러나 트벤테대학 연구 팀이 이 딱총새우의 딱 소리 행동을 분석하여 얻은 계산은 이제 공기총과 수중 청음기로 해저 지도를 그리는 과학자들에게 유용하게 이용되

고 있다.[32]

　물론 수중 생물만 다양한 부속기관으로 시끄러운 소리를 내는 방법을 알아낸 것은 아니다. 대부분의 사람들은 귀뚜라미가 한쪽 날개의 '마찰편scraper'을 다른 쪽 날개의 '날개맥file'에 그어 소리를 내는 것을 알고 있다. 그 결과 생기는 소리와 다음 소리 간의 휴지기를 이용하여 바깥 기온을 놀라울 정도로 잘 예측할 수 있다고 입증된 바 있다. 이른바 돌베어 법칙Dolbear's Law이라 불리는 현상이다.[33]

　이들 가운데 가장 큰 귀뚜라미 소리를 못 듣고 놓치는 일은 좀처럼 없을 거라고 생각할 것이다. 그러나 아라크노스켈리스 아라크노이데스Arachnoscelis arachnoides라는 학명을 지닌 콜롬비아의 여치에게 이런 일이 벌어졌다. 거미처럼 생긴 이 여치에 대한 설명이 처음 나온 것은 1891년이었다. 그 후 곤충학자들은 이 여치가 멸종했거나 아니면 애초 별개 종으로 식별한 것이 잘못이었다고 여겼다. 그러다 2012년이 되어 이 여치를 다시 발견했다. 울음소리가 110dB이 넘는데 어떻게 그렇게 오랫동안 숨어 있을 수 있었을까? 그 이유 중 하나는 이 여치의 울음소리가 대부분 초음파라는 것이다. 우리는 그저 이 소리를 들을 수 없었다.[34]

　파충류학자 크리스토퍼 오스틴이 세상에서 가장 작은 개구리를 뉴기니의 숲에서 발견함으로써 입증해 보였듯이, 소리도 놀랍고 새로운 발견으로 이어질 수 있다. 만약 우리가 우리의 청각 범위 밖에 존재하는 세상에 더 관심을 기울이기 시작한다면 다른 무엇을 더 발견하게 될까?

　귀를 기울여야 할 때다. 결국 우리의 존재 자체, 그리고 이 행성에 사는 모든 생명의 존재가 펑 하는 하나의 소리로 시작되었고, 이 소리가 모든 것을 변화시켰다.

오늘날 산소는 대기 중 공기의 21%를 구성하며 오랜 시간 동안 이런 상태를 이어 왔다. 그러나 항상 이런 상태였던 것은 아니다. 처음에는 유리 산소(遊離酸素, 화합물에서 떨어져 나온 발생기의 산소로, 영어로는 'free oxygen'이다-옮긴이)가 존재하지 않았다.

우리 세상에 최초의 '유리 산소'가 생긴 것은 남세균cyanobacteria 덕분이었으며, 남세균은 물을 분해하여 수소를 얻는 과정에서 부산물로 산소를 발생시켰다. 이 과정은 우리가 아는 우주에서 최초로 일어난 광합성으로 25억 년 전에 시작되었는데, 앞뒤로 대략 몇억 년 정도의 오차는 있을 수 있다.

유리 산소는 처음에는 조금 발생하다가 이후 대량으로 발생하기 시작했다. 태양에서 오는 빛이 엽록소 분자에 흡수되면 10억 분의 1초 만에 이 분자는 전자를 잃고 양전하를 띤다. 폴 팔코스키는 저서 『생명의 엔진Life's Engines』에 이렇게 썼다. "그 결과 10억 분의 1초 만에 하나의 단백질 구성 속에 양전하를 띤 분자 한 개와 음전하를 띤 분자 한 개가 생기고, 이들이 겨우 10억 분의 1m 정도 분리된다."[35]

양전하는 음전하를 끌어당기기 때문에 이 상황이 계속 유지될 수는 없다. 그리고 이런 상황이 벌어지면 단백질 구조가 무너지면서 압력파가 생긴다. 그 결과 작은 퐁 소리가 났을 것이고 아마도 이는 생명 형태가 최초로 만들어 낸 소리일 것이다.[36] 퐁, 퐁, 퐁, 퐁, 작은 남세균이 이른바 산소대폭발 사건(Great Oxygenation Event, 지구의 대기에서 생물학적 유도를 통해 산소 분자가 급격하게 증가한 사건-옮긴이) 동안 공기 중에 산소 기체를 뿜어냄으로써 만들어 낸 조건 덕분에 현재 우리가 아는 생명이 이 행성에 존재할 수 있게 되었다.

생명체가 진화하여 입이나 목, 또는 허파 비슷한 무언가가 형성되기 훨씬 오래전부터 생명은 이미 시끄러운 존재였다.

그리고 소음은 그 후로 계속 심해졌다. 항상 우리가 상상하는 방식대로는 아니지만.

티라노사우르스는 정말 '포효'했을까?

정말로 나는 거대한 티라노사우루스 렉스*Tyrannosaurus rex*에 대한 사람들의 숭배를 훼손시키고 싶지 않다. 어쨌든 이 공룡의 의심할 여지 없는 거친 공격성 때문에 아주 많은 젊은이가 고생물학의 세계를 연구하게 됐고, 이 학문이 진정한 초기 약물로 작용하여 다른 생명과학에 대한 중독으로 사람들을 이끌었다.

이제껏 지구 표면을 걸어 다닌 생명체 가운데 가장 소리가 큰 것이 무엇일지 학생들에게 물었을 때, 거의 항상 첫 번째 추측으로 떠오르는 것이 티라노사우루스다. 그런데 여기에는 작은 문제가 있다.

그렇다. 사실은 정말 큰 문제가 있다.

알다시피 티라노사우루스는 오늘날의 조류나 악어와 같은 조룡祖龍이다. 새는 짹짹거리거나 지저귀거나 꽥꽥거리거나 끼룩거린다. 악어는 꾸룩거리거나 으르렁거린다. 그러나 이들 동물 집단의 울음소리는 우리 중 많은 수가 선사시대의 이 거대하고 굶주린 육식동물의 울음소리로 믿고 있는 것과는 다르다.

사자나 호랑이의 울음소리처럼 크고 깊게 울리는 울음소리가 대형 포유류가 아닌 종에게서 진화한 적은 없는 걸로 보이며, 대형 포유류는 공룡이 멸종한 지 한참 뒤에야 생겼다.[37] 그렇게 크고 깊게 울리는 울음소리는 납작한 네모 형태의 성대에서 만들어진다. 그래야 성대가 안정되어 폐에서 밀려 나오는 공기에 더 잘 반응할 수 있기 때문이다.[38] 그러나 공룡은 성대가 없었던 것으로 보인다. 더욱이 현대의 조룡과 같은 소리를 낼 때 이용하는 생물학적 도구들, 예를 들어 새의 울대나 악어의 후두는 공룡이 멸종된 지 한참 뒤에 진화했다. 그러므로 공룡의 포효 소리는 잊어라. 어쩌면 발성 자체가 불가능했을지도 모른다. 실제로 티라노사우루스는 아주 조용한 유형이었을지도 모른다.

공룡이 소리를 냈다면 아마 '입을 다문 상태의 발성'이었을 가능성이 크다고 연구자들은 주장한다. 타조나 화식조 같은 큰 조류, 또는 앨리게이터나 가비알 등 모든 종류의 악어가 내는 소리처럼 낮게 꾸르륵거리는 소리를 냈을 것이라고 한다.[39]

그러므로 공룡은 크고 무섭게 포효하는 동물은 아니었을 것이다. 그러나 조룡의 발성을 연구하는 국제 과학자 팀의 연구에 따르면, 이들은 상당히 좋은 부모였을 가능성이 있다.

우선 연구자들은 세 종류의 악어 외에도 미시시피악어와 중남미의 안경카이만을 대상으로, 동물이 성장하고 나이 들면서 소리의 주파수와 높낮이가 어떻게 달라지는지에 주목하여 소리를 녹음했다. 몸길이가 35cm 가까이 되는 작은 새끼의 울음소리를 이들 악어에게 재생해서 들려주자 어미 파충류들은 소리가 들리는 쪽으로 움직였다. 반면에 몸길이가 90cm 가까이 되는 큰 새끼의 울음소리는 "접근을 거의 이끌어 내지 못했다". 새끼 악어의 울음소리를 컴퓨터로 조작하여 훨씬 높은 음의 소리로 들려주자 어미 악어가 울음소리 쪽으로 다가가는 경향이 훨씬 강하게 나타났다.[40] 이에 연구 팀은 강한 흥미를 느끼게 되었는데, 어미 새가 새끼 새 울음소리에 이와 비슷하게 반응하는 것으로 알려져 있었기 때문이다.

새가 하는 어떤 행동을 보면, 새가 무엇을 하는지 알 수 있다. 악어가 하는 어떤 행동을 보면, 악어가 무엇을 하는지 알 수 있다. 그러나 새와 악어 둘 다 똑같이 어떤 행동을 하는 것을 본다면, 당신은 과거에 공룡이 무엇을 했는지 보고 있는 것인지도 모른다. 파충류와 그들의 깃털 달린 친구에게서 보이는 행동은 약 2억 2,000만 년 전 가지가 갈라지기 시작한 "조룡의 진화 나무에 깊게 뿌리 박혀 있었을" 가능성이 크다고 연구자들은 썼다.

늘 도움이 되는 화석 기록은 공룡의 생리를 이해하는 데도 도움이 된다. 그러나 화석 기록에서 공룡의 **행동**을 도출하는 일은 아무리 낮춰 말해도 엄청난 도전이다. 새와 악어의 유사점을 더 많이 찾아낼수록 공룡의 생김새뿐 아니라 그 밖의 다른 점, 가령 공룡의 소리 등에 대해 더 많은 것을 알게 될 것이다. 또 대략적인 공룡 소리에 대해 타당성 있는 추정을 하게 되면, 특정 상황, 가령 공룡이 느긋할 때나 흥분했을 때 각각 어떤 소리를 내는지 양질의 추정을 할 수 있는 기회를 얻는다.

공룡 소리가 어떠했을지, 어떤 발성법을 사용했을지, 어떤 목적으로 소리를 냈을지에 대해 언젠가는 확실하게 알 수 있을까? 아마 그런 일은 없을 것이다. 그러나 공룡, 특히 공룡의 의사소통 방법에 대해 더 많이 알게 되는 상황에 가까워질수록 우리 자신의 행위가 진화의 더 커다란 그림 속에 어떻게 끼워 맞춰지는지 더 많이 이해하게 될 것이다.

소리가 싫으면 죽여도 되나요?

우리가 이 행성에 등장하기 훨씬 전에, 그리고 공룡이 지구를 지배하기 훨씬 전에 이 세계의 주인은 양서류였다. 큰 양서류. 무서운 양서류. 그냥 말 그대로 기이한 양서류.

에오기리누스eogyrinus라는 이름의 90kg짜리 도롱뇽. 거대한 머리를 지니고 강을 돌아다니는 메갈로케팔루스megalocephalus라는 이름의 양서류. 몸길이 60cm인 오피데르페톤ophiderpeton이라는 이름의 '뱀 양서류'.

이 시기는 석탄기로, 3억 6,000만 년 전에 시작되어 6,000만 년 동안 이어졌으며 이 행성에 많은 습지림과 새로운 식물, 그리고 아주 많은 소음을 가져다주었다.

지금은 공룡이 하나도 남아 있지 않으므로 공룡 소리가 어떠했는지 우리는 결코 확실하게 알 수 없다. 그러나 석탄기의 음 풍경sound-scape이 어떠했는지, 오래전의 양서류 합창은 어떠했는지에 대해선 꽤 근거 있는 짐작을 할 수 있다. 우리 세계에는 지금도 개구리, 두꺼비,

영원, 도롱뇽 등이 기어 다니고(아울러 헤엄치고) 있기 때문이다.

그리고 이들은 시끄럽게 소리를 낸다. 끊임없이, 그리고 귀청이 떨어질 만큼 시끄럽게.

세상에서 가장 소리가 큰 양서류로 자주 일컬어지는 코키개구리, 엘레우테로닥틸루스 코키*Eleutherodactylus coqui*를 예로 들어 보자. "코-키…코-키"라고 묘사되는 이 개구리 울음소리는 90dB이 훌쩍 넘는다. 몸길이 5cm 이상으로 좀처럼 자라지 않는 이 작은 개구리는 울고 또 울고 또 울고 더 계속 운다.

코키개구리는 짐작건대 1980년대 말 묘목과 함께 원산지인 푸에르토리코에서 하와이섬으로 옮겨 온 듯한데, 너무 시끄럽게 끊임없이 울어 대는 바람에 바로 위험한 침입종으로 선언되었다. 하와이침입종위원회Hawai'i Invasive Species Council에서는 코키개구리의 울음소리를 "해 질 녘부터 새벽까지 짜증스러운 소리"라고 매도했다.[41] 내가 알기로 한 생물 종이 내는 소리를 주된 이유로 국가기관이 이 종과 전쟁을 선언한 것은 이때가 처음이고 유일했다.[42]

그러나 하와이 말고도 지구촌의 아주 많은 다른 곳에서 이른바 침입종이라고 일컬어지는 수많은 종이 그랬듯이, 코키개구리 역시 이 종을 저지하여 하와이를 점령하지 못하게 할 수 있다고 믿었던 사람들을 보기 좋게 좌절시켰다. 하와이는 이 개구리를 죽이기 위한 수십 가지 계획에 수백만 달러를 썼다. 이 계획 중에는 마을 방범대 형식으로 매주 개구리 사냥 자원봉사대를 조직하는 방안도 있었고, 단기간의 시도로 끝났지만 이 작은 양서류에게 카페인을 먹여 죽이는 방안까지 포함되어 있었다.[43] 그럼에도 코키개구리는 견뎌 냈다. 하와이

주에 따르면 1m²당 2.5마리 이상이 사는 지역도 있었다.[44]

몇 년 전 하와이의 코키개구리를 연구하기 시작한 생태학자 카렌 비어드Karen Beard는 당시 공통 관심사를 연구하는 데 흥미가 있었다. 이 개구리가 토종 새와 먹이 경쟁을 벌여 토종 개체군이 줄어들 것이라는 의견이었다. 그녀도 그럴 가능성이 있다고 여겼다. 그러나 코키개구리가 걷잡을 수 없이 마구 퍼지는 빅아일랜드(Big Island, 하와이는 섬이라기보다 대륙같이 여겨질 정도로 크기가 커서 이런 별명이 붙었다-옮긴이)를 샅샅이 뒤져 과거 자료와 수치를 비교해 본 비어드와 연구 팀은 토종 개체군이 아무 어려움도 겪지 않았다는 사실을 알아냈다. 가장 큰 차이는 외래종 새의 개체군이 **증가했다**는 데 있었다.

"코키개구리가 이들 새에게 좋은 먹이 원천이었던 것 같아요." 비어드가 내게 말했다.

귀에 거슬리는 소리를 내는 개구리를 위해 빅아일랜드에서 24만m²의 피난처를 가족과 함께 운영하는 시드니 로스 싱어Sydney Ross Singer는 '개구리 전쟁'이 마녀사냥에 지나지 않는다고 주장하면서, 현재 하와이 절지동물 개체군 가운데 4분의 1 이상의 생물이 토종이 아니라는 점을 지적했다. 아울러 외래종 새가 코키개구리를 많이 잡아먹듯이 코키개구리도 다른 많은 외래종을 잡아먹는다고 했다.

"우리가 아이들에게 무얼 가르치고 있는지 혼란을 느껴요." 싱어가 내게 말했다. "한동안 아이들이 개구리를 죽여 학교에 가져오면 상을 주는 코키개구리 포상금 캠페인이 있었어요. 소리가 싫다는 이유로 뭔가를 죽여도 된다고 아이들에게 가르치는 거예요."[45]

'무슨 짓을 해서라도 막아야 한다'는 접근 방식은 코키개구리 같은 생물이 잠재적으로 제공할 수 있는 이점을 무시한다. 특히 진화가 작동되는 과정을 지켜보거나 듣는 일과 관련 있을 때는 더욱 그러하다.

데시벨 수준이 적잖게 영향을 미친 탓이겠지만, 코키개구리만큼 울음소리가 복잡한 연구 대상이 된 동물은 세계적으로 별로 없다. 푸에르토리코에서 시작하여 반세기 동안 연구자들은 이 개구리가 어떻게 그렇게 시끄럽게 울 수 있는지, 그리고 **왜** 그래야 하는지 이해하려고 노력해 왔으며, 코키개구리가 생태적 지위 내에서 귀청을 찢는 듯한 이 울음소리를 어떻게 이용하는지 확인하고자 했다. 한 가지 흥미로운 발견은 이 개구리의 울음소리에서 두 음절이 각기 다른 목적을 지닌 것처럼 보인다는 점이다. 신경생리학자 피터 나린스Peter Narins는 개구리 울음소리의 두 음절을 녹음한 뒤, 이 소리를 녹음한 대로("코-키"), 분리된 상태로("코"와 "키"), 순서를 거꾸로 해서("키-코") 여러 개구리에게 각각 들려주며 반응을 관찰했다. 그 결과 첫 번째 음절은 영역 표시에 이용되는 반면, 두 번째 음절은 짝짓기 상대를 유혹할 때 이용된다는 것을 입증했다. 기본적으로 "코"는 "내 잔디밭에 들어오지 마"로, "키"는 "얘야, **안녕**"으로 번역된다.[46]

적어도 푸에르토리코에서는 울음소리가 이런 의미를 지닌다. 그러나 코키개구리의 여권에 찍힌 도장이 늘어나면서, 우리는 생명체가 세계로 진출할 때 울음소리가 어떤 영향을 받는지 이해할 기회가 생겼다.

친구가 새로운 곳으로 옮겨 간 뒤 억양이나 어휘가 달라지는 것을 들어 본 사람이라면 인간이 다른 지역의 말투와 어휘를 얼마나 빨리 받아들이는지 알 것이다.[47] 인간의 경우에는 어휘를 골라 쓰는 것이 어느 정도 일리가 있다. 신참의 입장에서 볼 때 이는 기존 문화에 익숙해지고 나아가 그것을 이해하고 받아들인다는 의미이기 때문이다. 그런데 만일 당신이 인간 동료가 전혀 없는 어딘가로 옮겨 간다면 억양에는 어떤 변화가 생길까?

하와이에 도착한 코키개구리에게 벌어진 일이 본질적으로 이런 상황이었다. 그곳에 이미 살고 있던 토종 개구리 종이 없었고 코키개구리만큼 시끄러운 동물도 없었으므로, 이 개구리는 '비어 있는' 청각적 틈새에 들어간 것이다. 이론적으로 볼 때, 경쟁이 없다는 건 곧 코키개구리의 울음소리가 바뀔 필요가 없다는 의미였어야 했다. 그런데도 울음소리가 바뀌었다. 그것도 아주 재빨리.

연구자들은 본질적으로 하와이와 관련 있는 중대한 영향을 이미 목격했다. 하와이주에서 "애야, **안녕**"이라는 코키개구리의 울음소리는 여전히 변함없이 크고 자랑스러운 반면, "내 잔디밭에 들어오지 마"라는 울음소리는 이제 훨씬 작아졌다. 연구자들은 이 변화가 개체군 밀도와 상관있다고 믿는다. 하와이 몇몇 지역에서는 코키개구리 개체군이 푸에르토리코보다 세 배나 높은 밀도를 보이기 때문이다.[48]

이것이 우리에게 알려 주는 바는 동물 울음소리가 환경 변화에 매우 민감할 수 있다는 점이다. 나린스가 1986년 처음으로 카리브국립공원에서 푸에르토리코 고속도로 191번을 따라가며 13km에 걸쳐 코키개구리를 찾아 녹음한 울음소리, 그로부터 거의 사반세기가 지나서 다시 녹음한 울음소리가 이를 뒷받침한다. 그 사이의 기간 동안 코키개구리의 울음소리는 음높이가 올라가고 지속 시간이 짧아졌다.

이는 기온의 상당한 증가와 상관있는 변화였다.[49]

"원래 우리 지역 소속이 아닌" 개구리를 퇴치하는 데 우리의 온 관심이 쏠려 있던 동안, 세상에서 가장 소리 큰 개구리는 기후변화의 영향을 경고하기 위해 소리쳐 울고 있었던 것이다.

우리가 방어막을 치는 한, 이러한 경고를 듣는 일은 늘 쉽지 않다. 어쨌든 우리는 나방이 아니기 때문이다.

가장 높은 주파수를 듣는 생물

애리조나대학 곤충학자인 헤이워드 스팽글러Hayward Spangler의 부고에 적혀 있지 않았던 것이 무엇인지 한번 추측해 보겠는가? "종류는 모르겠고 최상위 생명체를 발견한 일"이라고 답했다면, 맞았다.

그러나 꿀벌부채명나방greater wax moth, 갈레리아 멜로넬라*Galleria mellonella*에 대한 지식을 넓히는 데 그가 기여했다는 사실을 미처 알지 못하고 지나친 것이, 비단 이 곤충학자의 부고를 쓴 사람만은 아니었다. 이 나방을 연구한 동료 과학자들 역시 마찬가지였다.

1980년대 초 스팽글러는 투손Tucson에서 해충이 우글거리는 꿀벌 벌집에 있는 나방 유충을 채집하여, 칼헤이든벌연구센터Carl Hayden Bee Research Center 실험실의 작은 방으로 옮겨 와 새끼 나방을 길렀다. 이 새끼들이 다 자라자 스팽글러는 라디오섁(RadioShack, 미국의 전자기기 소매점-옮긴이)에서 구입한 변환기로 초음파 소리를 만들었고, 빠르게 쾅쾅 터져 나오는 이 소리를 나방에게 들려주었다. 스팽글러는 연구자가 진동 표면에 손을 대지 않아도 진동을 측정할 수 있는 레이저 진동계를 이용하여 꿀벌부채명나방의 배에 있는 한 쌍의 고막 청각기관이 최고 320kHz, 즉 1초당 32만 진동의 소리에도 반응한다는 것을 발견했다.[50] 그가 나중에 주목한 바에 따르면, 이 나방은 날 때 날개를 매처럼 뒤로 접어 바닥으로 급강하하거나 혹은 둥그렇게 원을 그리며 가장 가까운 표면에 내려앉는 식으로 초음파 소리에 반응한다. 이는 야생에서 박쥐가 접근할 때 나방이 보이는 미러링 행동mirroring behaviors이다.[51]

스팽글러는 이러한 발견을 《미국 곤충학회 연보Annals of the Entomological Society of America》와 《캔자스 곤충학회 저널Journal of the Kansas Entomological Society》에 발표했다. 두 학술지 모두 동료 심사를 거친 훌륭한 간행물이지만, 광범위한 생명과학계에서 반드시 읽어야 하는 필독 간행물은 아니었다. 심지어 오늘날에는 얼핏 무한한 자료실처럼 보이는 학술 검색 엔진이 등장했는데도 스팽글러의 초기 나방 연구를 찾아내기가 쉽지 않다. 이런 문제가 더욱 악화된 것은, 스팽글러가 자신의 관찰을 녹화하기는 했지만 이러한 관찰의 의미를 고려하지 않았기 때문이다. 심지어 그는 "이제껏 알려진 다른 어떤 동물보다 높은 주파수의 소리를 듣는 나방을 발견했다."라고 한 번도 말하지 않았다.

2013년 영국 스트래스클라이드대학 연구자들이 보고서를 통해 바로 이런 일을 해냈다. 이 연구는 훨씬 더 많이 알려진 학술지 《생물학 레터Biology Letters》에 발표되었으며, 한 동료 과학자의 칭찬에 따르면 이 연구는 "나방의 청각기관이 보여 준 주파수 민감도의 충격적인 증가"를 제시했고, 이것은 청각 체계의 규칙에 대해 "연구자들이 다시 생각해 볼 것"을 요구했다.[52]

이 "충격적인" 연구가 보여 준 것은 무엇이었을까? 그중 상당 부분은 스팽글러가 이미 보여 주었다. 꿀벌부채명나방의 배에 있는 한 쌍의 고막 청각기관이 300kHz 주파수의 소리에 반응한다는 것이었다.

한 가지 차이가 있다. 새로운 연구에는 다음과 같은 표현이 들어갔다. "어느 동물보다도 가장 높은 주파수 민감도".[53]

때로는 '프레이밍(Framing, 문제의 표현 방식에 따라 동일한 사건이나 상황이 다르게 인지되는 것-옮긴이)'이 전부다. 스팽글러가 이미 30년 전에 비슷한 발견을 했다는 사실에 대해서는 언급하지 않은 채, 이 최고 기록에 관한 이야기를 실으려고 달려든 미디어 기관 중에는 《뉴욕 타임스》, BBC, 《내셔널 지오그래픽》도 있었다.

어느 과학자가 한 발견을 다른 과학자나 그보다 더 넓은 세계에서 간과한 사례는 스팽글러가 처음이 아니다. 오늘날 거의 모든 사람이 그레고어 멘델Gregor Mendel을 현대 유전학의 아버지로 알고 있다. 그러나 유전을 입증한 그의 연구는 정작 살아생전에는 철저하게 무시되었으며, 휘호 더프리스Hugo de Vries, 카를 코렌스Karl Correns, 에리히 폰 체르마크Erich von Tschermark 등 다른 세 과학자가 비슷한 결론에 도달한 이후에야 비로소 '재발견'되었다. 이는 멘델이 주름진 완두콩과 둥근 완두콩을 이용하여 지금은 유명해진 실험을 시행한 지 거의 반세기가 지난 이후이며, 그가 죽은 지 16년 뒤의 일이다.

꿀벌부채명나방이 최고로 높은 초음파 주파수를 들을 수 있음을 최초로 알아본 사람이 누구인가 하는 점은 제쳐 놓더라도, 애초 이

나방이 어떻게 이러한 청각적 틈새를 차지하게 되었는가 하는 흥미로운 미스터리에 관심의 초점을 맞출 수 있을 것이다.

자연계에서는 300kHz의 주파수가 그리 많이 생기지 않는다. 어쨌든 우리가 아는 바로는 그렇다. 꿀벌부채명나방의 주된 포식자는 박쥐이며 이제껏 알려진 박쥐의 가장 높은 반향정위(反響定位, 생물이 자신이 낸 소리가 물체에 부딪혀 되돌아온 반향음을 분석하여 물체의 방향과 거리, 크기나 윤곽 등을 파악하는 것-옮긴이) 소리는 200kHz 근처이다. 그렇다면 이 꿀벌부채명나방이 1초당 10만 진동수나 더 높은 소리를 알아들어야 할 필요는 무엇이었을까?

한 가지 가능성. 꿀벌부채명나방과 박쥐의 관계는 가지뿔영양과 치타의 관계와 같다. 곧 꿀벌부채명나방이 **요즘 들어** 300kHz까지 알아들을 필요가 없다고 해서 항상 그랬던 것은 아닐 수 있다는 말이다. 화석 기록을 보면 이카로닉테리스*Icaronycteris*와 팔라이오키롭테릭스*Palaeochiropteryx* 등 오래전에 멸종한 박쥐는 오늘날 반향정위를 하는 모든 박쥐와 마찬가지로 두개골에 비해 상대적으로 큰 내이 구멍을 갖고 있다.[54] 박쥐 가운데 꿀벌부채명나방과 진화 경로가 만나는 박쥐가 어느 종이든 존재했고 이 박쥐의 조상이 지금보다 훨씬 높은 주파수의 울음소리를 지녔다면, 나방 측에서는 '더 높은 주파수의 소리를 들어야 하는' 진화적 압력이 있었을 것이다. 그리고 그런 박쥐 수가 많았다면 이 점은 더욱 분명했을 것이다.

또 다른 가능성은 박쥐와 나방이 진화상으로 엄청난 청각 수준을 놓고 벌인 무기 경쟁에서 가장 최근에 획득한 무기가 꿀벌부채명나방의 청각이라는 것이다. 아주 기나긴 싸움을 벌인 끝에, 호랑이나방

(tiger moth, 우리나라에서 쓰이는 일반명이 아니라 영어 일반명을 우리말로 옮긴 것이다-옮긴이)[55]과 서부바르바스텔레박쥐barbastelle bat가 탄생했다. 호랑이나방은 초음파 소리를 생성하여 포식자의 신호를 '막으며', 서부바르바스텔레박쥐는 나방이 미처 듣지 못하다가 너무 늦었을 때에야 비로소 들을 수 있는 낮은 진폭의 '속삭임 소리'를 내서 고주파 반향 정위 소리를 보완한다.[56] 나방은 현재의 필요성보다 월등하게 뛰어난 청각 기능을 진화시킴으로써 더 낮은 포식자의 소리에 보다 빨리 대응할 수 있을 뿐 아니라, 박쥐의 다음 진화적 적응에 대비하여 자유 재량권을 얻게 되었다. 선제적 적응의 사례라고 할 수 있다.

이러한 진화 전쟁의 결과는 나방과 박쥐만이 아니라 **우리**에게도 영향을 줄 수 있다. 꿀벌부채명나방 청각의 최고 한계를 규명하는 두 번째 연구가 스트래스클라이드대학에서 실시되었는데, 제임스 윈드밀James Windmill이라는 전자공학자는 곤충의 청각에 대해 알게 된 사실을 응용하여 작업 전환이 가능한 간단한 초소형 음향 시스템을 만들었다. 그가 생명체에게서 영감을 얻어 만든 설계 중에는 선택된 주파수에서만 민감도가 달라지는 마이크도 있었다. 나방이 극단에 있는 주파수를 지각할 때처럼, 이 마이크를 이용하면 사람이 듣고 싶지 않은 소리는 걸러 내고 듣고 싶은 소리에만 집중할 수 있다. 이러한 기술은 당연히 보청기에 응용되고, 이 밖에도 작은 의료 기기에 응용하여 인체 내부의 스트레스를 알려 주는 특정 신호를 탐지하는 데 활용할 수 있다. 또 이러한 마이크를 산업 시스템에 활용하면 안전기사가 시끄럽고 복잡한 작업장을 모니터하여 문제 징후를 알아내는 또 다른 방법으로 쓰일 수 있으며, 이렇게 찾아낸 문제를 신속하게 해결한다면 근로자의 안전을 향상하고 생산 지연을 막을 수 있다.

스팽글러가 꿀벌부채명나방이 극단에 있는 주파수를 듣는다는 것을 발견한 이후, 마침내 이 발견이 다른 과학자들에게도 유용하게 보이기까지 무려 30년이 걸리기는 했다. 그러나 이 생물의 유충이 벌집 갉아 먹는 것을 좋아하여 자칫 꿀벌 군집이 파괴될 우려가 있다고 '꿀벌부채명나방'이라는 이름까지 얻었을 만큼, 과거에는 해충으로 여겨졌던 것을 떠올려 보자. 그렇게 완전히 박멸할 방법을 알아내기 전에 이 나방이 우리에게 가져다준 가르침을 잘 이해할 수 있게 되어서 우리로서는 다행스러운 일일 것이다.

그런데 우리는 세계의 경이라고 할 만한 또 다른 놀라운 청각을 하마터면 완전히 없애 버릴 뻔한 적도 있다.

|

가장 시끄러운 동물이 침묵한 세상

|

향유고래sperm whale, 피세테르 마크로케팔루스*Physeter macrocephalus*에 관한 최초의 과학 논문이 나왔을 때, 대체로 일치된 의견은 이 고래가 아주 조용한 동물이라는 것이었다.

1800년대 초에 켄트, 사라 앤 엘리자베스라는 두 고래잡이배에서 의사로 일했던 토머스 빌Thomas Beale은 이렇게 썼다. "향유고래는 해양 동물 가운데 가장 조용하다. 이 고래가 … 숨을 뿜어낼 때 조그맣게 쉿쉿 소리를 내는 것 말고는 콧소리도, 목소리도 전혀 내지 않는다는 것은 경험 많은 고래잡이 어부들 사이에서 잘 알려져 있다."[57]

물론 향유고래가 삶의 대부분을 보내는 물속에서 빌이 고래를 관찰한 적은 한 번도 없다. 그는 단지 고래가 죽임을 당하기 직전, 혹은 사실상 죽어 가는 과정에 있는 동안만 고래를 보았다. 사냥 원정의 한 부분으로 과학을 하려고 할 때 이러한 문제가 있다. 그리고 18세기, 19세기, 20세기에는 고래잡이, 낚시꾼, 덫을 놓는 사냥꾼, 그밖에 동물을 죽이는 사람들이 모험을 벌이는 동안 죽인 생물에 대한 자신의 관찰 결과를 과학계에 보고하면서 자연 세계의 많은 부분을 설명하게 되었다는 사실을 기억해야 할 것이다. 우리는 수천 종의 동물을 이해할 때, 이들 동물이 말 그대로 살기 위해 분투하거나 도망치는 동안 관찰한 내용을 출발점으로 삼아 왔다.

그러나 향유고래가 아주 조용하다는 빌의 주장은 더할 나위 없이 잘못되었다. 그런 면에서 그보다 앞서 향유고래를 설명하고자 했던 사람들에 대해 그가 한탄하며 "차라리 빈칸으로 놔두었더라면 좋았을 것"이라고 했던 말은 상당히 아이러니하게 들린다.

빌은 꽤 중요한 몇 가지 관찰을 내놓긴 했다. 그러나 이 역시 많은 부분 틀렸고, 그중에는 향유고래가 아마도 "지구에 서식하는 가장 커다란 동물"일 것이라는 추정도 있었다. 실제로 향유고래가 아주 힘센 동물이기는 하지만 몸길이는 대왕고래의 반밖에 안 된다.

향유고래가 '조용한 거인'이라는 견해는 이 고래가 동물 중에서 가장 크다는 견해보다 훨씬 오랫동안 유지되었다. 1950년대 말이 되어서야 고래잡이 산업과 무관한 연구가 실시되었고[58] 향유고래가 실은 시끄럽다는 사실을 밝혀냈다. 우리 중 많은 이는 고래가 '노래'를 부른다고 연상했지만, 이와 달리 대개는 철컥철컥, 붕붕 하는 소리였다. 향유고래는 결코 빌이 설명했던 것처럼 '조용한' 동물은 아니었다.

과학자들이 이 소리를 측정하기까지는 이후로도 거의 반세기가 걸렸다. 향유고래가 속사포처럼 잇따라 빠르게 내뱉는 '철컥철컥' 소리가 보통 200dB이 넘는다는 것이 발견됐으며, 덴마크 오르후스대학의 연구 팀이 녹음한 한 고래 소리는 236dB이었다. 절대적 기준으로 볼 때, 이 소리는 "어느 생물에게서 녹음한 소리와 비교해도 단연 가장 컸다".[59]

향유고래는 왜 이렇게 큰 소리를 내야 했을까? 이 고래가 먹이를 사냥하는 환경을 고려해 보자. 최대 1,800m 깊이에 이르는 깜깜한 바닷속이다. 그 정도 깊은 바다 아래에서 이 고래의 작은 눈으로는 그다지 대단한 일을 할 수 없다.

바로 이 대목에서 향유고래의 커다란 머리가 등장한다. 전체 몸의 3분의 1이나 되는 머리에는 경랍鯨蠟이라고 알려진 밀랍 같은 물질이 1,000L나 가득 들어 있다. (무슨 이유에서인지 예전에 사람들은 이 물질을 고래 정액이라고 생각했고 거기서 이 고래의 이름['sperm whale'에서 'sperm'은 정액을 뜻하기도 한다-옮긴이]이 유래했다. 그러나 실제로 이 물질은 지방산과 알코올 분자로 이루어진 비수용성 화합물일 뿐이다.) 이 경랍 속을 비집고 두 개의 비강이 나 있는데 하나는 고래 숨구멍으로 이어지고, 다른 하나는 소리 입술이라고 알려진 기관으로 이어진다. 생김새 때문에 이 기관을 '원숭이 입술'이라고 일컫는 과학자도 있다. 고래가 이 입술을 세게 다물면 경랍과 그 안에 들어 있는 수많은 공기주머니, 그리고 고래의 두개골 사이로 소리가 울려 퍼진다. 이 모든 과정은 불과 몇 밀리세컨드 안에 이루어진다.[60]

그리고 마르코 폴로 게임이 시작된다.

안타깝게도 초보자에게 마르코 폴로 게임은 여름철 통과의례이다. 이 게임은 수영장 술래잡기로, '술래'가 된 사람이 눈을 감고 있는 동안 다른 사람들은 도망친다. 눈을 감은 술래가 '마르코'라고 말하면 다른 사람들은 '폴로'라고 답해서 자신이 어디에 있는지 술래에게 단서를 줘야 한다.

향유고래는 이런 식으로 오징어를 잡는다. 그러나 '마르코'라고 외치는 대신 원숭이 입술을 철컥 오므린 뒤에 저 맛있는 두족류에 소리가 부딪혀 메아리가 돌아오기를 기다린다. 물론 이 과정은 고래에게, 특히 오징어에게는 게임이 아니다.

영국 세인트앤드루스대학의 생물학자 패트릭 밀러Patrick Miller가 이끄는 연구 팀은 이 모습을 보고 싶어서 지중해 북부와 멕시코만으로 향했고, 이곳에서 동물의 소리, 깊이, 방향을 녹화할 장치를 향유고래 23마리에게 부착했다. 속사포처럼 빠르게 철컥철컥 내뱉는 고래 소리는 '삐걱삐걱' 혹은 '붕붕'이라고도 알려져 있는데, 대개는 고래가 가장 깊이 잠수한 동안 이 소리가 들렸으며 강도 높은 작전 행동의 시기와 관계가 있었다.[61]

이는 매우 놀라운 일이다. 오징어처럼 흐물거리는 물체에 '소리가 부딪혀 튕겨 나오는' 일이 그렇게 쉽게 이루어질 것 같지는 않기 때문이다. 향유고래가 쫓는 것은 앵무새 부리처럼 생긴 오징어의 부리인데, 가장 커질 때는 몇 인치 정도로 늘어나기도 하지만 대개는 이보다 훨씬 작다.

자연 세계의 반향정위는 인간이 만든 음파탐지기보다 월등하게 발전된 형태라고 할 수 있으며, 미 해군은 동물이 이 반향정위를 어떻게 이용하는지 단서를 얻기 위해 오래전부터 박쥐와 돌고래를 연구해 왔다. 군에서 일컫는 이른바 '환경 적응적 목표 인식'이 발전하게 된 것도 이러한 연구 덕분이었다. 이 기능은 말하자면 다중 주파수를 이용하여, 가령 성가신 딱총새우 소리 같은 주변의 산만한 소리를 "두루 둘러봄으로써" 배경 소음을 손쉽고 융통성 있게 걸러 내는 것이다.[62] 이 기능은 물속에서 작은 물체를 찾는 데 특히 중요하다. 수중 기뢰의 크기가 점점 작아지고 쉽게 제조할 수 있는 세상에서 이는 생사가 걸린 긴급한 임무이다.

향유고래는 반향정위의 또 다른 모델을 제시하는데, 이는 주파수와 진폭뿐 아니라 철컥 소리의 리듬과 패턴을 바탕으로 한다. 그러나 지금까지 향유고래의 반향정위 방식은 물론, 우리가 이를 본떠 이용할 방법에 대해서도 더 잘 이해하려는 연구가 거의 이루어지지 않았다. 반향정위를 하는 동물 가운데 몸집이 가장 크고 소리도 가장 크며 어쩌면 반향정위 능력도 가장 탁월하게 보이는 이 고래에 대해 사실상 연구가 거의 없는 상태였던 것이다.

현재로서 미 해군이 향유고래에 주된 관심을 갖게 된 것은 전함을 기지로 하는 음파탐지기가 해양 포유류에게 지장을 주고 나아가 이들 동물을 죽이기도 한다는 논쟁이 벌어졌기 때문이다. 미군의 환경 관련 기록이 좋지 않다는 것은 비밀이 아니며, 해군이 바다의 음향 환경에 엄청난 소음을 퍼부어 대는 현실에서 국방 지도자들은 이 소음에 민감한 동물을 보호하기 위한 환경 관련 소송과 법원 명령에 맞서 열심히 싸워 왔다. 향유고래를 보호함으로써 얼마나 많은 이득

이 생기는지 해군 지도자들이 깨닫는다면 이런 방침을 바꿀지도 모른다. 만약 수백만 년의 진화를 통해 확립된 독특한 반향정위 시스템의 내부 작동 방식만으로 충분한 동기가 되지 않는다면, 아마도 해군 연구자들은 향유고래와 관련해 새롭게 부상하는 또 다른 연구 영역에 끌리게 될 것이다. 향유고래는 미세 조정 방식의 자기磁氣 내비게이션 시스템도 갖고 있을지 모르기 때문이다.

연구자들은 매우 서글픈 일을 계기로 우연히 이러한 가설을 떠올리게 되었다. 오래전 중세 시대부터 사람들은 고래가 바닷가로 떠 내려와 죽는 것을 목격하고 기록해 왔다. 우리는 고래가 때로는 한 마리씩, 때로는 떼를 지어 바닷가로 떠 내려와 죽는 일이 있음을 예전부터 알았지만, 과학자들은 그 이유를 알지 못했다. 비록 슬픈 일이지만 이러한 현상을 연구할 수 있는 아주 좋은 기회가 2016년 초에 생겼다. 독일, 네덜란드, 영국, 프랑스 바닷가에서 29마리의 수컷 향유고래의 사체가 발견되었던 것이다. 향유고래 22마리를 대상으로 부검을 실시했는데, 바닷가에 떠 내려와 죽기 전까지 이들 모두 양호한 건강 상태였던 것으로 보였다.

향유고래가 발견된 장소를 고려할 때, 이들 모두가 수컷이었다는 사실은 특별히 놀라운 것은 아니었다. 암컷과 어린 고래는 이보다 위도가 낮은 지역에 머무는 경향이 있기 때문이다. 일반적으로 포르투갈 서쪽 아조레스제도보다 더 북쪽에 있는 대서양까지 올라오는 일은 없다. 그러나 수컷은 열 살에서 열다섯 살 나이에 이르러 독립하게 되면 젊은 수컷 집단을 형성하여 더 북쪽으로 이동한다.

젊은 수컷 향유고래는 매년 이렇게 이동한다. 그렇다면 2016년에는 무슨 차이가 있었을까? 다름 아닌 태양 폭풍이라고 하는 코로나 질량 분출coronal mass ejections이 있었는데, 이는 지구의 자기권을 교란하여 우리 행성의 자기 극성을 미묘하게 방해한다. 고래가 떠 내려올 무렵에 두 차례의 태양 폭풍이 있었으며《국제 우주생물학 저널International Journal of Astrobiology》에서 자신들의 발견을 발표한 독일과 노르웨이의 연구자들은 이 태양 폭풍으로 인해 고래가 방향을 잃었을 가능성이 있다고 믿는다.[63]

이것이 사실이라면 향유고래는 반향정위를 이용하여 길을 찾을 뿐 아니라, 나아가 지구 자기장의 도움을 빌려 아마도 고래의 경랍 안에 들어 있을 추적 자기 성분을 통해서도 길을 찾는다는 의미가 된다. 기본적으로 이 이론에서는 고래가 지구의 자기 작용에 '귀 기울이는' 방식으로 먼 거리를 항해한다고 말한다. 그리고 이는 우리 인간의 내비게이션 기술에도 정보를 제공해 줄 수 있는 방식이다.

그러나 우리는 하마터면 이 가운데 아무것도 알지 못할 뻔했다. 다른 많은 동료 고래와 마찬가지로 이 향유고래도 너무 많이 잡아서 거의 멸종위기에 이르렀기 때문이다. 1851년 허먼 멜빌Herman Melville이 장편소설『모비딕Moby-Dick』을 발표했을 무렵, 광범위한 고래 살육이 한참 진행되어 이미 전 세계 고래 개체군을 포위 공격하는 상태였다. 멜빌은 향유고래의 "개체가 소멸해도 종으로서는 영원불멸할 것"이라고 쓰면서, 살육 규모를 축소하고 너그럽게 봐주며 낭만적으로 그렸다. 대략 110만 마리로 추정되던 전 세계 향유고래 개체군이 1891년 멜빌이 사망할 때쯤에는 3분의 1로 줄었으며, 게다가 이는 고래잡이의 산업화가 시작되기도 전의 수치였다. 1986년 전 세계적인

고래잡이 금지가 효력을 발휘했을 무렵 그 수치는 다시 3분의 2로 감소한 상태였다.[64]

고래잡이 금지가 효력을 발휘하지 못했다면, 틀림없이 지금쯤 우리는 귀 기울여 듣는 단순한 행위로 얼마나 많은 것을 얻을 수 있는지 깨닫지도 못한 채, 가장 시끄러운 동물이 이미 오래전에 완전히 침묵해 버린 세상에서 살고 있을 것이다.

6
강인한 것들

**지구상에 마지막까지
남을 생물에게 생존을 배우다**

마이클 쿠니Michael Cooney가 살아 있는 벨로키랍토르Velociraptor를 데리고 연구하는 중이라고 말했더라도, 내가 그렇게 흥분하지는 않았을 것이다.

내 말을 오해하지는 말라. 벨로키랍토르는 정말 멋지다. 특히 살아 있는 벨로키랍토르라면 더더욱 그렇다. 내가 말하는 벨로키랍토르는 비늘로 뒤덮인 회색의 커다란 몸으로 사람들을 잡아먹는 영화 속 벨로키랍토르가 아니고, 고생물학자 스티븐 브루사테Stephen Brusatte와 류준창Junchang Lü이 실제로 백악기에 존재했다고 말하는, "깃털이 보송보송하게 덮인 최악의 푸들"이다.[1] 이들은 정말 강인한 생물이었다.

그러나 여기서 가장 중요한 단어는 "이었다"이다. 공룡이 자기 당대에는 무적의 강인한 존재였을지라도, 지구에 소행성이 충돌하는 운명에 처했을 때 살아남지 못했다. 그럴 만큼 강인하지는 못했던 것이다.

그렇다. 물론 당시에 많은 것이 파괴되었다. 그러나 파괴되지 **않은** 것도 많았다. 게다가 그중 몇몇은 지금까지 우리 곁에 살아남아 있다.

예를 들면 하버드의과대학의 싱클레어 실험실에 내가 맨 처음 걸어 들어가던 날, 쿠니가 연구하고 있던 생물이 그렇다. 쿠니는 배열 접시 앞에서 한 손에 피펫을 들고 구부정하게 웅크린 자세로 설명했다. "그러니까 기본적으로 나는 완보동물을 대상으로…"

"잠시만요." 나는 중간에 말을 끊었다. "여기에 곰벌레가 있다고요?"

"아, 네…."

"애완동물로 한 마리 가져갈 수 있을까요?"

"으음… 그게…."

애완동물 운운한 것은 그냥 농담 삼아 한 말이었다. 적어도 대체로는 그랬다. 그러나 완보동물tardigrade을 향한 나의 열정은 정말 진심이었다.

맨눈으로 완보동물을 보는 것은 완전히 불가능하지는 않아도 매우 힘들다. 다 자라서 가장 커 봐야 1.5mm밖에 되지 않기 때문이다. 그러나 현미경으로 보면 카리스마도 느껴지고 아주 귀엽다.

나도 안다. 반투명한 피부, 뭉툭하게 생긴 여덟 개의 다리, 발톱이 나 있는 발, 퉁퉁 부은 얼굴, 영화 〈제다이의 귀환Return of the Jedi〉에 나오는 살락(Sarlacc, 가상의 외계 생명체로, 모래 구덩이에 살며 몇 겹의 이빨로 둘러싸인 입으로 다른 생물을 먹어 치운다-옮긴이)처럼 보이는 둥그런 입, 이런 생김새를 지닌 생물을 '귀엽다'고 할 수는 없을 것이다. 그러나 토실토실한 피부 주름이며 가늘게 뜬 눈은 정말 꼭 안아 주고 싶게 생겼다.

이보다 더 중요한 것이 있다. 못생겼으면서도 사랑스러운 구석이 절묘하게 뒤섞인 것 외에 이 완보동물이 지구에서 가장 강인한 동물이라는 점이다.

나는 어떤 대상에 가장이라는 수식어를 붙일 때 대체로 조금 더 신중한 편이다. 어쨌든 늘 사실에 근거한 경고가 따르기 때문이다. 게다가 강인함을 측정하는 기준은 여러 가지이다. 절대적이든 상대적이든 힘을 생성해 내는 능력을 기준으로 삼을 수도 있고, 다른 동물을 죽이거나 혹은 다른 동물에게 죽임당하지 않고 살아남는 능력을 기준으로 할 수도 있으며, 커다란 물체를 멀리까지 밀거나 끌어당기거나 운반하는 능력을 기준으로 할 수도 있다. 그러나 강인함에 대한 가장 기본적 정의, 즉 역경의 상황에서도 버틸 정도로 강하다는 의미를 기준으로 삼는다면, 완보동물이 세계에서 가장 강인한 동물이 아니라고 주장하기는 정말 힘들 것이다.

완보동물은 지난 5억 년에 걸쳐 거의 진화하지 않았다. 유성우가 쏟아지던 대변동의 시기에도, 빙하기에도, 지구 대기의 기체 구성이 심각하게 변했던 때에도, 그 밖에 동물 목 전체를 전멸로 몰아간 많은 일이 일어난 시기에도 대차게 맞서면서, 갖가지 척 노리스 농담 (Chuck Norris jokes, 미국의 무술가이자 배우인 척 노리스의 강인함과 남성성을 과장하여 말도 안 되는 주장을 하는 농담-옮긴이)을 모아 놓은 것처럼 대자연(그리고 인간)이 무엇을 퍼부어 대든 상관없이 꿋꿋하게 버텨 왔다.[2]

완보동물은 미국 건국 이전에도 과학자들에게 알려져 있었고, 가장 높은 산꼭대기든 가장 깊은 바닷속 해구이든 가리지 않고 세계 곳곳에서 발견되었지만 진지한 연구의 주제가 되지 못하다가, 이제야 연구자들이 완보동물을 대상으로 온갖 끔찍한 것을 시험하기 시작했다. 또 이러한 시험 과정에서 어쩌면 이 강인한 작은 생물에게서 많은 것을 배울 수 있다고 깨닫게 되었다.

우리의 미래를 장담하지 못하는 세상이므로 세계 최강의 생존 능력을 지닌 동물을 연구한다면 많은 것을 얻을 수 있기 때문이다.

한편으로 인간이 지구상의 모든 생명을 흔적까지 모두 완전히 파괴하게 될 것이라는 주장이 거짓임을 밝혀 주는 존재가 있다면 바로 완보동물이다. 우리가 이 행성에서 보낼 날을 숫자로 셀 수 있다고 했던 스티븐 호킹Stephen Hawking의 말[3]이 옳을 수도 있지만 우리가 떠날 때 꿈쩍조차 하지 않을 동물도 많다. 케임브리지에 있는 호킹의 오래된 연구실에서 길을 따라 내려가 아래쪽에 살던 동료 이론물리학자 데이비드 슬로안David Sloan과 라파엘 알베스 바티스타Rafael Alves Batista 는 옥스포드에서 일했는데, 호모사피엔스의 일시적 출현보다 훨씬 더 큰 재앙을 가져온 수십억 년 동안의 사건들, 가령 소행성 충돌 같은 대재앙조차 막강한 완보동물을 멸종으로 몰고 갈 수 없음을 수학 모델로 입증하기도 했다.[4]

"생명은 일단 활동이 시작되고 나면 없애기 힘들어요. 엄청난 수의 종, 심지어 속 전체가 멸종할 수는 있지만, 전체적으로 생명은 계속해서 이어질 겁니다."[5] 슬로안은 이렇게 말했다.

그렇다면 누가 완보동물을 없앨 수 있을까? 슬로안과 바티스타의 주장에 따르면, 태양이 적색거성red giant으로 부풀어 올라 지구를 삼

켜 버리는 것 말고는 어느 것도 완보동물을 죽일 수 없다.[6]

앨런 와이즈먼Alan Weisman의 『인간 없는 세상The World Without Us』에서는 설령 인간이 아주 오래 살아남지 못하더라도, 아니 어쩌면 오히려 그 경우에 특히 더 희망 가득할 미래 모습을 그린 적이 있다. 이와 마찬가지로 슬로안과 바티스타의 연구에서도 수십억 년까지는 아니지만 수억 년 정도의 미래 세계를 하나의 창으로 보여 주고 있으며, 이 미래 세상에서 우리 행성은 척박한 침묵의 돌덩이가 되어 별 주위를 도는 것이 아니라 생명이 풍성하게 유지된다.

이는 좋은 소식이다.

나쁜 소식은, 인간이 일으킨 홀로세 멸종Holocene Extinction에서 설령 완보동물이 살아남더라도 모든 완보동물 종이 살아남을 가능성은 없다는 점이다. 남극에 사는 완보동물 종, 아쿠툰쿠스 안타륵티쿠스 *Acutuncus antarcticus*가 우리 행성에서 가장 혹독한 기후 지역에는 이례적으로 잘 적응했는지 몰라도 지구온난화의 결과로 우리 행성의 밑바닥에 닥치고 있는 기온 상승과 자외선 복사의 증대 상황에서도 살아남을 만큼 빠르게 적응하지는 못할 것이다.

이탈리아 모데나대학의 과학자들이 향후 남극에서 벌어질 상황과 비슷한 수준의 방사선 및 기온 상승을 남극 완보동물에게 겪게 한 결과, 강인함으로 널리 칭송받던 동물 문의 생명체조차 지는 싸움으로 들어간다는 것을 알아냈다. 많은 완보동물이 살아남지 못했고, 설령 살아남았더라도 알을 낳는 개수가 줄어들고 성적 성숙에 도달하는 시기도 늦춰졌다.[7]

우리는 아마 세상의 모든 완보동물을 없애지는 못할 것이다. 그러나 우리의 행동은 지구에서 가장 강하고 가장 회복력이 뛰어나며 진화상으로 가장 변화가 없는 생물에게 영향을 미칠 수 있다. 그러므로 이 사실에 우리는 자세를 바로 하고 주목해야 한다. 우리 행동이 세계에서 가장 강인한 동물에게 악영향을 미친다면, 우리 자신에게는 무슨 일을 하고 있는 것인지 상상해 보라.

다른 한편 완보동물은 우리 자신을 강인하게 만드는 방법을 알려 줄지도 모른다. 또 이 과정에서 지구에서든 지구 밖에서든, 우리가 적어도 조금 더 오래 생존할 수 있도록 도와줄지도 모른다.

|

완보동물을 해치는 방법? 없음!

|

완보동물 전문 생물학자가 '쓸모없는 동물'을 연구하는 '몽상가'로 취급받던 시절이 있었다고 생물학자 파울로 폰투라Paulo Fontoura가 내게 말했다.

포르투갈 포르투대학교에서 완보동물을 연구하는 폰투라는 많은 종의 완보동물을 발견한 바 있다. 그러나 아주 최근까지도 이러한 발견은 기껏해야 이 지구에 존재하는 생명의 드넓은 스펙트럼을 조금 더 이해하는 정도 외에 별로 대단한 목적이 없는 부끄러운 연구로 여겨졌다고 했다.

요즘 들어, 완보동물의 뛰어난 생존 능력에 대한 명성이 높아지기 시작하면서 완보동물이 "미래 의학적으로 이용될 잠재력을 통해 인간의 노화, 암 등과 같은 생명 현상을 이해하는 데 기여할 수 있다"는 것을 많은 과학자가 깨닫게 되었다. 그러나 완보동물이 이렇게 엄청나게 강인하다는 사실이 알려지기 전에 기꺼이 이 생명체를 연구한 과학자가 없었다면 그러한 응용은 가능하지 않았을 것이라고 그는 지적했다.

심지어 지금도 완보동물의 새로운 종을 설명하는 작업은 "대규모 보조금을 받지 못하고, 많이 인용되지도 못하며, 지명도 높은 학술지에 발표되기도 힘들다"고 학술지 《주택사Zootaxa》의 편집자 아슬라크 예르겐센Aslak Jørgensen이 내게 말했다. 그러나 그의 말에 따르면 이러한 발견은 "지구의 생명을 이해하는 기본적 구성 요소"이며, 새로운 발표는 모두 이러한 이해를 증진하는 데 도움이 된다.

"완보동물이 비록 귀엽기는 해도 생물다양성을 나타내는 대표 종은 아니에요. 그러나 어디에든 있고 극한의 내구력이 있어서, 공적 지원의 대상으로 삼기에 적당하죠." 예르겐센이 말했다.

1,000종이 넘는 완보동물 중에서 가장 널리 연구되었을 뿐 아니라 적어도 지금까지는 무리 가운데 가장 강인한 것으로 꼽히는 라마조티우스 바리에오르나투스Ramazzottius varieornatus가 특히 그러하다.

이 완보동물을 끓는 물에 넣는다면? 끄덕없다. 절대영도(약 −273.15℃)로 얼린다면? 아무 상관없다. 우주 공간으로 날려 버린다면? 마음껏 즐길 것이다. 방사선을 퍼붓는다면? 별일 아니다. 비상식량 수준으로 수분을 모두 없애 버린다면? 다시 물만 주면 된다. 몇십 년 동안 냉동한다면? 이 경우에도 탈수 가사 상태anhydrobiosis라는 과정을 거쳐 역시 생존할 수 있다. 이 상태에서는 1~3% 정도의 수분 무게만 지니도록 건조하여 이른바 '툰tun'이라 불리는 반半생명 형태로 쪼그라든 채

상황이 개선되기를 기다리게 된다.[8]

구니에다 다케카즈國枝武和는 완보동물이 어떻게 환경을 전혀 개의치 않는지 이유를 밝히는 데 평생의 연구를 바쳤고, 2015년 도쿄대학의 그의 연구 팀은 이 문제의 답을 찾는 데 큰 진전을 이루었다. 라마조티우스 바리에오르나투스의 염기서열을 분석한 이 팀은 완보동물이 힘든 시기에도 계속 살아 있을 수 있는 다양한 유전적 전략을 개발해 왔음을 밝혀냈다. 연구 팀의 발견 가운데 가장 흥미진진한 것은 인간이 햇빛 속으로 걸어갈 때 몸속에서 활성화되는 것과 같이 스트레스 손상을 촉진하는 아주 흔한 유전자 경로 몇 가지가 완보동물에게는 없다는 점이다.

그러나 스트레스가 적다고 해서 전혀 없는 것은 아니다. 따라서 이 완보동물도 DNA 손상을 복구하기 위한 여분의 유전자를 지니고 있으며, 아울러 자신의 DNA에 '방사선 우산'처럼 기능하는 새로운 단백질을 생산하도록 진화해 왔다.

이러한 발견을 한 구니에다와 팀원들은 만일 우리도 방법만 안다면 누구라도 했음 직한 일을 했다. 완보동물의 단백질을 인간 세포에 넣어 방사능을 쐬게 했던 것이다. X선을 쐰 세포가 손상을 입기는 했지만 손상 정도가 40% 감소했다.[9] 이는 행성 간의 우주여행에 중대한 의미를 지닐 수 있다. 우주 비행사가 수년에 걸쳐 다른 세계로 이동할 때 가장 중대한 우려가 방사능 노출 문제이기 때문이다.

내가 하버드대학에서 박사후연구원 마이클 쿠니를 만나던 날 그는 이러한 연구를 토대로 새로운 것을 알아내려고 하던 중이었으며, 노화를 지연하거나 되돌리기 위한 세포 기반 치료법을 연구하고 있었다. 그는 완보동물에서 추출한 유전자를 인간 세포 속에 넣어 이 유전자가 다른 유형의 DNA 손상 복구도 향상시킬 수 있는지 알아보고 있었다. 아울러 유해 화학 화합물에 노출된 인간 세포를 보호할 수 있을 것으로 보이는 두 개의 유전자에 관해 이미 알아낸 사항도 있어 몹시 들떠 있었다.

라마조티우스 바리에오르나투스가 지닌 엄청나게 놀라운 내구력을 고려할 때 최근 들어 연구자의 많은 관심을 받게 된 것이 이해가 된다. 그러나 다른 완보동물도 많이 있고, 늘 새로운 종이 발견되고 있다. 2017년만 해도 과학자들은 멕시코 체투말의 도로 경계선에 쌓인 토양 침전물에서 새로운 완보동물 한 종을 발견했으며, 브라질 해안에서 세 종을, 지중해 시칠리아섬에서 두 종을, 포르투갈과 스페인의 대서양 서부 바위 해안에 자라는 이끼에서도 두 종 이상을 발견했다.

장차 라마조티우스 바리에오르나투스가 이 무리 중 가장 강인한 생물로 판명될 가능성도 있다고 생각한다. 그러나 이들 새로운 종, 또는 아직 발견되지 않은 완보동물 중 하나가 더 강인하게 살아남는 생명으로 입증될 가능성이 훨씬 클 것이다.

이 완보동물의 유전자를 인간 세포에 도입한다면 무슨 일이 벌어질까? 우리 인간의 유전체가 유전자 이식으로 '훨씬 강인해질' 가능성은 사실상 무한하다.

게다가 완보동물은 매우 강인한 작은 생명체의 한 동물 문일 뿐이다. 최고의 생존 능력을 지닌 다른 많은 생물 가운데 이제 막 유전체 연구의 대상에 오르기 시작한 것도 많다.

4억 5,000만 년간 혼자만 안 변한 생물

어떤 이들은 그 생물을 유령상어라고 부른다. 코끼리상어라고 부르는 이들도 있다. 무엇으로 불리든, 칼로링쿠스 밀리*Callorhinchus milii*라고 알려진 퉁소상어Australian ratfish는 수중 세계의 경이로운 존재이다. 지난 4억 5,000만 년 동안 바다는 상당히 달라졌지만 퉁소상어는 별로 달라지지 않았기 때문이다.

이게 어떤 의미인지 살펴보자. 우리와 퉁소상어가 막 갈라진 직후, 인간은 바다의 동물을 조상으로 하여 불과 얼마 전에야 척추와 팔다리가 막 발달하기 시작했을 것이다. 고생물학자 닐 슈빈Neil Suubin이 발견을 도와 『내 안의 물고기Your Inner Fish』라는 멋진 저서에 썼던 네발 달린 "잃어버린 고리", 저 유명한 틱타알릭(Tiktaalik, 데본기 후기인 3억 7,500만 년 전 아열대성 기후의 얕은 늪지 물에서 살던 동물로, 물고기 몸체에 턱, 갈비뼈, 초기 포유류의 다리 같은 지느러미를 가졌다고 알려졌다-옮긴이)이 있지만 우리는 아직 여기까지 진화하지 못한 상태일 것이다.[10] 이후 오랜 세월에 걸쳐 우리가 속해 있던 생명의 나무는 가지가 갈라지고, 갈라지고, 또 갈라져서 생쥐와 젖소, 주머니쥐와 닭, 도마뱀과 개구리를, 심지어는 퉁소상어의 유전체 염기서열을 분석하기 전까지 세계에서 가장 느리게 진화하는 척추동물로 여겨졌던 바다 밑바닥에 사는 인간 크기의 실러캔스(coelacanth, 고생대 데본기에서 중생대 백악기까지의 물고기로 알려져 있었는데, 1938년에 남아프리카공화국의 해안에서 발견되어 살아 있는 화석이라 부른다-옮긴이)까지도 이 세상에 가져다주었다.[11]

그런데 당시 퉁소상어의 조상은 어땠을까? 현대의 퉁소상어와 아주 많이 닮았을 가능성이 있다.

수중 비디오 예술가 팡 쾅Pang Quong은 멜버른 연구자들에게 전화를 받았다. 연구자들은 퉁소상어 몇 마리를 포획하여 연구하다가 곧 풀어 줄 예정이라고 했다. 쾅은 야생에서 벌어지는 매우 특별한 일을 목격할 기회가 생겼다는 걸 알았다. 퉁소상어는 일반적으로 심해어이지만 매년 몇 달씩 호주와 뉴질랜드의 해안 가까이 와서 알을 낳는다. "하지만 퉁소상어는 멜버른 부근에 나타날 때 시야가 극도로 흐린 지역이나 개펄을 선호하는 것 같아요. 그래서 많은 퉁소상어가 풀려나 자연으로 돌아가는 것을 볼 기회가 왔을 때 나는 이 물고기들과 함께 물속으로 들어가지 않을 수 없었어요." 쾅이 내게 말했다.

물이 맑은 얕은 바다에서 연구자들이 퉁소상어를 풀어 주는 동안 쾅은 부둣가에서 기다렸다가 퉁소상어가 물속으로 깊이 들어가려고 할 때 그 뒤를 따라갔다. 그리하여 그는 퉁소상어가 헤엄치는 모습을 촬영한 유일한 영상 기록을 남겼다. 쾅이 그때를 떠올리며 말했다. "퉁소상어는 마치 새가 나는 것처럼 가슴지느러미를 사용해요. 고래에서 해룡에 이르기까지 많은 동물이나 물고기와 함께 물속으로 들어가는 게 제 일상이었지만, 그때 물속으로 들어갔던 일은 특별한 순간으로 꼽혀요."[12]

그러나 꽤 최근까지도 이런 일이 결코 아주 특별한 것으로 느껴지지 않았을지도 모른다. 대다수 사람에게 퉁소상어는 그저 바다에 사는 또 하나의 물고기일 뿐이며, 흔히 뉴질랜드에서는 네모나게 썰어 튀겨서 감자튀김과 함께 제공한다는 사실로만 유명했을 뿐이기 때문이다.

그러다가 비랍파 벤카테시Byrappa Venkatesh가 등장했다.

싱가포르에 있는 분자및세포생물학연구소IMCB의 이 유전학자는 퉁소상어의 염기서열을 분석하기로 했다. 이 물고기의 나이가 많을 것으로 추측했기 때문이 아니라, 아주 실질적인 이유, 즉 이 물고기의 유전체가 상대적으로 짧기 때문이었다.

그때까지는 과학자가 어느 종의 염기서열을 분석할지 선택할 때 무슨 의미나 논리적 설명 같은 것이 거의 없었다. 초파리나 선형동물, 실험용 쥐 등 연구 대상으로 자주 이용되는 종은 모두 이 과정을 거쳤고, 젖소나 양 등 가축 역시 마찬가지였다. 수십만 명의 개별적 인간에 대해서도 유전체 염기서열을 분석했다.[13] 하지만 이 범위를 벗어나면, 가능성 있는 단서나 개인적인 직감이 있을 때, 그리고 결정을 이끌어 낼 만한 개인적 또는 정치적 관심이 있을 때 아무 기준 없이 임의대로 대상을 정하곤 했다.[14]

국제적인 게놈 10KGenome 10K 프로젝트의 의장이었던 벤카테시는 치타의 유전적 균일성을 발견한 스티븐 오브라이언, 그리고 태국과 미얀마에 사는 뒤영벌박쥐의 소리 주파수 변화를 입증한 연구 집단 소속의 엠마 틸링Emma Teeling이 포함된 과학자 집단의 일원이었다. 유전자 목록 작성 과정에 좀 더 질서를 부여하기를 원했던 이 집단은 각 척추동물 속에 속하는 동물의 염기서열을 분석하고자 했는데, 모두 합쳐 대략 1만 종쯤 되었다. 이 프로젝트는 2009년 캘리포니아대학교 산타크루스캠퍼스에서 시작되었다. 당시에는 새로운 동물의 염기서열을 분석하는 데 상당히 큰 비용이 들고 오랜 시간이 걸렸는데도, 과학자들이 도저히 더는 기다릴 수 없다고 동의하고 나서면서 이 프로젝트가 시작되었다.

"우리는 생물다양성을 아주 빠른 속도로 잃어 가고 있어요. 나중에 결국 비용이 내려갈 거라고 생각했지만 바로 시작하는 것이 중요했어요." 벤카테시가 내게 말했다.

인간 유전체보다 훨씬 큰 유전체를 가진 연골어류도 있지만 퉁소상어는 호모사피엔스 유전체 길이의 약 3분의 1쯤 되는 유전체를 지녔다. 이 때문에 프로젝트를 시작하기에 좋은 출발점이 되었다.

그러나 우선 좋은 샘플을 구해야 했다. "우리가 염기서열을 분석했던 퉁소상어는 내가 직접 잡은 거예요." 벤카테시는 태즈메이니아에 갔던 일을 자랑스럽게 말했다. 그곳에서 고용한 낚시 안내자가 그를 인기 있는 퉁소상어 낚시터로 데려갔다. "사실은 몇 마리 잡았어요. 정말 신나는 날이었죠." 육지로 돌아온 벤카테시는 퉁소상어를 해부하여 뇌, 아가미, 심장, 창자, 신장, 간, 비장, 고환에서 조직 샘플을 떼어 냈다. 이 가운데 고환은 RNA 염기서열 분석을 통해 보다 정확한 유전자 주석 작업에 앞서 초기 염기서열을 생성하는 데 이용했다.

연구자들은 알려진 모든 유전체의 단백질 염기서열을 비교하고 이를 알려진 화석 기록과 비교한 뒤 분기율을 확정함으로써 생물의 진화 나이를 추정했다. 이 알고리즘에 퉁소상어의 유전체를 넣어 본 벤카테시와 동료들은 깜짝 놀랐다.

"상어 유전체가 느리게 진화한다는 몇 가지 징후는 있었어요. 상어는 대사율이 매우 느렸고, 진화 속도를 알아내기 위한 대용물로 이

점을 이용할 수 있다는 증거도 있었죠. 하지만 그런 걸 발견하게 되리라고는 전혀 예상하지 못했어요. 퉁소상어의 경우, 아주 오랜 진화의 시기 동안 별로 많이 달라지지 않았고 그래서 이 사실을 매우 유용한 참조로 삼을 수 있다는 것, 나는 이 점을 아주 기분 좋은 충격이라고 말하고 싶어요. 이제 우리는 인간을 비롯한 다른 척추동물과 이 유용한 참조를 비교하여, 무엇이 언제 왜 달라졌는지 확인하고 이해할 수 있어요." 그가 말했다.

"하지만 5억 년 동안 퉁소상어는 별로 달라지지 않았더라도 우리는 많이 변하지 않았나요?" 내가 물었다. "퉁소상어와 우리가 너무 멀리 갈라져 나와서 우리 유전체에 관해 배울 것이 별로 많지 않은 지점까지 오지 않았나요?"

벤카테시가 웃었다. "우리는 아주 흥미로운 걸 발견했어요. 인간과 퉁소상어와 돔발상어와 복어를 살펴보면, 인간과 퉁소상어 간의 차이보다 물고기들 간의 차이가 더 크다는 점을 발견하게 돼요. 보존된 비암호화 요소를 살펴보면 인간과 복어 사이에는 이 요소가 2,000개가 나와요. 인간과 퉁소상어를 대상으로 비슷한 분석을 해보면 4,000개 이상 나오죠."

예를 들어 이 팀은 연구를 통해 퉁소상어와 인간이 상당한 진화적 추정의 주제가 되어 왔던 유전자를 공유한다는 사실을 밝혀냈다. 이는 p53이라고 알려진 암 억제 유전자로, 코끼리가 왜 그렇게 놀라울 정도로 암에 걸리지 않는지 이유를 밝히려는 탐구의 중심에 있던 그 유전자이다. 연골어류 역시, 비록 코끼리만큼은 아니지만 암에 잘 걸리지 않는다. 그러나 퉁소상어의 p53을 다른 척추동물의 것과 자세하게 비교한 결과, 같은 계열의 단백질 암호화 유전자와는 획기적으로 다르게 진화했다는 것이 드러났다.[15] 이는 p53 유전자가 퉁소상어 안에서 작동하는 방식과 아프리카코끼리나 호모사피엔스 안에서 작동하는 방식이 현저하게 다르다는 의미이다. 물론 그렇다 해도 함께 공유하는 유전적 잠재력에 대해 더욱 많이 이해할 또 하나의 기회는 될 수 있다.

그러나 서로 겹치지 않는 유전체의 다른 넓은 부분도 우리에게 대단한 통찰을 제공할 수 있다. 예를 들어 연구자들은 다른 많은 동물의 면역계에 필수적인 몇 가지 유전자가 퉁소상어에게는 전혀 없다는 사실도 발견했다. 가령 *CD4*라고 알려진 단백질 암호화 유전자 같은 것인데, 이 유전자가 없다면 인간은 필연적으로 우리 모두를 절멸로 몰고 가게 될 갖가지 질병에 취약한 상태로 남게 된다.

이러한 발견은 생물학적 방어 체계가 질병에 맞서 싸우는 방식과 관련하여 흔히 알고 있는 관념에 의문을 제기한다. 인간은 면역계를 비롯한 우리 자신의 모든 생리 작용 요소가 상당히 발전된 형태라고 생각하는 경향이 있다. 그러나 퉁소상어 역시 정교한 면역 반응을 개시할 능력이 있다. 이는 인간이 두 발로 똑바로 서서 걸어 다니기도 전에, 더욱이 우리가 질병을 저지하기 위해 개발해 온 추가적인 유전적 도구도 없이 퉁소상어가 수억 년 동안 바다 밑바닥을 즐겁게 헤엄쳐 다니면서 간직해 온 면역 반응이다.

더 많은 유전자를 지닌다고 해서 더 좋은 유전자를 지니는 것은 아니다. 더러는 유전자 수가 적을수록 좋은 유전자가 많은 경우도 있다고 밝혀졌다. 이러한 이해는 우리 종이 다른 종과 공유하는 유전자뿐 아니라, 그 밖의 다른 유전자일 때도 마찬가지로 인간 질병을 해결하기 위한 새로운 접근 방식을 알아내는 데 도움을 줄 수 있다.[16] 우리가 이제껏 발견한 것 가운데 가장 느리게 진화하는 척추동물을 살펴봄으로써, 우리 자신의 생존에 도움이 되는 몇 가지 방법을 실제로 배울 수 있을지 모른다.

하긴, 유전자 수가 적어도 좋은 유전자는 많지 않은 경우도 있다. 때로는 유전자 수가 많아서 좋은 유전자가 많기도 하니까 말이다.

|

신체 재생의 달인, 아홀로틀

|

내가 아홀로틀axolotl을 처음 본 것은 초등학교 때였다. 당시 우리 집 근처에 있던 해양 테마 놀이공원에서 돌고래 쇼를 보고 난 뒤, 나도 물고기를 사서 쇠돌고래처럼 훈련을 시킬 계획으로 물고기를 파는 애완동물 가게에 갔다가 보게 되었다.[17]

그로부터 몇 년 뒤, 생물 수업 시간에 선생님이 우리에게 이제껏 본 것 중 가장 이상한 동물에 관해 물었다. 나는 애완동물 가게에서 보았던 생물의 이름이 기억나지 않아서 생김새를 설명하려고 했다. "분홍색이었고요, 풍선껌처럼 생겼어요. 얼굴에 미소를 짓고 있었고, 사자처럼 갈기가 있었고요. 그러면서 물고기처럼 아가미가 있고 도마뱀 같은 다리도 있었어요. 올챙이처럼 꼬리도 있고요."

그 주에 나는 엄청나게 놀림당했다. 그 후로 오랫동안 내가 실제로 그 동물을 본 것인지, 아니면 그냥 꿈을 꾼 것인지 나 자신조차 의심이 들었다.

그러나 아홀로틀은 정말로 존재했다. 흐물거리는 느낌에 행복한 표정으로 완전 사랑스러운 모습을 하고 있지만, 실제로 아홀로틀은 정말 강인한 동물이다.

아홀로틀은 '걸어 다니는 멕시코 물고기'로도 알려져 있는데, 예전에 과학 저자 크리스틴 후고Kristin Hugo[18]가 이 생물을 슈퍼히어로로 만화에 등장하는 캐릭터에 비유한 적이 있다.[19] 이 생물은 족제비과의 가장 큰 맹수인 **실제** 울버린보다는, 마블 코믹스의 안티히어로 울버린과 훨씬 많은 공통점을 갖고 있다. 〈엑스맨〉 중에서 가장 유명한 울버린과 마찬가지로 아홀로틀도 재생의 달인이기 때문이다.

아홀로틀은 많은 도마뱀이나 양서류처럼 꼬리가 다시 자란다. 그리고 그보다 훨씬 수가 적은 도롱뇽처럼 다리도 다시 자란다. 피부도, 턱도, 눈도 다시 자란다. 심지어는 잘린 척추도 고칠 수 있다. 이 모든 것을 계속해서 수십 번이나 반복할 수 있으며, 회복된 부위가 신체의 어느 곳이든 흉터도 없고 특성도 그대로이다.

1789년 영국의 동물학자 조지 쇼George Shaw가 처음으로 아홀로틀, 암비스토마 멕시카눔Ambystoma mexicanum을 묘사한 뒤로, 과학자들은 이 동물에 흥미를 느껴 왔다. 그러나 이 동물의 가장 유명한 특성을 이해하느라 오랫동안 분투해야 했다. 그러다 2018년 세계에서 가장 긴 것으로 알려진 총 320억 염기쌍의 염기서열을 지닌 아홀로틀의 유전체가 발표되면서 과학자들은 의문을 해결하는 데 큰 진전을 이루었다. 이는 인간의 유전체보다 열 배나 길다. 의학 연구의 성배라 할 수 있는 재생의 비밀이 이 모든 암호 속에 숨겨져 있다.

언제까지나 인간의 신체가 재생될 가능성이 없어 보인다면 이런 주제가 그다지 인기 없을지도 모른다. 하지만 중요한 건 이것이다. 우리가 이미 재생을 하고 있다는 점. 칼에 베인 피부가 다시 자란다면 이는 재생이다. 우리의 재생 능력은 피부에 한정되며 그보다 적게는 간도 포함되는데, 이러한 능력은 뼈에서 근육, 내장 기관, 뇌에 이르기까지 다른 모든 신체 부위를 만드는 동일한 DNA에서 온 것이다. 이론상으로는, 이 모든 다른 조직도 재생될 수 있는 것이다.

아홀로틀은 우리 자신이 지닌 X-파워의 비밀을 푸는 데 도움이 될까? 어쩌면 가능할 수도 있지만, 단 우리가 그런 비밀을 갖고 있을 때의 이야기이다.

전 세계 애완동물 가게, 심지어는 육류 판매대에서도 아홀로틀을 볼 수 있다는 점을 고려할 때, 아마 당신은 이 동물이 야생에서 멸종 위기에 처해 있다고는 짐작조차 하지 못할 것이다. 아홀로틀은 매우 다정하고 키우기 쉬우며 번식도 잘하고 세계에서 가장 큰 양서류 배아[20]를 지니고 있는 데다(이 때문에 줄기세포 연구에 이상적이다) 솔직히 너무 귀엽기 때문에, 어쩌면 전 세계 농장, 애완동물 가게, 가정 수족관, 연구 실험실에 수십만 마리는 있을 것이다.[21]

그러나 멕시코시티 남부에 서로 연결되어 있는 일련의 수로가 아홀로틀의 마지막 야생 서식지로 알려져 있다. 최근 수질 악화와 습지 고갈, 그리고 아홀로틀과 그 알을 잡아먹는 외래종 물고기의 과잉으로, 1998년 1km²당 6,000마리에서 2015년 겨우 35마리로 개체군이 급감했다.

랜들 보스Randal Voss는 급작스러운 개체군 감소를 밝힌 2015년의 연구와 2018년의 유전자 염기서열 분석 보고서에 참여한 바 있으며, 현재 켄터키대학에서 수천 마리 아홀로틀 집단을 관리하는 책임자를 맡고 있다. 그러나 그가 관리하는 동물이 근친교배로 태어나서 "포획된 개체군의 건강을 위태롭게 할 수 있다"고 그는 인정했다.[22] 더욱이 가두어 기르는 동물의 경우, 시간이 흐르면서 갇힌 상태에 적응하도록 자연선택이 이루어지며 이 점이 야생에서 살도록 진화해 온 유전자에 어떤 작용을 할지는 누구도 짐작할 수 없다.

지난 몇십 년에 걸쳐 생태학자들은 남은 아홀로틀을 보호하기 위해 애써 왔지만 그다지 성공을 거두지 못했다. 아마도 염기서열 연구가 완성되어야만 이것이 강한 자극이 되어 세계적인 관심과 그에 따른 기금이 마침내 멕시코로 향할 수 있을 것이다. 아홀로틀의 유전체가 유난히 길기 때문이기도 하지만 이 모든 암호를 철저히 조사했음에도 연구자들이 PAX3라고 부르는 유전자를 찾지 못했기 때문이기도 하다. 이 유전자는 신경능 세포에서 활동하며 뼈와 근육 조직의 발달에 반드시 필요한 것으로 여겨졌다.

그때까지의 가정은 척추동물이 PAX3를 갖지 못한 경우 생존하지 못한다는 것이었다. 그럼에도 아홀로틀은 같은 계열에 속한 PAX7 유전자가 대신 달려들어 이 친척의 기능 중 몇 가지를 이어받은 덕분에 걸어 다니고 있다.

이 모든 것으로 볼 때, 아홀로틀이 과학에 한 가장 커다란 기여는, 재생의 비밀을 발견하도록 도움을 줬을 뿐 아니라 생명 자체의 새로운 모델을 보여 준 점이라고 할 수 있다. 이 모델에서는 어떤 유전자도 한 개체의 생물학적 존재에 절대적인 의무를 갖지 않으며,

뚜렷하게 다른 염기서열의 뉴클레오티드nucleotide가 지닌 기능을 다른 염기서열이 대체할 수 있다. 만일 이것이 사실이라면 인간이 만든 기계의 시스템에서 생존 능력과 강인함의 핵심으로 알려진 속성을 우리 유전체 안에 집어넣을 수 있다는 뜻이다. 그 속성이란 '중복 redundancy'이다.

물론 아홀로틀을 처음 본 사람이라면 이런 것을 짐작도 하지 못할 것이다. 아홀로틀은 그렇게 강인해 보이지 않으며, 흔히 강인한 존재라고 할 때 연상되는 근육질의 사납고 뻔뻔한 모습 같은 것은 전혀 찾아볼 수 없다.

그러나 그 부문에서라면, 아홀로틀은 확실히 혼자가 아니다.

|
나무늘보에게는 아무 결함도 없다
|

덩굴이 있었다. 정글 한복판에. 커다란 검은 연못 앞에.

덩굴 지름은 3cm쯤 되었다. 한번 세게 잡아당겨 보았더니, 전에 해먹을 걸거나 암벽을 오르거나 배를 정박시킬 때 사용하던 로프처럼 탄탄했다. 나는 두 손으로 덩굴을 꽉 잡은 다음 몇 걸음 뒤로 물러섰다가 달려 나가며 두 발을 땅에서 떼었다.

덩굴은 예상대로 탄탄했지만 나는 타잔이 아니었다. 연못을 4분의 3 정도밖에 건너지 못했는데 힘이 떨어지기 시작했다. 손을 뻗어 다른 덩굴을 잡아 보려고 했지만, 그 모든 영화에 나온 것처럼 덩굴을 옮겨 잡는 일이 그렇게 간단하지 않다는 것을 깨달았다. 연못은

허벅지 깊이 정도밖에 되지 않았지만 그 아래 진흙이 두껍게 깔려 있었다. 마른 땅까지 힘겹게 걸음을 옮기는 동안 몇 번이고 허리를 굽혀 장화를 빼낸 뒤 다시 신어야 했다.

내 가이드는 피에로 마르틴Piero Martín이라는 지역 사냥꾼이었는데, 마치 거미원숭이처럼 우아하게 덩굴을 붙잡고 내 옆을 지나쳐 갔고 연못을 건너가는 내내 웃었다.

피에로와 나는 세계에서 가장 느린 포유류[23]를 만나기 위해 페루 북서 지역의 범람원 숲을 통과해 걸어가는 중이었다. 연못 반대편에 무리 지어 서 있는 케크로피아 나무의 크고 선명한 초록 잎 사이에서 우리가 찾던 것을 발견했다.

"많은 사람이 나무늘보를 매우 게으르다고 여겨요. 하지만 저기 봐요!" 피에로가 내게 말했다.

그는 케크로피아 가지들이 갈라지는 안쪽 굴곡 지점을 손으로 가리켰다. 내 위치에서는 낡은 축구공 하나가 나무 몸통과 가지 사이에 끼어 있는 것처럼 보였다.

나는 기다렸다. 또 기다렸다. 그리고 또 기다렸다.

"무슨 일이 벌어지긴 하나요?" 마침내 내가 속삭이며 말했다.

피에로가 못 참겠다는 듯 웃음을 터뜨리기 시작했다. "아니요." 그가 내 등을 손바닥으로 때리며 몇 차례 더 낄낄 웃었다. "아마 아무 일도 일어나지 않을 겁니다. 나무늘보는 게을러요. 내일 다시 와서 봐도 나무늘보가 바로 저기 저 가지에 저 자세로 있을 가능성이 커요."

며칠 뒤, 아마존강 지류에서 낚시를 하다가 나무늘보 한 마리가 실제로 뭔가를 하는 모습을 처음으로 보았다. 나무늘보는 내가 도착한 곳에서 18m 조금 못 미친 나무 위쪽의 가는 가지에 아무 미동도 없이 매달려 있었다. 오후의 폭풍이 몰려들고 있었고 바람도 점점 거세졌으며 나무는 빠르게 앞뒤로 흔들렸다. 이 정도로 강한 바람이면, 나무늘보도 좀 더 안정된 자리로 옮겨서 강풍이 지나가기를 기다려야 할 때라고 판단할 것 같았다.

세발가락나무늘보three-toed sloth의 속도는 추정치마다 꽤 차이가 나서, 나는 실제로 이 나무늘보가 움직이는 속도를 알아보기 위해 중학교 수학을 약간 적용해 보았다. 나무늘보가 있는 나뭇가지와 그 아래쪽 나뭇가지의 거리는 대략 1.8m쯤 되었다. 나무늘보가 이 거리를 이동하는 데 60초 조금 안 되게 걸렸으니 시속 96m의 속도였다. 그것도 상황이 아주 심상치 않다는 진지한 **태도로** 나름 빠르게 움직인 결과였다.

완보동물에서 퉁소상어와 아홀로틀에 이르기까지, 이들 동물이 사는 환경과 거쳐 온 진화 이력이라는 문맥 속에서 살피기 전까지, 이들 동물은 대체로 이상하게 보인다. 그러나 나는 페루를 떠나면서 과거 어느 때보다 자연선택에 대해 혼란스러웠다. 브라디푸스*Bradypus* 속의 세발가락나무늘보도, 이보다는 아주 약간 빠른 사촌인 콜로이푸스*Choloepus* 속의 두발가락나무늘보도, 아나콘다나 재규어, 부채머리수리 같은 육식동물이 **우글거리는** 중남미 숲에서 **어떤 식으로든** 생존해 왔기 때문이다.

게다가 이들 나무늘보는 지금은 멸종된 종을 비롯해 다른 많은 동물을 절멸시킨 갖가지 압력과 포식자와 환경 변화에도 살아남으면서 수천만 년 동안 이러한 조건을 견뎌 왔다. 나무늘보의 진화 계통에서 살아남은 것은 3m 길이의 힘센 메갈로닉스*Megalonyx*도 아니고, 하마처럼 생긴 글로소테리움*Glossotherium*도 아니며 고릴라처럼 생긴 하팔롭스*Hapalops*도 아니었다. 나무에 사는, 얼핏 불운해 보이는 작은 집단의 나무늘보가 살아남았는데, 이들은 도망치는 일에도 맞서 싸우는 일에도, 심지어 폭풍이 몰려올 때 높은 나무에서 내려오는 일에도 제대로 적응하지 못한 것처럼 보였다.

나무늘보가 생존에 적합했다는 사실에 혼란을 느낀 사람이 분명 나만은 아니었다. 1700년대 중반 프랑스의 동식물 연구가 조르주루이 르클레르 드뷔퐁 백작Georges-Louis Leclerc, Comte de Buffon은 나무늘보에 대해 "한 가지 결함만 더 있었더라도 살아가기가 불가능했을 것"이라고 의견을 밝히면서 나무늘보가 "이상하고 엉망진창인 형태"라고 썼다.

이 약한 동물은 자연선택으로 사라졌어야 하지 않을까?

루시 쿡Lucy Cooke은 그렇지 않다고 생각한다. 그리고 바로 그 이유로 나무늘보가 결코 약하지 않다고 믿는다. 동물학자이자 내셔널지오그래픽협회 탐험가인 그녀는 나무늘보가 다름 아니라 그렇게 느리기 때문에 우리 주변에서 가장 강인한 동물로 꼽힌다고 여긴다.

2013년 쿡은 다음과 같이 썼다. "나무늘보에게는 결함이라 할 만한 것이 없다. 사실은 매우 성공적인 동물이다. 열대 정글에서 나무늘보는 포유류 생물량의 거의 3분의 2를 이루는데, 이는 '난 상당히 잘 지내고 있어요, 고마워요.'라고 생물학이 대신 말해 주는 것이다."[24]

위스콘신대학교 매디슨캠퍼스에서 나무늘보의 생활과 행동을 연구하는 야생생태학자 조너선 파울리Jonathan Pauli는 이 생각에 동의한다. 그는 나무늘보의 생활을 바라보는 관점을 바꿔 보라고 내게 말했다. "나무늘보를 잡아먹는 모든 것들에 대해 생각하기보다는, 오히려 나무늘보가 먹는 것들에 대해 생각해야 해요."

나무늘보는 잎을 먹는다. 건강에 좋은 칼로리 면에서 잎은 결코 슈퍼 푸드가 아니다. 기본적인 먹이 공급원에서 적은 양의 에너지를 얻어 이를 어떻게 이용하는지 더 많이 이해하고 싶었던 파울리와 그의 동료들은 갈색목세발가락나무늘보three-toed brown-throated sloth 열 마리와 이보다 약간 더 빠른 사촌 호프만두발가락나무늘보two-toed Hoffman's sloth 열두 마리를 데려왔다. 연구자들은 추적 가능한 동위원소를 나무늘보에게 주사한 뒤 풀어 주었다. 일주일 뒤 연구자들은 이들 나무늘보를 다시 데려와서[25] 혈액에 동위원소가 얼마나 있는지 검사하여 이를 바탕으로 나무늘보의 대사율을 계산했다. 그 결과 나무늘보가 하루에 약 100칼로리를 연소한다는 것을 알게 되었다. 이는 대략 땅콩버터 1tbsp(큰 스푼을 뜻하며, 약 15ml-옮긴이)에 해당하는 칼로리이다. 나무늘보가 이제껏 알려진 포유류 가운데 가장 낮은 대사율을 보인다는 의미이다. 에너지 소비 및 산출에서 비슷하게나마 이 정도 낮은 수준에 근접하는 것은 나무늘보보다 훨씬 몸집이 큰 대왕판다 뿐이다.[26]

대다수 동물은 먹이를 찾으러 다니느라 평생을 보내지만, 나무에 사는 나무늘보는 주변이 온통 먹이로 둘러싸여 있다. 파울리가 이렇게 말했다. "잎은 어디에나 있지만 질이 좋지 않은 음식이에요. 그래서 나무늘보는 에너지 소모를 제한하기 위해 생리, 소화, 행동, 해부학과 관련한 일련의 특징들을 진화시켜 왔죠."

먹이를 구해야 하는 필요가 쉽게 해결되다 보니 나무늘보는 다른 일, 가령 더 많은 나무늘보를 만드는 일에 집중할 수 있다.[27] 나무늘보는 한 번에 한 마리 새끼만 낳으며 수년간 함께 지낸다. 그러나 수명이 30년에 이를 정도로 비교적 길다 보니 세발가락나무늘보는 개체군 번성의 측면에서 실제로 '상당한 성공'을 거둘 수 있다. 종의 생존이라는 관점에서 볼 때 사실 가끔 나무늘보를 나무에서 떼어내 버려도, 심지어는 자주 이런 일이 있어도 큰 지장은 없다. 그래도 많은 자손을 퍼뜨리기 때문이다.

그렇다면 나무늘보가 생존에 대해 우리에게 알려 줄 교훈은 무엇일까? 가장 쉽게 생각할 수 있는 것은 우리 모두 차분하게 열을 식히고 조금은 느긋해지자는 것이다. 그러나 이보다 중요한 교훈은, 식량 안보에 관한 부분이다. 나무늘보는 주변에서 곧바로 풍부하게 이용할 수 있는 것을 먹도록 진화했다.

우리도 이런 방향으로 진화했다. 다만 너무 많은 사람이 아직 이를 깨닫지 못할 뿐이다.

|

딱정벌레가 세상을 먹여 살릴 수 있다면

|

시엠레아프시의 시장에 들어선 지 5분도 지나지 않아 그 일이 벌어졌다. 나는 여행 다닐 때 가급적 사람들의 주의를 끌지 않으려고 노력하지만, 나 자신이 쉽게 산만해지고 어설픈 데다 이 두 가지가

한데 합쳐져 조심성이라고는 찾아보기 어렵다.

내가 말린 생선 바구니를 살피고 있을 때 남자아이 한 명이 내 앞으로 끼어들어 작은 비닐봉지에 타마린드 꼬투리를 담기 시작했다. 나는 아이에게 공간을 마련해 주려고 뒤로 물러섰고, 그때 슬리퍼를 신은 내 발에 뭔가 물컹거리는 것이 밟혔다. 시끄러운 시장의 소음 위로 고통의 비명이 울려 퍼졌다. 몸을 돌린 나는 닭 우리 안에 내 발이 들어가 있는 것을 보았다.

예전에 우리 집에서도 암탉을 길렀으며, 대개는 한 번에 세 마리씩, 더러는 무려 여덟 마리까지 키우기도 해서 나는 가금류에 대해 잘 알았다. 닭을 살펴보려고 허리를 굽혔다. 닭의 한쪽 발이 우리 옆면에 끈으로 묶여 있었다. 요령 없이 투박하게 묶어 놓아서 혹시 나 때문에 닭의 다리가 부러지지는 않았을까 걱정했지만 큰 문제는 없어 보였다. 그럼에도 닭 주인은 내가 못마땅한 눈치였다.

이리하여 나는 캄보디아에서 닭 한 마리를 소유하게 되었다.

이 닭을 오래 데리고 있지는 않았다. 2만 캄보디아 리엘(한화로 약 5,500원-옮긴이)의 돈을 치르고 주인의 손에서 닭을 받아 들었다가 그녀에게 도로 선물로 주기까지의 시간만큼만 데리고 있었다. 기분이 좋아진 그녀가 작은 봉지에 담긴 뭔가를 내게 건넸는데, 처음에는 얼핏 구운 견과류라고 여겼다. 그러나 자세히 들여다본 나는 그것이 밀웜mealworm이라는 걸 알았다.

"아." 내가 봉지 안에 손을 넣어 벌레 몇 마리를 꺼내면서 말했다. "나더러 닭에게 간식을 주라는 건가요?"

내가 허리를 굽히고 닭에게 먹이를 주자 여자가 웃기 시작했다.

"오트 일 태$Ot\ yl\ tae$!²⁸ 아니에요… 이건…" 그녀가 손으로 닭 앞을 가로막으며 말했다.

그러더니 자기가 먹는 시늉을 했다. "네… 이렇게요." 강조하기 위해 그녀는 내가 들고 있는 봉지에서 벌레 한 마리를 꺼내더니 자기 입에 넣고는 과장된 몸짓으로 벌레를 씹은 뒤 삼켰다.

바삭바삭하면서도 끈적거리는 벌레는 뭔가 달콤한 것을 첨가하여 구운 호박씨 맛이 났다. 내가 혀끝을 가리키며 웃자, 그녀는 팬에 코카콜라를 넣었다는 뜻으로 콜라병을 보여 주었다. 나는 캄보디아와 미국의 퓨전 음식을 먹고 있었던 것이다.

이 이야기를 많은 미국인 친구들에게 들려주면 보통은 조금 역겹다는 표정을 짓는다. 미국인이 아닌 사람들에게 들려주면 거의 모두 지루해 한다. 밀웜은 딱정벌레 애벌레이고, 딱정벌레는 세계적으로 널리 먹는 식용 벌레로 전 세계 메뉴에 350종이나 올라 있기 때문이다.

이는 과학자들이 다른 어느 동물 목보다 딱정벌레목의 개별 종을 더 많이 발견하고 이름을 붙였기 때문이다.²⁹ 이제껏 기술된 모든 동물 네 종 가운데 한 종은 딱정벌레 유형일 정도다. 가장 짧은 딱정벌레는 몸길이가 0.25mm인 스키도셀라 무사와센시스로, 1999년 니카라과에서 발견된 뒤 보이지 않다가 2015년에야 콜롬비아의 한 균류에서 다시 발견되었다.³⁰ 가장 큰 딱정벌레는 15cm가 넘는 헤라클레스장수풍뎅이Hercules beetle, 디나스테스 헤르쿨레스*Dynastes hercules*이며 역시 콜롬비아에서 볼 수 있다. 모두 38만 종의 딱정벌레가 있지만 새로운 종이 끊임없이 발견된다. 2014년만 해도 인도네시아의 연구자

들이 새로운 딱정벌레를 100종 가까이 찾았다.[31]

그렇다면 딱정벌레는 어떻게 그렇게 다양하게, 또 많이 번식하게 되었을까? 딱정벌레가 진화적으로 강인한 동물이기 때문이다. 딱정벌레는 결코 순순히 작별 인사를 건네고 멸종의 긴 밤 속으로 사라지지 않는다.

5,500개가 넘는 딱정벌레 화석을 포괄적으로 조사한 결과 이런 놀라운 발견을 얻게 되었다. 콜로라도대학의 데나 스미스Dena Smith와 일리노이대학의 조너선 마콧Jonathan Marcot이 현존하는 딱정벌레와 화석을 비교한 결과, 거의 3억 년 전 것까지 포함하여 이제까지 존재한 딱정벌레목의 과 가운데 3분의 2가량이 오늘날까지 그대로 살아남았다는 것을 알아냈다.

화석 곤충학자인 스미스는 딱정벌레목에 속하는 수많은 과가 멸종하지 않고 번성할 수 있었던 비밀이 이 곤충의 변태와 이동 능력에 있다고 믿는다. 부드럽고 물렁물렁한 애벌레는 외골격으로 덮인 성충 딱정벌레에게 가장 안락한 곳 말고 다른 서식지에서 잘 자랄 수 있다. 그리하여 화재나 홍수 등 단기간에 걸친 급격한 변화가 특정 단계의 변태 상태에 있는 딱정벌레를 모두 없애더라도, 다른 변태 상태에 있는 딱정벌레에게는 영향을 미치지 않을 수 있다. 아울러 딱정벌레 성충은 잘 날아다니는 곤충이어서 장기간에 걸쳐 일어나는 기후상의 변화에 대응해서도 빨리 이동할 수 있다.[32]

스미스가 생각하는 또 다른 요인은 폭넓은 적합성, 즉 딱정벌레의 먹이이다. 뿌리와 줄기와 잎을 먹는 딱정벌레가 있는가 하면, 씨앗과 꽃꿀과 열매를 먹는 딱정벌레도 있다. 살아 있는 동물을 먹는 딱정벌레가 있는가 하면 죽은 동물을 먹는 딱정벌레도 있다. 소수이지만 똥을 먹는 딱정벌레도 존재한다. 세계의 숲을 사랑하는 이 곤충이 모든 것을 너무 잘 알게 되면서 일부가 나무와 나무껍질을 게걸스럽게 먹어 치우자, 안 그래도 기후변화로 늘어나는 가뭄에 나무 손실이 급속히 확산되는 상황을 더욱 심화시키고 있다. 딱정벌레 중에는 한 가지 형태의 먹이를 선호하면서도, 필요한 경우 얼마든지 다른 형태의 먹이도 먹을 수 있는 종이 많다.

딱정벌레는 먹이에 대해 절대 까다롭지 않다. 이 점과 관련하여 내가 캄보디아에서 먹었던 그 밀웜이 다시금 떠올랐다. 지구 인구가 점점 늘어나는 상황에서 우리가 하나의 종으로 더 오래 살고자 한다면, 확실히 또 다른 식량 공급원을 찾아보아야 할 것이다. 땅은 많이 필요하지 않으면서 오염은 덜 발생하고, 젖소와 돼지와 가금류에 비해 훨씬 더 효율적으로 식물을 단백질로 바꿀 수 있는 식량 공급원을 찾아야 한다. 이를 위해서 유엔식량농업기구FAO에서는 우리가 음식에 대한 까다로운 성향을 줄여야 한다고 믿고 있다. 곤충을 널리 먹기 시작해야 한다는 이야기이다.

세계 인구의 4분의 1 정도가 이미 곤충을 먹고 있다. 또 꽃무지와 장수풍뎅이, 그리고 실은 쇠똥구리조차도 다른 어느 곤충보다 단백질 함유량이 높다. 딱정벌레는 유일하게 애벌레로도, 번데기로도, 성충으로도 먹을 수 있는 곤충이며, 이는 곧 요리사가 한 종 안에서도 아주 다양한 식감과 맛의 재료를 사용할 수 있다는 의미이다. 선택 가능한 종의 종류와 수가 많다는 것을 고려할 때, 이제 딱정벌레 뷔페를 연구하고 실험해 볼 때가 무르익었다.

다른 모든 곤충은 말할 것도 없다. 지구에는 사람 1명당 개별 곤충이 2억 마리나 있다.[33]

그러나 내가 곤충이나 곤충 애벌레를 재료로 사용하는 지역 요리사를 찾는 데 관심이 있다고 소셜미디어에 올렸을 때 나온 반응은 조금 실망스러웠다. "나도 이런 정보를 알고 싶어요." 한 친구가 댓글을 달았다. "그래야 그런 곳을 피할 수 있잖아요." 또 한 친구는 아무 말 없이 그냥 토하는 이모티콘만 올렸다. 내가 다니는 동네 시장의 정육업자는 어떤 종류의 동물 단백질이든 팔 수 있는 것이면 갖다 놓겠다고 열린 태도를 보이면서도, "곤충이 그저 신기한 것을 넘어서 다른 식으로 쓰일 수 있는 세상이라니, 상상도 안 되는데요."라고 말했다.

딱정벌레와 기타 곤충을 미국 주류 식단에 성공적으로 도입할 수 있을 것이라는 내 생각을 기꺼이 접었다. 그 후 세 가지 일이 있었다.

첫째, 나는 데이비드 포스터 월리스David Foster Wallace가 메인 랍스터 페스티벌the Maine Lobster Festival에 대해 빈정대며 자세하게 써 놓은 「랍스터를 생각해 봐Consider the Lobster」를 다시 읽었다. 수천 명의 사람이 이 축제에 모여들어 많은 돈을 쓰면서 살아 있는 동물을 끓여 먹는다. 랍스터의 가격이 비싼 것은 아이러니하다. 1800년대 내내 랍스터는 "가난한 사람과 보호시설에 있는 사람들만 먹는 하급 음식"이었다. 분류학상으로 볼 때 "랍스터는 기본적으로 커다란 바다 곤충이기" 때문이라고 월리스는 언급했다.[34]

둘째, 내 딸이 핼러윈에 스시롤 의상을 입었다. 자기가 직접 디자인하고 엄마의 도움으로 만든 것이었다. 아주 최근까지도 날생선 조각을 먹는다는 것은 미국인에게 구토를 불러오는 생각이었다. 그러나 이제 몇 군데 레스토랑이 있는 도시라면 어디나 거의 모두 스시를 제공하는 곳이 하나쯤은 있고, 많은 슈퍼마켓에는 현장에서 바로 스시를 만들어 주는 요리사가 있으며, 아이들은 핼러윈에 스시 코스프레를 한다.[35] 우리 동네에서 스시롤 복장을 한 아이가 우리 딸만 있는 것도 아니었다. 그녀는 자신의 복장이 너무 자랑스러워 핼러윈이 지난 다음 주에 저녁 외식을 하러 갈 때도 입고 싶어 했다. 그날 밤 식당은 사람들로 붐볐고 직원과 저녁 식사 손님들은 자신들의 접시에 놓인 것과 비슷하게 생긴 스시가 걸어 다니는 것을 보고 즐거워했다. 우리는 다소 빠른 시일 안에 새로운 음식의 '팬'이 되기도 한다.

셋째, 자랑스럽게 곤충을 즐기는 사람이자 『식용: 곤충을 먹는 세계로 떠나는 여행과 지구를 구할 마지막 커다란 희망Edible: An Adventure into the World of Eating Insects and the Last Great Hope to Save the Planet』의 저자인 다니엘라 마틴Daniella Martin에 관한 이야기를 한 친구에게 전해 들었다. 마틴은 곤충을 먹는다는 생각 앞에서 많은 사람이 완전 겁쟁이가 된다는 것을 깨달았다. 그러나 그녀를 통해 식용 곤충을 처음 접하게 된 아이들은 전혀 그렇지 않았다. 그녀는 책에 이렇게 썼다. "아이들은 충격 효과를 위해 식용 곤충을 먹지 않는다. 페이스북에 올릴 사진을 찍기 위해 먹는 것도 아니다. 아이들은 식용 곤충이 맛있기 때문에, 그리고 덜 사회화되고 덜 경직된 머릿속에서는 곤충이 나쁘다는 생각이 아직 굳어져 있지 않기 때문에 먹는 것이다."[36]

이 점을 생각하며 나는 아내가 교사로 있는 학교에 들러 그녀가 맡은 3학년 학생들을 상대로 설문 조사를 해 볼 수 있을지 물었다.

"내가 곤충을 한 그릇 갖고 있는데 이 곤충을 먹어도 절대 안전하고 맛도 있다고 말한다면 누구 먹어 볼 사람 있어요?" 내가 물었다.

아이들은 눈도 깜빡하지 않고 거의 모두 손을 들었다. 그리고 내내 손을 들지 않았던 한 여자아이는 나중에 내게 와서 자신은 곤충 먹는 것을 걱정했던 것이 아니라고 말했다. 낯선 사람이 주는 음식을 받아먹어서는 안 된다고 아이들이 분명하게 알고 있는지 내가 시험하는 줄 알았다고 했다.

다음 날 나는 구운 귀뚜라미를 한 그릇 가득 들고 다시 교실을 찾았다. 분명 아이들이 멈칫할 것이라고 나는 생각했다. 몇 명은 정말 멈칫했다. 그러나 대다수는 변함없었다. 곤충을 먹는 것이 흥미로울 거라고 말했던 아이는 정말로 흥미를 보였고 작은 팡파르를 울리면서 곤충을 꿀꺽 삼켰다. 전날 곤충을 먹지 않겠다고 말했던 몇몇 아이도 결국 먹어 보았다. 모든 아이가 좋아한 것은 아니지만 구역질을 하거나 도로 뱉어 낸 아이는 한 명도 없었다. 아마 방울다다기양배추로 시험했더라도 그 같은 성공을 거둔다는 것은 상상하기 힘들었을 것이다.

학교가 끝난 뒤 내 딸과 나는 다른 선생님들에게도 곤충을 가져가서 한번 먹어 보라고 했다. 그들 중 몇몇만이 기꺼이 나서서 귀뚜라미를 먹으려 했고, 대부분은 내 딸이 먼저 시도하는 것을 보고 나서야 비로소 먹었다. "크래커 맛이에요." 미소 짓는 입술 한쪽에 곤충 다리 하나를 매단 채로 내 딸이 한 선생님에게 말했다.

가장 성공을 거둔 동물, 다시 말해 지구에서 가장 많은 생물량을 차지하도록 진화한 동물은 분명 우리의 식량 안보 미래에서 커다란 역할을 하게 될 것이다. 아울러 우리 아이들이 뭔가를 보여 주는 중 거라면 문제를 장차 극복해야 할 커다란 장애물로 여길 이유도 별로 없다. 거의 모든 사람이 곤충을 즐길 수 있을 것이며, 나아가 수북이 담긴 곤충도 즐기게 될 것이다. 우리는 새로운 것을 시도하는 면에서 조금 더 강인해져야 한다.

이타심이 아니라 '개미다움'

내가 존 움베르토 마드리드John Humberto Madrid를 만났을 때 그는 맨발로 아마존 정글을 뛰어다니고 있었다.

이 점이 맨 처음 내 눈길을 끌었다. 이유는 알 수 없었다. 특히 그의 목에 다람쥐원숭이가 매달려 있어 주목을 끌었다.

움베르토는 어떤 점에서는 닥터 두리틀(영국 작가 휴 로프팅의 아동문학 시리즈 주인공으로, 세상과 단절한 채 동물과 소통하며 살아가는 인물-옮긴이)이고 어떤 점에서는 미치광이 과학자이지만, 그보다 훨씬 커다란 측면에서는 모두가 원하는 할아버지라고 할 수 있으며 아마존생물공원의 책임자를 맡고 있다. 이곳은 콜롬비아 남부 정글에 있는 연구 기지로, 사냥꾼에 의해 다친 동물이나 밀매업자의 손에서 구해 낸 동물을 돌보고, 연구자들이 아나콘다와 매너티, 타란툴라, 재규어 등 아마존의 믿기 힘든 생물다양성을 연구하기 위해 찾는 곳이다.

이 놀라운 생물다양성에 속하는 것 가운데, 부르켈 군대개미 Burchell's army ant라고 불리는 1.27cm 길이의 곤충이 있다. 우리가 센터 주변을 함께 쏘다닐 때, 움베르토가 갑자기 멈춰 서더니 땅에서 떼지어 다니는 곤충 무리를 손으로 퍼 담아 올렸다. 그중 대부분을 털어 낸 그는 특히 흥미를 느낀 한 표본, 에키톤 부르켈리Eciton burchellii에 집중했다. 엄지와 검지로 이 곤충의 배를 잡고는 내게 가까이 와서 살펴보라고 했다.

"이 집게발 보여요?" 그가 말했다. "쥐는 힘은 아마 세계에서 가장 셀 겁니다. 인간이 이 정도 힘을 지녔다면 두 팔로 냉장고도 쭈그러뜨릴 수 있어요. 하지만 이 개미의 무기는 이게 아닙니다. 턱이죠."

예를 보여 주기 위해, 움베르토는 다른 손 검지를 이 개미의 둥글납작한 복숭앗빛 머리에 갖다 대고는 개미가 자기 살을 물도록 했다. 집게발의 날카로운 끝이 그의 살을 파고들며 물었다. 검지 끝이 밝은 분홍빛으로 바뀌었다.

나는 움찔했다. 움베르토는 아무 기색도 없었다.

"디오스 미오Díos mio!(아이구 맙소사!-옮긴이), 아프지 않아요?"

"아, 아프죠." 그는 내가 날씨 이야기라도 물은 것처럼 답했다. "실은 정말 아파요. 하지만 총알개미만큼 아프지는 않아요."

"그러니까… 직접 경험해 보고 알게 된 거라고 생각하면 될까요?"

'저도 아니었으면 좋겠어요.'라는 표정으로 그가 나를 바라보았다.

곤충 급에서 조지 포먼(George Foreman, 미국의 전설적인 권투선수-옮긴이) 수준의 펀치상 같은 것이 있다면, 총알개미bullet ant, 파라포네라 클라바타*Paraponera clavata*에게 돌아갈 것이다. 이 개미의 침에 당하면 순식간에 정신을 차리지 못할 정도의 통증이 몰려와 남자든 여자든 모두 바닥에 쓰러져 버린다. 이 개미의 침은 4점 만점의 측정 체계인 슈미트 통증 척도Schmidt Pain Scale에서 '4+'를 얻었다. 이 척도는 저스틴 슈미트Justin Schmidt가 애리조나대학의 곤충학자로 오래 지내는 동안 수백 가지 곤충 침을 직접 맞아 보면서 개발한 것이다. 슈미트는 "발뒤꿈치에 8cm짜리 못이 박힌 상태로 불타는 석탄 위를 걷는 것 같다."라고 이 느낌을 설명했다.

움베르토는 처음 집게발에 물렸을 때보다 훨씬 아프게 보이는데도 자기 손가락 조직 안에 깊이 박힌 군대개미의 집게발을 파헤쳐 보면서, 정말 비극적이라고 할 만큼 세계에서 가장 연구가 덜 된 생물의 하나가 개미라고 믿는다고 말했다.

"이 개미처럼 쥐는 힘이 강한 것이 있는가 하면, 통증이 심한 것도 있죠. 하지만 아마존에는 수많은 개미 종이 있고, 이 많은 종이 저마다 극단적인 특성을 하나씩 갖고 있어요."

지금까지 알려진 개미 종은 전 세계적으로 1만 2,000종이 넘는다. 움베르토는 이 모든 개미가 한 가지 공통점을 지니며, 그것은 함께 모여 있을 때 더 강인해진다는 점이라고 말했다.

지금 당장 밖으로 나가 주위를 둘러보면 그리 오래 지나지 않아 개미를 발견할 것이다. 그리고 한 마리를 발견하고 나면 **오직** 이 한 마리로만 그칠 가능성은 현저하게 낮다. 개미가 빠르고 강하고 정말 좋은 무기를 가졌다고 해도 한 마리만으로는 상대적으로 약체이다. 오직 함께 뭉쳤을 때만 역경을 견딜 정도의 강인함을 보일 수 있다.

아울러 개미는 함께 하는 일이 많다. 함께 먹이를 찾고, 함께 싸우고, 함께 집을 짓는다. 또 페로몬의 '냄새 흔적scent trail'을 이용하여 각자의 체취를 바통 릴레이 방식으로 이어 가며 길을 찾는 데 이바지함으로써 울퉁불퉁한 지형에서도 함께 먼 길을 찾아갈 수 있다. 이 모든 것에 힘입어 함께 생존하고 함께 번성한다.

흔히 개미 군단을 초개체超個體로 여기는 것은 당연하다. 이 말은 하버드대학의 곤충학자 윌리엄 모턴 휠러William Morton Wheeler가 만들어 낸 것으로, 개별 개체의 생존을 확보하기 위해 서로 의지하는 쪽으로 진화하기보다는 전체의 생존을 확보하기 위해 개체가 전체에 예속되는 집단을 가리키는 단어이다. 흔히 세포가 한 생명체를 위해 함께 일하는 다세포화, 그리고 개체가 군집을 위해 함께 일하는 사회성과 비교하여 사용한다. 그러나 이 개념이 편리한 비유이기는 해도 과학적 원리는 아니며 한 세기 가까이 거의 검토되지도 않았다.[37]

그러나 생물학자 제이미 길룰리Jamie Gillooly와 동료들은 군집이 정말 단일 생명체처럼 기능**했는지** 검토하는 데 도움이 될 만한, 한 세기 가까이 된 또 다른 이론이 있다고 판단했다. 1905년 오스트리아의 물리학자이자 철학자인 루트비히 볼츠만Ludwig Boltzmann은 "활동에 쓰일 수 있는 자유 에너지를 얻기 위해 애쓰는 것"이 생존 투쟁이라고 언급한 바 있다. 생명체의 크기가 클수록 뭔가를 하는 데 더 많은 에너지가 들어가는 것은 당연하다. 시간이 지나면서 연구자들은 에너지 소비율과 생명체 크기 간에 놀랄 만큼 일관된 연관성이 있음을 발견했으며 이 원리는 대사 비례 이론Metabolic Scaling Theory이라고 알려지게 되었다.

군집이 생명체처럼 기능한다면, 대사 관련 자료가 이를 입증하는 데 도움이 될 것이라고 길룰리는 믿었다. 그리하여 길룰리와 공동 연구자들은 개미 141종의 군집뿐 아니라 벌, 말벌, 흰개미 27종의 군집도 살펴보면서, 가령 군집의 무게에서부터 먹이 소비, 그리고 집단적 생식선의 총 생물량에 이르는 모든 것에 대한 정보를 수집했다. 길룰리 연구 팀이 다른 어떤 예측보다 우선으로 세운 가설은 군집의 생물량 생산과 수명이 단일 생명체에서 보이는 것과 같은 추세를 그리며 예측 가능한 범위에서 군집의 질량 및 대사율에 비례할 것이라는 점이었다.

그리고 예측대로 되었다. 만일 상관관계를 보이는 도표에 제목을 달지 않았다면, 개체의 측정치가 어느 것이고 군집의 측정치가 어느 것인지 짐작하기 힘들 만큼 너무 똑같은 추세를 보였다. 이른바 초개체는 에너지 사용 면에서 개별 생명체와 똑같은 생물학적 원칙을 따르고 있었던 것이다.[38]

몇 년 뒤 영국 브리스톨대학의 연구자들은 호리가슴개미류인 템노토락스 알비펜니스*Temnothorax albipennis* 군집이 모의 공격을 당할 때 신속한 협동 반응을 보이면서도, 군집의 어느 지점이 공격당하는가에 따라 각기 다른 양상을 보인다는 것을 입증했다. 둥지에 있는 개미 몇 마리를 제거하는 식으로 군집을 공격했을 때 개미는 둥지 전체를 대피시켰다. 그러나 돌아다니는 개미 몇 마리를 제거했을 때는 군집이 도로 둥지 **안으로** 철수했다. 연구자들은 개미 군집이 단일 생명체가 보일 법한 양상으로 반응한다고 결론을 내렸다. 즉, 필요한 경우 '몸 전체'를 움직이지만 '부속 기관' 정도만 옮겨도 해를 입지 않고 안전하게 머물 수 있는 경우에는 그냥 그 부분만 옮기는 것이다.[39]

엄청난 파괴를 몰고 온 2017년 휴스턴 홍수 때 거대한 함대를 이룬 불개미 사진이 소셜미디어를 뒤덮으면서 전 세계 수백만 명의 사람이 개미 초개체의 많은 생존 전략 가운데 하나를 목격하게 되었다. 크레이그 토비Craig Tovey는 이보다 앞서 이런 행위를 목격한 바 있다. 조지아공과대학 교수로 시스템 엔지니어이자 생물학자였던 그는 개미가 함께 뭉쳐 생존 및 보호 목적용 구조를 형성하는 것에 오래전부터 흥미를 느껴 왔다. 붉은불개미fire ant, 솔레놉시스 인빅타Solenopsis invicta도 개별 개체로는 오래 버티지 못한 채 불어나는 홍수에 굴복하고 말았을 것이다. 그런데 2017년 홍수가 찾아오기 오래전 토비와 동료들은 애틀랜타 전역에서 붉은불개미 군집을 채집하여 실험실로 가져온 뒤 이들을 물웅덩이 속에 빠뜨렸다. 그러자 개미는 빠르게 서로의 몸을 한데 연결하여 팬케이크 모양의 덩어리로 만들었으며 연구자들은 개미가 이런 상태로 수 주일 동안 물에 떠 있을 수 있다는 것을 알아냈다.

토비 연구 팀은 뗏목을 이룬 개미 군집을 액체 질소로 냉동시킴으로써 붉은불개미가 서로 어떻게 연결되어 있는지 살펴볼 수 있었다. 개미는 턱, 발톱, 그리고 잘 들러붙는 발바닥을 함께 이용했다.[40] 붉은불개미는 훈련이나 준비 과정도 없이 몇 분 만에 이 일을 해냈다. 거의 모든 포유류를 포함한 대다수 척추동물이 수영하는 법을 날 때부터 아는 것처럼,[41] 붉은불개미도 자기네 군집이 물에 빠지지 않는 방법을 자연적으로 알고 있었다.

물론 이런 과정은 곧 개별 개미가 군집을 위해 스스로 희생해야 한다는 의미이다. 인간이 이런 행위를 보여 줄 때 우리는 이를 용기와 이타심이라고 부른다. 이런 행위의 대담함에 경탄하고 이런 행위가 너무 드물다고 한탄한다. 그러나 개미가 이런 행위를 할 때, 우리는 이를 '개미다운 행동'이라고 일컫는다.

군집이 계속 유지될 수 있도록 개미가 보여 주는 행동을 생각할 때, 단지 짐작일 뿐이긴 하지만, 인간이 이런 개미를 더 많이 닮기 위해 배울 수 있다고 고무되지 않기란 어려운 일이다. 실제로 인간이 점점 더 서로 연결되는 현실을 고려할 때 어쩌면 그런 방향으로 가고 있는지도 모른다. 탁월한 포유동물학자이자 자연에 관해 쓰는 작가인 팀 플래너리Tim Flannery도 분명 이렇게 믿게 되었다.

플래너리는 다음과 같은 사색을 쓴 적이 있다.[42] "인터넷의 발명으로 우리 종도 이와 비슷한 사회적 진화로 나아갈 수 있지 않을까? 세계적인 경제 참사를 막고자 노력하거나 파멸적인 기후변화를 막기 위한 세계 조약에 합의할 때, 필연적으로 우리는 개미와 마찬가지로 초개체가 더 효율적으로 기능하는 구조를 구축하게 되는 것이다." 그러나 다른 한편으로 그는 "우리가 변화를 만들어 내기 전에, 현재 우리가 가고 있는 파괴적 경로가 결국 우리의 발목을 잡게 될" 가능성도 있다고 인정했다.

그러나 움베르토는 다르게 생각하고 싶어 한다. "이 정글을 둘러봐요. 이렇게 많은 생물다양성이 있어요. 하지만 지금 이렇게 살아 있을 수 있도록 진화하기까지, 이곳의 모든 것은 아주 많은 혼란을 거쳐 살아남았어요. 우리 역시 그래 왔을 거예요. 나는 우리가 흔히 생각하는 것보다 훨씬 강하다고 믿어요. 주변의 모든 생명과 조화롭게 살아가는 법을 기꺼이 배우고자 한다면, 우리는 잘해 낼 거예요."

7

치명적인 것들

'독'과 '약' 사이의
숨겨진 줄다리기

트럭이 진흙에 빠졌다.

그냥 조금 빠진 정도가 아니었다. 전에도 조금 빠진 적은 있어서 그 정도면 어떤 모습인지 알았다. 그러나 이번에는 심했다. 뒷바퀴 하나가 진흙 속에 너무 깊이 박혀 보이지 않을 정도였다. 당분간은 어디로도 가지 못할 만큼 트럭은 꼼짝하지 않았다.

길 양쪽에 사바나 초원의 풀이 자동차 지붕 짐칸 위로 거의 30cm 솟아 있는 데다, 빽빽할 만큼 울창하게 자라서 30cm 앞도 보이지 않았다.

그때 문득 뭔가 떠오르는 것이 있었다.

불과 1주일 전 독일 건축가가 실종되었다. 내가 에티오피아와 수단의 국경선 부근에서 헛도는 타이어와 마구 흩날리는 진흙을 멍하니 바라보며 서 있는 이곳으로부터 불과 몇 킬로미터 떨어지지 않은 곳에서 벌어진 일이었다.

그 건축가의 트럭 역시 꼼짝하지 않았다. 그는 도움을 청하러 여기저기 헤매고 다녔다. 그러고는 사라져 버렸다. 사자에게 당했을 것이라고들 했다. 어쩌면 표범일 수도 있었다. 이 지역에 대형 고양잇과 동물이 그리 많이 남지는 않았지만 그래도 존재하기는 했다. 그리고 흔히 굶주려 있었다.[1]

공원관리원 지역 초소에 가면 총을 가진 정찰대원 한 명이 우리를 기다리고 있을 것이다. 하지만 우리는 아직 공원관리원 초소에 이르지 못했다. 우리에게는 총이 없었다. 아무것도 없었다.

"내가 세계에서 가장 치명적인 동물에 관한 책을 쓰느라 사자에게 잡아먹힌다면 얼마나 아이러니할까요?" 나는 함께 일하는 통역사에게 물었다. 자기 이름이 리코 징카Rico Jinka라고 밝힌 그는 〈프레시 프린스 오브 벨 에어Fresh Prince of Bel-Air〉(NBC 텔레비전 시리즈-옮긴이)에 출연한 윌 스미스의 도플갱어 같았다.

"아이러니하다고요?" 리코가 물었다.

"웃기잖아요."

리코는 풀숲을 한동안 응시하더니, 침을 크게 삼키고는 땀으로 범벅된 얼굴을 찌푸렸다.

"웃기지 않을 겁니다. 당신이 잡아먹히면 우리 모두 잡아먹힐 테니까요."

나와 리코, 그리고 그의 친구인 에라미스Eramis와 베레체트Berechet, 이렇게 네 명의 일행은 트럭 안과 주변을 맡을 인력을 재배치했다. 에

라미스와 내가 각각 앞뒤에서 트럭을 밀고 당겼다. 리코는 바퀴 밑에 돌덩이를 던졌다. 베레체트는 트럭의 가속 페달을 밟으면서 바퀴를 앞뒤로 움직였다. 진흙 냄새가 지독했다. 트럭이 갑자기 앞으로 돌진했고 왼쪽 바퀴 덮개 앞쪽에 있던 나는 뒤로 넘어졌다. 트럭이 몇 센티미터 차이로 내 옆을 스쳤고, 나는 더러운 흙탕물과 끈적거리는 진흙을 뒤집어썼다.

나중에 가서야 진짜 아이러니를 깨달았다. 나는 사자를 걱정했지만 내 목숨을 앗아 갈 가능성이 훨씬 큰 것은 풀숲에 숨어 있는 생명체가 아니라 진흙 속에 있는 작은 생명체들이었다. 그보다 훨씬 큰 생명체도 있었는데, 이들 생명체는 트럭을 빼내기 위해 내 옆에서 애쓰고 있었다.

우리 입장이 아니라 사자의 입장에서 볼 때, 실적이 좋은 해라고 해 봐야 전 세계적으로 사자가 잡아먹는 사람은 연간 100명 정도다.

모기는 1년에 72만 5,000명을 죽이는데 대개는 이 지역 아프리카에 창궐하는 말라리아 때문이다. 체체파리나 선형동물, 그리고 자객벌레assassin bug라는 꼭 어울리는 이름의 기생충 트리파노소마 크루지 *Trypanosoma cruzi* 등 작은 생물체에 목숨을 빼앗기는 사람도 몇만 명이 넘는다.

그러나 인간이 훨씬 치명적이며, 이는 다른 인간에 대해서도 마찬가지이다. 매년 다른 사람에게 고의로 살해당하는 사람이 50만 명 가까이 된다. 자동차 사고로 죽는 사람도 133만 명에 이른다.[2] 그중에는 진흙에 빠진 트럭을 꺼내려고 애쓰다가 차에 치여 죽는 이도 있을 것이다.

나는 엉뚱한 걱정으로 흥분한 셈이다.

그러나 '가장 치명적인 것'이란, 당연히 갖가지 모든 측면에서 주관적인 것이다.

일단 개체군 규모가 문제다. 아프리카에는 사자가 약 2만 마리 남아 있다. 말라리아를 일으키는 모기는 1,000조 마리이다. 한 개체당 사람의 목숨을 빼앗는 수로 보면 사자가 더 치명적이다.

크기도 문제가 된다. 모기는 사자보다 훨씬 작다. 사람의 목숨을 빼앗는 수를 1kg 단위로 따지면 곤충이 이긴다.

공격을 당한 사람, 혹은 생물이 얼마나 빨리 죽을까? 한 생명체가 하루 혹은 평생에 걸쳐 치명적 공격을 몇 번이나 가할 수 있을까? 독 혹은 독액에 얼마나 강한 독성이 들어 있을까?

그다음으로 "누구에게 치명적인가?" 하는 문제도 있다. 요컨대 대다수 동물은 통상적으로 자신이 잡아먹는 먹이에게는 치명적이지만 인간에게는 그 정도로 치명적이지 않다.

그러나 어떤 기준으로 측정하든 한 가지는 명확하다. 우리가 흔히 걱정하는 동물들, 예를 들어 거미, 뱀, 상어 등 '영화에 등장하는 무서운 것'은 절대 우리가 공포를 느꼈던 것만큼 위험하지 않다는 사실이다.

미국에서 거미 한 마리 보이지 않는 집은 없으며 필시 지금도 당신을 지켜보는 거미가 적어도 한 마리는 존재할 것이다. 그러나 거미에게 물려 죽는 미국인은 평균 1년에 7명밖에 되지 않는다.[3] 번개에 맞아 죽을 확률이 네 배 더 높다.[4]

나는 도보 여행을 하던 중 우연히 뱀을 만나면 나도 모르게 펄쩍

뛰고 그 후에도 몇 시간씩 살갗이 오싹하지만, 미국에서 어떤 종류든 파충류에게 죽을 확률은 5,000만 분의 1 정도이다. 자동차 사고로 죽을 가능성이 5,000배가량 크지만 내 마쓰다 자동차에 탈 때마다 초조해하지는 않는다.[5]

호주에서는 대중이 많이 찾는 해변을 보호하기 위해 상어 망을 설치하고 관리하는 데 매년 수백만 달러를 쓴다. 게다가 고래, 바다거북, 물개가 덫에 걸려 죽게 된다는 이유로 망 설치를 금지하는 환경 관련 법을 피해 가기 위해 '국익 예외 조항'을 적용하기도 했다.[6] 2,400만 명이 사는 국가에서 상어로 인한 죽음은 1년에 단 한 건뿐인데도 이러한 결정을 내렸다.

그러나 우리가 정말 두려워해야 하는 것이 무엇인가 하는 문제보다 훨씬 덜 중요하게 여기는 것이 있다. 이런저런 방식으로 사람의 목숨을 많이 앗아 간다고 입증된 생물에게서 무엇을 배울 수 있는가 하는 문제이다.

자, 그럼 사람의 목숨을 빼앗는 많은 생물들을 만나 보자.

독성 식물이 가득한 마법의 방

사각의 아크릴 용기는 티슈 상자만 했다. 내 앞 탁자 위에 이런 아크릴 용기가 세 개 놓여 있었는데, 그 안에는 각각 어린 양의 잘린 머리가 방부액에 잠겨 있었다.

이 정도로는 그리 역겹지 않을 수도 있지만, 이것은 흔한 양이 아니었다. 이마에 가운데 눈구멍과 살집이 있는 관이 튀어나와 있는 외눈박이 양이었다. 몸을 기울여 내 쪽에 가장 가까운 양 머리의 텅 빈 눈을 바라보는 동안 나도 모르게 전율이 일었다.

"이건… 정말… 기막히군요." 나를 초대한 미 농무부 독성식물연구실험실USDA PPRL 소속 식물생리학 연구자 댄 쿡Dan Cook에게 말했다.

"기막히다"고 말했지만 실은 "오싹하다"는 뜻이었다. 그러나 이곳 실험실은 주변에 자라는 치명적인 것들에 대해 전 세계 농업 전문가들에게 조언해 주기 위해 과학자들이 일하는 곳인 만큼, 쿡이 숨겨놓은 다른 것들도 있을 터였다. 나는 그가 그것들을 내게 보여 줄 마음을 접지 않기를 바랐다.

쿡은 다행히 그러지 않았다. 곧이어 우리는 아마 세계에서 가장 위험한 식물 표본실이라고 할 만한 곳에 서 있게 되었다. 방 안에는 금속 캐비닛들이 가득하고 그 안에는 전 세계 독성 식물의 말린 줄기, 잎, 열매, 꽃 들이 파일로 정리되어 빈틈없이 꽉 채워져 있었다.

『해리포터』의 등장인물 중 내가 좋아하는 '약용식물 연구가' 네빌 통버텀이 잠깐 생각났다. "세상에, 네빌에게 이런 방이 있으면 뭐든 할 수 있겠어요."

마법을 쓰지 않는 보통 사람도 이런 방이 있다면 상당히 놀라운 일을 할 수 있을 것이다.

동물이 독성분을 먹었는데 어쩌다가 이런 일이 생긴 것인지 농부나 목장주가 알지 못할 때, 아픈 동물의 위胃에서 샘플을 채취하여 이곳 실험실에 보내면 된다. 실험실에서는 이곳 파일에 있는 식물의 화학적 특성 중에 이 샘플과 관련 있는 것을 찾은 뒤 문제 되는 식물의 사진을 농부나 목장주에게 보내어 이들이 자기네 땅에서 어떤 것을 경계하고 제거해야 하는지 알려 준다. "세계적으로 이런 실험실이 많이 남아 있지 않아요. 그래서 모든 지역 사람들이 우리에게 도움을 요청하고 있죠." 쿡이 말했다.

자주 꺼내 보는 파일로는 해리포터 마법학교의 주문에서 바로 튀어나온 것 같은 식물들, 예를 들어 산벚나무의 일종인 프루누스 비르기니아나 멜라노카르파*Prunus virginiana melanocarpa*, 나도여로의 일종인 지가데누스 그라미네우스*Zigadenus gramineus*, 명아주의 일종인 사르코바투스 베르미쿨라투스*Sarcobatus vermiculatus* 등이 있었다.

그리고 베라트룸 칼리포르니쿰*Veratrum californicum*이라고 적힌 파일이 있었다. 이 안에는 널따란 타원형의 잎사귀, 다윗의 별 모양인 꽃의 표본이 들어 있었다. 새끼를 밴 양이 이 식물을 먹으면 11-데옥소예르빈11-deoxojervine이라고 알려진 스테로이드 알칼로이드를 일정량 섭취하게 되는데, 이 때문에 과학자들은 이 성분을 사이클로파민(cyclopamine, 『그리스 로마 신화』에 나오는 외눈박이 거인족 키클롭스Cyclops의 이름을 딴 것이다-옮긴이)이라고 일컫기도 한다.

사이클로파민이 양에게 어떤 영향을 미치는지 1960년대부터 알고는 있었지만, 수십 년이 지나도록 원인을 알지 못했다. 이 화학 성분은 배아 세포가 작은 접합체에서 커다랗고 복잡한 생명체로 발달하는 방법을 알려 주는 신호전달 경로에 지장을 준다. 그 결과 어떻게 될까? 그야말로 엉망진창으로 망가진 양이 태어나며 그조차도 대개는 오래 살아남지 못한다.

사이클로파민은 양에게 세계에서 가장 위험한 식물 성분의 하나이다. 그러나 쿡과 그의 동료이자 목장 관리 전문가인 짐 피스터Jim Pfister는 이 성분이 보편적으로 독성을 지니는 것은 아니라고 내게 말했다.

"식물의 독성을 이야기할 때 많은 변수가 있어요." 피스터가 말했다. "얼마나 많은가? 언제 생기는가? 연중 어느 시기에 독성을 띠는가? 연중 특정 시기에 독성이 줄었다가 다른 시기에 늘어나는 식물도 있어요. 물론 어떤 동물이 이 식물 성분을 먹는가에 따라서도 달라지고요. 한 동물에게 해롭다고 해서 모든 동물에게 해로운 것은 아니죠."

급성으로 독성을 띠는 식물도 있으며, 이는 곧 이 식물에 닿은 인간이나 동물이 즉시 병에 걸리거나 죽는다는 의미이다. 이런 식물로는 독미나리water hemlock의 일종인 키쿠타 도우글라시Cicuta douglasii가 있는데 "북미에서 자라는 가장 강한 독성의 식물"이라고 실험실에서 선언한 바 있다. 이 식물이 지닌 키쿠톡신cicutoxin이라는 독성은 몇 초 만에 중추신경계로 들어가 격렬한 경련과 대발작, 죽음을 불러올 수 있다.[7]

만성적으로 독성을 지니는 식물도 있는데, 이는 곧 오랜 기간에 걸쳐 이 식물을 섭취할 때에만 해를 입는다는 의미이다. 자운영 속(아스트라갈루스Astragalus)이나 두메자운 속(옥시트로피스Oxytropis)의 특정 종을 일컫는 로코초locoweed가 이런 식물이다. 이 식물 이름에서 떠오르는 증상 그대로라고 생각하면 된다(영어에서 로코loco는 '미친'이라는 뜻이다-옮긴이). 로코초를 먹은 동물은 멍하니 바라보거나, 극도의 불안을 보이거나, 스스로 고립을 자처하거나, 폭력적으로 행동하는 증상을 나타낸다.

직접 먹은 동물에게는 해가 없지만 그 친족에게 치명적인 식물도 있다. 폰데로사 소나무Ponderosa pine, 피누스 폰데로사*Pinus ponderosa*의 솔잎이 이런 경우인데 이 소나무는 82m 높이까지 자라서 세계에서 가장 키 큰 나무의 하나로 꼽힌다. 소는 눈이 내려 다른 먹이가 부족할 때 이 솔잎을 먹거나, 혹은 이 나무 근처에서 풀을 뜯다가 우연히 먹기도 한다. 이 솔잎을 먹은 소는 심지어 새끼를 밴 경우에도 대체로 아무 문제가 없지만, 배 속 송아지에게는 해롭다. 솔잎에 든 디테르펜 산diterpene acid이 낙태제이기 때문이다.

마찬가지로 어미에서 새끼에게로 젖을 통해 독성이 전달되는 식물도 있다. 갯솜방망이Madagascar ragwort, 세네키오 마다가스카리엔시스*Senecio madagascariensis*가 그러하다. 이 식물에 들어 있는 독성 알칼로이드는 말 같은 동물의 간에 축적되는데, 어미가 이 독성에 아무 영향을 받지 않을 때에도 새끼 망아지는 간 질환에 걸릴 수 있다.[8]

쿡이나 피스터 같은 실험실 과학자가 하는 일은 가능한 한 많은 독성 식물의 변형을 알아내는 것이다. 그리고 이들의 기본 임무는 농업과 관련된 것이긴 하지만, 그 과정에서 의약과 관련된 '파생적 이익'이 생기기도 한다.[9]

사이클로파민을 예로 들어 보자. 양에게 배아 혼란embryonic chaos을 일으키는 유전자는 인간의 몇 가지 암 형태가 발달하는 데도 중대한 역할을 한다. 1990년대 중반 존스홉킨스대학의 연구자들은 양의 몸속에서 사이클로파민이 유전자를 방해할 수 있다면 어쩌면 인간 몸속에서도 이러한 암의 발달을 중지시킬 수 있을지 모른다는 사실을 깨달았다.[10] 그러나 이후 과학자들은 이 화학물질을 합성하는 데 어려움을 겪었다. 고지대 초원과 개울가에서 가장 잘 자라는 베라트룸 칼리포르니쿰을 농장에서 재배하기가 힘들다는 점도 입증되었다.[11] 그래서 제약회사 펠레팜PellePharm은 최근 미 산림청과 계약을 맺고, 거대한 사시나무숲 판도로부터 북쪽으로 110km 떨어진 맨티라살국유림Manti-La Sal National Forest에서 이 식물의 뿌리를 채취했다. 펠레팜은 채취해서 얻은 사이클로파민을 이용하여 악성 기저세포암인 골린 증후군Gorlin syndrome의 시험용 치료제를 생산하고 있다. 돌연변이 양에서 시작된 일이 전 세계 수만 명의 희망으로 마무리될지도 모른다.

베라트룸 칼리포르니쿰의 독성 성분을 발견하고 나서 이를 의학 용도로 이용하기까지 반세기 이상이 걸렸다. 그러나 요즈음 과학자들은 다양한 인간 질병과 싸우기 위한 비밀을 알아내려고 점점 더 독성 식물에 눈을 돌리고 있다.

"전 세계 모든 독성 식물은 인간의 건강에 매우 이로울 수 있는 부수적인 화합물을 소량 함유하고 있을 가능성이 있어요." 피스터가 말했다.

고대 그리스에서 죄수를 사형에 처할 때 썼던 독당근hemlock, 코니움 마쿨라툼Conium maculatum도 마찬가지이다. 이 식물은 유방암 환자를 위한 민간 의약품으로 이용되어 왔지만 많은 민간의학이 그렇듯이 이 치료법 역시 현대 과학자들에게 무시당했다. 그러나 2014년 인도 칼리아니대학의 연구 팀이 에탄올 성분의 독당근 추출물이 p53 유전자의 통제하에 세포 자살을 유도하는 능력이 있음을 보여 준 뒤로 상황이 달라졌다. 이 유전자는 코끼리가 악성 돌연변이를 일으키는 세포를 죽일 때 이용했던 바로 그 유전자다.[12] 소크라테스를 사형에 처할 때 이용되었던 식물이 어쩌면 많은 사람의 생명을 구하게 될지도 모른다.

생명의 은인이 될 수도 있는 또 다른 킬러로는 벨라돈나풀deadly nightshade, 아트로파 벨라돈나Atropa belladonna가 있다. 몇몇 과학자는 셰익스피어의 『로미오와 줄리엣』에서 "모든 들판 가운데 가장 달콤한 꽃 위에 내려앉은 / 때 아닌 서리처럼" 죽음을 가져온 독약 속에 이 독성 식물이 들어 있었을 거라고 믿고 있다. 수 세기 동안 암살자들도 이 식물을 이용해 왔다. 또 매혹적으로 토실토실하고 윤기 흐르는 이 식물의 자주색 열매가 아이들의 목숨을 앗아 간 책임이 있다고 이따금 지목되기도 했다. 그러나 이 안에 포함된 많은 화학 성분 중 하나인 아트로핀atropine은 마취제만큼이나 오래전부터 사용되어 왔다. 아트로핀은 오늘날에도 신경가스 독성에 대한 일반적인 해독제로 전 세계에서 수요가 많다. 신경가스는 수십 년 전 국제법상 불법으로 금지되었지만 안타깝게도 여전히 빈번하게 사용되고 있기 때문이다.[13]

치명적인 피마자castor bean, 리키누스 콤무니스Ricinus communis는 독성 물질 리신ricin의 원천으로, 이 독에 노출되면 구토, 설사, 발작을 일으키며 죽음에 이를 수 있다.[14] 리신은 현대의 수많은 테러 공격과 정치 암살에 이용되어 왔다. 그러나 이 성분은 탁월한 식물 정화제이기도 해서, 오염 토양에서 카드뮴·납·악티늄 같은 유독 금속[15]이나 헥사클로로시클로헥산·DDT 같은 화학 오염물질[16]을 없애는 데 특별히 효과적인 것으로 최근에 입증되었다.

제약 및 산업 면에서 지니는 긍정적 측면이 점점 더 알려지고 있는 이들 식물, 독당근, 벨라도나, 피마자는 세계에서 가장 위험한 식물은 아니다. 적어도 인간 사망자 수로 볼 때 가장 위험하지는 않다. 사실 그 근처에도 미치지 못한다.

이들 세 독성 식물과 마찬가지로 치명적 특성을 지닌 광합성 진핵생물 역시 인류를 위한 엄청난 가능성을 지니고 있을지 모른다. 단, 우리가 이를 활용할 수 있는 한에서 그렇다.

|

담배가 암을 막는다고?

|

칼리드 엘 사예드Khalid El Sayed는 1998년 셈브라노이드cembranoid라고 알려진 화합물에 암 제거 가능성이 있다는 최초의 연구를 발표할 때, 이 발견이 조만간 생명을 구할 일은 없을 거라고 여겼다. 이 분자가 발견된 연산호soft coral의 일종, 시눌라리아 가르디네리*Sinularia gardineri*가 홍해에서 자라는 탓이다. 아무리 이 산호가 인간 세포에 생기는 폐암, 피부암, 결장암과 생쥐에게 생기는 백혈병을 억제할 가능성을 보여 주었다고 해도[17] "바다에서만 자라는 것을 재배하기는 쉽지 않다"고 그가 내게 말했다.

그러나 엘 사예드는 14-탄소 링14-carbon ring에 기반한 화학 구조의 셈브라노이드가 자연에 아주 널리 퍼져 있다고 여겼다. "그러니 이 산호를 보다 쉽게 재배할 수 있는 곳을 다른 어딘가에서 찾을 수 있다면 큰 도움이 될 거예요."

이후 몇 년에 걸쳐 엘 사예드가 발견한 것들은 매우 놀랍고 가능성으로 가득하다. 그러나 먼로에 있는 루이지애나대학의 이 화학 교수는 여전히 추가 연구를 위한 기금을 마련하는 데 어려움을 겪고 있다.

이는 암과 싸울 수 있는 매우 커다란 가능성이 있다고 엘 사예드가 믿고 있는 셈브라노이드의 원천이, 다른 한편으로 대개는 폐질환과 폐암을 통해 매년 전 세계 700만 명의 사망을 불러오기 때문이다. 그렇다. 담배는 암과 **맞서** 싸우는 투쟁에서 매우 중요한 무기가 될 수 있다.[18]

다른 맥락을 살피는 동안 이 문제는 잠시 보류해 두기로 하자. 다른 어느 것보다 인간을 많이 죽이는 식물이 무엇인지 사람들에게 물었을 때, 그들의 머릿속에 곧장 담배가 떠오르는 일은 드물다. 어쨌든 담배, 니코티아나 타바쿰*Nicotiana tabacum*이 그 자체로 급성 위험을 가져오지는 않기 때문이다. 담뱃잎 하나를 씹어 삼킨다면 아마도 엄청난 복통을 일으키기는 하겠지만, 쓰러져 죽기는 쉽지 않다.

그러나 담뱃잎은 세상에서 화학 성분이 가장 많이 들어 있는 잎으로 꼽힌다. 이 잎을 처리하여 추가 성분을 첨가하기 전에도 담배에는 최소 3,000개의 화학물질이 들어 있으며[19] 엘 사예드는 그 수치가 5,000개에 가까울 수도 있다고 믿는다. 이 화학물질 가운데 가장 악명 높은 것이 바로 니코틴이다. 이는 기름기 있는 액체로, 인체 혈류에 스며들 경우 흥분제로 작용하며 자율신경계와 골격근 세포를 사정없이 파괴하고 세상에서 가장 끊기 어려운 중독을 일으킨다.

담배 회사는 이 사실을 대중에게 인정하기 몇십 년 전부터 알고 있었으며, 그들의 제품을 이용하는 데 따른 진짜 위험을 숨기기 위해 엄청나게 애를 썼다.[20] 합리적인 사람이라면 어떤 종류든 담배 연기를 흡입하는 것이 건강에 좋은 선택이 아니라는 것을 명확하게 밝혔어야 한다는 데 이의가 없는데도, 담배 회사 이사진들은 20세기 후반에 흡연의 위험성이 더 많이 알려지는 동안에도 고의로 제품을 처리하는 비겁한 조치를 통해 담배의 중독성을 높였다. 2006년 연방법원이 거대 담배 회사에 이러한 음모를 인정하라고 명령했지만, 회사는 그 후에도 11년 동안 소송을 벌였다.[21]

같은 기간 동안 미국 담배 회사의 이윤 폭은 75% 이상 늘었다.[22] 대개는 정부가 담뱃세를 올릴 때마다 회사 측도 담배 판매가에 몇 센트씩을 더 붙였기 때문이다.[23] 그러나 담배 농사 농부들은 이런 이익을 가져가지 못했다. 미국 담배 대부분은 노스캐롤라이나와 버지니아에서 재배되는데 담배 회사의 담합으로 이 지역 생산자들이 일방적으로 힘에 밀렸기 때문이다. 전국 단위로 2014년 18억 3,000만 달러였던 담배 작물 가치가 2016년에는 12억 7,000만 달러로 떨어졌다.

"근본적으로 담배는 매우 지속 가능한 작물이에요." 엘 사예드는 이렇게 말하면서, 콜럼버스가 도착하기 오래전부터 북미 원주민이 담배를 재배하고 있었으며 1550년대에 처음으로 유럽에서 상업적으로 재배되기 시작했다고 지적했다.[24] "담배는 잘 번성하는 작물이고, 농업적으로 가치가 아주 높아요. 이미 많은 주가 경제적으로 담배 작물에 의존하고 있어요."

최근 연구에서 담배의 셈브라노이드가 유방 및 전립선 종양 안에 새로운 혈관이 자라는 것을 막아 줄 가능성이 있다고 밝혀지면서,[25]

엘 사예드는 이제 담배 작물의 이로운 용도와 관련한 연구에 추가적인 투자가 이루어져야 할 때가 무르익었다고 판단했다. 아울러 이러한 투자를 통해 잠재적으로 새로운 일자리를 만들고 생명을 구할 수 있다고 그는 말했다.

자, 만약 지금 당신이 흡연 및 담배 이용 방지를 위한 연구 보조금을 찾고 있다면, 운이 좋은 것이다. 미국 질병통제예방센터CDC, 만성질환예방 및 건강증진센터NCCDPHP, 흡연및건강사무소OSH 등이 과학에 기반한 예방을 위해, 말 그대로 돈을 마구 대 주는 미 정부 기관에 속해 있기 때문이다. 그러나 담배의 이로운 이용을 입증하고자 한다면, "기금을 받기가 매우 어렵다"고 엘 사예드가 말했다.

현재 표면상으로는 맛을 좋게 한다는 이유로 셈브라노이드 같은 화합물을 모두 없애고 있지만, 엘 사예드의 연구는 만일 담배에 들어간 담뱃잎에 셈브라노이드가 남아 있다면 담배를 피워도 암에 덜 걸릴 수 있다고 주장한다. 이에 대해 확실히 담배 로비 활동이 관심을 보인다고 그가 말했다. "하지만 어떤 종류든 담배 관련 기금을 받은 연구에는 기금을 주지 않으려는 기관들이 몇몇 있어요."

예를 들어 미 국립보건원NIH은 연구 보조금을 신청한 연구자들이 이전에 담배 산업 기금을 받았는지 살펴보려고 할 것이다. 존스홉킨스Johns Hopkins나 메이요클리닉Mayo Clinic 같은 많은 일류 연구소들은 소속 과학자들이 담배 회사의 지원을 받지 못하도록 드러내 놓고 금지한다. 또 《영국 의학 저널British Medical Journal》 계열의 간행물 등 몇몇 최고 학술지에서는 담배 자금과 연관된 논문은 검토조차 하지 않을 것이다.[26]

"물론 이해해요." 엘 사예드가 한숨을 쉬며 말했다. "하지만 나는 흡연을 홍보하려는 게 아니에요. 우리는 어쨌든 담배를 피우려는 사람들이 있다는 걸 알고 있잖아요. 그 피해를 최소로 줄일 수 있을지도 몰라요. 그리고 물론 담배 작물을 더 잘 활용해서 우선 약이나 보충제 같은 걸로 시작할 수 있으면 좋을 테고요."

2004년 맨체스터대학의 전염병학자 앤 찰턴Anne Charlton이 《왕립학회 의학 저널Journal of the Royal Society of Medicine》에 보낸 서신에서 지적했듯, 19세기와 20세기에 담배가 세계적으로 성공을 거두게 되면서 "애초 유럽에 처음 도입될 당시 '신성한 약초'와 '신의 치료제'라고 불릴 만큼 만병통치약으로 명성을 얻었던" 식물의 지위를 근본적으로 강탈당한 것이다.

"흡연의 부작용 때문에 생긴 편견을 버리고, 치료적 가치를 지닌 물질을 얻기 위해 잎을 체계적으로 검사해 볼 것을 제안한다." 찰턴은 이렇게 결론 내렸다.

호주 라트로브대학의 연구자들이 담뱃잎뿐 아니라 식물의 나머지 부분에도 연구를 집중하면서 바로 그 일을 해냈다. 이 과정에서 이들은 관상용 담배 종의 트럼펫 모양 분홍색과 흰색 꽃에서 NaD1이라는 분자를 발견했다. 암세포에 정밀 타격을 가하는 동안 주변의 건강한 세포가 아무런 해를 입지 않도록 하는 데 이 분자를 이용할 수 있다.[27] 이 때문에 라트로브대학의 환경관리및생태학과 과장 수전 롤러Susan Lawler는 엘 사예드와 비슷하게 미래에 대해 안타깝게 생각하기 시작했다. "잎 말고 꽃을 이용하기 위해 재배하는 담배밭을 상상해 보라. 건강을 고려한 담배 재배의 폭발적 증가로 이어질 것이다."[28]

그녀는 《컨버세이션The Conversation》에 이렇게 썼다.

실제로 상상해 보라. 뭔가를 위험한 것으로만 바라볼 때, 가장 커다란 위험은 이것이 지닌 진정한 가능성을 놓칠 수 있다는 점이다.

|

살아 있는 '조제실'이 모두 사라지기 전에

|

그 개구리는 아버지였고 등에 올챙이를 업고 있었다. 자세히 보기 위해 천천히 다가가던 나는 이렇게 지극정성으로 새끼를 보살피는 동물이 다른 한편으로 너무도 치명적일 수 있다는 점에 무척 흥미를 느꼈다.

"저 개구리는 좋은 아빠예요." 가이드인 디에고 구스타보 아후아나리 아루조Diego Gustavo Ahuanari Arujo가 말했다. 그는 코카마 소수민족으로, 콜롬비아 아마카야쿠국립공원 근처의 그가 자랐던 숲 부근을 내게 안내하던 중이었다. "알이 부화하면 새끼를 안전하게 지키기 위해 데리고 다녀요."

나는 카메라를 집어 들고 좀 더 가까이 갔다.

개구리가 카메라 렌즈와 불과 10cm도 안 되는 거리에 있을 때 아루조가 큰 소리로 말했다. "개구리가 당신 쪽으로 튀어 오르기보다는 반대편으로 달아날 가능성이 더 크겠지만, 운에 맡기고 한번 해 봐요."

나는 사진을 한 장 더 찍고는 한 걸음 뒤로 물러났다.

"좋아요, 그럼 이제 손으로 집어 올려도 될까요?"

"물론이죠, 5분 안에 죽고 싶다면요." 아르조가 말했다.

"그럼 우리가 개구리를 혀로 핥으려면 어떻게 해야 할까요?"

아루조는 내 농담이 지겨웠던 게 틀림없다. "좋아요. 독개구리를 핥아요. 하지만 당신이 죽어 가는 모습을 찍을 수 있게 휴대폰을 나한테 줘요. 그 영상을 유튜브에 올리면 많은 돈을 벌고 우리 마을도 부자가 될 거예요."

그날 낮에 우리는 독개구리를 몇 마리 더 발견했고, 플래시를 들고 숲을 뒤진 밤에는 더 많이 발견했다. "이곳 아이들에게 가장 먼저 가르쳐야 하는 것 중 하나가 이 개구리 근처에 가지 말라는 거예요." 아르조가 내게 말했다. "반드시 가르쳐야 해요. 아이들은 개구리를 좋아하니까요."

어른 중에도 그런 사람들이 있다. 진화생물학자 레베카 타빈Rebecca Tarvin은 몇 가지 독개구리를 채집하고 연구하느라, 그리고 심지어는 핥아 보느라 콜롬비아 숲에서 많은 시간을 보냈다. 타빈이 한 번 맛본 '순한' 개구리는 스시 맛이었다. "내 혀의 어느 지점이 개구리와 닿았는지 알 수 있어요. 그 느낌이 점점 퍼져 가면서 입안 전체가 뭐랄까 아무 감각이 없는 상태가 되죠."[29] 예전에 그녀가 미국 공영라디오 방송에서 한 말이다.

혀를 직접 대 보는 타빈의 과학 접근법은 물론 누구나 할 수 있는 것이 아니며, 그녀의 연구는 상당 부분 매우 심각한 위험을 안고 있다. 가령 황금독화살개구리golden poison dart frog 등 그녀가 **핥지 않은** 몇몇 종의 경우는 1mg만으로도 성인 10명을 죽일 만큼 강한 독을 갖고 있다. 그렇다 보니 필로바테스 테리빌리스*Phyllobates terribilis*라는 학명의 이 독화살개구리는 흔히 세계에서 가장 강한 독을 지닌 동물로 여겨지고 있다.

그렇다면 독화살개구리는 이런 강한 독을 지니고도 어떻게 죽지 않을 수 있을까? 적어도 몇몇 독화살개구리의 경우 그 비밀은 맹독 물질 에피바티딘epibatidine의 영향을 받는 단백질 속 단 하나의 아미노산에 있는 것으로 보인다. 이 수용체의 형태가 조금만 변해도 에피바티딘이 단백질에 들러붙지 못한다. 간단히 말해, 이 맹독 물질이 그냥 미끄러져 내리는 것이다.

그러나 이 전략에도 한 가지 문제가 있다. 개구리의 뇌가 제대로 작동하는 데도 이와 동일한 수용체가 필요하기 때문이다. 그러므로 에피바티딘을 지닌 독개구리는 수용체 단백질이 계속 제 역할을 할 수 있게 해 주는 다른 아미노산 변화도 이루어지도록 진화되었다. 말하자면 생물학적 우회로 같은 것이다. 독화살개구리의 많은 종이 이런 방향으로 진화되었으며 계통에 따라 저마다 우회 방식은 다르다. 고속도로 설계 엔지니어가 각기 다른 방식으로 우회 도로를 만드는 것과 같다.[30]

이들 개구리가 그나마 살아 있을 수 있는 것은 오로지 이 화학적 우회로 덕분이다. 그러나 이들이 살아 있다고 해서, 이들이 만들어 낸 수백 가지 독성을 우리가 계속 연구할 수 있는 것은 아니다. 이들이 그렇게 **살아가고 있는** 장소 역시 중요하다. 개구리는 생물 자원 수집가이기 때문이다. 그들은 야생에서 찾아 먹는 먹이 가운데 새로운 화합물을 골라내어 독을 만들고, 또 이 먹이는 자기가 먹은 것으로 이 화합물을 만들고, 다시 그 먹이는 자기가 먹은 것으로 그 화합물을 만드는 식으로 계속 이어진다. 갇혀 있는 독화살개구리는 독성을 잃는다. 우리가 실험실에 우림 생태계 전체를 재현할 수는 없으며, 야생 개구리가 야생에 머물지 않는 한 우리는 이 독을 연구할 수 없다.

이 말은 물론 우림을 보호해야 한다는 말이다. 그리고 이 점에서 우리는 정말 엉망이었다. 오염과 서식지 손실로, 우리가 아는 독화살개구리 종의 4분의 1이 멸종위기에 놓여 있다. 또 우리가 아직 확인조차 하지 못한 더 많은 종이 이 지구에서 사라지게 될 것이다. 2017년 아메에레가 시후에모이*Ameerega shihuemoy*라고 불리는 오렌지색 줄무늬의 검은 독화살개구리를 발견했다고 발표한 파충류학자 셜리 제니퍼 세라노 로하스Shirley Jennifer Serrano Rojas는, 만일 보존 계획이 없다면 실제로 연구해 보기도 전에 이 생물이 사라질지도 모른다고 한탄했다.[31]

양서류는 지구에 있었던 몇 차례의 대멸종에도 살아남았다. 그러나 이들은 깨끗한 물과 습기 찬 서식지에 의존하여 흔히 열대우림 같은 곳에 사는데, 이런 곳이 인간의 필요로 과도하게 개발되어 양서류는 특히 홀로세 멸종에서 큰 타격을 받아 왔다.[32] 문제를 더욱 심각하게 만드는 요인도 있다. 독이 있는 양서류는 독이 없는 친족에 비해 태생적으로 멸종에 직면할 가능성이 무려 60% 정도 더 큰 것 같다는 점이다.[33] 그 이유는 아직 명확하지 않다. 그러나 과학자들은 아마도 독을 만드는 데 너무 많은 에너지가 들거나, 혹은 화학 방어를 하는 동물이 "강해져서" 생명을 유지하는 데 조금이나마 도움이 될 주변부 서식지로 옮겨 간 결과, 장기적으로는 취약해지기 때문일 것이라고 가정해 왔다.[34]

천연 독은 당연히 의약 분야에서 특히 훌륭한 로드맵 역할을 하는 것으로 입증되었다. 그리고 더 치명적인 독일수록 그 가능성도 훨씬 크다. 독개구리가 하나씩 사라질 때마다 우리는 세계 최고의 조제실을 하나씩 닫아 버리는 셈이다.

이런 이유로 연구자들은 독화살개구리 독을 가능한 한 많이 합성하려고 매진하는 중이다. 이러한 목적을 이루기 위해 2016년 과학자들은 바트라코톡신batrachotoxin이라는 또 다른 치명적인 독화살개구리 독을 제조하는 24단계 과정을 발견하여 큰 승리를 거두었다.[35] 이 독성분은 생체 전기신호 전달을 방해하므로 신경이 어떻게 전기를 전하는지 이해하는 데 좋은 연구 수단이 될 수 있다.

그러나 단 하나의 독을 합성하는 데는 매우 긴 시간이 걸릴 수 있다. 합성 바트라코톡신의 제조 방법이 발표된 것도 이 독을 야생에서 처음 확인한 지 47년이 지난 뒤의 일이었다.[36]

한 개 독이 사라지면 앞으로 수천 년을 기다려야 한다.

그리고 우리는 이런 독을 개구리에게서만 얻을 수 있다.

뱀이 무서운 데는 그럴 만한 이유가 있다

나는 뱀을 두려워할 만큼 어리석지는 않다.

모든 뱀 가운데 4분의 1만 독이 있다. 그들 중에서도 극히 일부만 강력한 독을 갖고 있으며, 이 독도 충분한 양이 되어야 사람을 죽일 수 있다. 그리고 이런 잠재적 살인자 중 아주 적은 수만이 인간이 자주 가는 곳에 살고 있다. 이들의 많은 수가 사람 옆에 잘 오지 않고 겁이 많으며, 뱀을 도발하는 경우에만 공격하고 그때에도 흔히 "독 없이 문다dry bites"고 알려진 공격을 가한다. 그리고 내가 시간을 보내는 대다수 지역에서는, 비록 욕 나올 만큼 비싸긴 해도 가장 잘 무는 뱀에 대비한 해독제 처치를 병원에서 손쉽게 받을 수 있다.[37] 한마디로 미국에서 뱀에 물려 죽는 일은 지극히 드문 비극이다. 종교의식에 방울뱀을 사용하는 광신도,[38] 뱀에 물렸는데 의학 치료를 거부한 망상증 환자,[39] 야생에서 만난 뱀을 손으로 잡으려 했던 얼간이들,[40] 코브라, 그것도 진짜 코브라로 자살한 정신 나간 개인들을[41] 제외하면 미국에서 뱀에 물려 죽는 사람의 수는 매년 2명 미만이다. 48개 인접한 모든 주에 독사가 살고 독사에게 물리는 일이 매년 무려 8,000회 정도 생기는데도 불구하고 사망자 수는 이 정도이다.

나는 이 모든 것을 알고 있다. 그리고 크리처 인카운터스라는 이동 파충류 동물원에서 온 노란색과 흰색이 섞인 버마비단뱀Burmese python이 당시 여섯 살이던 내 딸이 참여한 파티에 등장했을 때, 나는 딸에게 뱀 옆으로 가서 쓰다듬어 보라고 했다. 그런 다음 딸이 뱀을 쓰다듬는 동안 제발 나에게 자기 손을 잡아 달라고 부탁하지 않기를, 기억나는 모든 신에게 간절히 기도했다. 전혀 독이 없는 이 뱀은 나르시사라는 이름으로 불렸다.

나로서는 민망한 일이었다. 비이성적 모습이었다. 그러나 알고 보니 그리 걱정할 일은 아니었으며 적어도 나 같은 사람이 많았다. 뱀공포증Ophidiophobia은 세상에서 매우 흔한 공포 중 하나이고, 어쩌면 동물 공포증 가운데 **가장** 흔한 공포일 수 있다.[42]

왜 그렇게 많은 사람이 뱀을 그토록 무서워하는지, 그 이유를 둘러싸고 오래전부터 본성 대 교육 논쟁이 이어져 왔고 두 학설 모두 제각기 뒷받침하는 연구들이 나와 있다. 2011년 럿거스대학, 카네기멜론대학, 버지니아대학의 연구자들이 발표한 연구에 따르면, 인간은 다른 동물보다 미끄덩거리는 동물을 태생적으로 더 빨리 알아보도록 만들어진 것 같기는 하지만, 무엇보다 나쁜 경험을 통해, 더 흔하게는 주변 사람의 반응을 통해 뱀을 무서워하도록 배웠다.[43] 그러나 2017년 독일 막스플랑크연구소와 스웨덴 웁살라대학 연구자들이 내린 결론은 얼핏 이와 다른 것처럼 보였다. 그들은 6개월 된 아기 약 50명을 대상으로 그들의 눈동자를 연구했다. 아직 뱀을 경험하지 못한 아기에게 갖가지 뱀 사진을 보여 주었을 때 눈동자가 급속하게 확장되는 것을 확인했는데, 이는 뱀에 대한 두려움이 타고난 것임을 나타낸다.[44]

뱀에 대한 나의 두려움이 학습에 의한 것이든 DNA 속에 있는 것이든, 아니면 두 가지 모두에 의한 것이든 간에, 인류학자 린 이스벨은 내가 현재의 내 모습으로, 그리고 그녀가 현재 그녀의 모습으로, 당신이 현재 당신의 모습으로 된 데에는 뱀의 책임이 있다고 믿는다. 그녀는 기린이 목을 길게 늘여 가장 높이 있는 나뭇가지의 잎을 먹기보다는 고개 숙여 아래쪽에 있는 잎을 먹는 것을 관찰한 바 있는 바로 그 인류학자이다. 그녀의 뱀 탐지 이론은 만일 영장류가 뱀을 경계할 필요가 없었다면, 그리고 뱀을 잘 탐지하지 못하는 데 따른 강한 선택적 진화 압력이 없었다면 현재의 우리처럼 진화하지 않았을 것이라고 주장한다.

어쨌든 뱀은 세계에서 가장 실력 있는 살인 동물의 하나이다. 인도, 인도네시아, 나이지리아, 파키스탄, 방글라데시 등 가장 강한 독을 지닌 뱀들이 사는 몇몇 개발도상국에서는 여전히 많은 사람들이 뱀에게 목숨을 잃는다. 세계보건기구WHO에서는 매년 8만 명 이상의 사람이 독사에게 물려 죽으며 이보다 훨씬 많은 사람이 신체 절단이나 그 밖의 영구적 장애로 이어지는 부상을 당한다고 추산했다.[45] 다른 호모사피엔스를 제외한다면 뱀은 어느 척추동물보다도 더 많이 인간을 죽이며, 게다가 아주 빨리 해치운다. 몇몇 경우에 뱀의 독은 불과 몇 분 만에 사람을 죽이기도 한다.

수만 년 동안 뱀이 인간에게 가한 위협은 손으로 가리키는 행동이나, 심지어는 언어의 발달 등 인간 특유의 행동이 형성되는 데 일정하게 이바지했을 거라고 이스벨은 믿고 있다. 그리고 더 큰 생존 계획에서 볼 때, 뱀은 많은 영장류 종을 규정하는 물리적 특징에도 진화적 압력을 가했을 것이다.[46] 이스벨은 예를 들어 독사가 많은 지역의 영장류는 그런 종류의 포식자가 그만큼 많지 않은 곳의 영장류보다 시력이 좋고 뇌의 크기도 더 크다고 언급했다. 그 증거로 마다가스카르의 태평스러운 여우원숭이lemur를 꼽았는데 이 여우원숭이는 영장류치고는 뇌가 작고 시력도 나쁘다.[47] 여우원숭이는 독사에 대해 염려할 필요가 없는 상태에서 진화했다고 그녀는 지적했다. 이 아프리카 섬나라에는 80종의 뱀이 있지만 독을 지닌 뱀은 하나도 없다.

그러나 우리의 진화에는 수없이 많은 다른 압력이 작용한다. 그리하여 이스벨과 공동연구자들은 이론을 신경학적으로 확증하기 위해 영장류 뇌 속으로 깊이 들어갔다. 그리고 시상視床에서 시각 정보를 신속하게 처리하는 영역인 시상베개에서 이들이 찾고자 했던 것을 발견한 듯했다. 연구 대상이 된 영장류는 아시아마카크Asian macaque였는데, 갇힌 채로 자라 뱀을 한 번도 본 적이 없었는데도 뱀 사진을 본 마카크의 뇌에서는 선택적으로 "밝아지는" 영역이 보였다. 다른 사진을 보여 주었을 때는 그렇지 않았다.[48]

이스벨의 후속 연구 중 하나는, 케냐 중부 라이키피아고원에 있는 음팔라연구센터에서 야생의 버빗원숭이vervet monkey에게 황소뱀의 겉가죽을 1인치만 보여 줘도 충분히 주의를 끌 수 있다는 것을 보여 주었다. 그것도 숲 바닥에 놓인 초록색 수건 두 장 사이에 살짝 드러난 황소뱀 겉가죽의 1인치였다.[49] "애초 내 계획은 원숭이에게 뱀 가죽 1인치를 보여 준 다음, 원숭이가 이걸 뱀이라고 알아볼 때까지 계속 1인치씩 늘려 가는 것이었어요." 이스벨이 내게 말했다. "바로 뱀이라고 알아볼 줄은 생각지도 못했어요. 이건 뱀에게 다리가 없어서도 아니고, 뱀의 형태 때문도 아니고, 바로 뱀의 비늘 때문이라는 얘기였어요. 틀림없이 비늘 때문인 거죠."

이러한 발견은 이스벨의 또 다른 연구와도 궤를 같이한다. 이 연구에서는 남미에 사는 흰목꼬리감는원숭이white-faced capuchin monkey 역시 뱀 비늘 무늬를 보았을 때 독특한 반응을 보이는 것으로 밝혀졌다. 흰목꼬리감는원숭이는 뱀 비늘 무늬가 없는 보아뱀 모형과 방울뱀 모형을 보여 주었을 때보다 진짜처럼 보이는 뱀 모형을 보여 주었을 때 훨씬 두드러진 반反포식자 행동을 보였다.[50]

확연하게 다른 세 지역의 이들 세 가지 영장류는 뱀을 경계한다는 점에서 모두 연결되어 있었다. 이러한 경계심은 원숭이류가 아시아의

살무사, 아프리카 남동 지역의 코브라, 남미의 아스퍼 같은 뱀을 피하
도록 독특하게 설계된 뇌 기능을 공유하는 데서 비롯되었다.

　인간도 이러한 선천적 경계심을 공유하는가? 이스벨과 자주 협력
하는 공동연구자인 네덜란드 에라스무스대학교 로테르담의 얀 판
스트린Jan Van Strien은 그렇다고 믿는다. 그는 인간 피실험자에 대한 전
기 생리학적 테스트를 통해서, 우리가 뱀에 대한 공포를 의식적으로
느끼든 그렇지 않든 상관없이, 뱀의 모습을 본 우리 뇌에서 전기 활
동이 급증하는 식으로 반응을 보인다는 사실을 입증했다. 이 반응
은 초기 후부 음성early posterior negativity이라고 일컬어지는데 민달팽이
나 거북이, 거미, 악어 등과 같이 오싹하거나 으스스한 느낌을 주는
다른 동물, 즉 일반적으로 위험하다고 여길 만한 다른 동물의 모습을
보았을 때보다 뱀을 보았을 때 훨씬 높은 수준의 전기 활동을 보인
다.[51] 이스벨과 반 스트린이 공동 저자로 올라 있는 또 다른 후속 연
구에서는, 비슷한 색깔의 도마뱀 겉가죽이나 새 깃털을 보여 주었을
때보다 뱀 겉가죽에 대해 훨씬 높은 초기 후부 음성을 보였으며, 이
번에도 피실험자가 스스로 뱀을 무서워한다고 믿든 아니든 관계없이
이런 반응이 나타났다.[52] 증거가 하나씩하나씩 확실해지고 있다. 인
간을 비롯한 여타 영장류는 뱀에 대해 설령 전면적인 두려움은 아닐
지라도 순식간에 경계심을 품도록 태어난 것이다. 이스벨은 이 모든
것이 진화상 무기 경쟁의 일부라고 믿으며, 이런 무기 경쟁이 처음에
는 큰 보아뱀에서 시작되었겠지만(이런 내용을 알고 나니 내가 나르시사라는
비단뱀에게 공포를 느꼈던 일이 조금은 덜 민망하게 느껴졌다) 이후 동물 왕국
에서 뱀이 먹이에 치명적 독의 일부를 주입하는 방향으로 진화하면

서 더욱 강화되는 방향으로 나아갔을 것이라고 본다.

뱀독과 경제적 불평등의 상관관계

우리의 본능적인 위험 반사 행동이 형성되는 데 뱀이 중요한 역할을 했다고 주장하는 연구들이 늘어나고 있지만, 뱀을 비롯한 다른 독성 동물이 인간 삶의 다른 측면에도 영향을 미치는지 알아보는 연구는 이제 겨우 시작 단계에 있다.

네덜란드 레이던대학의 생물학자 연구 팀은 2011년 《바이오에세이BioEssays》에 발표한 글에서, 뱀독을 "제약 분야에서 지독하게 탐구되지 않은 자원"이라 일컬었고, "의학적 용도 가능성을 지닌 수천 종을 외면해 온" 것은 부분적으로는 근본적 두려움으로 인해 파충류에 대한 지식이 유난히 적었기 때문이라고 이유를 분석했다.[53]

이렇게 외면해 온 상황을 해결하기 위해 몇 년 뒤 유럽연합의 연구 기관들로 구성된 협력단이 역사상 알려진 독에 관한 최대 규모의 데이터베이스를 만들고자 출범했다. 그러나 4년에 걸친 독액 프로젝트가 끝났을 때, 목록에는 전 세계 독액을 지닌 동물 15만 종 가운데 겨우 200종만이 포함되었다. 게다가 이는 독액을 지닌 동물, 즉 대개는 물거나 침을 쏘아서 희생물 몸속에 독액을 주입하는 동물만을 대상으로 한 것이다. 이 외에 몸에 닿기만 해도 독이 퍼지는 독화살개구리나, 궁극적인 보복 행위로 포식자의 위장 안에서 포식자를 죽이는 독성 동물 등이 그보다 훨씬 많다.

독액을 이해하는 데 더 많은 과학적 노력을 쏟지 않는 주된 이유 중 하나는 우리가 말라리아 예방과 치료를 목적으로 하는 연구에 대해서 그렇게 하지 않는 것과 같은 이유이다. 이런 연구로 가장 많은 혜택을 받는 이는 가난한 사람들이기 때문이다. 독액 분석도 결국 역사적으로 보면 해독제 만드는 데 중점을 두었는데, 해독제가 필요한 사람은 대부분 개발도상국 사람들이었다.

심지어 해독제가 존재하더라도 세계적으로 해독제 공급은 "만성적 격차를 보였으며, 이 때문에 누적 수치로 수백만 명이 목숨을 잃었고, 그보다 수백만 명 더 많은 사람의 신체가 잘렸으며, 많은 국가를 무겁게 짓누르는 가난과 권리 박탈의 무게가 더욱 가중되었다". 호주독액연구소AVRU에 있는 데이비드 윌리엄스David Williams는 2015년 《영국 의학 저널》에 이렇게 썼다. 국경없는의사회MSF가 뱀에 물린 아프리카 사람들을 치료하기 위해 가장 많이 쓰는 해독제를, 세계 최대 제약 회사 가운데 한 곳이 더는 생산하지 않기로 했다는 뉴스를 접한 뒤였다.

윌리엄스는 이런 특정 해독제 부족으로 상황이 더 어려워지는 문제도 지적했다. 대다수 아프리카인은 생명과 팔다리를 지키기 위해 적절한 때 받아야 하는 치료를 **이미** 받지 못하고 있었다. "전문가들은 이처럼 필수 치료조차 받지 못하는 상황을 바로잡도록 관계 당국에 촉구해 왔지만, 의미 있는 어떤 대답도 듣지 못한 상태이다."[54]

세계 공동체가 행동을 취하지 않은 곳에 새로운 유형의 엉터리 약 판매상이 밀려들었다고 윌리엄스는 썼다. 예를 들어 가나와 차드에서 아무 효과도 없는 해독제를 바른 결과, 뱀에 물린 상처로 죽은 사망자 수가 한 해에만 500% 이상 폭증했다. 그러는 사이 해독제가 얼마나 절실히 필요하고 즉각 준비되어야 하는지 기초적인 조사라도 해 보려는 시도들은 번번이 무관심으로 좌절되었다. 네덜란드의 공중 보건 연구자들이 해독제 제조 회사, 국민 건강 관계 당국, 세계 독센터 등을 대상으로 이 문제에 관해 설문 조사를 시도했지만 이에 응한 곳은 대상 기관의 4분의 1에도 미치지 못했다.[55] 연구자들은 취합할 수 있는 선에서 모은 정보를 바탕으로 결론을 내렸는데, 이에 따르면 뱀에 물리는 상처에 심각한 타격을 받는 국가의 보건 당국은 전염병 연구에 참여한 적이 거의 없고 의료 노동자를 교육하는 일도 드물며 국가 차원의 감소 전략 개발도 보잘것없었다. 해독제 부족을 해결하기 위한 국제적 지원도 거의 없는 상태라서, 이들 국가는 성공 가능성이 있는 지역에만 보건 활동을 집중해 왔다. 이는 곧 뱀에 물린 많은 희생자를 그저 운명에 맡겨 두었다는 의미이다.

뱀에 물린 피해 정도가 선진국과 개발도상국 간에 큰 격차를 보이는 것은 놀랍고 수치스러운 일이다. 그것은 내가 비록 뱀을 두려워하더라도 실제로는 그럴 만한 이유가 없는 반면, 빈곤 지역에 사는 사람들은 두려움에 떨 만한 모든 이유를 가지고 있는데도 뱀에 물려 죽는 것을 삶의 일부로 받아들여야 한다는 의미이다.

그러나 독액에 대한 관심이 최근 들어 급격하게 늘었다. 선진국에서 갑자기 관심을 보이기 시작했기 때문이 아니다. 그보다는 기술이 발달하면서 연구자들이 부유한 국가에도 영향을 미치는 용도로 독액의 가치를 평가할 기회가 생겼기 때문이다.

예를 들어 유럽연합의 독액 프로젝트에서는 "염증, 당뇨병, 자가면

역질환, 비만, 알레르기"에 초점을 맞추어 "혁신적인 수용체 표적 약뿐 아니라 새로운 치료 방안"을 만들겠다고 분명하게 밝혀 놓았다. 이 치료법이 더 가난한 국가에도 분명 "낙수 효과"를 발휘할 수는 있겠지만 이 프로젝트에 참여한 이들은 주된 목표가 인도주의적인 차원이 아니라 경제적인 것이라고 공공연하게 밝혔다.[56] 그러나 동기가 무엇이었든, 결과적으로 수백 가지 새로운 단백질과 펩타이드를 확인하게 되었고 연구자들이 이를 바탕으로 생명을 구하는 치료법을 만드는 중이다.

응용 독액들이 비록 새로운 관심을 받고는 있지만, 완전히 새로운 과학 영역은 아니다. 1968년 왕립의과대학의 약리학자 존 베인John Vane 실험실 연구 팀에서 보트롭스 야라라카Bothrops jararaca로 알려진 브라질살무사Brazilian pit viper의 독액이 혈관의 긴장을 완화하여 혈압을 낮추는 앤지오텐신 전환효소 억제제ACE inhibitor로 쓰일 수 있다고 입증한 적이 있다. 이 발견은 곧 캡토프릴captopril의 개발로 이어졌고, 이 약은 1981년 미국식품의약국FDA의 승인을 받아 미국에서 시판된 뒤 오늘날까지 고혈압, 신장 질환, 울혈성 심부전을 치료하는 데 쓰이고 있다.[57]

캡토프릴은 가히 혁명적이었지만 한편으로 운도 따랐다. 오래전부터 화살촉에 쓰는 독의 원천으로 살무사를 이용해 온 브라질의 토착민 집단이 연구자들에게 살무사가 있는 방향을 알려 주었기 때문이다.[58]

"오늘날의 의학은 수천 년 동안 쌓여 온 지식을 바탕으로 합니다." 베인은 1982년 의학 부문 노벨상 수락 연설에서 이렇게 말했다.

인체의 몇 가지 중요한 과정을 지배하는 호르몬 유사 물질 프로스타글란딘prostaglandin을 발견한 공로로 노벨상을 수상했지만, 그는 짧은 만찬 연설에서 독이 약으로 쓰일 가능성을 구체적으로 언급하면서 "내일의 새로운 의학은 현재 전 세계 실험실의 기초 연구에서 시작하여 진행되고 있는 발견을 기반으로 하게 될 것"이라고 덧붙였다.[59]

그럼에도 이후 수십 년 동안 독에 기반한 약을 발견하려는 분주한 움직임은 없었다. 당시에는 이 연구를 진행하는 것이 너무 어려웠다. 단일 종의 독 안에도 수천 가지 펩타이드가 있을 수 있으며, 이는 과학자가 수천만 가지 화학 구조를 일일이 분류해서 어느 것이 무슨 작용을 하는지 밝혀내야 한다는 의미이다. 그러기 위해서는 우선 생물학적 과정에 영향을 미치는 독을 알아내야 하는데, 예를 들면 실험 쥐의 혈압을 낮추는 독을 식별해야 하는 것이다. 그런 다음 이 독을 더 작은 성분으로 분해하여 그들이 알아낸 효과와 관련이 있는 하나의 분자, 혹은 몇 개 분자의 조합을 찾아야 한다.

그러다가 아주 최근에 와서야 유전자 염기서열 분석과 시험관 DNA 복제 기술이 발전하면서 연구자들은 하나의 분자가 활성화되는 조건을 보다 정확하고 빠르게 확인할 수 있게 되었다. 이 덕분에 과학자들은 베인이 노벨상 수상 연설에서 말했던 것처럼 "전통문화"와 "우연한 발견"이라는 혜택 없이도 가능성이 있는 후보 화학물질을 더 쉽게 찾을 수 있게 되었다.

요즈음에는 슈퍼컴퓨터의 도움으로 독의 화학 구조를 일일이 분류할 수 있다. 또 각기 다른 동물의 독을 한데 융합하여 분자 설계를 할 수도 있다.[60] 이러한 발전에 힘입어 독에 대한 연구 관심, 특히 세계에서 가장 치명적인 뱀 목록에 가장 자주 등장하는 독사 등의 독에 대한 관심이 폭증했다.

뱀은 온갖 종류의 먹이를 사냥하기 때문에, 어느 것이 가장 치명적인 뱀인지 지정하기는 어렵다. 가령 생쥐 등 공통된 먹이를 기준으로 하더라도, 순식간에 죽이는 뱀이 있는가 하면 자주 죽이는 뱀이 있고, 독액을 많이 만드는 뱀이 있는가 하면 더 치명적인 독액을 만드는 뱀이 있으며, 크기나 식성 때문에 더 많은 생쥐를 죽이는 뱀도 있다. 그럼에도 파충류 학자들이 작성한 '당신이 만나고 싶지 않은 뱀' 목록에 거의 모두 올라 있는 뱀은 얼마 되지 않으며 고작해야 내륙타이판, 검은맘바, 가시북살무사 정도이다.[61]

내륙타이판inland taipan, 옥시우라누스 미크롤레피도투스*Oxyuranus microlepidotus*는 2017년 뱀 논쟁으로 유명한 네이선 쳇커티Nathan Chetcuti라는 호주의 10대 아이를 거의 치명적 혼수상태까지 몰고 갔던 뱀이다. 이 뱀은 '치사량 50' 등급이라고 흔히 언급되는데, 이는 실험실에서 독액을 주입한 불운한 실험 쥐들의 절반을 죽일 수 있는 독액 양을 뜻한다. 그런데 이런 내륙타이판의 독액에 들어 있는 한 화합물이 감염 및 지혈에 핵심 역할을 하는 화합물을 만든다. 또 혈관 벽을 수축시키는 근육을 풀어 주는 화학물질도 들어 있을 가능성이 있다.[62]

검은맘바black mamba, 덴드로아스피스 폴릴레피스*Dendroaspis polylepis*는 내륙타이판만큼 독액이 강하지는 않지만, 몸집이 훨씬 크고 훨씬 빠르다. 아마 세계에서 가장 빠른 독사로 꼽힐 것이다. 독액의 효과도 빨라서 먹이를 순식간에 마비시킬 수 있기 때문에 식사를 즐길 시간을 얻는다. 이러한 성질이 연구자들의 관심을 끌었고, 검은맘바의 독액을 분석한 결과 모르핀만큼이나 강력해 보이는 진통제가 들어 있다는 사실이 밝혀졌다.[63] 대개는 환자의 고통을 해결하고자 애쓰는 의사들로 인해 세계적으로 오피오이드(opioid, 아편과 비슷한 작용을 하는 합성 진통제-옮긴이) 중독 위험이 커지는 현실에서, 검은맘바 독이 인간의 주된 통증 경로라고 할 수 있는 산-감지 이온 채널을 효과적으로 억제한다는 발견은 중독성이 약한 진통제를 만들 날이 임박했다는 희망을 불러일으켰다.

순전히 인간 사망자 수의 관점에서 볼 때 다른 어느 독사보다 인간에게 치명적인 것은 가시북살무사saw-scaled viper, 에키스 카리나투스 *Echis carinatus*이며, 이 뱀의 여덟 가지 친척 종이 아프리카, 중동, 남아시아 곳곳에서 매년 수만 명의 목숨을 앗아 간다. 그런가 하면 이 뱀의 독액은 티로피반tirofiban이라는 항혈소판제의 원천으로 의사가 많은 목숨을 구하는 데 도움을 주기도 한다. 항혈소판제는 심장마비가 일어나는 동안 혈액 응고를 막아 주고 관상동맥 폐색을 치료하는 수술 시에도 투여된다.[64] 그러나 가시북살무사의 독액에서 얻을 수 있는 약이 티로피반 말고도 더 있을 수 있다. 2017년 인도의 가시북살무사 독액을 대상으로 이중질량분석을 한 분자생물학자들은 이 독사가 다른 여러 종류 독사의 독액에 든 수십 가지 단백질 외에도 향후 몇 년간 추가 연구가 진행될 몇 가지 새로운 단백질까지 모두 한곳에서 구할 수 있는, 말하자면 원스톱 상점이 될 수 있음을 알게 되었다.[65]

육지 뱀은 독액을 지닌 생물 가운데 세계에서 가장 많이 연구하는 동물로 꼽힌다. 그러나 독사가 600여 종밖에 안 되는데도 우리가 그들이 지닌 독액의 약학적 가능성을 완전히 추정하려면 아직 한참

멀었다.[66]

바다의 독을 이해하는 일에서는 훨씬 더 많이 뒤처져 있다.

깊은 바닷속 독성 생물의 가능성

처음에는 쏘인 상처가 심하지 않았다.

멕시코에 있는 로스아르코스 국립해양공원에서 아내와 함께 다이빙을 하던 중 생긴 일이었다. 만타가오리manta ray를 발견한 나는 위에서부터 이 물고기를 쫓아가려다가 작은 해파리 무리 속으로 헤엄쳐 들어가게 되었다.

해파리 하나가 내 등을 쏘았다. 바늘에 잠깐 찔린 것 같은 느낌이었지만, 그 순간 수면으로 다시 올라가야 할 정도는 아니었다. 그러나 그날 저녁에 상처 부위가 20페소 동전만 하게 부풀어 올랐다. 그 후로도 오랫동안 심하게 뻘겋고 보기 흉한 자국이 둥글납작한 모양으로 남아 있어서, 몇 달 동안 윗옷을 벗고 돌아다닐 수 없을 정도였다. 그러다가 다른 사람들이 해파리에게 쏘인 상처 사진을 온라인으로 검색해 본 다음에야 나 자신에게 미안한 마음이 들었다. 이리저리 잡아 찢긴 자국, 덩어리져 있는 고름집, 시커먼 딱지 등 구역질이 나올 정도였다. 그런 사진을 보고 나니 나는 운이 좋았다고 느꼈다.

해파리, 아네모네, 산호 등을 비롯한 바다 자포동물은 가시 세포라고 불리는, 작살처럼 생긴 촉수를 이용하여 먹이에게 독액을 주입하거나 포식자를 물리친다. 자포동물의 침 중에는 그저 성가신 정도에 그치는 경우도 있지만 치명적일 수 있는 것도 있다. 그중 인간에게 가장 치명적인 것은 상자해파리box jellyfish이다. 아주 빠르게 헤엄치는 이 해파리는 눈이 24개 달려 있고 특히 강한 독을 지니며, 전 세계 바다에 살면서 인간만큼이나 해변 근처에서 많은 시간을 보낸다. 몇몇 추정에 따르면 상자해파리는 매년 평균 100명의 인명을 앗아 가며 아주 빠르게 독액을 주입하여 몇 분 만에 성인의 심장을 멈추게 한다.[67]

상자해파리의 독액은 무궁무진한 가능성을 지닌다. 그러나 호주 퀸즐랜드대학의 독액 연구가 브라이언 프라이Bryan Fry가 지적했듯이, 뱀의 독액에 대해 단 1년간 생산된 과학적 연구가, 해파리 독에 대해 지금까지 나온 모든 연구보다 더 많다.[68] 그 이유 중 하나는 해파리 독액을 구하기가 어렵기 때문인데, 그래서 프라이는 보다 쉽게 독액을 얻기 위한 기법 개발에 착수했다.

그는 에탄올로 다른 자포동물의 가시 세포가 분리되도록 유도할 수 있다는 것을 발견했다. 그래서 그와 공동연구자들은 바다말벌이라고도 알려진 상자해파리, 키로넥스 플렉케리Chironex fleckeri를 모았다. 이들은 상자해파리의 촉수를 에틸알코올에 30초 동안 담갔다가 하루 동안 단백질이 흩어지기를 기다린 뒤 이 액체를 원심분리기에 돌렸다.[69] 그 결과, 순수한 상자해파리 독액과 연구용으로 쓸 수 있는 약간의 새로운 단백질과 펩타이드, 그리고 다른 자포동물을 살펴보는 연구자들이 신속하게 채택할 수 있는 기법을 얻었다. 찬바다말미잘, 태평양대양해파리, 거대한유령해파리를 연구하는 과학자들도 이미 프라이의 발견에 기대고 있다. 전체 자포동물 문에 속하는 독성 동물 약 1만 종의 비밀이 드러나게 되었다.

물론 바다의 독성 생물에 자포동물만 있는 것은 아니다. 스티브 어윈Steve Irwin의 비극적 이야기를 아는 사람이라면 누구든 당신에게 말해 줄 수 있다. 물에 떠 있는 구릿빛의 '악어 사냥꾼'으로 유명해진 어윈은 악어와 독사를 몇 차례나 만나고도 다행히 살아남았다. 그는 자신에게 가장 심한 부상을 입힌 것이 앵무새였다고 농담하곤 했다. 그러나 2006년 너무도 공교로운 제목이었던 〈바다에서 가장 치명적인 생물Ocean's Deadliest〉 다큐멘터리 시리즈를 촬영하던 도중 그의 죽음을 불러온 것은 다소 뜻밖의 용의자, 매가오리stingray였다.

매가오리는 1,200종의 독성 물고기 가운데 하나인데, 아주 최근까지도 독성 물고기는 자포동물만큼이나 무시받아 왔다. 그중 지금까지 과학자에게 알려진 것 가운데 가장 독성이 강한 물고기는 쏨뱅이tropical stonefish, 시난케이아Synanceia이다. 아직 조사도 하지 못한 바다가 엄청나게 넓다는 것을 고려할 때, '지금까지'라는 말은 매우 중요하다.

바위로 위장한다고 해서 영어로 바위물고기라고도 불리는 쏨치는 날카로운 등가시에서 신경 독을 분비하는데, 우연히 이 물고기를 밟은 불운한 사람은 통증을 느끼고 찔린 부위가 부어오르며 저혈압과 호흡 장애를 겪는다.

우리는 5억 년 전 어디쯤에서 쏨치와 갈라져 나왔지만 지금도 몇 가지 공통점을 지니고 있다. 예를 들어 쏨치에게서 발견되는 스토누스톡신stonustoxin이라는 단백질은 퍼포린perforin이라는 인간 단백질의 오래된 친척이다. 인간이 지닌 퍼포린은 세포가 감염되었거나 암 같은 변이를 일으킨 경우 그것을 파괴하는 데 이용되지만, 다른 한편

제1형 당뇨병 환자의 췌장 세포를 파괴하기도 하고 골수 이식을 받은 사람에게는 이식 거부반응을 일으키기도 한다.

퍼포린은 커다란 세포의 표면에 구멍을 뚫어 그 안에 들어간 독이 안에서부터 세포를 죽이도록 하는데, 과학자들은 퍼포린이 부정적 역할과 긍정적 역할을 둘 다 한다고 오래전부터 알고 있었다. 그리고 2015년에 와서 스토누스톡신이 **어떻게** 작용하는지 알게 되었다. 스토누스톡신의 기본 구성단위 두 개가 상호작용을 하여 하나의 결정 구조를 만들고 이 결정구조가 세포 표면에 구멍을 만들 때 스토누스톡신의 작용이 시작된다. 이것을 이해한 과학자들은 시작 단계부터 이 과정을 억제할 수 있는 화학물질을 찾아 나설 수 있었다.[70] 이 연구가 완성되면 골수 이식 거부반응을 일으키는 백혈병 환자의 거의 30%에게 도움을 줄 수 있다.

다른 어느 것보다 약학적 가능성을 많이 지닌 치명적 바다 생물을 하나 꼽는다면[71] 무시무시한 청자고둥cone snail일 것이다. 코누스Conus 속에 속하는 이 생물의 독액은 세계에서 가장 **빠르게** 작용한다. 소문에 따르면 이들 복족류에 찔릴 경우 심장이 멈추기까지 담배 한 대 피울 정도의 시간밖에 걸리지 않는다고 해서 '담배 고둥'이라고도 알려지게 되었다.

사실 사람에게 위협이 될 정도의 독액을 뿜는 청자고둥은 수백 종 가운데 몇 종 되지 않지만, 이들의 독은 소문만큼이나 빠르게 작용한다. 만일 당신이 지나가는 물고기라면 즐겁게 헤엄치다가 몇 분의 1초 만에 꼼짝없이 마비되어 버릴 수 있다. 생화학자 프랑크 마리 Frank Marí 같은 연구자들의 관심을 끌게 된 것도 이렇게 빠른 효과 때문이다. 미 국립표준기술연구소NIST에 있는 그의 청자고둥 '농장'은 수십 가지 발견의 중심이 되어 왔으며, 고둥이 지닌 코노톡신conotoxin 이라는 신경 독 펩타이드의 발견도 이 가운데 하나이다.

마리는 독액을 뽑아내는 기술을 완벽하게 익혔다. 실험실에 있는 청자고둥을 죽은 금붕어로 유인한 뒤 이 청자고둥이 치설齒舌이 나 있는 주둥이를 앞뒤로 흔들기 시작할 때까지 기다린다. 그런 다음 마 지막 순간에 이 죽은 물고기를 윗부분이 라텍스로 된 유리병으로 바 꿔치기한다.[72]

이 기술은 1980년대 유타대학의 크리스 홉킨스Chris Hopkins라는 학 부생이 개발한 훨씬 재미있는 과정을 토대로 한 것이다. 이 학생은 콘돔을 부풀려 거기에 금붕어를 문지른 다음, 독성 고둥이 가득한 수조 속으로 밀어 넣었다. "수면 위로 떠오른 부푼 콘돔에 고둥이 매 달린 채 추처럼 흔들거리는 장면은 그야말로 카메라로 기록해 놓아 야 할 순간이었다." 홉킨스의 지도교수인 신경과학자 발도메로 올리 베라Baldomero Olivera가 나중에 이렇게 썼다.[73]

이후 올리베라의 실험실에서는 마법청자고둥(magical cone snail, 우리나 라에서 쓰이는 일반명이 아니라 영어 일반명을 우리말로 옮긴 것이다-옮긴이), 코누 스 마구스Conus magus에서 지코노타이드ziconotide의 기반이 되는 펩타 이드를 분리했다. 지코노타이드는 척추에 주사하는 통증 완화제로, 심각한 만성 통증 환자에게 쓰는 모르핀보다 1,000배나 강하다. 연 구자들은 청자고둥 독액 속에 든 다른 수천 가지 펩타이드가 언젠가 는 폐결핵, 암, 니코틴 중독, 알츠하이머병, 파킨슨병, 조현병, 다발성 경화증, 당뇨병과 맞서 싸우는 데 이용될 것이라고 여긴다.[74]

염소 젖에서 거미줄을 뽑아내다

1973년 버트 턴불Bert Turnbull이 《곤충학 연간 리뷰Annual Review of Entomology》에 발표한 거미 생태학 논문은 마치 공포 영화 예고편의 도입부 같다.

"생명이 살아가는 전 세계 드넓은 땅덩어리 전체에서 거미가 발견된다. 어떤 형태든 육지 생명이 존재하는 곳이면 근처에 거미가 살고 있을 거라고 가정하는 것이 좋다."[75]

또 턴불의 연구에서 밝힌 바에 따르면, 거미는 어디에서든 굶주려 있다. 게걸스러운 식욕을 해결하다 보니 세계에서 가장 많은 생명을 죽이는 동물로 진화했다.

비교해 보자면 인간은 매년 총 약 4억t의 고기와 생선을 잡아먹는다. 바다의 고래는 총 500t 정도의 고기를 먹을 것이다. 그러나 턴불이 오랜 연구를 기반으로 추정한 바에 따르면, 전 세계 거미 집단은 매년 다른 동물을 무려 8억 톤이나 잡아먹는다.[76]

《워싱턴 포스트》의 데이터광狂 크리스토퍼 잉그러햄Christopher Ingraham은 거미가 항공모함 8,000대에 맞먹는 무게의 고기를 매년 먹는다는 계산으로도 성이 차지 않았는지 추가로 계산을 더 했다. "지구에 있는 모든 성인의 총 생물량이 2억 8,700만t으로 추정된다"고 쓴 뒤, 거기에 7,000만t의 모든 어린이를 추가로 보태 "우리 모두를 잡아먹고도 거미는 여전히 배가 고플 것"이라고 덧붙였다.[77]

뱀과 함께 거미는 인간이 세계에서 가장 무서워하는 동물로 꼽히지만, 그럼에도 만일 거미가 존재하지 **않는다면** 세상은 엄청나게 더 무서운 곳이 되었을 것이다. 거미가 먹는 수억 톤의 먹이가 결국은 파리목(파리), 노린재목(매미, 진딧물), 벌목(잎벌, 말벌, 꿀벌, 개미), 톡토기목(톡토기), 딱정벌레목(딱정벌레), 나비목(나비, 나방), 메뚜기목(벼메뚜기, 메뚜기, 귀뚜라미) 등으로 이루어져 있기 때문이다.[78]

거미는 다른 거미도 엄청나게 많이 먹는다. 다시 말해 거미 한 마리를 죽인다고 해도 결국은 다른 거미의 포식자를 줄이는 결과가 된다. 거미공포증arachnophobe의 관점에서 볼 때 형편없는 제로섬 게임일 뿐이다.

거미가 그렇게 많이 먹는 이유는 부분적으로 이들 거미가 하나의 진화 계통군으로 엄청난 성공을 거두었기 때문이다. 알려진 거미가 거의 4만 5,000종에 이른다. 또 이들 대부분이 독성을 지닌다. 이 모든 독액 속에는 어떤 생화학적 보물이 숨어 있을까? 우리는 거의 아무런 단서도 갖고 있지 않다. 연구자들은 세계 거미의 독액 속에 들어 있는 1,000만 가지나 되는 다양한 활성 분자 중 겨우 수천 가지에 대해서만 평가를 마친 상태다. 그러나 이렇게 초기 단계에 놓인 연구만으로도 이미 근위축증과 만성 통증을 치료하는 데 효과가 있을지 모르는 분자를 내놓았다.[79]

부자들이 연구에 투자하도록 만드는 한 가지 좋은 방법은 발기부전에 효과적인 치료법을 확립하는 것이다. 브라질떠돌이거미Brazilian wandering spider, 포네우트리아 페라*Phoneutria fera*를 연구하는 과학자들이 이제껏 이런 일을 해 왔다. 남미 우림에서 발견되는 이 거미에 물리면 발기가 지속된다는 사실을 알아낸 연구자들이, 나이 든 많은 남자들처럼 이 부분에 약간 문제가 있는 나이 든 쥐들에게 이 거미의 독성분 중 하나인 PnTx2-6를 투여했다. PnTx2-6는 일반적인 대다수 발기부전 치료제의 활성 분자와는 다르게 작용하기 때문에 비아그라나 레비트라, 시알리스 같은 약에 반응하지 않는 3분의 1의 남자에게 희망을 줄 수 있다.[80]

그러나 거미가 여기에만 좋은 것은 아니다.

대부분 먹이를 잡기 위해 거미줄을 치는 거미집은 거미의 가장 상징적 특징 중 하나이며, 만일 거미집이 없었다면 그렇게 치명적인 생물이 되지도 못했을 것이다. 거미줄은 강철보다 강하며 이런 강도를 지닌 덕분에 로프, 그물망, 낙하산, 방탄 소재 등을 만드는 제조업자에게 매우 탐나는 물질이다. 또 거미줄은 생체에 거부반응을 일으키지 않으므로 거미줄이 어떤 단백질 때문에 이렇게 강하면서도 탄력적일 수 있는지 탐구하여 인공 인대나 힘줄, 뼈, 피부 등의 소재로 사용 가능한지 연구가 진행되고 있다.

단 한 가지 문제가 있다면, 거미는 세력권을 주장하고 흔히 동족을 잡아먹는 일도 많아서 사육하기가 매우 힘들다는 점이다. 이런 이유로 랜디 루이스Randy Lewis는 거미 대신 염소를 이용한다.

물론 염소는 그물 집을 짓지 않는다. 그러나 루이스는 유타대학에 있는 자신의 실험실에서 거미 유전자 두 개를 염소에게 이식하여 거미줄 단백질이 든 염소젖이 나오게 할 수 있다는 것을 알았다. 이 염소젖을 냉동하여 탈지한 뒤 해동해 걸러 내면 흰색의 가는 분말이 나오는데, 이 분말을 용액으로 만들어 주사기 바늘로 뽑아내면 거미의 버팀줄처럼 아주 가볍고 튼튼한 실을 얻을 수 있다.[81]

거미의 유전자를 받아들일 수 있는 생물이 염소만 있는 것은 아니다. 루이스 외에 다른 사람들도 누에나방, 알팔파, 세균 등으로 실험을 했다. 그리고 이러한 몇 가지 원천에서 얻은 거미 실이 시장에 진출하기 시작했다. 가령 2016년 아디다스에서는 합성 거미줄로 된 러닝화를 만들기 위해 애쓰고 있다(2017년 1월 뉴욕에서 열린 국제생물공학회의에서 시제품을 선보였다-옮긴이). 이 신발은 가벼우면서도 튼튼할 뿐 아니라 다 신고 난 뒤에는 자연 분해가 되어서, "불가능은 없다"는 독일 브랜드의 모토에 새로운 의미를 더하는 중이다.

|

해롭기만 한 모기를 멸종시키기 전에 고려해야 할 것

|

2009년 말라리아 퇴치를 주제로 한 빌 게이츠의 테드 강연을 시청한 사람이라면, 장난기 어린 마이크로소프트 창립자가 모기로 가득한 유리병을 열어 놓고, 아무 의심 없이 캘리포니아 롱비치에 모여든 강당의 청중에게 모기들이 날아가 앉도록 했던 순간을 기억할 것이다.

"물론 말라리아는 모기로 전염됩니다." 그가 벌레를 풀어놓으며 청중에게 말했다. "내가 이렇게 모기를 가져왔으니 여러분도 경험할 수 있을 겁니다. 우리는 모기가 강당 안을 여기저기 돌아다니도록 조금 놔둘 거예요. 가난한 사람들만 이런 경험을 하라는 법은 없잖아요."[82]

이 강연을 보지 못했다면 한번 보기를 강력히 추천한다. 5분 10초쯤 되어 게이츠가 병뚜껑을 열기 시작하는 시점에 두 눈을 감고 웃음소리에 귀 기울여 보라.

게이츠가 가져온 벌레는 실제로 감염되지 않았으며, 청중으로 온 대다수 사람도 게이츠가 병뚜껑을 여는 순간 분명 이 사실을 알았다. 청중은 즉각 웃음을 터뜨리며 박수를 보냈다.

그럼에도 **여전히** 게이츠는 자신의 팬들을 향해 겁낼 것 없다고 서둘러 말을 꺼냈다. 강연장에는 영광스러운 자리에 올 수 있는 특권층의 사람들로 가득했고, 만일 미친 억만장자가 이 사람들의 목숨을 위험에 빠뜨리려 한다고 믿는 사람이 있을지 모른다는 가능성만으로도 겁나서, 게이츠는 아무 말 없이 그냥 몇 초 이상 그들을 내버려 둘 수는 없었다.[83]

게이츠는 말라리아를 퇴치하는 데 들이는 노력보다 전 세계적인 탈모 치료 시장이 훨씬 크다고 자주 지적하며[84] 이런 수치스러운 사실을 바로잡기 위해 자기 돈을 수억 달러나 썼다. 이런 사람들의 노력 덕분에 적어도 이제 사람의 목숨을 가장 많이 빼앗아 가는 동물이 뱀 같은 독성 생물이나 백상아리 등과 같은 최상위 포식자가 아니라 하찮은 모기라는 사실을 많은 사람이 이해하게 되었다. 그러나 모기가 지구에서 가장 치명적인 동물이라는, 점차 확고해지는 통념에 대해 경고하는 몇 가지 사실이 있다. 이 가운데 가장 큰 것은 모기가 그 자체만으로는 결코 치명적이지 않다는 점이다.

모기가 그 자체만으로 당신에게 가할 수 있는 최대의 피해는 가려움증을 일으키는 것이며, 이조차 실제 원인은 모기가 아니다. 암컷 모기(수컷은 피를 빨지 않는다)는 바늘같이 생긴 입으로 사람의 살을 찌를 때 한편으로는 피가 응고되어 살 속에 자기 입이 끼이지 않도록 하는 항응고 인자도 같이 내보낸다. 누군가의 살을 입으로 찔러야 하는 것보다 더 나쁜 일이 있다면 그것은 누군가의 살 속에 입이 끼어 버리는 상황이기 때문이다. 게다가 가려움증이 생기는 것도 항응고 인자 때문이 아니라, 우리 몸이 이러한 '벌레 침'에 반응하느라 만들어 낸 히스타민 때문이다. 그것이 없다면 우리는 모기에 물렸는지 알아차리지도 못할 것이다.

모기에 관한 한 실제로 치명적인 것은 이 벌레가 옮기는 세균, 바이러스, 기생충이며, 그중에서도 특히 말라리아를 일으키는 다섯 종의 말라리아원충, 플라스모디움*Plasmodium*이다. 열대열 말라리아원충 *P. falciparum*, 삼일열 말라리아원충*P. vivax*, 난형열 말라리아원충*P. ovale*, 사일열 말라리아원충*P. malariae*, 원숭이열 말라리아원충*P. knowlesi*, 이 다섯 가지 말라리아원충은 사람의 혈류로 들어가 간에서 번식한 뒤에 다시 혈류로 돌아와 체계적으로 혈구를 죽이기 시작한다. 아주 끔찍한 놈이다.

다섯 가지 말라리아원충 가운데 열대열 말라리아원충은 가장 흔하며 가장 살해 가능성이 높아서, 매년 21만 5,000명의 죽음에 책임이 있을 것으로 추정된다. 이는 히로시마와 나가사키의 원자 폭격으로 죽은 사람 수와 거의 같은데, 이런 일이 매년 일어나는 것이다. 그러나 기생충 자체를 공격하는 방법은 말라리아와 싸우는 데 그리 성공적인 전략이 되지 못했다. 특히 가장 널리 쓰이는 말라리아 치료제 클로로퀸chloroquine과 설파독신-피리메타민sulphadoxine-pyrimethamine에 대해 열대열 말라리아원충이 점차 내성을 지니게 되면서 더 그러

했다.[85]

"이 질병의 아킬레스건은 매개체예요." 2016년 세계 최고의 말라리아 퇴치 전문가인 분자생물학자 안드레아 크리산티Andrea Crisanti가 《스미스소니언Smithsonian》 매거진에서 말했다.[86] 병원체를 공격하면 "결국 내성만 기르게 되니까요".

그런데 매개체를 파괴한다면? 게임 오버다.

모기는 대략 3,500종 정도 된다. 이 가운데 병을 전파하는 것은 약 100종뿐이다. 게다가 전 세계에 말라리아 감염의 대다수를 전파하는 것은 겨우 8종으로, 모두 형태학적으로는 동일하지만 생식적으로 격리된 아노펠레스 감비아이Anopheles gambiae 종 복합체에 속한다.

아노펠레스 감비아이가 질병을 퍼뜨리는 것 말고는 우리 세계에서 별 의미 있는 생태적 역할을 하지 못한다고 믿는 과학자들이 점점 늘어났다. 그들은 계속 살펴보고, 또 열심히 살펴보았다. 그리고 이 모기가 사라졌을 때 다른 생물로는 결코 채워지지 않는 생태적 틈새도 없음을 알아냈다. 우리가 이제껏 사냥, 서식지 손실, 인간 활동으로 인한 기후변화 등으로 많은 동물을 멸종시키긴 했지만, 이제 피 빨아먹는 이 모기들, 그리고 치명적 질병을 옮기는 얼마 되지 않는 이 모기를 최초로 인간의 의도에 따라 지구 표면에서 멸종시켜야 한다고 주장하는 사람들이 나타나고 있다.

내가 의도적 멸종intentional extinction이라는 개념에 대해 처음으로 들은 것은 2010년 《네이처》에 실린 저널리스트 재닛 팡Janet Fang의 기사를 통해서였다. "궁극적으로, 다른 생명체는 하지 못하는데 모기만이 할 수 있는 일은 별로 없어 보인다. 아마도 한 가지만 빼고는. 모기는 한 개체의 피를 빨아 먹은 뒤 이를 다른 개체의 몸속에 주사하는 점에서는 치명적일 정도로 능률적이다."[87]

팡은 이런 개념에 대해 신중한 저항이 있다는 것을 알아차렸다. 그러나 많지는 않다. 생명윤리학자들조차 모기를 미워하는 것으로 드러났다. 설령 그들이 모기를 미워하지 않더라도 이미 인간이 동물을 수천 종씩 멸종으로 내모는 세상에서 살고 있다는 것을 고려할 때, 모기 한 종이 수백만 명의 사람 목숨과 맞먹는 가치가 있다고 정당화하기는 어렵다.

팡의 글에는 빠져 있었지만 그래서 눈에 띄었던 사실이 있다. 당시 몇몇 사람이 이미 세계 최초로 의도적 멸종을 일으키려고 시도하고 있었다는 점이다. 의도적 멸종을 시행할 것인지 팡이 물음을 던지던 무렵, 실제로 게이츠의 기금을 받은 한 집단이 카리브해에 있는 섬 그랜드 케이먼에서 이런 목적을 이루기 위한 큰 걸음을 이미 내디뎠다. 1년 이상 다른 어디에서도 알아차리지 못한 채 진행된 케이먼섬 연구는 유전자 조작으로 불임이 된 수컷 모기를 풀어서 뎅기열의 유행을 막을 수 있을지 알아보기 위한 것이었다. 이 실험을 진행한 곳은 영국에 기반을 둔 회사 옥시텍Oxitec이었는데, 이 회사에 따르면 일은 이렇게 진행되었다. 6개월에 걸쳐 번식이 가능한 자연적인 수컷 개체군을 압도할 정도로 많은 300만 마리의 불임 수컷을 풀었다. 그결과 모기 개체군이 80% 감소했으며 이는 3,000명의 주민이 사는 도시에서 뎅기열을 효과적으로 없애기에 충분한 수준이었다.[88]

오래전부터 과학자들은 그러한 실험을 어떻게 실행에 옮길지 논의해 왔으며 세계보건기구는 연구 착수 지침을 마련하는 중이었다.[89]

그런데 옥시텍은 이를 기다리지 않았다. 지역 정부 말고는 다른 어디에서도 승인을 받을 필요가 없었다고 회사 측은 주장했다. 또 국제사회에 알리지 않은 채 유전자 변형 모기를 야생에 풀었다는 발표의 밑바탕에는 이들이 성공을 거두었다는 사실이 깔려 있어서, 이 회사의 행동을 향한 비난이 얼마간 묻혀 버렸다.

어쨌든 그랜드 케이먼은 섬이다. 옥시텍에서 유전자를 조작한 모기의 불임도 확실히 한 세대에 한해서만 영향을 미치므로 더 넓은 세계에 뭔가 영향을 미칠 가능성은 매우 희박했다.

그러나 옥시텍이 카리브해에서 맨 처음 시행한 것과 같은 모기 박멸 프로그램을 더 널리 확대하는 것도 그와 똑같은 이유에서 쉽지 않다. 이 과정을 통해 한 세대의 많은 모기를 죽일 수는 있겠지만 모두 죽이지는 못한다.[90] 모든 모기를 죽이기 위해서는, 박멸해야 하는 모든 모기 종을 대상으로 하여 서식지 전역에 일일이 불임 수컷을 계속해서 풀어야 할 것이다.

그리하여 이 대목에서 유전자 드라이브가 등장한다. 하나의 종을 멸종으로 몰아가지 않고 그 대신 이 종을 근본적으로 변형시켜 훨씬 덜 위험한 형태로 살아남도록 하는 것이 더 나은 해결책이라고 판단하는 과학자들이 있다. 2015년 캘리포니아대학교 어바인의 한 연구팀은 유전자 편집을 쉽게 하는 크리스퍼-캐스9CRISPR-Cas9이라는 기술로 모기의 유전자를 변형시켜 열대열 말라리아원충을 죽이는 항체를 옮기도록 했다. 나아가 이 항체 유전자가 월등한 우성유전자가 되어 다음 세대에 항체가 유전되는 비율이 99%까지 올라가고 거의 모든 자식, 그리고 그 자식의 자식까지 말라리아를 퍼뜨리지 못하도록 모기의 신체 기관계를 조작했다.[91] 모기의 출생과 번식 주기가 며칠밖에 걸리지 않는다는 것을 고려하면 오랜 시간이 지나지 않아 이런 유전자가 광범위한 개체군 전체에 퍼지게 될 것이다.

아무리 약간이라지만 한 생물 종을 덜 위험한 종으로 바꾸는 데 대한 반대보다는 종을 완전히 멸종시키는 데 대한 반대가 훨씬 클 거라고 생각하는 사람도 있을지 모르겠다. 그러나 나중에 드러난 바로는 그렇지 않았다. 많은 생명윤리학자가 의도적 멸종에 대해서는 다소 '시큰둥한 반응'을 보인 반면, 유전자 드라이브로 변형한 벌레를 야생에 푸는 것에 대해서는 훨씬 크고 명확한 반대의 목소리를 냈다. 우리가 이러한 실험을 섬에서 시작하더라도 그곳에만 범위가 한정되도록 하는 것은, 궁극적으로 불가능하지는 않더라도 매우 어려울 것이기 때문이다. 유전자 드라이브 변형은 에너자이저 버니(Energizer Bunny, 건전지 회사의 광고 캐릭터-옮긴이)와 같아서 일단 풀어놓으면 한없이 계속 진행되어 마침내 종 전체를 없애거나 다른 뭔가로 바꿔 놓는다.

보건 및 유전자 기술에 대해 "실행 가능한" 윤리 기준을 마련하는 주제와 관련해 세계에서 가장 혁신적인 사상가 중 한 명인 엘레노어 포웰스Eleonore Pauwels의 입장에서는 무엇이 위험한지 명확하다. "우리는 이제 진화를 장악할 힘을 지녔다"고 2016년 그녀는 말했다.[92]

옥스퍼드대학의 철학자 조너선 퓨Jonathan Pugh가 생각하기에 인간이 "신의 역할"을 하는 경우, 다시 말해 어떤 동물이 살 것인지 말 것인지를 결정하고 나아가 어떻게 살 것인지까지 결정하는 경우 이에 따르는 진짜 위험은 "인간이 모든 것을 다 알지 못하며 예상 밖의 의도하지 않은 참혹한 결과가 생길 가능성을 간과할 수도 있다는 점이다".[93] 그리고 우리가 이제까지 간과하지 **않았던** 가능성만으로도 충분히 무섭다.

2016년 당시 미국 국가정보국 국장 제임스 클래퍼James Clapper는 미 상원 군사위원회SASC에서 "지대한 영향을 가져올" 국가 안보 차원의 의미에 대해 경고한 바 있다.[94] 몇 년 전까지만 해도 디스토피아적 배경 이야기에 불과했을 세균 무기 같은 것 말이다. 말라리아모기를 변형하여 더는 말라리아를 옮기지 못하게 할 수 있다면, 이는 결국 이 모기를 포함한 다른 수천 가지 모기 종을 변형하여 다른 온갖 종류의 치명적 질병을 옮기게 하더라도 이를 막을 방법이 그리 많지 않다는 이야기이다.

약간의 컴퓨터 과학과 생물학 지식[95]을 갖춘 예비 테러리스트가 통신 판매로 구매한 크리스퍼 유전자 편집 기술을 이용하여 이런 일을 하고자 할 때 무엇으로 막을 수 있을까? 그럴 만한 것이 많지 않다.[96]

설령 비도덕적인 목적을 지닌 사람이 곤충을 변형하는 일에 가까이 접근하지 못하더라도, 가령 옥시텍 같은 조직이 의도치 않은 결과를 무릅쓰고 유전자 드라이브로 변형된 동물을 세계에 풀어놓으려 할 때 이를 무슨 방법으로 막을 수 있을까? 이 물음에 대한 대답은 훨씬 무섭다. 거의 방법이 없다.

현재의 국제법하에서 각국은 어떤 생물학적 위험에 노출될지 스스로 선택할 권리가 있다. 그러나 모기 같은 생명에게는 국경이 상관없다는 것을 인식한 많은 국가가 바이오안전성의정서Cartagena Protocol on Biosafety에 서명했으며, 이는 "살아 있는 변형 생명체"의 국가 간 이

동, 수송, 조작, 처리를 관리하기 위한 규약이다.[97]

그러나 뎅기열과 치쿤구니야를 억제하기 위한 시도의 일환으로 볼바키아*Wolbachia*에 감염된 모기를 방출하고자 했던(볼바키아 박테리아는 배아 발생기의 새끼를 죽여 없앤다) 과학자들이 이를 실행하기 위한 장소로 호주 퀸즐랜드를 선택한 것은 결코 우연의 일치가 아니다. 호주는 이 의정서의 서명국이 아니었기 때문이다.

미국 TV 시리즈 〈덱스터Dexter〉(주인공 덱스터는 마이애미경찰국의 혈액분석가이자 살인범만 골라 죽이는 연쇄살인범이다-옮긴이)의 팬이라면 누구든 증언할 수 있듯이, 살인자를 죽인 자에 대해 비난하기는 정말 어렵다. 치명적인 질병을 없애는 데 걸림돌이 적은 국가를 찾기 위해 과학자들이 '장소 헌팅'에 나섰다고 한들 그게 정말 그렇게 잘못된 것일까?

아마 그렇지 않을 것이다. 그러나 얼마나 치명적인 질병이어야 약간의 윤리적 융통성을 베풀 수 있을까?

모기와 관련해서 국제 기준을 무시한 것에 대해 기꺼이 눈감아 준다면, 주혈흡충증住血吸蟲症의 원인이 되는 기생 편충을 옮겨서 매년 약 20만 명의 죽음을 가져온다고 세계보건기구가 밝힌 우렁이는 어떻게 해야 할까? 매년 10만 명 이상의 사람을 죽이는 뱀은 어떻게 해야 할까? 그리고 대개 광견병 전염을 통해 매년 6만 명에 이르는 사람의 목숨을 잃게 하는 개에 대해서는 어떻게 해야 할까?

인간은 우리 자신을 보호하기 위해 얼마나 많은 생물을 유전자 차원에서 변형하고자 할까? 어느 유전자가 이 목적에 가장 알맞은지 어떻게 판단할까? 그리고 이걸 누가 선택할까?

세계에서 가장 치명적인 생물과 관련해서 이 물음에 어떻게 답할 것인가 하는 문제는 앞으로 남은 역사 동안 우리와 대자연의 관계에 직접적으로 영향을 미치게 될 것이다.

조만간 우리는 선택을 해야 한다. 그것이 현명한 선택이길 바란다.

8
똑똑한 것들

오직 인간만이 느끼고
생각한다는 오만

○
○

태너는 볼 수 없었다. 그리고 그 사실이 조금도 상관없었다.

열여섯 살의 이 큰돌고래Atlantic bottlenose dolphin는 두 눈에 발포고무 가리개를 쓰고 있었다. 그러나 그의 연구 동료인 쇠돌고래porpoise 레인보우에게 내가 조용히 손 신호를 보낼 때마다, 태너는 한 박자 기다린 다음 자기보다 나이 많은 레인보우의 행동을 그대로 따라 했다.

이 돌고래 듀오가 물속에서 이렇게 했더라도 내가 그렇게 깊은 인상을 받았을지는 모르겠다. 돌고래가 얼마나 반향정위를 잘하는지는 거의 모든 사람이 알고 있기 때문이다. 흔히들 돌고래는 반향정위를 이용해 90m 거리에서도 골프공과 탁구공의 차이를 분간할 수 있다고 한다.

그러나 태너는 머리를 물속에 넣고 있지 않았으므로 반향정위를 하고 있는 게 아니었다. "수동적 청각을 이용하는 거예요." 돌고래연구센터의 조련사 에밀리 과리노Emily Guarino가 속삭였다. "물방울 튕기는 소리에 온 관심을 쏟고 있고, 그걸 통해 알아내는 게 분명해요."

태너의 오른쪽 눈을 가리고 있던 발포고무 가리개가 떨어지자 돌고래는 그것을 홱 뒤집더니 주둥이에 올려 균형을 잡고는 이것을 과리노의 손에 다시 떨어뜨렸다. 과리노가 가리개를 다시 붙여 주자, 그녀의 조수인 크리스티나 맥멀런Christina McMullen이 내게 다음에 이용할 손 신호를 보여 주었다. 똑같은 반응을 끌어내기 위한 손짓이었다.

그러나 분명 내가 조금 과하게 열정적으로 손짓을 했던 모양이다. 레인보우는 나를 향해 답례 손짓을 하는 대신 원을 그리며 돌기 시작했다. 그리고 내가 제대로 된 손짓을 하지 못했다는 것을 알지 못하는 태너는 그냥 자기 친구를 그대로 따라 했다. 내가 맥멀런을 흉내 내는 것보다 태너가 레인보우를 흉내 내는 실력이 더 나아 보였다.

태너는 인간도 흉내 낼 수 있다. 그러나 처음에는 애를 먹었다. 플로리다키스제도에 있는 이 연구센터에서 약 30마리의 돌고래를 돌보고 있는 90명의 직원은 그 이유를 인간이 물에 들어가 어색한 팔과 흔들거리는 다리로 만들어 내는 소리가 돌고래와는 다르기 때문이라고 파악했다. 이들은 태너가 인간 조련사의 행동을 인지 지도mental map로 그리는 데 힘든 시간을 보냈을 거라고 추측했다.

그러나 한동안 이 문제로 씨름을 한 뒤 태너가 보여 준 모습에 모두 놀랐다. 태너는 물속에 잠깐 고개를 담갔다가 다시 나오더니 조련사가 한 행동을 똑같이 따라 했다. 고개를 위아래로 까닥거리고, 빙글빙글 돌고, 거꾸로 물구나무를 섰다.

"수동 청각으로 안 될 때면 반향정위로 바꾸었어요. 문제를 해결하고 있었던 거예요."

과리노에게 이것은 "아하!" 하는 깨달음의 순간이었다. 돌고래는 인간이 하지 못하는 방식으로 소리를 처리할 뿐 아니라, 하나의 감각 전략이 통하지 않을 때를 인식하고 다른 감각 전략으로 바꿀 줄도 안다고 그녀는 말했다. 그것 역시 인간은 하지 못하는 방식으로.

돌고래가 우리보다 더 나은 인지 능력을 보이는 면이 이것만은 아니다. 돌고래는 유난히 자기를 잘 인식하는 것으로 보이며, 7개월밖에 안 되는 나이에도 거울 앞에서 자기 주도적인 행동을 보인다. 일반적으로 인간은 적어도 한 살이 되기 전까지는 거울 앞에서 자신을 인식하는 능력을 보이지 않는다. 돌고래와 비슷한 수명을 지닌 침팬지는 이보다 훨씬 늦은 나이가 되어도 거울에 비친 자기 모습과 다른 유인원의 모습을 구분하는 능력을 보이지 않는다.

동물 행동 및 인지 전문가 레이철 모리슨Rachel Morrison은 어린 돌고래 베일리가 물속에 있는 거울에서 자기를 알아보는 모습을 처음 보던 순간 너무도 경이로웠다. 그날 그녀는 볼티모어에 있는 국립수족관에서 전설적인 돌고래 연구가 다이애나 레이스Diana Reiss와 함께 작업하며 반투명 거울 뒤에서 영상을 녹화하던 중이었다.

녹화 영상 속에서 베일리는 헤엄쳐 가까이 다가오더니 고개를 까닥이고 왼쪽 눈을 거울에 가까이 갖다 댔다.[1] 오랜 세월에 걸쳐 돌고래가 상호작용하는 것을 지켜봐 온 사람들의 눈에 이것은 돌고래가 다른 돌고래들 속에 섞여 있을 때 보이는 것과는 확연하게 다른 행동이었다.

"우리가 같은 걸 보고 있는 거죠?'라고 말했던 게 기억나요." 모리슨은 레이스와 함께 보았던 그 순간을 떠올렸다. "우리는 항상 극도로 보수적인 태도를 유지하려고 노력해요. 그리고 실은 베일리가 훨씬 전에도 몇 가지 자기 주도적인 행동을 보이기도 했고요. 하지만 우리는 확실히 해 두고 싶었고, 이건 아주 명확했죠."

이후 영상에서는 베일리가 공기 방울을 내보내는 자신의 모습을 관찰하기도 하고, 숨구멍을 거울에 부딪치기도 하고, 연구자들이 그녀의 가슴에 펜으로 그려 놓은 표시가 거울에 보이도록 몸의 방향을 맞추는 장면도 나온다. 훈련받지 않은 내 눈에도, 분명 베일리는 거울 속에 비친 자기 모습에 감탄하고 연구하는 것처럼 보였다.

모리슨은 전후 관계로 볼 때 돌고래가 우리보다 더 이른 나이 때부터 거울 속의 자기 모습을 알아볼 수 있는 것으로 이해하는 것이 좋겠다고 말하면서도, 이와 관련해 혹시 사람들이 잘못된 인식을 갖지 않을까 염려했다.

"우리는 돌고래가 인간보다 훨씬 지적이라고 말하는 게 아니에요. 돌고래의 발달 과정 중 이 부문에서 얼마나 조숙한 모습을 보이는지 흥미롭게 지켜보고 있다고 말하는 거죠."

인지과학자 켈리 자콜라Kelly Jaakkola도 이에 동의한다. 돌고래연구센터의 연구 총책임자인 그녀는 애플 투 애플 같은 단어 맞추기 보드게임 방식의 비교는 하지 말아야 한다고 내게 말했다. 어쨌든 돌고래가 인간이라면 결코 똑똑해 보이지 않았을 다른 많은 면도 있는 것이다. 가령 돌고래는 대상 영속성, 즉 한때 눈앞에 보였던 사물이 보이지 않더라도 이 사물이 계속 있을 것이라고 이해하는 능력 면에서 실제로 어려움을 겪는다.

이를 입증하기 위해 연구센터의 조련사들이 내게 잭스를 소개해 주었다. 잭스는 새끼 시절 심한 부상을 당한 뒤 잭슨빌 근처에 있는 세인트존스강에서 이곳으로 옮겨졌다. 잭스는 아마도 황소상어와 격투를 벌이느라 등지느러미와 꼬리지느러미 일부를 잃어버린 것으로 보이지만 아주 힘차게 헤엄치며, 거의 모든 조련사의 설명에 따르면 센터에 있는 가장 영리한 돌고래 중 하나이다.

그러나 잭스가 좋아하는 장난감 악어 봉제 인형을 양동이에 넣어 1m 정도 옮기면 잭스는 이 솜털 악어를 찾는 데 애를 먹는다. 그리고 이 장난감을 작은 양동이에 넣은 뒤 더 큰 양동이 속에 넣으면 훨씬 더 애를 먹는다.[2]

잭스를 상대로 했던 것과 같은 느리고 간단한 '야바위 놀이'가 우리 눈에는 "아주 쉬운 놀이처럼 보여도 돌고래에게는 아주 헷갈리죠."라고 자콜라가 말했다.

그러나 이것이 돌고래의 지능에 관해 말해 주는 것은 아무것도 없다. "실제로는 우리에 대해 뭔가를 말해 줘요." 자콜라가 말했다.

큰돌고래, 투르시옵스 트룬카투스*Tursiops truncatus*는 우리**처럼** 똑똑한 것이 아니라, 완전히 다른 방식으로 똑똑하다고 자콜라는 말했다. 또 이런 점에서 돌고래가 뭔가를 인간과 같은 방식으로 이해하는 데 애를 먹는다는 것을 보여 주는 연구는, 돌고래가 사람보다 훨씬 앞선 방식으로 생각할 수 있다는 것을 보여 주는 발견만큼이나 중요하다. "우리가 훌륭한 장점이라고 생각하는 영역만 바라본다면 실제로 그림의 커다란 부분을 놓치고 있는 거예요." 그녀가 말했다.

게다가 이 그림 속에서 돌고래와 인간은 동일한 인지 척도상의 각기 다른 부분에 존재하는 것이 아니라, 9,500만 년 전 마지막 공통 조상에서 갈라져 나온 뒤 역시 마찬가지로 크게 벌어진 아주 다른 스펙트럼 위에 존재한다.

"지능은 당신이 많이 갖거나 적게 갖는 그런 것이 아니에요. 그건 모차르트와 다 빈치를 비교하여 '자, 그럼 누가 더 재능이 있지?'라고 말하는 것과 같아요. 둘 다 천재예요. 다만 다른 표현 수단으로 작업했던 거죠." 자콜라가 말했다.

우리는 이 점에 감사해야 한다. 만약 모든 동물이 우리처럼 생각했다면, 아마 우리는 아주 곤란한 처지에 놓였을 것이기 때문이다.

돌고래가 인간을 죽이지 '않는' 이유

2009년도 선댄스 영화제에서 가장 인기 많은 티켓 중 하나를 얻었다. 비록 앞줄 맨 왼쪽에 하나 남은 좌석이었지만, 그래도 나는 극장에 자리를 얻을 수 있어서 운이 좋았다고 생각했다. 그날 오후 극장에 모인 다른 많은 관객과 마찬가지로, 나는 일본 다이지에서 매년 이루어지는 돌고래 도살에 대한 다큐멘터리 〈더 코브The Cove〉를 차마 눈 뜨고 보기 힘들 것이라는 이야기를 들었다. 영화에서 가장 폭력적인 부분은 몰래 확보한 도살 장면의 영상과 수중 음향이 나오는 대목이었다. 어부들이 겁에 질린 돌고래에게 창을 찔러 넣고 이들 돌고래 주변의 검은 회색 물이 선홍빛으로 물들어 가는 장면은 겨우 몇 분간 지속되었지만 오랫동안 지워지지 않는 무서운 인상을 남기기에 충분했다.

이 영화를 보고 나서 이후 몇 주 동안 내 머릿속에서 떨쳐 낼 수 없던 한 가지 특별한 장면이 있었다. 잠수복에 스노클을 장착한 남자 몇 명은 작은 만灣의 가슴 높이 정도 되는 물속에 들어가 돌고래 수십 마리가 가득한 한복판에 서서 장차 돌고래가 죽음을 맞이할 미끄럼 장치 쪽으로 교묘하게 그들을 이동시키고 있었다. 분명 고통스러웠을 돌고래들이 버둥거리며 달아나려고 애쓰고 있었다.

그러나 도저히 설명되지 않는 점은, 이 상황에서 돌고래가 하지 않는 일이 있었다는 것이다. 돌고래는 잠수부를 공격하지 않았다.

공격하지 못할 것 같지는 않았다. 몸집이 작은 성체 큰돌고래는 몸집이 큰 대다수의 인간보다 크다. 커다란 돌고래는 무려 성인 남자 7명 정도의 무게가 나가며, 한 연구에서 추산한 바로는 이들이 내는 힘의 세기가 올림픽 선수 10명보다 강하다.[3] 돌고래는 이빨도 아주 날카롭다. 또 몇몇 상어 종을 공격해서 죽이는 것으로도 알려져 있다.[4]

돌고래는 이 사람들을 죽일 수 있었다. 그러나 죽이지 않았다.

다이지의 도살을 목격한 로라 브리지먼Laura Bridgeman도 이런 행동을 이해할 수 없었다. 2013년 브리지먼은 이렇게 썼다. "이 돌고래들은 마지못해, 그러면서도 평온하게 방수포가 덮인 구역 아래로 가고 있었고 그곳에 가면 서로 나란히 꼬리가 묶이게 된다. 그런 다음 금속 대못이 천천히 그들의 머리에 박힐 것이다. 이들의 가족과 친구들이 주변 물속에서 완전히 기진맥진한 상태로, 그리고 겁에 질린 채

버둥거리고 있었다. … 우리가 아는 어느 야생동물 종이, 심지어는 우리 인간들 가운데 어느 누가 그렇게 구석으로 내몰릴 때 마구 덤벼들지 않겠는가?"[5]

고래목의 경우 뇌의 '감정' 영역인 대뇌변연계가 엄청나게 크다는 것을 보여 주는 연구가 있으며, 이 관점에서 볼 때 이는 특히 당혹스러운 물음으로 보일지 모른다. 고래목은 인간보다 대뇌변연계가 훨씬 크며, 그중에서도 돌고래의 대뇌변연계는 다른 고래와 쇠돌고래에 비해서도 정말 어마어마하다. 뉴런 밀도도 혹등고래의 거의 두 배나 된다.[6] 그런 돌고래라면 우리보다 훨씬 더 '감정적'이지 않을까?

그렇다. 하지만 다른 한편으로는 그렇지 않다.

돌고래가 실제로 고조된 감정을 지닐 수도 있지만, 다른 한편으로 인간보다 자기감정을 훨씬 잘 **조절할** 수 있을지도 모른다. 큰돌고래의 대뇌변연계가 뇌 전체에 퍼져 있는 양상 때문에, 서로 충돌하며 작용하는 감정적 '측면'과 이성적 '측면'이 따로 있지 않을 수도 있다(운전 중에 분통을 터뜨리는 인간 뇌가 너무도 자주 그렇듯이). 야생 돌고래 프로젝트의 연구 총책임자 데니스 허징Denise Herzing의 믿음에 따르면, 오히려 감정은 모든 돌고래의 생각과 행동에서 훨씬 완전하게 통합된 부분을 이룰 수도 있다. 그 결과 인간보다 훨씬 깊은 감정적 애착을 서로에게 느끼고 다른 생명체에 대해서도 훨씬 큰 공감을 보이게 되는데, 이 공감이 바로 고래목이 가진 인간 감정의 유사물이다.

더욱이 뇌 손상을 입은 인간을 대상으로 한 연구에 따르면, 시각이나 청각 등 감각 정보의 처리와 관련된 신피질의 뉴런과 대뇌변연계의 뉴런 비율은 감정 절제 능력에 영향을 미친다. 돌고래는 이 비율이 인간보다 훨씬 높다. 야생 돌고래 프로젝트의 과학 고문인 토머스 화이트Thomas White는 "인간이라면 흥분하여 폭력적 반응을 보였을 법한 상황에서도 돌고래가 인간에게 공격적으로 행동하지 않는 이유"가 이런 점으로 설명될 수 있다고 믿는다.[7] 다시 말해, 전형적인 상황에서 돌고래가 가령 사람의 목숨을 빼앗는 것과 같은 특정 행동을 절대 하지 않는다면, 이런 사실은 감정 상태가 고조되어도 바뀌지 않을 것이라는 점이다.[8]

정말 그렇다면 이는 감정 지능이 엄청나게 높다는 지표일 것이다.

인간은 너무 오랫동안 지적 추론만을 지능의 핵심 척도로 삼아 왔다. 최근 몇십 년 사이 우리는 감정 지능, 즉 자신의 감정을 인식하고 조절하는 능력이 절대적으로 중요하다는 것을 더 잘 이해하게 되었다. 감정 지능에 대한 가장 중요한 테스트는 당연히 커다란 스트레스에 직면했을 때 받게 된다. 또 우리는 이러한 테스트를 통과하지 못하는 경우가 너무 잦으므로 낮은 감정 지능 역시 인간의 한 부분이라고 봐야 할 것이다.

그러나 돌고래의 경우는 항상 감정을 조절하는 것이 그들의 한 부분인 것으로 보인다. 사실 돌고래는 숨 쉬는 것도 의식적으로 한다. 그들은 분명 매번 숨을 쉴 때마다 생각하며, 삶의 다른 모든 측면과 조절해 가면서 매번 호흡 행위를 계획하고 실행한다.

그런데 맞서 싸우지 않고 죽음을 받아들이는 것이 정말 똑똑한 것인가?

이는 돌고래가 우리에 대해 어떻게 알고 있는가에 따라 달라진다. 가령 돌고래는 우리 인간들이 자신의 감정을 조절하는 데 특히 어려움을 겪는다는 것을 인식하고 있을까? 우리가 공격받았다고 인지하는 경우에는 아무리 작은 일이라도 참혹한 잔인성으로 반응한 과거가 있다는 것을 인식하고 있을까? 인간은 다른 동물을 가학적으로 괴롭히는 성향이 지구상에서 단연코 가장 강한 생물이며, 그 방식을 보고 있으면 차라리 동물과 동물이 맞붙어 싸우는 것이 절대적 자비처럼 보일 정도라는 것을 인식하고 있을까? 그들은 인간을 공격한다면 개체로서의 자기 자신뿐 아니라 그들이 깊은 애착을 느끼는 다른 돌고래 집단에게도 상황이 더 악화될 것임을 인식하고 있을까?

그렇다면 돌고래는 코끼리와 아주 많은 공통점을 지니는지도 모른다.

|

코끼리도 외상후스트레스장애를 겪는다

|

코끼리는 결코 잊는 법이 없다는 말이 사실이 아닐 수도 있지만, 연구자들은 이 오래된 격언이 아주 잘못된 것은 아니라고 믿는다.

세계에서 가장 큰 이 육지 포유류는 땅 위의 어느 동물보다 큰 뇌를 갖고 있으며 무엇보다 단기 정보를 장기 기억으로 전환하는 데 도움을 주는 측두엽이 가장 크다.

가령 코끼리는 먹이와 물을 구하러 다녀온 지 수십 년이 지난 장소도 안전하게 가는 길을 기억할 수 있다. 또 예전에 만난 적 있는 다른 코끼리를 수십 년 후에도 알아본다는 상당히 타당성 있는 증거도 있다. 1999년 테네시의 한 코끼리 보호구역에서, 제니라는 아시아코끼리가 새로 들어온 셜리라는 코끼리를 만났다. 이 두 코끼리가 너무 신나서 발을 쿵쿵 구르며 돌아다니고 소리를 지르고 서로의 몸을 코로 탐색하는 바람에, 공원 직원은 이 둘이 필시 서로 아는 사이라고 짐작했다. 실제로 그랬다. 나중에 코끼리 관리인은 제니와 셜리가 한 순회 서커스에서 만난 적이 있다는 사실을 알게 되었다. 정말 믿기 힘든 이야기 아닌가? 예전에 있었던 이 만남은 겨우 몇 주일 정도였고, 그것도 거의 사반세기 전의 일이었다.[9]

이러한 상황을 인간의 상황에 대입해 보자. 스마트폰 지도 앱의 도움 없이, 몇십 년 전에 딱 한 번 방문한 식당에 찾아가는 길을 기억할 수 있을까? 페이스북으로 확인한 적도 없는데 25년 전에 잠깐 만난 사람을 기억할 수 있을까?

코끼리는 어떤 요인 때문에 그렇게 잘 기억하는 것일까? 그들의 놀라운 기억 방식을 고려할 때, 이는 우리의 기억이, 특히 과거 트라우마와 관련하여 자기 방식대로 작동하는 이유를 이해하는 데 도움을 줄 것이다.

우리 종 안에서도 여전히 우리는 인간의 물리적·정신적·감정적 고통이 미치는 장기적 영향에 대해 거의 알지 못한다. 트라우마가 우리의 뇌 회로를 '재설계'할 정도로 강한 힘을 지닌다는 견해를 많은 사람이 묵살해 왔다. 영국 왕립 정신과전문의과대학의 전 총장이었던 디네시 부그라Dinesh Bhugra는 여기서 더 나아가 외상후스트레스장애 PTSD가 정신건강 상태라기보다는 오히려 문화적 상태라는 주장을 내놓기도 했다. 그리고 '그럴 것으로 예상된다'는 딱지를 사람들에게 붙이기만 해도 그 사람들이 그 딱지대로 행동하는 원인이 된다고도 주장했다.[10] 간단히 말해 부그라는 PTSD가 급속하게 확산되는 원인이 무심코 이루어지는 사회적 세뇌 탓이라고 주장하는 것이다.

대다수 정신과 의사들이 여러 가지 다른 결론을 내놓고 있지만, 지나친 심리적 가설은 쉽게 퍼지며 이 가설이 틀렸다는 것을 입증하기도 힘들다. 나는 미국의 군부대 지휘관이나 재향군인 관리국의 고위직들이 부그라의 주장을 그대로 가져와 되풀이하는 것을 들었다. 예전에 재향군인 관리국의 한 고위 관리에게 새로운 환자 등록 절차가 지연되는 문제에 관해 물었을 때 그는 내게 이렇게 말했다. "당신 같은 기자들이 PTSD에 관한 글을 더는 쓰지 않는다면, 그들이 도움을 필요로 한다고 생각하는 사람들이 훨씬 적어질 거요."

당신이라면 이런 견해에 어떻게 맞서 싸웠을까? 당시의 나는 알지 못했지만, 코끼리가 하나의 열쇠가 된다.

그런 고통을 겪는 생명체, 오랫동안 고통을 떨쳐 내지 못한 채 붙들려 있는 생명체가 우리만은 아니라는 사실이 점점 명확해지고 있다.

2008년 가을 레스 쇼버트Les Schobert를 만났을 때 나는 그의 도움으로 이런 사실을 알게 되었다. 로스앤젤레스동물원의 예전 전시 책임자였던 그는 폐암으로 죽어 가고 있었다. 그는 생을 마감하기 전에, 사람들이 서커스나 동물원에 갈 때 무엇을 보고 있었던 것인지 그들에게 정직한 이해를 주고 싶어 하는 것 같았다. 또 자유롭게 태어난 생물을 가둬 놓는 산업에 대해 진지한 솔직함을 보였다.

사람들이 타고 다니거나 일을 하거나 반려 상대로 길들인 다른 동물과 달리, 코끼리는 절대 진정으로 길들여지지 않는다고 쇼버트가 내게 말했다. 포획 상태에 있는 코끼리를 번식시키기는 정말 힘들고, 그런 노력을 들이는 과정에서 걸어야 하는 도박도 작지 않다. 그러므로 인간이 코끼리를 '돌봐 온' 오랜 역사는 절대다수가 새끼 코끼리, 그중에서도 대개는 야생에서 데려온 완벽하게 건강한 새끼로 시작한다.[11] 그리고 당신도 상상이 되겠지만 이는 쉬운 일이 아니다.

쇼버트가 죽기 몇 주 전에 말했다. "할 수 있는 유일한 방법은 먼저 어미를 죽이는 거였어요. 다른 어떤 방법으로도 새끼 코끼리를 어미에게서 떼어 놓을 수가 없어요. 어미를 총으로 쏴서 죽인 뒤 새끼들을 데려와야 해요."[12]

야생동물보호구역에 있는 코끼리들은 그러한 만행을 겪지 않을 거라고 생각할지도 모르겠다. 그러나 실은 이런 일이 흔하게 벌어지는 곳이 그곳이다.

20세기 초 남아프리카공화국의 코끼리 수가 200마리 미만으로 떨어졌다가 1980년대 무렵까지 꾸준히 회복하여 8,000마리를 넘어서면서 국가의 야생동물 공원과 재정 수단의 수용 능력을 압박하게 되었다. 이러한 부담을 완화하기 위해 남아프리카공화국 정부는 대륙의 다른 모든 지역에서 아프리카코끼리가 처한 곤경을 고려할 때 어이없어 보이는 일을 했다. 3,000마리 이상의 코끼리를 죽이도록 승인했고, 이 도살 과정에서 어미 잃은 새끼를 포획할 수 있도록 허용했다. 이렇게 포획된 수백 마리의 어린 코끼리가 전 세계 동물원에 팔렸다.

몇 년 전 서식스대학에서 동물 행동 및 인지를 연구한 카렌 매콤 Karen McComb 교수는 남아프리카공화국의 도살 과정에서 살아남은 코끼리가 그 후 어떻게 되었는지 전 세계 동료들과 논의를 시작했다.

그 코끼리들은 트라우마를 겪었을까? 정말로 아는 사람은 없었다.

매콤과 동료들은 도살 과정에서 살아남은 몇몇 코끼리 떼가 이주해 온 남아프리카공화국의 필라네스버그국립공원, 그리고 운 좋은 코끼리 떼가 비교적 인간에게 방해받지 않고 살아온 케냐의 암보셀리국립공원을 향해 출발했다. 그런 다음 연구자들은 가장 안목 높은 오디오 애호가가 군침을 흘릴 법한 서브우퍼subwoofer를 달아 주문 제작한 스피커를 켜서, 코끼리 떼에게 여러 가지 코끼리 울음소리를 크게 틀어 주었다. 처음에 들려준 울음소리는 비공격적으로 들리게 설계한 소리로, 그들 코끼리 떼의 어린 새끼들 소리를 녹음한 것이었다. 그다음에 들려준 울음소리는 일부러 더 위협적으로 들리게 하려고, 낯선 코끼리 떼의 나이 든 코끼리 소리를 녹음한 것이었다.

"코끼리 떼가 보여 준 각기 다른 행동의 차이에는 깊은 의미가 담겨 있었어요." 매콤이 말했다.

비교적 평온한 삶을 살아온 코끼리들의 경우 위협적인 소리에 귀를 쫑긋 세우거나 코를 쳐들어 바람의 냄새를 맡거나 서로 무리를 짓는 방식으로 반응했다. 도살 과정에서 살아남은 코끼리들은 위협적이지 않은 소리든 위협적인 소리든 별반 다르게 반응하지 않았다. 그러한 순간에 응당 느꼈어야 하는 감정을 느끼지 못하는 것으로 보였다. 과거의 트라우마를 지닌 사람들이 자신의 물리적 현실에 감정을 맞추려고 힘겹게 애쓰는 방식과 다르지 않았다.

당연히 이들 코끼리에게 PTSD에 대해 **알려 준** 사람은 아무도 없었다. 그러나 연구 팀은 자신들이 목격한 것이 적어도 부분적으로는 필라네스버그국립공원의 코끼리 떼가 장기간에 걸쳐 심리적 고통을 받아 온 결과라고 결론 내렸다. 인간의 PTSD가 단지 문화적으로 구축된 현상이 아니라 우리의 유전자 속에, 그리고 수천만 년 전 공통 조상을 두었던 생물의 유전자 속에 박혀 있는 것임을 입증하는 증거의 토대에 또 하나의 벽돌이 쌓인 것이다.

자연보호론자 에 핀 웡Ee Phin Wong은 아시아코끼리의 스트레스 호르몬 연구를 통해, 트라우마 경험이 어떻게 평생에 걸친 심신 약화를 불러오는지 더 잘 이해할 수 있게 되기를 기대하고 있다. "외상후스트레스를 경험한 사람들의 당질코르티코이드 체계에 유전자 변화 및 후성유전적 변화가 생기는 걸 보여 주는 연구가 많이 있었어요. 그래서 코끼리도 마찬가지인지 알고 싶었죠." 그녀가 내게 말했다.

그러기 위해 웡은 말레이시아의 도로에서 특이한 행동을 보이는 한 야생 아시아코끼리를 따라갔다. 이 코끼리는 다른 지역에 있다가 옮겨 왔으며, 웡은 이런 경험으로 인해 코끼리의 호르몬 균형이 깨졌을지 모른다고 추측했다. 코끼리 똥을 수거해서 테스트한 결과, 확실히 당질코르티코이드 수치가 낮은 것으로 드러났다. 호르몬 수치 면에서 코끼리와 인간은 외상후스트레스에 대해 비슷하게, 즉 트라우마가 지나간 뒤에도 오랫동안 남아 있는 식으로 반응한다.

코끼리와 트라우마에 관한 사실이 어쩌면 인간과 트라우마에 대해서도 더 잘 이해하도록 도움을 줄지 모른다는 측면에서 볼 때 암보셀리국립공원과 필라네스버그국립공원의 실험, 그리고 말레이시아에서 이루어진 웡의 연구는 겨우 표면만 건드린 정도이다. 미국에 포획된 대다수 코끼리는 야생에서 태어났으며, 그 후 포획당하여 옮겨 오기까지 설령 심각한 정도는 아니더라도 어느 정도 트라우마를 겪었기 때문에 우리가 다른 방식으로는 진행할 수 없는 연구 가능성을 아주 많이 갖고 있다.

과학자들이 생쥐를 대상으로 트라우마 실험을 할 때는, 가령 어미에게서 새끼를 빼앗거나 전기 충격을 주거나 굶주린 포식자 옆에 있는 우리에 가두거나 금속 막대로 머리를 때리는 식으로 트라우마를 일으켜 실험을 한다. 좋든 싫든 우리는 설치류에게 이런 대우를 하는 것을 용인한다. 그러나 우리가 더 친밀하게 느끼는 코끼리 같은 동물에게 이런 대우를 한다면 개인적으로는 용인하지 못할 것이다.

그럼에도 코끼리는 우리에게 뭔가 말해 줄 것이 있다. 그처럼 성공적으로 진화하고, 커다란 뇌와 좋은 기억력을 지닌 채 오래 사는 사회적 포유류가 트라우마에 어떻게 대응하는가에 대해서 말이다. 그리고 유전자가 메틸화 같은 화학 과정을 통해 어떻게 발현되고, 이런 과정의 변화가 어떻게 한 세대에서 다음 세대로 전해지는지를 연구하는 후성유전학에 관한 한 특히 더 그렇다. 트라우마는 유전자 발현에 커다란 영향을 미치는 요소로 밝혀졌다. 이러한 영향을 입증하는 한 연구에서는 실험용 쥐의 우리에 체리나 딸기, 인동 같은 향기를 낼 때 사용하는 유기 화합물인 아세토페논acetophenone을 뿌린 뒤 쥐에게 전기 충격을 주었다. 예상하다시피 이 실험 쥐는 곧바로 냄새와 위험을 연관 지어 우리에 아세토페논을 뿌릴 때마다 스트레스 증상을 보였다. 이후 연구자들은 이 실험을 당한 수컷 생쥐를 이용하여 자연 번식이 아닌 시험관 수정으로 2세대 생쥐가 태어나게 했다. 이렇게 하면 아세토페논 냄새의 위험성이 어떤 식으로든 사회적으로 전해질 수는 없다. 인동 냄새가 풍기면 곧 고통이 찾아온다는 의미라고 생쥐 아빠가 자식에게 말해 줄 수는 없으니까. 그럼에도 불구하고 다음 세대 역시 이 냄새가 나면 스트레스 증상을 보였고, 그다음 세대도 마찬가지였다.[13]

태어난 지 6주에서 8주 정도 되면 성적으로 성숙하는 생쥐 같은 동물은 후성유전을 연구하기에 비교적 적합하다. 그러나 오래 사는 동물의 경우는 완전히 이야기가 다르다. 노스텍사스대학의 교수 워런 버그렌Warren Burggren은 2016년 《생물학Biology》에 기고한 글에서, "후성유전을 사고실험으로 연구하는 것은" 아무 문제도 아니지만 "실제 실험을 진행하는 경우" 이에 요구되는 시간과 돈, 장소 등의 비용 때문에 "완전히 다른 문제"가 된다고 한탄했다. 후성유전을 연구할 때 초파리나 벌레 같은 동물을 계속 고수하는 것도 놀랄 일이 아니라고 버그렌은 지적했다. 그는 이렇게 썼다. "단순하게 말해서, 수명이 70년까지도 이어지는 코끼리의 후성유전을 연구하겠다고 뛰어드는 사람은 없다."[14]

아마도 우리는 다음과 같이 묻기 시작해야 할 것이다. 안 될 거 뭐 있냐고. 오로지 후성유전 발현 및 유전을 연구할 목적으로 수십 년에 걸쳐 연구 규모의 코끼리 개체군에 일부러 트라우마를 입혀 관리하는 것은, 도덕적으로나 경제적으로 불가능한 것까지는 아니어도 상당 부분 정당화하기 어려울 것이다. 그러나 우리가 이미 관리하고 있던 수백 마리의 코끼리는 어떨까?

자, 내가 우리 동네 동물원에 자주 찾아가서 만나는 어린 코끼리 주리를 예로 들어 보자. 그녀의 어미 코끼리 크리스타는 한 살도 되기 전에 남아프리카공화국 크루거국립공원의 야생에서 떨어져 나와 미국으로 옮겨졌다. 주리가 지닌 유전자의 메틸화를 연구하면 무엇이 드러날까? 크리스티가 겪은 트라우마의 결과로 주리는 무엇을 물려받았을까?

이러한 물음을 더 많이 던지게 되면서, 우리는 공감이나 트라우마 같은 개념들이 오로지 인간만의 복합 개념도 아니고 심지어는 인간만의 독특한 경험도 아니며, 오히려 아주 오랜 시간까지 거슬러 올라가는 우리 유전적 유산의 일부라는 것을 발견하고 있다. 이런 진화적 근육을 수없이 사용해 온 것이다. 코끼리 역시 비슷한 근육을 발달시킨 것으로 보인다. 아마 우리보다 훨씬 강한 근육일 것이다. 어쩌면 가장 강한 근육일지도 모른다. 돌고래와 마찬가지로 코끼리는 세계에서 감정 지능이 가장 높은 동물로 꼽으며, 이들의 기억력은 비록 최고는 아니라도 정말 놀라울 정도이다. 이는 곧 우리가 이런 엄청난 동물에게서 배울 것이 많다는 의미이다.

지금까지는 우리와 가까운 진화적 형제 동물들, 즉 우리와 매우 비슷한 경로로 지능이 진화해 오다가 비교적 얼마 되지 않은 시간 전에 서로 갈라진 동물만 살펴보았다.

그러나 우리와 매우 다른 진화 경로를 걸어서 나머지 세계에서 지적 우위를 얻게 된 생물에게서도 많은 것을 배울 수 있다.

|

지구상에 등장한 최초의 지적 존재, 문어

|

그의 이름은 잉키 문어였다. 잉키는 2016년 뉴질랜드 국립수족관

에서 자신의 수조 뚜껑을 연 다음 수조의 경사로를 따라 기어 내려가 배수관을 찾은 뒤 자유를 찾아 태평양으로 빠져나감으로써 세계적인 센세이션을 일으켰다.

잉키의 영웅적 탈출 이야기를 처음 들었을 때 나는 무척 놀랐다. 이 두족류를 지키는 담당자는 없었다. 알고 보니 문어의 탈출은 오히려 흔한 일이었다. 문어[15]는 세계에서 가장 똑똑한 무척추동물이라고 널리 알려져 있는데, 무척추동물이 세계 모든 동물의 약 97%를 차지하므로 그중에서 가장 똑똑하다는 것은 결코 작은 일이 아니다.

바다에서 문어는 게와 바닷가재를 잡는 통발 속으로 들어가 그 안에 잡혀 있는 것들을 훔치기도 하고, 코코넛 껍데기를 골라 가져간 뒤 나중에 피신처로 쓰기도 한다.

타우목토푸스 미미쿠스*Thaumoctopus mimicus*를 비롯한 적어도 한 종 이상의 문어는 색깔, 피부조직, 몸 형태를 바꾸어 가자미류, 해파리, 바다뱀, 해면동물을 비롯한 다른 여러 가지 바다 생물을 흉내 낸다. 어떤 동물을 흉내 내는지는 분명 근처에 어떤 포식자 혹은 먹잇감이 있는가에 따라 정해질 것이다.

포획된 상태의 문어가 먹이를 먹기 위해 잠금 레버를 풀고, 미로를 찾고, 잡혀 있는 먹이를 먹기 위해 다른 수조를 습격하고, 심지어는 어려운 문제를 어떻게 푸는지 단서를 얻기 위해 다른 문어를 연구하기도 하는 모습이 자료로 입증된 바 있다.

또 문어의 지능은 인간 지능보다 발달 속도가 훨씬 빠르다. 그럴 수밖에 없다. 대다수 문어 종은 두세 살이 되기 전에 죽기 때문이다. 『아더 마인즈: 문어, 바다, 그리고 의식의 기원Other Minds: The Octopus, the Sea, and the Deep Origins of Consciousness』의 저자인 철학자 피터 고드프리-스미스Peter Godfrey-Smith는 문어의 짧은 수명과 큰 뇌가 진화적으로 연관되어 있을 것이라고 추측한다. 초기 두족류는 동료인 연체동물, 복족류, 앵무조개와 마찬가지로 껍데기를 지니고 있었다. 이 껍데기가 없어지면서 몇 가지 뚜렷한 진화적 이점을 얻게 되었는데, 가령 뼈 없는 몸을 이용하여 놀라울 만큼 작은 공간 속으로 비집고 들어가 포식자를 피해 몸을 숨기거나 먹이를 사냥할 수 있는 이점 등이다. 그러나 한편으로 다른 포식자에게 훨씬 취약한 상태가 되면서 큰 손실도 생겼다. 이 때문에 지능이 중요해졌다고 고드프리-스미스는 믿는다. 개별 문어 차원에서 더 똑똑해질수록, 그리고 정해진 수명 내에 이 지능을 더 빨리 개발할수록 살아남을 가능성은 커질 것이다.[16]

이러한 진화적 보완 과정 일체가 작용한 결과, 많은 점에서 우리 지능과 닮은 유형의 지능을 갖게 되었지만 실은 우리 종이 생겨나기 4억 년도 더 전부터, 그리고 우리 계통이 갈라져 나온 후 1억 년 이상 지나서야 이러한 진화가 이루어졌다. 좀 더 연대순으로 생각해 보면, 문어가 인간처럼 생각하도록 진화한 것이 아니라 인간이 문어처럼 생각하도록 진화한 것이다. 생물학자 시드니 브레너Sydney Brenner의 설명에 따르면, 문어는 "지구상에 등장한 최초의 지적 존재였다".[17]

노벨상을 포함하여 생물학 발견에 수여하는 명예로운 상을 아주 많이 거머쥔 브레너는 경력의 마지막 몇 년을 무엇에든 집중적으로 쏟을 수 있었다. 그러나 예전에 그는 동료 과학자에게 "모든 곳에 촉수를 뻗는 문어처럼 되어", "모든 것에 대해 다" 아는 사람이 되고 싶다고 말한 적이 있었다.[18] 그리고 공교롭게도 이런 촉수 중 하나가 두족류에 닿았다. 브레너는 최초로 문어 유전체의 염기서열을 분석하고자 연구 활동을 주도했고, 2015년에 완수했다.[19]

이 활동을 통해 다른 어느 동물에게서도 볼 수 없었던 수백 가지 유전자를 발견했다. 그리고 이 중 많은 수는 문어가 독특한 중심 뇌를 지니고 촉수에는 많은 뉴런 집단을 두며 각각의 촉수가 제각기 중요한 신경 자율성을 갖는 데 많은 역할을 하는 것으로 보인다.

문어의 지능이 작동하는 방식은 미식축구 공격진하고 좀 비슷하다. 쿼터백(quarterback, 공격 팀의 리더로서 전술을 지시할 책임이 있다-옮긴이)이 플레이를 외치기는 해도 이 명령을 수행하려고 애쓰는 다른 선수들은 이 과정에서 분명 독립적인 판단을 내릴 것이다. 이와 마찬가지로 문어의 중심 뇌가 한 개 혹은 모든 촉수를 향해 바위 밑 공간에 가서 먹이를 찾아보라고 말할 수는 있지만, 일단 그쪽으로 간 촉수는 독립적으로 행동하여 바위 근처의 공간과 틈새를 탐색하기도 하고 그곳에서 무엇이든 맛있는 갑각류를 발견하면 거기에 달라붙는다.

이러한 유형의 지능이 가능하도록 해 준 독특한 유전자는 수렴 진화convergent evolution, 즉 서로 다른 계통의 종, 더러는 확연하게 다른 계통의 종에게서도 비슷한 특징이 나타나는 생물학적 현상에 대해 새로운 통찰을 제공해 주었다. 이러한 현상이 일어나는 것은 흔히 아주 긴 세월 동안 보존되기도 하는 유전자가 공통의 잠재력을 유지해 왔기 때문이다. 가령 호기성 에너지 대사 유전자 같은 것이 이에 해당하는데, 이 유전자는 큰 뇌를 지닌 인간과 이보다 더 큰 뇌를 지닌 코끼리가 서로 갈라져 나온 지 오랜 시간이 지난 뒤에도 이런 큰 뇌의 요구를 해결하는 데 도움을 준다. 그러나 이따금 동물은 비슷한 도전에 맞서 매우 다르게 대처하는 방향으로 진화하기도 한다.

수백만 년에 걸쳐 문어에 가해진 진화 압력이 함께 작용한 결과, '미식축구 팀'과 같은 분산된 지능의 문제 해결 신경망이 만들어졌다. 그리고 곳곳에 드론이 날아다니게 될 미래 사회의 핵심 문제를 해결하는 데 이 신경망이 과학자들에게 새로운 모델을 제공했다.[20] 2018년 평창 동계올림픽 개회식에서 1,200개 드론을 이용한 인텔Intel의 라이트 쇼를 본 이들에게는 이제 친숙하게 느껴질 작은 드론들의 네트워크는 하나의 원천에서 명령을 받으면서도 독자적으로 문제를 해결하는 방식이다. 이를 통해 날씨나 지리가 연결을 방해할 때는 중앙 집중화된 처리 능력을 자유롭게 분산시키는 한편 이중화를 구현한다.

문어를 닮은 인공지능은 드론 기반의 수색 및 구조 활동에서 게임 체인저(Game Changer, 시장의 흐름을 통째로 바꾸거나 판도를 뒤집어 놓는 역할-옮긴이)가 될 수 있다. 사실 드론 기반의 수색 및 구조 활동 자체도 이미 일반적인 수색 및 구조 활동의 게임체인저 역할을 했다. 2013년 이후 주로 오락용 드론광狂들의 집단인 '항공 RC 다중로터를 이용한 수색'은 공기관의 지원을 받아 수백 번의 항공 수색 및 구조 작전에서 눈이 되어 주었다. 2018년 무렵, 이 집단은 전원 자원봉사자로 구성된 세계 최대 규모의 수색 및 구조 기관이 되었다. 그러나 대다수 드론 조종사는 한 번에 한 대의 드론만 제어할 수 있는 데 비해, 반半자율 드론을 연결한 분산형 네트워크는 훨씬 짧은 시간 안에 훨씬 넓은 지역에 펼쳐질 수 있다.

그러나 문어는 인공지능 기술을 설계하고 이용하는 데 모델이 될 만한 많은 똑똑한 생명체 중 하나일 뿐이다.

'단세포'가 욕이 아닌 이유

나는 이그노벨상(Ig Nobel Prizes, 미국 하버드대학교의 유머 과학 잡지사에서 노벨상을 풍자하여 기발한 연구나 업적에 수여하는 상-옮긴이)을 아주 좋아한다. 얼핏 사소해 보이는 연구 업적을 칭찬하여 매년 주는 이 상이 재미있어서 그런 것이 아니라, 물론 그럴 수도 있지만, 너무 사소해 보인다는 바로 그 이유로 대다수 과학자가 고려해 보려고도 하지 않는 실험에 수여하기 때문이다.

지금은 많은 과학자가 이런 풍자에 참여한다. 그리하여 수상자는 자신이 풍자 대상이 될 거라는 점을 아주 잘 알면서도, 하버드대에서 신통찮은 버라이어티 쇼로 열리는 시상식과 길 아래 매사추세츠 공과대학에서 열리는 수상자 강연에 거의 빠지지 않고 참석한다. 직접 오지 못하는 사람들은 종종 익살스러운 영상을 보내오기도 한다. 가령 수컷에게 질이 있고 암컷에게 음경이 있는 동굴 벌레를 발견하여 상을 받은 이들은 어두운 동굴 안에서 수상 연설을 전해 오기도 했다.[21]

2008년 이그노벨상을 받은 일본 히로시마대학의 나카가키 도시유키, 고바야시 료, 아츠시 테로는 매사추세츠주 케임브리지를 방문하여, 점균류가 수수께끼를 풀 수 있다는 자신들의 발견을 세상에 알릴 기회를 놓치지 않았다. 세 음으로 된 노래를 불러 가장 짧은 시상식 공연을 마친 나카가키는 연구 경력의 많은 부분을 쏟아 연구한 작은 생명체에 대해 노래만큼이나 짧은 옹호론을 폈다. 그는 일본에서 누군가를 모욕하고자 한다면 아마도 "단세포라고 부르면 될 것이며 이는 '거의 멍청이나 다름없다'는 의미입니다. 그러나 이제 '이의 있습니다!'라고 말할 때가 되었어요. 단세포생물은 우리가 대체로 생각한 것보다 훨씬 똑똑합니다."라고 선언했다.

얼마나 더 똑똑할까? 어쩌면 우리보다 더 똑똑할 수도 있다. 우리가 지닌 뉴런은 뇌의 다른 세포와 협력할 때 분명 놀라운 일을 해낼 수 있다. 그러나 인간 뇌세포는 전달자로서, 가장 단순한 문제를 풀기 위해서도 수만 개의 다른 뇌세포와 협력해야 한다. 그런데 알고 보니 단세포인 점균류는 완전히 혼자서 이런 일을 할 수 있다.

처음에 나카가키는 아메바 같은 커다란 세포인 피사룸 폴리케파룸*Physarum polycephalum*이 미로 속에서 어떻게 두 출구 사이의 최단 경로를 알아낼 수 있는지 알지 못했다. 그러나 그는 자신이 보고 있는 것이 원시적 형태의 지능, 즉 다른 단세포생물 속에도 존재할 수 있는 지능일지 모른다고 추측했다.[22]

나카가키 팀의 발견 이후 몇 년 동안 다른 과학자들이 이 가설에 대한 증거를 추가로 내놓았다. 프린스턴대학의 연구자들은 딕티오스텔리움*Dictyostelium* 속과 폴리스폰딜리움*Polysphondylium* 속의 아메바를 한 번에 열 시간 동안 관찰하여 이 작은 생물이 방향을 바꿀 때마다 매번 기록했다. 이 과정에서 그들은 아메바가 한쪽으로 방향을 바꾸고 나면 다음번에는 다른 쪽으로 방향을 바꿀 확률이 두 배가 된다는 것을 발견했다. 단세포생물이 뭔가 기억을 지니고 있고, 이 덕분에 원을 그리며 제자리로 다시 돌아오는 것을 피하고 최적화된 길로 먹이를 찾으러 갈 수 있게 도움을 준다는 뜻이다.[23]

단세포 차원에서 이는 장기 기억이다. 개별 아메바는 평균 며칠 정도 살며 몇 분에 한 번씩 방향을 바꿀 뿐이다. 이를 인간의 시간으로 바꾸면 20일 전에 한 일을 기억하는 셈이다. 나는 대부분 전날 입었던 옷조차 기억하지 못한다.

이후 나카가키 연구 팀은 60분 간격으로 온도를 높였다가 내렸다가 하는 경우 피사룸 폴리케파룸이 온도가 내려갈 것을 예상하여 속도를 늦춤으로써, 일정한 패턴을 기억하고 예상하는 능력뿐 아니라 놀라운 시간 감각까지도 보여 준다는 것을 입증했다.[24]

그런데 어떻게 이런 능력을 지니는 것일까? 한 가지 가능한 해답은 세포의 세포질에 있다. 세포가 움직이는 동안 작은 입자들이 세포 내액 사이로 움직여 길이 만들어진다. 이 길로 인해 홈이 형성된 양상과 일치되는 방식으로 세포가 계속 움직이는 한 이 길은 더욱 강화되어 '기억'이 된다. 그러나 환경이 바뀌고 세포가 다른 방식으로 반응해야 하는 경우, 이 길은 와해되고 기억은 지워진다.

캘리포니아대학교 샌디에이고캠퍼스의 이론물리학자 마시밀리아노 디 벤트라Massimiliano Di Ventra는 이런 기본적 기억 저장 장치를 그대로 본뜨고 싶어서 멤리스터memristor, 즉 마지막으로 통과한 전압을 기억하는 전자 소자를 이용하여 간단한 회로를 설계했다.[25] 나카가키가 피사룸 폴리케파룸을 더운 기온과 찬 기온에 번갈아 가며 노출시킨 것과 비슷하게, 벤트라가 일정한 패턴으로 외부 전압을 전달했을 때 마치 피사룸 폴리케파룸이 온도 변동을 예측한 것처럼 멤리스터 회로가 전압 변동을 예측할 수 있다는 것을 발견했다.[26]

이 결과는 인간 기억과 인공지능 기억 간의 격차를 메우는 데 엄청나게 중요한 의미를 지닐 수 있다. 요컨대 대다수 컴퓨터는 한 번에 한 가지 활동을 하도록 설계되었으며 프로세서가 빨라질수록 그 기억 속에 이런 활동을 더 빨리 축적할 수 있다. 그러나 인간 지능은 이와 다르게 작동하며 황색망사점균의 세포질 속에 만들어지는 길처럼 시간이 흐르면서 시냅스가 강화되는 방식으로 작용한다.[27]

아키텍처(architecture, 하드웨어와 소프트웨어를 포함한 컴퓨터 시스템 전체의 설계 방식-옮긴이)의 차이는 에너지 소비 면에서 굉장히 중요하다. IBM은 100억 개의 뉴런과 그 사이를 잇는 100조 개의 시냅스로 된 인간 뇌를 본뜨고자 노력할 때, 로런스리버모어 국립연구소LLNL에서 $280m^2$의 실험 공간을 차지하는 그 유명한 세쿼이아 슈퍼컴퓨터를 이용했다. 슈퍼컴퓨터에 관한 한 "에너지 효율성의 정점"[28]이라고 극찬받는 세쿼이아이지만, 이 컴퓨터를 작동하는 데 7.9MW가 필요하며 이는 한 번에 수천 개 가정에 전력을 공급할 수 있는 에너지이다. 반면에 인간 뇌는 겨우 20W밖에 필요하지 않으며 이는 저전력 전구를 밝히는 정도의 에너지이다.

그럼 정말 뇌를 모방하기는 한 것인가? 인간 뇌의 연산 **능력**은 달성했을지 몰라도 속도는 아니다. 당신의 두개골 안에 있는 기관보다 1,542배나 **느리니까.**[29] 인간이 만든 데이터 저장 및 처리 장치가 자연의 데이터 저장 및 처리 장치와 더 비슷하게 작동하도록 만든다면 점증하는 에너지 수요를 대폭 줄일 수 있을 것이다.

이는 가상화폐의 세상에서 특히 중요한 의미를 지닐 수 있다. 세계 최초이자 가장 인기 있는 분산원장기술 기반의 디지털화폐인 비트코인을 '채굴(mining, 비트코인의 공공 원장, 즉 블록체인에 거래 기록을 추가하는 일-옮긴이)'하고 사용하는 데 드는 전력은 많은 열을 방출한다. 하와이대학교 마노아캠퍼스의 연구자들에 따르면 이는 2033년까지 지구 기온을 2℃가량 상승시킬 수 있다.[30]

"우리의 컴퓨터 방식을 재고해 보아야 합니다." 자연에서 영감을 얻는 컴퓨팅 전문가 줄리 그롤리에Julie Grollier가 2016년 세계경제포럼 WEF에서 말했다. "우리의 컴퓨터는 정확한 연산을 수행하는 데 탁월한 반면, 우리 뇌는 인지 작업에 탁월합니다." 어떤 종류의 패턴이 예상되는지 사전에 알지 못한 상태에서 보여 주는 패턴 인식 능력에 관한 한, 생명 지능이 훨씬 우월하다고 그녀는 지적했다.[31]

프랑스 국립과학연구센터CNRS에 기반을 둔 그롤리에와 연구 팀이 이듬해 발표한 논문에 따르면, 멤리스터를 사용하는 회로는 한 번에 한 가지 연산을 실행하는 대신 병렬식으로 정보를 처리하고 저장하기 때문에 작동 방식이 인간 뇌와 더 비슷하다. 그 결과 미분류된 데이터의 구조를 인식하고 그에 따라 반응하는 능력을 보여 주었는데, 이는 피사룸 폴리케파룸이 보여 준 능력과 같다.[32]

궁극적으로, 우리가 똑똑한 단세포생물에게서 배우고 있는 내용은 인공지능이 인간 수준의 똑똑한 지능을 흉내 내도록 하는 데 도움을 줄지 모른다. 그러나 우리가 스스로에 대해 믿고 싶어 하는 만큼 정말로 현명하다면 단지 **개별** 생명체가 생각하는 방식만을 모방하려고 하지는 않을 것이다. 어쨌든 수적인 힘도 있기 때문이다.

구글보다 효율적인 개미의 길 찾기 메커니즘

개미의 뇌는 정말 크다. 브라키미르멕스*Brachymyrmex* 속의 방랑개미 rover ants 등 몇몇 종의 경우는 뇌가 체질량의 15%를 차지한다. 뇌의 상대적 크기는, 비록 완벽하지는 않아도 지능을 대신 추측해 볼 수 있는 수치로 종종 쓰이는데 이 개미의 뇌는 상대적 크기로 따지면 세계에서 가장 크다.

다른 한편으로 개미의 뇌는 정말 작다. 방랑개미의 뇌는 0.005mg으로 측정되었으며 이는 소금 한 알 무게의 약 10분의 1이다.[33]

어떤 기준으로 측정하든, 한 가지는 명확하다. 개미 뇌는 정말 놀랍다는 점이다. 몇몇 개미 종의 경우 우리보다 뇌 크기가 몇백만 배나 작은데도 이 개미들이 생각하는 방식과 비교해 보면 우리는 완전 바보로 보일 정도이다.

알다시피 개미가 그렇게 강인한 종으로 살아남을 수 있었던 요인 중 하나는 이들이 거의 항상 함께 일한다는 점이다. 그리하여 개미는 많은 정보를 매우 빨리 처리할 수 있으며, 혼돈 속에서 질서를 만들어 내어 생명 유지에 필요한 먹이 채집을 최대한 빠르고 효율적으로 수행할 수 있다.

개별 정찰 개미의 행동을 관찰해 보면 먹이 원천을 찾아나서는 긴 탐색 길에서 이리저리 왔다 갔다 하거나, 온 길을 되짚어가거나, 빙빙 돌거나, 지그재그로 돌아다니는 등 아무렇게나 정신없이 다니는 것으로 보일 수 있으며, 이런 탐색은 흔히 실패로 끝나기도 한다. 그러나 이렇게 혼돈처럼 보이는 것은 부분적으로는 우리가 개미의 관점에서 세계를 인식하지 못하기 때문이다. 개미는 훌륭한 등반가이고 여섯 개의 다리와 힘센 집게발로 큰 장애물을 잘 넘어갈 수 있는데도 대개는 뭔가를 넘어가기보다는 그 주변에서 더 쉽게 길을 찾는다. 그러므로 개별 개미의 일은 먹이를 찾는 것뿐 아니라 그 먹이를 찾고 난 뒤 거기까지 갔다가 돌아오는 길의 여러 가지 순열 조합을 모두 평가하여 다른 개미들이 최소의 에너지를 소비하도록 하는 일까지 포함된다.

맛있는 것을 찾아낸 개미는 이 먹이를 조금 먹은 뒤 다시 개미집으로 향한다. 그 과정에서 페로몬을 분비하여 먹이 있는 곳까지 돌아오는 길을 표시한다. 그러나 개미 한 마리의 페로몬은 그렇게 오래 지속되지 않아서 처음에 페로몬 흔적을 쫓아가는 몇몇 개미는 냄새를 알아내려고 애쓸 때 여전히 조금은 이리저리 헤맨다. 이렇게 헤매다 보면 시간이 흐르면서 애초 최초의 개미도 알아보지 못했던 더 나은 지름길을 찾게 된다. 또 이 행렬에 더 많은 개미가 합류할수록, 페로몬 흔적은 마치 개미집과 먹이 사이에 조명을 환히 밝힌 왕복 고속도로처럼 변해 간다.

이 모든 작업이 이루어지는 방식은 마치 웹 크롤러web crawler가 인터넷을 돌아다니면서 계속 변하는 월드와이드웹의 구석구석을 살피고 새로운 조각의 정보를 찾는 인터넷 검색 엔진과 같다. 구글의 웹 크롤러는 뭔가 새로운 것을 찾으면 이 데이터를 보내 색인을 생성한 다음 계속해서 크롤러를 다시 보낸다. 그 이후에는 이 정보까지 가기 위한 모든 가능한 경로를 평가하고, 그 정보가 여전히 거기 있어서

효율적으로 접근할 수 있는지 확인하는 데 더 중점을 둔다.[34]

구글은 매달 몇천 억 번씩, 몇십 조 개의 웹페이지에 색인을 단다.[35] 그러나 수학자 위르겐 쿠르츠Jürgen Kurths에 따르면, 얼핏 무작위로 이루어지는 것처럼 보이는 탐색 패턴 속에서 선형 경로를 만들어가는 개미의 방식에 비교할 때 구글의 탁월한 알고리즘도 초등학교 산수 정도로밖에 보이지 않는다.

"혼돈이 질서로 바뀌어 가는 이런 이행 과정은 매우 중요한 메커니즘이며, 나는 심지어 여기서 더 나아가 이 메커니즘에 관련된 학습 전략이 구글 검색보다 훨씬 정확하고 복잡하다고까지 말합니다. 이들 곤충은 주변 정보를 처리하는 면에서 의심의 여지 없이 구글보다 훨씬 효율적이에요."[36] 2014년 쿠르츠는 이렇게 말했다.

쿠르츠는 여느 수학자와는 다르다. 베를린 훔볼트대학에서 비선형 역학을 연구하는 이 교수는 세계에서 가장 영향력 있는 복잡계 과학자의 한 명으로 꼽힌다. 개미의 먹이 찾기 행위에서 '혼돈-질서 이행chaos-order transition'을 발견할 수 있음을 입증한 그의 2014년 연구는 과학자들이 생물학적 신경회로망을 모방 설계한 컴퓨팅 시스템을 개발하고,[37] 복잡한 수학적 최적화 문제를 풀기 위해 노력하며,[38] 컴퓨터를 이용한 모델링에서 불확실성을 줄이는 데 영향을 주었다.[39]

개미는 함께 힘을 합쳐 물에 뜨는 뗏목을 만들거나 먹이 채집을 위한 고속도로를 만드는 일만 잘하는 것이 아니다. 그들은 다리를 건설하는 데에도 매우 능숙하다. 말 그대로 개미의 몸을 이용하여 다리를 만드는 일이다. 이는 이타적일 뿐 아니라 똑똑하기까지 하다.

실은 **정말로** 똑똑하다. 개미는 뚜렷한 지도력 없이도 이런 일을 해

내기 때문이다. 만일 1800년대 말 워싱턴 로블링과 에밀리 로블링 (Washington and Emily Roebling, 브루클린브리지 완성에 기여한 공로로 널리 알려진 부부로, 수석 기술자였던 워싱턴 로블링이 잠수병에 걸린 후 아내인 에밀리 로블링이 일을 맡아 완공을 이끌었다-옮긴이)이 다리 건설 노동자들에게 작업을 지시하는 대신 모든 노동자에게 그저 "최선이라고 생각되는 작업을 하라"고 말했다면 브루클린브리지가 어떤 모양이 되었을지 잠깐 상상해 보라. 하지만 에키톤 하마툼*Eciton hamatum* 종의 군대개미army ants는 중남미의 숲 바닥에서 서로 떨어진 공간을 건너가야 할 필요에 직면했을 때 정확히 이런 식으로 일을 한다.[40]

그리고 만약 이 간격이 늘어나면, 이번에도 역시 이렇다 할 중앙의 지시 없이 다리 길이도 늘어난다. 그러다가 일정한 시점이 되면 다리를 잇는 데 너무 많은 일꾼이 투입되어 계획의 변화가 필요하다는 집단적 결정이 내려진다. 그러면 일제히 다리를 해체하고 원래 자리로 돌아가 먹이까지 가는 새로운 길을 찾기 시작한다.

"이들 개미는 집단 연산을 수행하는 거예요. 전체 군집 차원에서, 그 많은 개미가 서로 얽혀 다리를 연결할 만한 여력이 일정 지점까지는 되지만 그 이상은 아니라고 말하는 거죠. 이런 결정을 총괄하는 개미는 단 한 마리도 없어요. 이들은 군집 단위로 이런 계산을 하는 거예요."[41] 2015년 생물학자 매슈 러츠Matthew Lutz가 말했다.

개미에게 집단 지능이 있다는 견해가 점점 인정을 얻고 있기는 하지만 많은 사람, 심지어는 곤충을 연구하는 사람조차도 개별 개미의 두뇌 능력은 그다지 높게 평가하지 않는다. 쿠르츠조차 개미가 집단으로 움직이는 방식이 이른바 지능이라고 여겨지는 것을 흉내 내기

는 하지만, "단일 개미는 분명 똑똑하지 않다"고 믿는다.[42]

그러나 나는 이 작은 녀석을 변호하기 위해 나서야 한다. 인간과 돌고래는 진화의 거대한 구도 속에서 매우 유사한데도 동일한 방식으로 지능을 측정할 수 없는데, 하물며 개미의 지능을 인간의 IQ 검사로 측정하는 것은 말도 안 될 것이다. 그렇다. 이는 개미가 월등하게 높은 집단 지능을 갖고 있다는 사실과 많은 관련이 있다. 그러나 새로운 연구에서는 개미가 심지어 개별 차원에서도 엄청 똑똑하다는 사실이 입증되고 있다.

개미가 매끄러운 고속도로를 찾아내거나 다리를 짓기 전까지 주변의 거대한 세상을 탐색하기 위해 무엇을 해야 하는지 생각해 보자. 개미는 우리처럼 세상을 보지 못한다. 대다수 개미 종의 눈은 움직임을 탐지하는 것은 잘하지만 형태를 알아보고 거리를 재는 것은 잘하지 못한다.[43] 그럼에도 거의 모든 측정 가능한 방식으로 볼 때, 개미는 특정 순간 자신이 세상 어느 곳에 위치하는지 알아내는 면에서 우리보다 훨씬 뛰어나다.

인간은 한 곳에서 다른 곳까지 길을 찾아갈 때 거의 항상 시각 단서에 의존하며, 여기에 추가로 주어지는 약간의 청각 자극, 만약 쿠키나 햄버거, 피자 가게 등을 찾는 경우에는 약간의 후각 정보까지 이용할 것이다.

개별 개미는 우리보다 아주 많은 단서를 수집하여 처리한다. 우리와 마찬가지로 주변 구조물의 형태와 크기, 움직임을 이용하여 자신이 어디에 있는지 찬찬히 살핀 다음 어디로 가야 할지 파악한다. 이 밖에도 태양의 위치, 편광偏光 패턴, 바람, 미세한 냄새 변화, 발밑에

닿는 바닥 느낌, 심지어는 집에서 출발한 뒤 걸은 걸음 수까지 이용한다.[44]

개미처럼 길을 찾아가 보고 싶은가? 도시공원 한쪽 끝에서 걷기 시작하되, 가는 동안 당신의 걸음 수를 계속 확인한다. 장애물을 만날 때마다, 그리고 공원을 가로지르는 콘크리트 길이나 긴 벤치 등이 나타나 지형이 바뀔 때마다 기억하고, 이전에 만난 지형과 연관 지어 이번 지형의 위치는 어디인지 기억한다. 그러면서도 태양의 위치를 계속 염두에 두고 나무 그늘에 들어설 때에는 다시 햇빛 속으로 나오기까지 이 그늘이 얼마나 길게 이어졌는지 기억한다. 바람은 어느 방향에서 불고 있는가? 이 역시 반드시 알아차려야 한다. 바람에 무슨 냄새가 실려 오는가? 어디에 있었을 때 이 냄새가 났는가? 이 또한 기억해야 한다.

아. 그리고 어느 시점에선가 당신보다 몇백 배나 크고 굶주린 생물이 난데없이 나타나 당신을 잡아먹을지도 모른다고 상상해 보라. 그렇다고 **이것 때문에** 당신이 기억해야 할 것들을 기억하는 데 지장이 생겨서는 안 된다!

이 모든 정보를 동시에 처리할 수 있는 인간은 많지 않다. 인간의 뇌는 대개 시각으로 이루어진 감각 단서의 조각들을 모아 길의 방향을 지시하며 인지도를 만든다. 여기서 인지도란 대개 우리가 있는 곳이나 가고 싶은 곳과 연관 지어 주변 환경을 머릿속으로 그리는 심적 표상을 말한다.[45] 그러나 인지도를 만드는 과정에서 우리는 많은 정보를 버린다. 또 대다수는 시각 단서에 지나치게 의존하므로 다른 모든 단서는 버리는 경향이 있다. 이 때문에 우리는 어둠 속에서 곧잘

길을 잃으며 집에 전기가 나갔을 때 물건들에 부딪힌다.

개미는 인지도를 만들지 않는다. 그 대신 다수의 기억 단위를 유지하다가 특정 상황이 발생하면 이 중에서 자신이 이용할 수 있는 기억을 단독으로, 혹은 다른 기억 단위와 조합된 상태로 사용한다.[46] 또 개미는 세계에 대한 어느 한 표상에만 의존하지 않으므로, 주변 세상이 달라져도 길을 잃을 가능성이 훨씬 작다. 그리하여 어두워질 때, 혹은 커다란 장애물이 나타나거나 없어질 때, 혹은 바람의 방향이 바뀌기 시작할 때, 개미는 그저 다른 기억 단위를 이용한다.

세계에서 가장 복잡한 공학 문제 중 하나인 자율주행차 문제를 해결하고자 애쓰는 사람들에게 이 모든 것은 매우 유용하다. 대체로 무인 자율주행차는 측량과 표시가 잘되어 있는 고속도로에서 잘 작동한다. 그러나 역동적인 도시나 건설 구역에서는 잘 작동하지 않는다. 대체로는 예측 가능하지만 이따금 일대 혼란을 일으키는 자동차 주행에서 최선의 방식은 집단 지능과 개별 지능 둘 다에 의존하는 것이라는 사실이 점점 더 명확해지고 있다.

예를 들어 통행량을 줄이는 문제의 열쇠는 집단 지능에 있다. 개미의 수가 늘어나는 상황에서 이들이 어떻게 혼잡을 피하는지[47] 연구한 물리학자 아푸어바 나가르Apoorva Nagar는 개미 통행량이 정체 없이 계속 움직일 수 있게 하는 세 가지 규칙을 관찰했다. 첫째, 개미는 자아가 없기 때문에 다른 사람보다 앞서가려고 하지 않으며, 추월당했을 때 화내지 않는다. 둘째, 서로 부딪혔을 때 멈추지 않기 때문에 작은 접촉 사고로 통행 흐름이 방해받지 않는다. 셋째, 혼잡이 심할수록 똑바로 꾸준히 나아간다.

첫 번째 규칙과 세 번째 규칙이 자율주행차에 어떻게 적용될 수 있을지는 쉽게 알 수 있다. 두 번째 규칙은 인간과 자동차에 적용하기에는 조금 더 복잡해 보인다. 이를 적용하려면 우리가 기억해야 할 것이 있다. **실제** 충돌이 일어나지 않을 때도 운전자가 핸들을 틀거나 브레이크를 밟는 일이 있으며, 그에 따른 폭포 효과cascading effect로 뒤에 오는 모든 자동차가 오랫동안 길게 이어지는 경향이 있다는 점이다. 아슬아슬한 상황에서 인간이든 기계이든 상관없이 차를 몬 운전자가 절대적으로 필요한 수준 이상으로 핸들을 틀지 않고 브레이크를 밟지 않는다면 이 상황으로 인해 통행 속도가 느려질 필요는 없다. 자율주행차 운행에서는 이를 "피가 나지 않으면 반칙이 아니다no blood, no foul"라는 규칙으로 일컬을 수 있다. 이런 세 가지 규칙이 효과를 발휘하기 위한 수준의 정확성과 규율이 확보되려면 개미나 알고리즘이 그렇듯이 **모든** 자동차가 규칙을 따라야만 한다.

그러나 2010년대 자율주행 기술의 선구자들이 줄곧 깨달았듯이 도로 공사 같은 일이 벌어지면 이런 단순한 규칙도 소용이 없어진다. 도로 표지 대신 빨간 원뿔형 표지가 서 있거나 신호등 대신 안전모를 쓴 사람이 교통 신호를 보내는 경우, 개별 자동차는 개별 개미와 마찬가지로 훨씬 복잡한 일련의 규칙을 따라야 한다. 게다가 우리는 역동적인 세상에 살기 때문에 이러한 규칙이 어떠해야 하는지, 어떻게 지켜져야 하는지 결정하는 데 하나의 지능 단위로는 충분하지 않다.[48] GPS가 길 찾기에 좋은 출발이 되기는 하지만 위성 신호가 끊길 수 있다. 카메라는 눈으로 덮이면 소용없다. 레이저 거리 측정기는 정지 물체에 관한 한 정확하지만 움직이는 물체에 대해서는 그만큼 유효하지 않다. 레이더는 환경 조건에 따라 달라지는 수중음파탐지기보다는 얼마간 가치가 있다. 형광색 안전 조끼를 입은 사람들이 도로 한복판에 나타나기 전까지는 지도도 훌륭하다. 이런 유형의 환경에서 자율주행차가 성공적으로 운행하려면, 세상에 대한 단일 지도에 의존해서는 안 된다. 그보다는 이용 가능한 많은 단위로부터 정보를 받아들인 뒤 이를 이용하여 가까이 있는 문제를 해결하고, 그 결과를 공동체와 통신해야 한다. 개미들이 바로 이런 방식으로 한다.

작은 절지동물이 단독으로든 자기 군집과 협력해서든 우리보다 훨씬 똑똑하다는 사실을 받아들이려면 상당한 수준의 겸손이 요구된다. 그러나 우리가 개미를 비롯하여 정말 똑똑한 다른 동물들에게서 많은 것을 배울 수 있음을 받아들이고 나면, 필시 그들이 우리에게 가르쳐 줄 것들의 이점을 이용하기 시작할 수 있다. 아울러 또 하나의 커다란 인지적 도약까지도 훨씬 수월하게 이룰 수 있다. 그것은 바로 아주 최근까지도 결코 지능이 없을 것이라고 여겼던 생명 형태의 지능을 받아들이는 일이다.

|

식물도 기억하고, 학습하고, 결정한다

|

"네가 식물에 물을 줄 때, 노래를 불러 주면 더 잘 자랄 거야." 다섯 살 때 우리 할머니가 내게 말했다.

나는 할머니의 말을 의심할 이유가 없었다. 할머니는 내게 거짓말을 한 적이 없었다. 딱 한 가지 산타클로스와 관련된 거짓말이 있지만 이것은 눈감아 줄 수 있었다. 다른 모든 사촌이 〈스타워즈〉의 작은 우주선이나 피규어 한 개만 받을 때 할머니는 내게 반란군 수송선을 주었기 때문이다.

그래서 나는 할머니 집에 갈 때 그 집에 있는 식물에게 노래를 불러 주었다. 우리 집에서 키우는 식물에게도 노래를 불러 주었다. 이 일은 2학년 때 판지로 둘러싼 커피 캔에서 내 이름이 적힌 아이스캔디 막대가 뽑혀 나와 내가 그 주의 '학급 정원사'로 뽑힐 때까지 계속되었다.

그날 오후 무화과나무에 물을 주면서 나는 앨런 셔먼Allan Sherman의 〈헬로 무다, 헬로 파두Hello Muddah, Hello Fadduh〉 곡조에 맞춰 노래를 불렀다.[49] "날이 더워졌어. 그래서 네 물을 가져왔어. 나한테 감사하고 싶다고? 그럴 것까지는 없어."

내가 이날을 기억하는 것은 이 일로 마음의 상처를 입었기 때문이다. 반 아이들이 나를 보고 웃었다. 선생님은 걱정스러운 것 같았다. 노래를 불러 주면 식물이 더 잘 자란다고 내가 아는 사실대로 설명했을 때, 반 아이들은 더 크게 웃어 댔고 선생님은 **더욱더** 걱정스러워 보였다.

할머니는 내게 거짓말을 한 것이 아니었다. 정말 아니었다. 그녀는 1970년대 중반 『식물의 숨겨진 삶The Secret Life of Plants』이라는 책과 뉴에이지 운동의 유행에 적지 않게 영향을 받아, 어쩌면 식물에 지각 능력이 있어서 인간의 말과 노래, 심지어는 생각에도 반응할지 모른다고 믿게 된 수백만의 미국인 중 한 명이었다. 이 책은 말하자면 뿌리가 있었는데, 1966년 어느 늦은 밤 클리브 백스터Cleve Backster라는 거짓말 탐지기 검사자가, 아마도 잠 못 드는 밤의 일시적 기분 탓이었겠지만, 보통 '용 나무dragon tree'라는 이름으로 판매되는 흔한 가정용 식물 용혈수에 거짓말 탐지기를 부착해 보기로 한 일에서 시작되었다. 백스터는 식물에 스트레스를 줄 생각으로 나뭇잎 하나를 뜨거운 커피에 담가 보았지만 아무 일도 일어나지 않자 더 심한 위협을 생각해 냈다. 나뭇잎을 불에 태워 보기로 한 것이다.

"마음속에 불꽃 그림이 떠오르는 순간, 그리고 그가 성냥을 가지러 가기 위해 움직이기도 전에, 거짓말 탐지기의 추적 패턴에 극적인 변화가 생겼다. 식물이 그의 마음속을 읽을 수 있었던 것일까?"[50] 저자 피터 톰킨스Peter Tompkins와 크리스토퍼 버드Christopher Bird는 『식물의 숨겨진 삶』에 이렇게 썼다.

이 물음에 대한 답은 단연코 '아니다'이다. 과학자들이 백스터의 이 시험 외에도 그가 추가로 발견했다고 주장한 사례를 재현해 보려고 시도한 적이 있었다. 백스터는 시험 대상인 광합성 식물 앞에서 살아 있는 새우를 끓는 물 속에 넣었더니 이른바 진핵생물 간의 공감이 발견되었다고 주장한 바 있는데, 어쨌든 그의 여러 가지 발견을 재현해 보려 했던 과학자들의 시도는 모두 실패로 끝났다. 그러나 이후에도 『식물의 숨겨진 삶』은 서점 책꽂이에서 사라지지 않았고, '역시 스티비 원더'라는 감탄사가 절로 나오는 너무도 아름다운 사운드트랙과 함께 동명의 다큐멘터리가 제작되는 것도 막지 못했다.[51] 그리고 이후로도 오랫동안 우리 할머니 같은 사람은 식물에게 세레나데를 들려주는 등 다정하게 대하면 식물이 더 행복하고 건강하게 자라는 데 도움이 될 것이라고 믿고 있어서 과학계로서는 골칫거리가 되었다.

그로부터 몇십 년이 지났고, 식물이 정보를 수집하여 처리하고 공유할지 모른다는 가능성에 대해 대다수 진지한 과학자들이 다시 한 번 기꺼이 논의하게 되었다. 이번에는 텔레파시라는 마법 같은 형태가 아니라 복잡한 식물생물학을 통해 논의가 진행되었다.

식물의 신호전달 및 행위 분야에서 선구자이자 가장 열정적인 주창자로 꼽히는 사람으로 워싱턴대학의 식물생물학자 엘리자베스 반 볼켄버그Elizabeth Van Volkenburgh가 있다. 그녀는 2006년《식물과학 경향Trends in Plant Science》에 발표되어 '식물 신경생물학plant neurobiology'이라는 새로운 분야를 알리게 된 논문의 여섯 저자 중 한 명이었다.

이 논문에 대해 즉각적이고 거센 반발이 일어났으며 몇 달 뒤 26명의 과학자가 서명한 서신이 같은 학술지에 게재되었다. 이 서신에서 과학자들은 반 볼켄버그를 비롯한 식물 신경생물학 주창자들이 "지적으로 엄격한 토대"를 갖추지 못한 "피상적인 유추와 의심스러운 추정을 기반으로 한" 분야를 시작함으로써 "잘못된 주장"을 펼치고 있다고 비난했다.[52]

"내가 정말 놀랐던 건 반발 때문이었어요. 그리고 반발에 대한 반발이 있었죠. 과학적인 것이라기보다는 문화적인 것으로 보였어요." 반 볼켄버그가 내게 말했다.

식물 신경생물학이라는 개념에 동의하지 않는 사람이 비단 동물 생물학자들만은 아니었다고 반 볼켄버그가 말했다. "많은 과학자, 특히 식물생물학 프로그램을 가르치는 사람들이 식물의 마법과 위엄을 인간처럼 하찮은 것으로 전락시키고 싶어 하지 않았어요." 그녀가 웃으면서 말했다. "나로서는 그런 주장을 이해할 수 있었어요. 물론 나 자신은 그런 식으로 생각하지 않지만요. 우리가 식물을 인간처럼 원시적인 것으로 만들고 있다고 생각하지 않았어요. 동물과 식물이 공통으로 지닌 것이 있다고 말함으로써 인간을 보완하고 있다고 생각했죠."

10년도 더 지났지만 토론은 여전히 활발하게 진행되고 있으며 심지어는 감정적인 양상으로 흐르기도 했다.[53] 우리가 처음 이야기를 나누었을 때 반 볼켄버그는 캘리포니아대학 데이비스캠퍼스의 한 젊은 대학원생과 막 면담을 마친 상태였다. 식물의 의사소통 방식을 연구하고 싶어 하는 학생이었다.

"용기 있는 젊은 과학도 같군요." 내가 말했다.

"정말 그래요." 반 볼켄버그가 대답했다. "그리고 그렇게 되어야죠."

그러나 반 볼켄버그는 식물에 대한 우리의 이해 방식에 변화가 일어나고 있다고 낙관했다. 명칭을 신경생물학이라고 하든, 지능이라고 하든, 아니면 다른 무엇으로 하든 간에 식물을 멍청한 존재로 치부하기는 점점 더 어려워지고 있다.

모니카 갈리아노의 연구 주제였던 섬세한 미모사, 미모사 푸디카 *Mimosa pudica*를 예로 들어 보자. 이 식물은 '나를 만지지 마세요.'라는 이름으로도 알려져 있으며 잎을 건드리면 방어적으로 잎을 오므린다. 몇 년 전, 갈리아노는 미모사가 잎을 오므리지 않게 가르칠 수 있을지 궁금해졌다. 그리하여 식물을 떨어뜨리는 특별한 장치 속에 한 번에 한 묶음씩 15cm 높이에서 여러 번 반복하여 떨어뜨리는 실험을 했다. 어찌 된 일인지 시간이 흐르면서 식물은 이런 식으로 떨어져도 실질적으로 해를 입지 않는다고 파악한 것처럼 보였고 더는 잎을 오므리지 않았다.[54]

갈리아노가 다른 식으로, 가령 미모사를 흔드는 식으로 건드리면 여전히 상징적 특징인 방어적 행위를 보였다. 그러나 4주가 지난 뒤에도 미모사는 15cm 낙하가 경계할 만한 이유가 되지 않는다는 것을 기억하는 것처럼 보였다.[55]

이것은 기억일까? 이 물음에 답하기 전에 반 볼켄버그는 자주 학생들에게 다른 물음부터 생각해 보라고 주의를 환기한다. 즉 인간의 뇌는 어떻게 사물을 기억하는지 생각해 보라는 것이다.

"때로 내 학생들은 최근 들어 인간생물학 강의도 듣곤 하는데, 이 물음에 대한 답을 배우지 않았다는 걸 깨닫고는 종종 놀라곤 해요. 뇌가 어떻게 사물을 기억하는지 아무도 모르기 때문이죠. 그리고 흔히 이 순간에 눈을 뜨게 돼요."[56] 반 볼켄버그가 말했다.

분명 식물은 뇌가 없다. 그러나 우리가 정보를 수집하고 저장하고 처리하는 데 이용하는 기관을 갖지 않았다고 해서 식물이 이런 일을 하지 못한다는 의미는 아니다. 예컨대 물고기는 폐가 없지만 그래도 숨을 쉴 수 있다.

또 점점 명확해지는 사실이 있다. 식물이 **학습할** 수 있다는 점이다.

과학사에서 가장 유명한 식물 중 하나, 즉 그레고어 멘델이 유전 법칙을 확립할 때 썼던 바로 그 완두, 피숨 사티붐*Pisum sativum*을 이용하여, 아울러 가장 유명한 동물 연구 중 하나, 즉 이반 파블로프Ivan Pavlov가 실시한 개의 조건 반사 실험을 토대로 한 실험에서 갈리아노는 동물과 똑같이 식물도 연상을 통해 학습할 수 있음을 입증했다.

바닷가에 바람을 맞으며 서 있는 나무를 본 적 있다면 누구라도 증언할 수 있듯, 이 나무는 대체로 강풍이 불어오는 방향과 반대로 자란다. 그러나 갈리아노와 연구 팀이 광원光源과 송풍기를 연결했을 때 식물은 바람 부는 쪽으로 자랐다. 이 자체는 그리 놀라운 일이 아니다. 콩과 식물에게 빛의 필요성은 다른 무엇보다 절대적이기 때문이다. 그러나 연구 팀이 빛을 치우고 송풍기의 위치를 바꾸었을 때, 바람에서 빛을 연상하도록 길들여진 식물은 여전히 바람 쪽으로 자랐다. 지능에 관한 거의 모든 정의에서 기본 요소가 되는 연상 학습은 동물과 식물 모두 똑같이 공유하는 보편적인 적응 메커니즘인 것으로 보인다.[57]

그런데 이런 유형의 의사 결정은 어디에서 비롯되었을까? 2017년 과학자들이 애기장대thale cress, 아라비돕시스 탈리아나*Arabidopsis thaliana*라는 흔한 도로변의 잡초의 경우 몇십 개 세포로 이루어진 세포 집단이 씨앗의 발아 시기 결정 과정을 통제하는 것으로 보인다고 확인했을 때, 한 가지 커다란 단서를 얻을 수 있었다.

그렇다. 식물이 결정을 내리는 것이다. 이들 세포 집단은 다시 두 개의 하위 집단으로 나뉘며, 첫 번째 집단에서는 발아를 촉진하는 많은 양의 지베렐린gibberellin 호르몬을 생산하고, 두 번째 집단에서는 휴면을 촉진하는 많은 양의 아브시스산abscisic acid을 생산한다. 이 두 가지 호르몬은 기온의 변동에 따라 서로 반대되는 영향을 받으며, 마침내 발아 촉진 호르몬 쪽이 우세해지는 상황이 되기 전까지 세포 집단 안에서 이들 신호전달 분자를 내보냈다가 되돌려 보냈다가 한

다.[58]

이 밖에 식물은 무엇을 결정할까? 얼마나 많은 물을 소비할까? 흙에서 어떤 특정 영양소를 흡수할까? 햇빛을 얻기 위해 얼마나 많은 부담과 스트레스를 견딜까? 우리는 이런 것을 이제 한창 알아내고 있을 뿐이다.

그렇다면 세계에서 가장 똑똑한 식물은 무엇일까? 이제까지 확인된 식물 종은 거의 40만 개이며 이들 식물을 다 합하면 세계 생물량의 80% 이상을 차지한다.[59] 연구자들이 이제껏 연구한 식물은 겨우한 줌밖에 되지 않는다. 식물계의 아인슈타인을 확인하는 작업은 말할 것도 없고, 식물이 어떤 식으로 지능을 발휘하는지 이해하기까지오랜 시간이 걸릴 것이다.

그러는 사이 식물에 대한 우리의 태도는 복잡한 양상으로 영향을받게 될 것이 거의 확실하다. 어쨌든 450Gt의 탄소와 맞먹는 생명의절대다수가 식물이기 때문이다. "이 모든 것이 우리를 어디로 이끌고갈까?" 2016년 작가 프루던스 깁슨Prudence Gibson이 물었다. "글쎄, 아마 거친 파도 속으로 끌고 갈 것이다. 그러니 당신의 배와 노를 꽉 붙들라. 우리는 험난한 철학의 길을 가게 될 것이다."[60]

반 볼켄버그는 그렇게 되기를 분명 바라고 있다. 진화의 관점에서볼 때 우리는 모두 진핵생물이며 대략 15억 년 전에 식물, 동물, 균류가 갈라졌다. 그 시점까지 20억 년 동안 우리는 하나의 계통을 공유하면서 같은 유전적 길을 걸었다. 이 외에도 공유하는 것이 있다. 우리의 세포는 뚜렷한 유사성을 지니며 핵, 세포 골격, 세포질, 퍼옥시솜, 골지체, 세포막, 소포체, 리소좀, 미토콘드리아를 지니고 있다. 공통의 긴 DNA 염기서열을 지니고 있는데, 이는 똑같은 이중나선으로 되어 있고 똑같은 4개의 뉴클레오티드로 구성되어 있다.

"우리는 차이점보다 유사점이 훨씬 더 많아요. 그리고 이를 깨닫게 되면 아마 우리가 지구를 다르게 대하게 될지도 몰라요." 반 볼켄버그가 말했다.

아마 식물은 인간과 다른 방식으로 생각할 것이다. 그러나 코끼리도, 돌고래도, 문어도, 개미도, 아메바도 다른 방식으로 생각한다.

비록 우리가 거의 이해할 수 없는 방식일지라도 이 모든 생물이 지능을 가지고 있으며, 이들 모두 지구에서 살아가는 일에 대해 우리에게 많은 것을 가르쳐 줄 것이라고 인정한다고 해서 우리에게 결코 해가 되지는 않을 것이다.

결론

이제 당신이 극단의 생명체를 발견할 차례

내가 새끼 코끼리 주리를 알게 된 시기와 거의 같은 무렵, 아내가 빨간색의 커다란 아동 도서를 집으로 가져왔다. 스티브 젠킨스Steve Jenkins의 『실제 크기Actual Size』라는 책이었다.

겉으로 보기에 이 책은 우리 집 아이, 그러니까 우리가 스파이크라고 부르는 꼬마 여자아이를 위한 책이었다. 그러나 어찌 된 일인지 이 책은 결국 우리 커피 탁자 위에 놓이게 되었다. 그리고 내가 이 책의 책장을 자주 넘겨 보면서 젠킨스가 그려 놓은 여러 가지 놀라운 동물의 아름다운 실물 크기 그림을 들여다보고 있는 것을 깨닫게 되었다. 세계에서 가장 커다란 나비, 날개 길이가 거의 가로 30cm나 되는 아틀라스나방이 있었다. 키가 275cm 이상 되기도 하는, 현대 세계에서 가장 커다란 새 타조도 있었다. 총 길이 760cm까지도 자랄 수 있는, 세계에서 가장 커다란 파충류 인도악어도 있었다.

이들 생물을 비롯하여 세계 최상위 특징을 지닌 다른 많은 생명체는 그저 놀라서 입을 벌리고 바라볼 대상만은 아니다. 이들은 자연 보존을 알리는 사절단이다. 우리 세계를 더 깊이 이해하도록 이끌어 주는 단서들이다. 삶을 개선하고 심지어는 생명을 살리는 데 이용될 수 있는, 실행 가능한 탁월한 지식의 원천이다. 이들은 모든 살아 있는 것의 상호연결성을 위한 연결자이다.

그리고 이들 중 많은 수가 아직 발견되지 않았다.

누구나 과학을 할 수 있다. **누구나**. 초등학교 과학전람회 프로젝트를 준비하는 동안 어느 아이스크림이 가장 천천히 녹는지, 고양이는 어떤 생선을 가장 맛있다고 여기는지, 어떤 과일이나 채소가 가장 많은 전기를 생성하는지 알아보기 위해 훌륭한 탐구를 시작하면서 우리 중 많은 이가 이 사실을 깨닫는다. 그러다 어느 시점부터 우리 대다수는 더는 이런 질문을 하지 않게 된다.

나 역시 그렇게 되었다. 세계와 관련된 모든 단순한 물음에 대한 답은 과학자들이 이미 찾은 것 같다고 오랫동안 느껴 왔다. 그리고 아직 풀리지 않은 의문은 너무 복잡한 것이어서 나는 이런 의문을 제대로 된 표현으로 구성할 수조차 없었다. 이처럼 나의 경외감은 사라져 버렸다.

그럼에도 불구하고 많은 사람이 그렇듯이 나도 여전히 극단의 생명체에게 마음이 끌린다. 그리고 이런 마음이야말로 우리가 아이 같은 경외감과 흥분으로 세상을 다시 바라볼 기회가 될 것이라고 생각한다. 다음에 등장할 최상위 특징의 생물을 어쩌면 우리 중 한 사람이 발견할 수도 있기 때문이다.

당신은 무엇을 발견하고 싶은가? 오랫동안 도외시해 온 특이한 어떤 것을 발견하고 싶은가? 이제껏 찾아보지 않았던 어떤 극한의 생물을 발견하고 싶은가? 어떤 경이로운 생명 현상을 발견하고 싶은가?

어쩌면 당신은 특정 분류 체계에서 가장 시끄러운 생물을 발견하고 싶을 수도 있다. 가장 시끄러운 물고기를 발견하고 싶은가? 현재 기록 보유자는 걸프코르비나Gulf corvina라고 불리는 민어 비슷한 어종, 키노스키온 오토놉테루스*Cynoscion othonopterus*로 이 물고기의 꽥꽥거리는 울음소리는 멕시코 콜로라도강 삼각주에서 175dB이 넘는 기록을 세웠다.[1] 그러나 1,000종이 넘는 물고기가 울음소리를 내는 것으로 알려져 있다. 이들 대다수는 아직 연구된 바 없다. 그리고 당신이 다음번 낚시에 갈 때 저렴한 수중청음기를 가지고 가서 물속에 넣어보는 것으로 간단한 기초 조사에 착수할 수도 있다.

아니면 가장 강인한 생명에 관심이 있는가? 새로운 완보동물 종은 늘 발견되고 있으며, 혹시 이끼가 있는 곳에 산다면 당신 주변에 완보동물이 살고 있을 가능성이 크다. 완보동물을 발견하는 일은 이끼를 한 덩어리 떼어 와서 페트리접시에 담은 뒤 그 위에 물을 주고 하루 정도 기다린 다음 현미경으로 물을 관찰하기만 하면 되는 다소 간단한 작업이다.

우리 행성에서 가장 빠른 동물은 어떤가? 상대속도 기준으로 현재 기록 보유자는 파라타르소토무스 마크로팔피스라는 작은 진드기로, 아주 잘 보이는 곳에 숨어 있다. 이 진드기가 확인된 것은 한 세기 전이지만, 한 대학 학부생이 주목하여 영상을 모으고 약간의 산수를 하기 전까지는 한 번도 연구된 적이 없었다. 그리고 아마추어 과학자이자 취미 스카이다이버가 알아보기로 마음먹기 전까지는 절대속도 기준 기록 보유자인 매가 얼마나 빨리 날 수 있는지 아무도 알지 못했다는 사실을 기억하자.

특정 분류군에서 가장 키 큰 생물을 찾아보는 것은 어떨까? 단일 나무 가운데 세계에서 가장 키 큰 나무로 알려진 캘리포니아의 미국 삼나무도 2006년에야 발견되었다. 116m의 하이페리온 때문에 이보다 더 큰 미국삼나무를 지금까지 보지 못하고 놓쳤을 가능성도 있다. 2016년 여름에도 과학자들은 보르네오에서 거의 90m나 되는 노란나왕(yellow meranti, 우리나라에서 쓰는 일반명이 아니라 영어 일반명을 우리말로 옮긴 것이다-옮긴이)을 찾아내어 세계에서 가장 키 큰 열대 나무를 발견했다고 알렸다. 그러나 결국은 같은 섬 다른 곳에서 이보다 더 큰 나왕을 한 그루도 아니고 50그루나 발견함으로써 기록을 빼앗기게 되었다. 물론 정확한 측정은 까다로울 수 있지만 간단한 직각 삼각법으로도 최상위 생물의 발견 대열에 오를 수 있다.

아니면 모든 생물 중에서 **가장 큰 것**을 발견하고 싶은가? 내가 원하는 게 바로 그거다.

판도가 하나의 단일 사시나무 클론이라고 확정한 유전적 연구도 이 클론을 "가장 큰 생명체"라고 판단할 결정권은 없었다. 그럼에도 적어도 당분간은 판도가 이제껏 알려진 가장 큰 식물로 남아 있을 것이다. 한편 이 거대한 사시나무에서 북서쪽으로 멀지 않은 곳에 있는 또 다른 생명이 모든 살아 있는 것 중 가장 큰 생명체라는 지위를 놓고 다투는 중이다. 그러나 이 역시 막강한 사시나무 클론처럼 대개 땅속으로 뻗어 있어서 판도보다 훨씬 더 측정하기 어렵다고 판명되었다.

사람들이 '거대한 균류'라고 일컫는 이것은 아르밀라리아 오스토이아이*Armillaria ostoyae*이다. 이 균류는 유전적으로 단일 표본을 이루며 판도보다 25배나 큰 1,011만m² 면적의 땅에 퍼져 있다. 땅속으로 퍼져 나가면서 먹이로 삼는 나무의 뿌리와 껍질을 뚫고 나오는 이 균류는 계절 따라 늘었다가 줄었다가 하면서, 매년 가을이면 몇 주에 수백만 개의 버섯을 피우기도 한다. 이 균류가 완전하게 서로 연결되어 있는지는 확실치 않다. 그러나 만일 그렇게 완전하게 연결되어 있고 특정 주기의 한 시기에 이 균류 전체를 한데 모은다면, 판도보다 훨씬 더 무거울 거라고 추측하는 연구자들도 있다. 아직 해야 할 연구가 많이 남아 있다.

나중에 판도로 알려지게 된 사시나무 클론의 지도를 최초로 작성한 버턴 반스가 대단한 발견을 해 놓고도 그토록 이 공을 내세우기 꺼렸던 이유는 아마 '알려지지 않은 위대한 인물'로 남고자 했기 때문일 것이라고 나는 오랫동안 여겨 왔다.

2013년 내가 그에게 이유를 설명해 달라고 부탁했을 때, 그는 내 생각에 동의하지 않았다.

"커다란 클론과 그 밖의 후보자들에 대해 많은 의견과 논평이 나왔지만, 당시 나는 공을 내세우는 게 내키지 않았어요." 그는 《디스커버Discover》의 논문을 통해 세상에 처음으로 판도를 소개한 이후 시기에 대해 내게 말했다. "여전히 내 견해는 그래요."

나는 그가 알려 준 단서를 오랫동안 놓치고 있었다. 그러다 어느 여름 오후, 세계에서 가장 크다고 알려진 생명체가 그보다 훨씬 작은 사촌과 만나는 지점, 판도의 남동쪽 구석에 해먹을 걸어 놓고 누워 있던 중 문득 생각이 떠올랐다.

"커다란 클론과 **그 밖의 후보자들**"이라고 그는 말했었다.

우리는 판도에 대해 이야기할 때 늘 "알려진"이라는 표현을 사용한다. 어쨌든 그렇게 해야 한다. 어쨌든 알려지지 않은 것이 항상 존재하기 때문이다. 또 하늘에 감사할 일이지만, 이런 자연의 신비 덕분에 생물학이 그토록 재미있을 수 있다. 그럼에도 더 큰 또 다른 클론이 판도의 자리를 대신할 수 있다는 생각은 늘 내게 모호하게 다가왔다. 그 순간이 오기까지는. 나는 고개를 들어 판도의 나뭇가지가 다른 클론과 만나는 지점을 바라보았고 둘의 뚜렷한 대조를 알아볼 수 있었다. 내 눈이 조금 흐릿하긴 했지만 미묘하게 다른 나뭇잎의 색조를 볼 수 있었다. 나무줄기에 관심을 집중하자 판도의 나뭇가지가 사촌의 나뭇가지와는 다른 식으로 뒤틀리고 구부러진 것을 볼 수 있었다.

나는 서둘러 해먹에서 몸을 일으키다가 하마터면 굴러떨어질 뻔했다. 소지품을 챙긴 나는 산 위로 오르기 시작했고 몇 걸음씩 내디딜 때마다 휴대폰 화면에 수신감도 막대기가 나타나는지 확인했다. 나는 산을 오르다가 화면을 확인하고 또 산을 오르다가 화면을 확인하곤 했다.

마침내, 멋지게 막대기 하나가 보였다. 그러더니 기적 중의 기적처럼 막대가 둘로 늘어났다. 이 정도면 충분했다.

반스가 클론에 대해 맨 처음 쓴 논문을 찾기는 쉽지 않았다. 그러나 내가 재직하는 대학 도서관 사서들의 조그만 도움으로 작은 휴대폰 화면에 논문이 떴다. 한마디 덧붙여 두자면 도서관 사서들은 정말 슈퍼히어로다.

반스는 이렇게 써 놓았다. "로키산맥 중부와 남부에는 4만m^2에서 80만m^2에 이르는 커다란 사시나무 클론이 드물지 않게 있다."

80만m².

80만m²?

80만m²!

반스는 자신이 발견한 40만m²의 피시호 클론이 실제로 가장 큰 최상위 클론이 아니라고 생각해서 그것을 대단하게 여기지 않았던 것이다. 판도라고 알려지게 된 생명체를 발견했지만 정작 그 사람은 이보다 큰 다른 사시나무 군집이 저기 저쪽에 있다고 생각한 것이다.

어디에 있을까? 반스는 이 비밀을 무덤까지 가지고 갔다.

그러나 야생 자원 연구가 폴 로저스는 더 큰 클론이 있을 수 있으며 그럴 가능성도 크다고 믿는다. "사시나무는 아주 넓게 퍼져 있어요." 나무줄기가 빽빽하게 들어차 있어 판도의 중심일 것으로 짐작되는 구역에 함께 서 있을 때 그가 내게 말했다. "우연히 이 사시나무 가운데를 통과하는 도로가 생겼죠. 이 분지를 통과하는 다른 길로 도로가 났다면 우리는 이 사시나무가 여기 있다는 걸 절대 알지 못했을 거예요."

다른 거대한 사시나무를 찾아 나서려면 정교한 작업이 요구되고 비용이 많이 들며 힘들 것이다. 어쩌면 드론이나 적외선 카메라, 대규모 연구 팀, 그리고 카렌 목이 판도의 크기를 확인할 때 이용했던 것과 같은 DNA 수집 프로토콜 같은 것이 요구될 수도 있다.

아니면 훨씬 간단할 수도 있다. 어쨌든 반스도 별다른 도움 없이, 첨단 기술 같은 것도 전혀 사용하지 않은 채 피시호 클론을 확인했다.

당신도 그렇게 할 수 있다.

크리스티나 플레셔Kristina Flesher라는 놀라운 대학원생이 미시간공과대학의 석사 학위논문에서 이 작업이 얼마나 간단할 수 있는지 입증해 보인 바 있다. 그녀는 이 논문에서 훌륭한 '표현형 묘사phenotypic delineation'가 어떻게 DNA 기반의 지도에 비견될 수 있는지 알아보고자 했다. 그 과정에서 반스가 얼핏 보기에는 초자연적인 능력으로 개별 사시나무를 확인한 것 같지만 이는 결코 마법이 아니었음을 보여주었다. 해 보기로 마음만 먹는다면 누구라도 이런 작업을 잘할 수 있다.[2]

당신이 있는 곳 근처에 북미사시나무 숲이 있다면(혹시 미국 북부나 서부, 캐나다나 알래스카라면 어느 곳이든 필시 부근에 있을 것이다) 그저 숲속을 걷기만 하면 된다. 설령 이런 지역에 살지 않는다고 해도 북미 동부에는 캐나다사시나무, 아시아 중부 및 동부에는 중국사시나무, 한국사시나무, 일본사시나무, 북유럽 및 서아시아에는 유럽사시나무 등 다른 사시나무 종도 많으며 이들 역시 클론으로 자라지만 이제까지 광범위하게 지도를 작성한 적은 없다. 적어도 아직까지는.

과학적일 뿐 아니라 긍정적 기분을 안겨 준다는 점에서 사시나무를 보러 가기 가장 좋은 시기는 가을인데, 이때에는 잎이 변하고 머리 위로 우거진 잎들이 반짝거리며 빛난다. 아무리 서로 연결된 클론이라도 개별 클론의 잎은 시기마다 색깔이 바뀌며 이렇게 색이 바뀌는 양상도 다르다. 그리고 이런 시기에는 각기 다른 클론이 아주 뚜렷한 경계선으로 서로 나뉘어 선명한 초록의 바다를 배경으로 옅은 노랑 바다가 펼쳐지기도 하고 반짝거리는 황금빛 구역 옆에 밝은 오렌지색 밭이 펼쳐지기도 한다.

그러나 사시나무에 잎이 달린 시기면 언제든 잎 색깔이 미묘한 단서가 되어 아무리 다른 나무줄기라도 같은 클론에 속해 있는 것을 알 수 있다. 나는 최근 판도로 여행을 가는 길에, 우리 집 아래쪽에 있는 철물점에 들러 색상 카드 뭉치를 구입했다. '윈드서퍼Windsurfer' 색상과 '민트트뤼플Mint Truffle' 색상은 구분하기 힘들지만, 당신이 보고 있는 잎이 서로 다른 두 개의 클론에서 제각기 나온 것임을 알려 주는 중요한 단서가 될 수 있다.

잎의 색깔 비율도 중요한 정보를 제공할 수 있다. 잎 전체가 초록색인가? 대부분이 초록색이고 노란색이 조금 있나? 반은 초록색이고 반은 노란색인가? 노란색에 갈색이 조금 있나?

짐작하겠지만 잎의 모양과 크기도 동일 클론인지, 서로 다른 클론인지에 대해 많은 것을 말해 준다. 1959년 반스가 미시간대학 박사 학위논문에서 언급했듯이 동일 클론의 잎은 가로세로 비율이 놀랄 만큼 일치한다. 또 잎 가장자리에 나 있는 삐죽삐죽한 톱니를 이용하여 서로 다른 클론의 잎을 구분할 수 있다고 반스가 언급한 바 있으며, 플레셔가 이를 더 정교하게 다듬었다. 한쪽 가장자리에 톱니가 20개밖에 없는 잎이 있는가 하면, 이보다 거의 두 배 가까이 되는 잎도 있다고 반스는 지적했다. 일관성을 유지하기 위해 플레셔는 잎줄기에서 시작하여 각 잎의 왼쪽 톱니만 센 뒤에 시계 방향으로 움직이라고 제안했다.

봄철에는 어떻게 하나? 잎눈을 살피면 된다. 잎눈이 닫혀 있고 갈색인가? 잎눈이 벌어지기 시작해서 뾰족한 초록색 싹이 보이는가? 잎사귀가 펼쳐지기 시작하는가? 완전히 다 펼쳐졌는가? 서로 다른 클론은 싹이 트는 시기도 제각기 다르다.

나무껍질도 정보를 알려 준다. 사시나무는 얼핏 보면 새하얀 것처럼 보이지만 흑백 색상 카드, 혹은 옅은 초록이나 옅은 갈색, 옅은 오렌지색, 옅은 노란색 등의 색조를 띠는 색상 카드를 나무줄기에 갖다 대면, 특히 많은 사시나무에 공통으로 묻어 있는 흰색 가루(이는 나무에서 떨어져 나온 죽은 세포이다)를 먼저 없애고 보면 나무껍질 색깔에 커다란 차이가 있는 것을 알아차릴 것이다.

이러한 변수들 각각 한 가지만으로는 한 사시나무의 줄기인지, 아니면 여러 사시나무의 줄기인지 알 수 없지만 여러 변수를 한데 모아 종합해서 보면 서로 다른 클론 간의 대조를 더 쉽게 알아볼 수 있다.

나는 저기 어딘가에 판도보다 큰 사시나무 클론이 있다고 굳게 믿고 있다. 이를 발견하는 것은 시간과 인내, 운의 문제일 뿐이다.

이곳 유타 북부의 워새치산맥은 늦겨울이다. 이 글을 쓰고 있는 지금 내가 서 있는 창에서 바라보면 막대기처럼 앙상한 사시나무 줄기들이 눈 덮인 산비탈을 배경으로 또렷한 윤곽을 그리고 있다. 불과 몇 주 후면 잎이 나기 시작할 것이고 나는 숲속으로 걸어가 잎들이 어떤 대조를 보이는지 살펴볼 것이다.

나는 최상의 무언가를 찾으러 갈 것이며, 이 탐색에서 무엇이 나오든 나는 굉장한 것을 얻을 것이다.

감사의 말

오래전 폴 로저스가 하나의 나무로 이루어진, 판도라고 불리는 숲으로 나를 안내해 주겠다고 승낙하지 않았다면 이 책은 나오지 못했을 것이다. 또 지금 내가 다른 이들과 나누고자 하는 특별한 종류의 경건하고 기쁜 경외감을 폴이 본보기로 내게 보여 주지 않았다면, 나는 판도에 관해, 그리고 다른 최상위의 생명 형태에 관해 글을 쓰겠다는 영감도 받지 못했을 것이다.

이 책에는 많은 과학자의 연구가 언급되며 폴 역시 그중 한 사람이다. 이 많은 연구가 또 다른 여러 연구를 인용한다. 또 이 여러 연구가 또 다른 연구를 인용하는 일이 끝없이 이어진다. 과학은 하나의 집단 기획이다. 고대 신화에서 세계를 떠받치는 거북 아래 또 다른 큰 거북이, 그 밑에 더 큰 거북이 떠받치고 있다고 전해지듯이, 과학 역시 그것을 떠받치는 과학이 계속 이어진다. 그러므로 과학에 관해 글을 쓰는 사람은 우리가 헤아릴 수 있는 것보다 훨씬 많은 사람에게 신세를 지고 있다.

그렇다면 나는 이 책이 나올 수 있게 해 준 모든 연구자에게 어떻게 감사해야 제대로 고마움을 표할 수 있을까?

사람들은 내가 미군 참전 용사였다는 것을 알게 되면, 흔히들 "당신의 공로에 감사드린다."라고 말한다. 누군가에게 감사 인사를 들어도 될 만한 일을 한 것이 없어서 나는 이런 표현을 좋아하지 않는다. 내 친구 재러드 존스는 아프가니스탄 파견 복무를 몇 차례나 마치고 온 군 헬기 조종사인데 그가 전에 내게 말하기를, 사람들이 우리 각각의 복무에 대해 정말로 **우리에게** 감사하는 것은 아닐 것이라고 했다. "대다수 사람은 군 복무를 한 모든 사람이 실제 영웅은 아니라는 걸 이해할 거야. 하지만 실제로 누구에게 빚을 지고 있는지 알 길이 없으니, 그냥 모두에게 감사하는 것이 더 쉬운 방법이지." 그래서 요즈음 나는 **어느** 분야의 과학자든 간에, 만나면 "과학자가 되어 주어 감사해요."라고 말한다.

아울러 과학 저자 군단에도 많은 빚을 졌다. 이들의 저서에 자주 기댄 덕분에 특정 연구에 대한 나의 이해가 견실하게 이루어질 수 있었다. 처음에는 그렇지 못한 경우가 많았으며 내가 '이해하도록' 도움을 준 많은 사람이 있었다. 크리스틴 후고, 재닛 팡, 알렉스 지엘린스키, 트레이시 스테드터, 레베카 보일, 캐리 아널드, 헤일리 베넷, 헨리 니콜스, 마크 슈트라우스, 사샤 스타인호프, 시드 퍼킨스, 브렌던 불러, 에리카 구드, 케이트 토빈, 브라이언 스위텍, 재닛 랄로프, 로라 헬무트, 그리고 아주 많은 저자 중에서도 특히 탁월하고 많은 저서를 낸 이 분야의 대가 에드 용 같은 이들이다.

더러 과학자들이 연구 과정과 발견을 제대로 이해하도록 인내심을 갖고 나를 한 걸음 한 걸음 안내했음에도, 나는 그들의 방식대로 보지 못했다. 내가 이 책에 쓴 연구자들의 연구와 관련해서 어떤 식의 혼동이나 명백한 실수가 있다면 이는 전적으로 나 혼자의 책임이다.

이 책은 전 세계 곳곳의 카페에서 쓰였지만 다른 어느 곳보다 많이 찾은 곳이 있었다. 솔트레이크시티에 있는 카페 알커미에서 내가 커피에 얼마나 많은 돈을 썼는지 확실히 알지는 못하지만 한 가지만은 확실하다. 글을 쓸 때면 세계 어느 곳보다 가장 많이 찾았던 이곳에서 내가 한없이 보낸 그 많고 많은 시간에 보답하기에는 모자란다는 점이다. 사우스 1700번지에 위치한 그 고풍스러운 작은 카페에 고객과 직원들이 들어오고 나가는 등장인물이 되어 나에게 무한한 기쁨을 가져다주었다.

유타대학의 교수진으로서 지원과 융통성을 얻지 못했다면, 나는 이 책을 쓰지 못했을 것이다. 나를 로건으로 불러 주고 내가 되고 싶은 교수의 모범을 보여 준 테드 피즈 교수, 그리고 행하는 사람이 가르친다고 믿는 전 학과장 존 앨런에게 영원히 빚을 지고 있다. 아울러 매일매일 나를 격려해 준 언론통신학과 동료들에게도 큰 고마움을 표한다. 특히 내 말을 귀 기울여 들어 주고 응원해 주고 기운을 북돋워 준 점에서, 도저히 갚을 길이 없을 것 같아 걱정스러운 캔디 카터 올슨과 데브라 젠슨에게 고마움을 전한다. 또 내가 대학에서 받은 지원을 논할 때, 내 수업을 듣는 제자들과 이전 제자들을 언급하지 않는다면 이야기를 다 했다고 말할 수 없을 것이다. 내가 그들을 독려했던 것만큼 그들 역시 나를 독려해 주었다. 우리 세계의 이야기는 이제 그들 손에 달려 있으며, 모든 것이 잘되고 있다.

내가 유타호글동물원에 관한 기사를 쓰겠다고 성가시게 졸라 댔을 때, 당시 《솔트레이크 트리뷴Salt Lake Tribune》의 편집 주간이었던 테리 옴이 기사를 쓰도록 허락해 주지 않았다면 아마 나는 감히 과학 근처에 가 볼 생각조차 하지 못했을 것이다. 대략 20년 전 글 쓰는 일을 시작한 이후, 나와 함께했던 여러 편집자에게도 감사드린다. 나의 실제 능력을 훨씬 넘어서는 주제인데도 그들은 내가 계속 이어 갈 수 있게 격려해 주었다. A. K. 두건, 스티브 백웰, 스티브 폭스, 브렌트 이즈리얼슨, 그레그 버튼, 톰 하비, 조 베어드, 레이철 파이퍼, 그리고 특히 실라 맥컨에게 감사드린다. 벤벨라 출판사의 내 담당 편집자 리 윌슨이 메일함에 내 원고가 도착할 때마다 늘 내 글이 깔끔하다고 논평해 주게 된 것은 오랜 세월 애써 준 이 모든 편집자의 노고를 입증하는 증거이다.

벤벨라 출판사와 계약서에 서명한 순간부터 나는 리와 함께 작업하고 싶다고 여겼다. 그녀가 이 책 작업의 파트너가 되겠다고 선택해 주어 나는 너무 자랑스러웠고 또 운이 좋았다. 주초를 다는 작업에 이르기까지 철두철미하고 깊은 생각을 보여 준 그녀의 작업 덕분에, 내가 감히 바랄 수도 없을 정도로 이 프로젝트의 수준이 올라갔으며 여백에 장난스럽게 남긴 그녀의 논평은 매일 나를 미소 짓게 했다.

리는 벤벨라 팀의 모범을 보여 주었다. 그녀의 친절, 전문 지식, 프로 정신 덕분에 나 역시 더 상냥하고, 더 똑똑하고, 내 할 일을 더 잘하는 사람이 되고 싶어졌다. 에이드리엔 랭, 린제이 마셜, 알리시아 카니어, 수전 웰트, 모니카 라우리, 그리고 이 멋진 조직의 모든 직원과 아주 즐겁게 일할 수 있었다. 교열 담당자 제임스 프렐라이에게 깊은 감사를 드린다. 세세한 것도 놓치지 않은 깊은 주의력, 그리고 하와이 폴리네시아 언어의 자음 글자인 오키나에서 〈스타워즈〉 우주선까지 모르는 것이 없는 백과사전적 지식 덕분에 민망한 실수를 막을 수 있었고, 나도 세계에 대해 많은 것을 배웠다. 사라 애빈저의 작업에도 감사드린다. 그녀가 이끄는 팀에서 제작한 표지를 처음 본 순간, 내 입에서 감탄의 비명이 나왔다. 아울러 글렌 예페스에게 큰 존경을 보낸다. 그의 전망과 품격, 유머가 있었기에 그러한 조직이 가능했다.

유니언 리터러리의 트레나 키팅이 아니었다면 내가 벤벨라를 찾지 못했을 것이다. 그녀가 가장 좋아하며 가장 중요하게 여기는 클라이언트가 나라는 사실에 대해 내가 한 번도 의심을 품지 않게 해 주었다(물론 나는 그녀의 다른 클라이언트가 누구인지 알고 있으며, 그래서 그녀가 가장 좋아하는 클라이언트도, 가장 중요하게 여기는 클라이언트도 절대 내가 될 수 없다는 것을 알고 있다).

또 존 데이가 없었다면 트레나를 만날 수 없었을 것이다. 그는 나를 믿고 자신의 첫 저서 『장수 계획Longevity Plan』 집필 작업에 나를 참여시켜 주었으며 나는 평생에 걸쳐 오랫동안 그와 함께 공동연구와 우정을 나누게 될 것이라고 기대하고 있다. 아울러 함께 공동 작업을 했던 다른 저자들에게도 감사드린다. 샤론 모알렘은 내가 후성유전학에 대해 아무것도 모른다고 설명했는데도 내가 그에 대한 글을 쓸 수 있다고 믿어 주었다. 데이비드 싱클레어는 좋은 녀석이자 좋은 친구이며, 그의 연구가 세상을 바꾸게 될 것이다. 내가 그의 공동 저자라고 말할 수 있어 자랑스럽지만, 그의 친구라고 말할 수 있는 게 훨씬 더 자랑스럽다.

스콧 조머도르프와 맷 캔넘의 응원이 없었다면 이 책은 나오지 못했을 것이다. 그들은 신문 저널리즘 말고 다른 것을 생각해도 괜찮다고 내게 가르쳐 주었으며, 당시 다른 것이란 대개 포커 게임을 의미했고 그렇게 해도 아무 문제가 없었다. 로저 위버가 아니었다면 나는 군대 생활에서 집필 생활로 훌쩍 넘어오지 못했을 것이며, 그가 내게 좋은 멘토가 되어 주었던 것만큼 이제 나도 내 학생에게 좋은 멘토가 되기 위해 애쓰고 있다. 당시에도 케이티 피즈넥커, 스콧 존슨, 트로이 포스터, 제니퍼 조앤 넬슨, 앤드루 힌켈먼, 디앤 웰커, 제이크 텐 파스, 캐럴 체이스, 조엘 폴크스의 응원이 있었기에 이런 변화가 가능했다. 이후 전업 기자에서 전업 교수로 또 한 번 커다란 삶의 변화를 꾀할 때도 CReEL 모임이 없었다면 내가 작가로 성장하는 데 지장이 있었을 것이다. 이 모임은 매년 몬태나 쇼토에 있는 A. B. 거스리의 오두막에서 만나 서로의 일을 축하해 주고 격려해 주었다. 사랑하는 친구이자 이 모임을 함께 만든 동료인 알렉스 새커리어슨과 빌 오람, 그리고 오랫동안 이 모임에 참석해 준 동료 그웬 플로리오, 카밀라 모텐슨, 에런 팔크, 데이비드 몬테로, 캐시 파크스, 에밀리 스미스, 그리고 하이메 로저스 모두가 내게 커다란 힘이 되었다는 것을 어떤 표현으로도 충분히 전하지 못할 것이다. 다른 두 명의 CReEL 멤버 역시 특별한 감사를 받을 자격이 있다. 이들은 영감을 주는 작가이자 탁월한 편집자였을 뿐만 아니라, 사실은 이 책 작업과 상관없는 일로 내 생애 가장 힘들었던 해에 내게 마음씨 넉넉한 깊은 우정을 보여 주었다. 사라 게일리와 스티븐 다크, 사랑한다.

그리고 내가 방금 쓴 네 글자를 사용하는 한, 나의 엄마 린다와 아빠 릭, 그리고 여동생 켈리와 남동생 미키에게도 그 말을 하고 싶다. 사랑한다.

이 책을 하이디 조이에게 바친다. 당신은 많은 것을 견디며 내 곁에 있어 주었다. 나는 당신의 유머와 우아함, 아름다움, 재치, 지성을 누릴 만한 자격을 영원히 갖지 못하겠지만 그래도 계속 노력할 것이다. 당신의 동반자로 살 수 있어서 정말 자랑스럽다.

마지막으로, 지금도 스파이크라고 부르게 해 주는 미아 도라에게 고마움을 전한다. 너는 내가 이제껏 알았던 사람 가운데 가장 똑똑하고, 가장 용감하고, 가장 아름답고, 가장 강인하고, 가장 친절한 사람이다. 네가 바로 최상급(superlative, 이 책의 원제-옮긴이)이야.

주

서론

1. 처음 만났을 당시 주리에게는 아직 이름이 없었다. 2009년 9월 8일 자 《솔트레이크 트리뷴》에 나는 "일단 이 코끼리를 그냥 '생기발랄Exuberance'이라고 부르도록 하자."라고 썼다.

2. 오랫동안 기네스에 올라 있는 기록에 따르면 세계에서 가장 오래된 우림은 말레이시아 타만느가라국립공원으로, 1억 3,000만 년 정도 된 것으로 추정한다. 호주의 데인트리우림의 나이가 1억 3,500만 년 정도로 타만느가라국립공원보다 훨씬 오래되었을 수도 있다고 주장한 이들도 있었다. 이 토론을 통해 "어느 곳이 가장 오래되었는가"라는 문제를 다양한 관점에서 탐구할 수 있고, 아울러 이 놀라운 두 장소에 대한 우리의 과학적 이해를 높일 수 있다. 내가 이 책에서 하고자 하는 일의 하나도 이런 것이다. 주관적 논의를 해결하려고 하는 것은 무의미할 것이다. 그러나 이러한 논의를 통해 우리의 이해를 확장할 수 있다.

3. 총알개미, 타란툴라사냥벌, 북치기벌 모두 곤충학자 저스틴 슈미트가 개발한 4점 통증 척도에서 4점을 기록한다. 슈미트는 『야생의 침The Sting of the Wild』이라는 제목의 놀라울 정도로 기발한 책에서 주로 자기 자신을 시험 사례로 삼아, 침을 쏘는 곤충이 인간에게 미치는 영향을 비교하는 작업에 대해 썼다.

4. 꼬리가 가장 긴 공룡은 디플로도쿠스일 것이며 이 공룡은 '가장 빠른' 꼬리의 소유자이기도 할 것이다. 한 컴퓨터 모델에서는 커다란 용각류의 꼬리가 마치 생가죽 채찍을 내리치는 것과 같은 소리를 내는 동안 초음속의 속도까지 도달할 수 있음을 제시했다.

5. 《가디언》의 과학 편집자 로빈 맥키Robin McKie는 인류의 조상을 이렇게 부른다. 또 그녀는 우리가 지금 '트로피 헌팅(trophy hunting, 오락 목적의 야생동물 사냥을 말하며, 잡은 동물의 신체를 박제하여 트로피처럼 만드는 데에서 유래한 용어이다-옮긴이)'이라고 부르는 행위

가 우리의 진화 역사 속에 깊이 새겨져 있을지도 모른다고 지적했다. "인간은 200만 년 전부터 고기를 사냥했다."라고 하며 맥키는 2012년의 발견에 대해 적었는데, 위스콘신 대학의 인류학자 헨리 번Henry Bunn이 한 이 발견으로 인간의 조직적인 사냥 시기는 수십만 년 정도 더 거슬러 올라가게 되었다.

6. 나는 스티브 젠킨스의 탁월한 어린이 책 『실제 크기』를 통해 골리앗개구리에 대해 알게 되었다. 젠킨스는 뛰어난 사람이며 그의 다른 책으로는 『가장 큰 것, 가장 강한 것, 가장 빠른 것Biggest, Strongest, Fastest』과 『최상위 포식자Apex Predators』 등이 있다. 그 역시 나만큼이나 극단의 생물에게 매료되어 있다.

7. 나는 소수만을 대상으로 하는 논문은 대개 무시하지만, 이 논문은 겉으로 그렇게 보일지라도 매우 중요할 수 있다. 지에 시에Jie Xie, 마이클 토지Michael Towsey, 징란 장Jinglan Zhang, 폴 로Paul Roe가 쓴 이 논문은, 개구리가 환경 상태를 알려 주는 탁월한 지표이긴 하지만 그 수를 확인하기 힘들다는 인식에서 나온 것이다. 자동 개구리 울음소리 분류는 개구리 개체군을 모니터링하는 데 중요한 부분을 담당한다.

8. 이 연구에서는 금속 오염물질이 개구리의 여러 조직에 제각기 다른 영향을 미친다는 것을 보여 주었으며, 금속으로 인한 산화 스트레스를 측정하는 데 근육보다는 간과 피부가 유용하다는 것을 입증했다. 이 연구를 이끈 사람은 벨그라드대학 생리학과의 마르코 프로킥Marko Prokic이었다.

9. 마지막으로 평가했을 때, 골리앗개구리는 다 자란 개체의 수가 이전 15년 동안 50% 이상 감소한 것으로 생각되어 멸종위기종에 등록되었다.

10. 이와 같은 과학 보고서에 나온 대로 동물을 돌보고 먹이는 일은 언제나 흥미롭다. 저자들은 1961년 《노인학Gerontologia》에 실린 「남아프리카 개구리인 아프리카발톱개구리의 노화The aging of *Xenopus laevis*, a South African frog」에서 "우리는 1년 이상 이들에게 곱게 다진 소간만 먹였다"고 밝혔다.

11. 맞다, 내게는 이상한 취미들이 있다. 나는 2018년 유타 공영라디오의 〈언디시플린드 UnDisciplined〉에서 이 일을 하기 시작했다.

12. 독일 슈투트가르트에 있는 동물학협회 소속 연구자들은 《세포 조직 기관Cells Tissues Organs》에서 개구리를 가리켜 "가치를 제대로 평가받지 못한 모델 생물"이라고 일컬으며 "인간의 질병 유전자와 구조를 연구하는 데 시간 및 비용 대비 효율성이 훨씬 뛰어난 동물 모델"이라고 주장했다.

13. 이름만큼이나 사랑스럽다. 나중에 2장에 가서 더 많은 이야기를 하게 될 것이다.

14. 심각한 페니실린 알레르기는 드물지만, 2010년 《첨단 제약 기술 및 연구 학술지Jour-nal of Advanced Pharmaceutical Technology&Research》에 발표된 논문 「페니실린 알레르기에 관한 사실들: 보고서The facts about penicillin allergy: A review」의 저자 산지브 바타차리아Sanjib Bhattacharya에 따르면, 아나필락시스의 빈도는 1만 명당 5명 이하로 추정된다. 당신이 희귀한 환자 중 한 명이라면 이는 당연히 편치 않은 이야기이다. 이런 이유로 미래 의학에서 개인의 유전자 서열은 매우 중요한 의미를 지닌다.

15. 페니실린을 먹어서 죽는 사람보다는 이를 먹지 못해 죽는 사람이 훨씬 많았다. 킹사우드대학과 셰필드대학 연구 팀은 「플레밍이 페니실린을 발견하지 못했다면 어떻게 되었을까?What if Fleming had not discovered penicillin?」라는 글에서, 항생제 시대가 열리지 않은 세계가 어떠했을지 상상한 바 있다. 그리 좋은 그림은 아니었다.

16. 예를 들어 2017년 봄 《뉴욕 타임스》에서는 1,700명이 넘는 미국인을 대상으로 지도상에서 북한이 어디인지 찾아보라고 묻는 조사를 의뢰한 적이 있다. 3분의 1 정도만 북한을 찾을 수 있었고, 나머지 사람들이 짐작으로 회색의 아시아 지도 위에 파란 점을 표시한 곳은 인도, 아프가니스탄, 몽고, 베트남 곳곳에 퍼져 있었다. 알지 못하는 약 20%의 사람은 미국이 북한과 전쟁을 해야 한다고 믿을 가능성이 훨씬 크다. 익숙하게 안다고 해서 항상 친밀감이 생기는 것은 아니지만, 그래도 무지는 멸시와 같은 것으로 보인다. 특정 지역에 대한 무지 역시 과학적 무지와 그리 다르지 않으며, 이 두 가지 불행은 사람들이 중요한 것에 대해 무관심하도록 이끈다.

17. "우주가 얼마나 빠른 속도로 팽창하고 있는가?"라는 물음에 답하기 위한 탐구 과정은 같은 제목으로 실린 마리나 코렌Marina Koren의 2017년 《애틀랜틱Atlantic》 기사에 상세하게 나와 있다. (몇몇 추정에 따르면 우리의 우주는 메가파섹당 초속 72km의 속도로 팽창하고 있다.)

18. 2005년 〈아이즈 오브 나이The Eyes of Nye〉라는 자신의 프로그램 제1회에서 빌 나이Bill Nye가 이렇게 언급했다.

19. 이제껏 내가 받아 본 가장 다정한 찬사는 저자이자 에세이스트, 시인이자 언론인 사라 게일리Sarah Gailey가 전해 준 칭찬이었다. "당신은 끔찍한 일에 대해 쓰는데도, 글이 아름다워요." 나는 그런 글을 쓰기를 열망한다. 이 책에서 참조한 많은 글과 그 밖에 내가 신문기자와 프리랜서 언론인 생활을 하면서 쓴 다른 기사 글은 mdlaplante.

com에서 읽을 수 있다.

20. 직전에 먹이를 먹었는지 아니면 먹지 않았는지 모르지만, 이 글을 쓰는 현재 이 코끼리의 무게는 2,177kg이다.

제1장 큰 것들

1. 델렐렌은 2000년《열대 동물학Tropical Zoology》에 발표된 학회의 추정치가 높은 것 같다고 말했다. 직접 수를 세 보았던 그와 다른 이들이 "코끼리에 대해 알고, 어디에 가면 코끼리를 찾을 수 있는지 알고 있었다"는 점에 주목했을 때 그는 200마리 정도 될 것 같다고 느꼈다.

2. 2010년에야 한 유전학 연구에서 세 번째 종의 존재를 알렸다. 바로 둥근귀코끼리African forest elephant, 록소돈타 키클로티스*Loxodonta cyclotis*이다.

3. 아프리카코끼리와 아시아코끼리는 염색체 수가 같으므로 이론상으로는 이종교배가 가능하다. 그러나 그러한 생명체를 만들어야 할 명확한 과학적·보존적 목적이 없다. 그러한 코끼리가 유일하게 한 마리 존재했던 것으로 알려져 있다. 아시아코끼리 엄마와 아프리카코끼리 아빠를 둔 '모티'였는데 영국의 체스터 동물원에서 태어난 지 12일 만에 죽었다.

4. 쇼샤니는 2008년 아디스아바바에서 버스 폭탄 사고로 사망했다. 코끼리 연구의 열렬한 옹호자 한 명을 잃은 것이다.

5. 『코끼리: 야생의 위엄 있는 생명체』는 편하게 읽을 수 있는 책으로, 두 번 다시 나오기 어려울 만한 최고의 책이다. 온라인에서 10달러면 중고 책을 구할 수 있다.

6. 2006년《와이어드Wired》에 발표한 「침묵의 소리The sound of silence」에서 존 기어랜드John Geirland 기자는 초저주파의 흥미진진한 역사에 대해 썼다. 여기에는 "초저주파 과학의 정확성을 보장해 줄 데이터를 만들어 낼" 로켓 폭발 실험도 포함되어 있다.

7. 그러나 실은 1,300개가 넘는 코프의 출간물 중 어디에도 이 주장이 명확하게 나와 있지는 않다.

8. 독일 생물학자 베른하르트 렌슈Bernhard Rensch가 1948년《진화Evolution》에 실린 「신체 크기의 진화적 변화와 상관관계가 있는 역사적 변화들Historical changes correlated

with evolutionary changes of body size」에서 이 주장을 보다 명확하게 밝혔다.

9. 스토니브룩대학의 모린 올리리Maureen O'Leary가 이끈 수십 명의 과학자 팀은 가설 상으로 "우리 모두의 엄마"로 추정되는 이 동물을 "발견"했다. 이들의 발견은 2008년 《사이언스》에 실린 「태반 포유류 조상 및 K–Pg 대멸종 이후 태반 포유류의 방사The placental mammal ancestor and the post-K-Pg radiation of placentals」에 상세하게 나와 있다.

10. 당신은 이 지구상에 우리와 함께 살아가는 동물의 수가 정확하게 밝혀져 있을 거라 고 생각할지 모르겠다. 그러나 2011년이 되어서야 캐나다 댈하우지대학의 연구 팀이 학술지 《플로스 바이올로지PLoS Biology》에 실린 「육지와 바다에 얼마나 많은 종이 있을까?How many species are there on Earth and in the ocean?」에서 "이 물음에 대한 답 은 여전히 수수께끼로 남아 있다"고 언급했다.

11. 『왜 크기가 중요한가』와 같은 책에 실린 보너의 글은 흔히 "읽기 쉽고", "대단히 명확 하게 서술된" 것으로 칭찬받는다. 정말로 이런 책이 과학 서적의 예외가 될 것이 아니 라 원칙이 되어야 한다.

12. 1998년 《사이언스》에 발표한 「북미 화석 포유류에 나타난 신체 질량 진화의 역동성 과 코프의 법칙Cope's Rule and the dynamics of body mass evolution in North American fos- sil mammals」에서 스미스소니언 고생물학자 존 알로이John Alroy는 북미 포유류 1,534 종의 신체 질량 추정치를 살펴보면 새로운 종은 같은 속에 속하는 오래된 종에 비해 평균 9% 더 크며 몸집이 큰 동물일수록 이 효과가 훨씬 크다고 썼다.

13. 2016년 《내셔널 지오그래픽》에서 마크 스트라우스Mark Strauss 기자는 "때때로 진화 에서는 몸집이 클수록 세계 넘어진다"고 썼다. 그는 독일 튀빙겐대학의 헤르베 보헤 렌Hervé Bocheren과 그의 팀이 진행하던 연구를 언급하면서, 이론상으로 추정하는 기간토피테쿠스의 큰 몸집은 열대림이 대초원으로 바뀐 마지막 빙하시대 초기에 제 한적인 먹이 영역 문제까지 겹쳐 이 거인을 죽음으로 몰고 갔을 것이라고 썼다. 이 연 구는 2017년 《국제 제4기Quaternary International》에 발표되었다.

14. 물론 이는 비유적으로 말한 것이다. 미국삼나무에는 발이 없으며(100m 가까이 뻗어 나 가는 비교적 얕은 뿌리 체계가 있다) 고래 역시 발이 없다(그러나 고래 조상은 육지를 떠나 바 다에서 살기 시작한 뒤 수백만 년 동안 다리를 지니고 있었던 것으로 보인다).

15. 마이클 마셜Michael Marshall은 2009년 《뉴 사이언티스트New Scientist》에 실린 「연대 표: 생명의 진화Timeline: The evolution of life」에서, 용궁류龍弓類와 단궁류單弓類가 서로

갈라졌을 때, 용궁류는 궁극적으로 조류와 파충류로 진화한 반면, 단궁류는 포유류로 진화했으며 이 모든 일은 식물이 진화하여 꽃을 맺기 전에 일어났다고 썼다.

16. 굿맨은 많은 글을 쓰면서 2010년 죽기 전까지 일했으며 미완성 초고가 들어 있는 서류 가방도 남겼다. 몇 년이 지난 뒤에도 그의 이름으로 논문이 발표되었다. 마지막 논문들 중에 2009년 《미 국립과학원회보Proceedings of the National Academy of Sciences》에 발표된 「계통 유전체학적 분석은 인간 조상과 코끼리 조상에게 나타난 적응 진화의 수렴 패턴을 드러낸다Phylogenomic analyses reveal convergent patterns of adaptive evolution in elephant and human ancestries」가 있다.

17. 내가 과학 논문을 읽는 데 서툰 편은 아니지만, 비동의적 및 동의적 뉴클레오티드 대체율을 심도 있게 탐구한 굿맨의 글은, 탁월한 과학 저자 에드 용이 아니었다면 내게 클링곤(Klingon, 〈스타트렉〉에 나오는 호전적인 외계 종족-옮긴이)의 언어처럼 읽혔을 것이다. 에드 용은 '민간인'을 위해 과학을 쉽게 풀어 옮겨 주는 분야에서 아마 최고로 손꼽힐 것이다. 2009년 그는 《디스커버》에 "많은 에너지를 소비하는 뇌 문제와 관련해서 인간과 코끼리에게서 유사한 해결책이 발달되었다." 라고 썼다

18. 디나 파인 마런Dina Fine Maron은 2016년 《사이언티픽 아메리칸Scientific American》에 실린 「우리는 정말 암을 치료할 수 있을까?Can we truly cure cancer?」에, "암은 하나의 질병이 아니며 이러한 이상 증상 복합체에 대한 단일한 치료법은 없다는 사실을 환자도 의사도 모두 너무 잘 알고 있다."라고 썼다.

19. 알렉스 스터키Alex Stuckey는 2017년 《솔트레이크 트리뷴》에, 시프먼이 인간 임상실험을 준비하면서 "자회사 필 테라퓨틱스PEEL Therapeutics를 세웠다. 필은 코끼리를 뜻하는 히브리어이다."라고 썼다.

20. 킨즐리와 그녀의 연구진은 오쉬가 암컷 코끼리 사이를 자유롭게 거닐도록 풀어놓는 일 역시 주저했다. 수컷이 공격적이 될 수 있기 때문이다. 오클랜드동물원의 암컷 코끼리 중 메둔다는 주변에 오쉬가 있을 때 특히 불안해했다. 메둔다는 울타리가 있어 둘 사이가 격리되어 있을 때는 상냥한 모습을 유지하지만, 문이 열리면 달아날 것이다. 동물원 관리자들은 메둔다가 오래전 발정 난 수컷에게 공격당한 적이 있으며 그 후로 주변에 수컷이 있으면 불안해한다고 했다. 인간이 겪는 성적 트라우마의 장기적 충격과 명확한 관련성이 있으며 향후 연구를 추진할 만하다.

21. 키소와 동료 연구진은 2015년 《번식, 생식, 발달Reproduction, Fertility, and Develop-

ment》에 발표한 「콜레스테롤이 풍부한 사이클로덱스트린과 글리세롤을 4℃에 첨가하여 사전 처리한 아시아코끼리(엘레파스 막시무스) 정자는 극저온 환경에서의 생존율이 개선되었다Pretreatment of Asian elephant *(Elephas maximus)* spermatozoa with cholesterol-loaded cyclodextrins and glycerol addition at 4°C improves cryosurvival」에서, 아시아코끼리의 정자는 냉동 보존에 잘 반응하지 않으며, 그래서 새로운 발견이 나올 때마다 도움이 되는 것으로 밝혀졌다고 보고했다.

22. 키소의 연구진은 2013년 《플로스 원PLOS One》에 발표된 「아시아코끼리 (엘레파스 막시무스)의 정액 혈장은 정액 품질과 연관이 있다Asian elephant *(Elephas maximus)* seminal plasma correlates with semen quality」에서, 무엇보다 코끼리 정자에 관한 이 연구는 인도 야생말의 희귀 품종을 구하고자 노력하는 과학자들의 활동에 정보를 제공하여 도움을 주었다고 보고했다.

23. 키소와 동료들은 2011년 《남성의학 저널Journal of Andrology》에 발표된 「여러 코끼리 (엘레파스 막스무스와 록소돈타 아프리카나)의 액체 정액 보관: 종간의 차이와 보관 최적화Liquid semen storage in elephants *(Elephas maximus* and *Loxodonta africana)*: species differences and storage optimization」에서, 제품에 따라 아시아코끼리와 아프리카코끼리에게 각기 효과가 달랐음을 보여 주면서 여러 가지 '정액 희석제'에 대한 정자 민감성을 입증했다.

24. 코미졸리는 2013년 《번식, 생식, 발달》에서 "보다 많은 종을 대상으로 기초 연구가 이루어져야 한다."라고 썼다. 2년 뒤 《아시아 남성의학 저널Asian Journal of Andrology》에서 코미졸리는 유전자원은행 활동이 "포유류 종을 넘어서서 더 많은 종에게 확대되어야 하며 이는 가치 있는 생의학적 모델로 쓰이거나 혹은 멸종위기 상황을 되돌리기 위해 도움이 필요한 종을 더욱 잘 관리하도록 지식과 도구를 제공하게 될 것이다."라고 지적하기도 했다.

25. 심지어 라마르크는 획득 형질(acquired characteristics, 후천적 환경과 생활에 따라 형성된 요인-옮긴이)이 유전될 수 있다고 주장한 최초의 사람도 아니다. 수천 년까지는 아니라도 수백 년 동안 이러한 생각이 퍼져 있었다. 과학사가 마이클 T. 기셀린Michael T. Ghiselin은 교과서에 나오는 라마르크 학설을 가리켜 "지어낸 것"이라고 언급하기도 했다. 이 주제에 관해 그는 1994년 《교과서 통신The Textbook Letter》에 「허구의 라마르크: 학교 교과서에 실린 가짜 '역사'에 대한 검토The imaginary Lamarck: A look at bo-

gus 'history' in schoolbooks」라는 제목의 에세이를 발표했다.

26. 후성유전과 관련한 발견이 늘어나면서 라마르크설의 몇몇 원리에 대한 이해가 다시 유행한 적이 있다. 그러나 진화생물학자 데이비드 페니David Penny가 2015년 《임상 후성유전학 저널Journal of Clinical Epigenetics》에 실린 「후성유전학은 정상 과학이며 이를 라마르크설이라고 불러서는 안 된다Epigenetics is a normal science, but don't call it Lamarckian」에서 지적했듯이 두 가지는 같은 것이 아니다.

27. 2016년 BBC에 방영된 〈기린은 키 큰 나무에 닿기 위해 목이 길게 진화한 것이 아닐 지도 모른다Giraffes may not have evolved long necks to reach tall trees〉에서 헨리 니콜스 Henry Nicholls 기자는 진화에 대한 이러한 생각이 어떻게 발전해 왔는지 상세하게 밝혀 놓았다.

28. 이스벨은 트루먼 영Truman Young과 함께 1991년 《동물행동학Ethology》에 발표한 「생태학에 정보를 주는 기린의 성차: 에너지 및 사회적 제약Sex differences in giraffe feeding ecology: energetic and social constraints」에서 이러한 관찰을 내놓았다.

29. 1996년 《미국 동식물 연구가The American Naturalist》에 실린 「목을 이용한 승리: 기린의 진화에 나타난 성 선택Winning by a neck: sexual selection in the evolution of giraffe」의 발표를 계기로, 세계에서 가장 키 큰 육지 동물이 어떻게 긴 목을 갖게 되었는가에 관한 진화 사상은 상당한 변화를 맞게 되었다.

30. 더글러스 캐브너Douglas Cavener가 이끄는 연구 팀은 2016년 《네이처 커뮤니케이션 스Nature Communications》에 발표한 논문 「기린 유전체 염기서열은 기린 특유의 형태학과 생리학에 관한 단서를 알려 준다Giraffe genome sequence reveals clues to its unique morphology and physiology」를 위해 기린과 오카피의 유전체 염기서열을 비교했다. 이 팀은 다른 무엇보다 골격과 심혈관의 발달을 조절하는 신호전달 경로, 그리고 미토콘드리아 대사 및 휘발성 지방산 운반에 영향을 미치는 유전자에서 독특한 유전적 변화가 보인다고 지적했다. 이 중 후자의 유전자는 기린이 다른 동물에게 독성을 지니는 식물을 별 탈 없이 먹을 수 있는 능력과 관련 있는 것으로 보인다.

31. 2016년 《최신 생물학Current Biology》에 실린 「멀티로커스 분석이 발견한 하나가 아닌 네 개의 기린종Multi-locus analyses reveal four giraffe species instead of one」에서 얀케와 그의 팀은, 전통적으로 하나의 기린 종과 최대 11개에 이르는 아종이 인정되어 왔지만 "세계에서 가장 키 큰 포유류의 보존 활동을 보다 늘려야 하는 필요성을 강조하느

라 이들의 유전적 복합성을 경시해 왔다."라고 썼다.

32. 예일대학 진화생물학자 마이클 도너휴Michael Donoghue는 2004년 《뉴 사이언티스트》 기자 밥 홈스Bob Holmes에게 이렇게 불평한 바 있다. "시대에 뒤처지고 좋지 않은 영향을 미치는 명명 체계로 인해 생명의 다양성을 이해하고 소통하려는 노력 전반이 위태로워지고 있습니다."

33. 《미 국립과학원회보》에 실린 「에른스트 마이어와 현대적 종의 개념Ernst Mayr and the modern concept of species」에서 케빈 드 케이로스Kevin de Queiroz는 어떤 대상을 하나의 종으로 판단하는 문제와 관련하여 복잡하게 얽힌 몇 가지 사항을 설명했다.

34. 과학은 느리게 움직인다. 2016년의 평가는 아프리카 대륙에 단일 기린 종이 살고 있다는 잠정적 의견 일치를 바탕으로 한 것이다. 국제자연보전연맹에서는 "기린의 분류학적 지위에 대해 광범위한 재평가가 완료되기 전까지 분류학의 현 상태를 바꾸는 것은 시기상조"라고 선언했다.

35. 몇몇 종과 아종은 거의 되살아날 뻔했지만 결국 살아나지 못한 것으로 보인다. 가령 서태평양의 귀신고래는 매우 심각한 어려움에 놓여 있다. 양쯔강돌고래는 바지baji라고도 알려진 이빨고래인데 2006년 기능적 멸종 상태로 선언되었다. 그러나 《가디언》 기자 톰 필립스Tom Phillips가 쓴 기사 「보존운동가의 말에 따르면 중국의 '멸종' 돌고래는 양쯔강으로 돌아간 건지도 모른다China's 'extinct' dolphin may have returned to Yangtze river, say conservationists」에 따르면 2016년에 한 마리가 목격되었을 가능성이 있다.

36. 이곳은 내가 대학 학사학위를 받은 곳이기도 하다. 가라, 비버스(Beavers, 오리건주립대학을 대표하는 운동 팀-옮긴이)!

37. 사람들을 몰입시키는 2016년 미국 공영라디오방송의 지질학 강의 〈지질 연대의 가장자리에 서다Stand at the edge of geologic time〉는 그야말로 흥미진진하며 커비가 내레이션을 맡고 있다.

38. 2014년 《해양 포유류 과학Marine Mammal Science》에 발표된 워싱턴대학의 연구에 따르면, 고래가 배에 충돌하는 일이 여전히 너무 잦다. 그러나 「선박 충돌이 북태평양 동부 지역의 멸종위기 대왕고래의 회복을 위협하는가?Do ship strikes threaten the recovery of endangered eastern North Pacific blue whales?」라는 논문에서는 제목과 같은 물음에 대해 신중한 낙관론을 보이며 "아니오."라고 답했다.

39. 2018년《멸종위기종 연구Endangered Species Research》에 실린 「다수 계열의 증거를 바탕으로 한 뉴질랜드 대왕고래 개체군의 기록Documentation of a New Zealand blue whale population based on multiple lines of evidence」에서 토레스와 공동연구자들이 이 발견을 발표했다.

40. 우리는 고래의 이동을 남북 이동이라고 생각하는 경향이 있지만, 위도를 따라 이동하기도 한다. 해양생물학자 후안 파블로 토레스-플로레스Juan Pablo Torres-Florez는 갈라파고스제도에서 칠레 연안 바다까지 기록적인 5,150km 거리를 이동한 암컷 대왕고래를 확인한 바 있다. 그는 이 세계 여행자에게 자기 아이의 이름을 따서 '이사벨라'라는 별명을 붙였다. "내 딸도 놀라운 일을 해낼 수 있다는 걸 알려 주고 싶었기" 때문이라고 그가 내게 말했다. 토레스-플로레스의 연구 「남태평양 동쪽 지역 대왕고래의 이동 목적지에 대해 최초로 확인된 기록First documented migratory destination for Eastern South Pacific blue whales」은 2015년《해양 포유류 과학》에 발표되었다.

41. 이는 한 마리 고래가 한 장소에서 한 가지 일을 하는 것을 촬영한 영상으로 단일 지점의 관찰이다. 그러나 이 장면이 진정으로 "아하!" 하는 발견의 순간을 제공한다는 점은 아무리 과장해도 지나치지 않다. 나는 이 장면을 수십 명에게 보여 주었는데 모두 같은 것을 봤다. 양이 너무 적다는 이유로 먹이를 포기하기로 하는 고래의 모습.

42. 가령 차 안에서 음악을 몰입하여 듣는 것은 젊은 운전자에게 심각한 위험 요인이 되는 것으로 밝혀졌다. 물론 나이 든 운전자에게도 위험 요인이 될 것이다. 그러나 2013년《사고 분석과 예방Accident Analysis&Prevention》에 발표된 연구 「젊은 초보 운전자의 주의를 산만하게 하는 위험 요인으로서의 배경 음악Background music as a risk factor for distraction among young-novice drivers」에서는 오로지 젊은 운전자만을 대상으로 평가했다.

43. 이 점에서는 세계에서 가장 큰 동물들이 세계에서 가장 작은 동물들과 아주 유사한 것으로 밝혀졌다. 제8장에서 살펴보겠지만 개미도 이러한 일을 능숙하게 해낸다.

44. 세계에서 가장 똑똑한 동물들을 살펴볼 때 이 문제를 더 깊이 파고들 것이다.

45. "그 9월의 날" 나는 맥민빌의《뉴스 레지스터News-Register》에 일하러 가던 중 자동차에서 라디오로 소식을 들었다. 당시 나는 오리건주에서 이 소도시 신문 스포츠 기자로 일을 시작한 지 얼마 되지 않은 상태였다. 내가 보도국 문으로 들어섰을 때 내 편집자의 첫마디는 이러했다. "치어리더 팀 관련 칼럼에 문제가 생겼어요. 그거부터 손

보고 나서 이 뉴욕 사건을 시작하면 될 거예요." 이는 그날 아침의 공격이 어느 정도 규모이며 얼마나 심각한지 처음에는 우리 모두 거의 알지 못했다는 사실을 그대로 보여 준다.

46. 만일 이런 일이 갑자기 벌어진다면, 대기는 이전까지 지구가 돌던 속도로 계속 회전 할 것이며 "기반에 단단히 붙어 있지 않은 것은 전부 싹 쓸려 나갈 것이다. 이는 바위, 표토, 나무, 건물, 당신의 애완견 등등이 대기 속으로 휩쓸려 간다는 의미"라고 나사 NASA의 스텐 오덴발트Sten Odenwald가 지적한 바 있다.

47. 과학과 관련해서 아주 멋진 글을 쓰는 코넬리아 딘Cornelia Dean이 2012년 《뉴욕 타임스》에 실린 「9·11을 통해 고래, 소음, 스트레스에 대해 알게 된 한 가지 교훈From 9/11, a lesson on whales, noise and stress」이라는 기사에서 이 연구를 설명해 주었다.

48. 2015년 《로스앤젤레스 타임스》의 칼럼니스트 마이클 힐트직Michael Hiltzik은 전년도 에 이루어진 획기적인 과학 발견 네 가지로 최초의 우주선 혜성 착륙, 힉스 입자 발 견, 세계에서 가장 빠른 슈퍼컴퓨터 개발, 식물생물학의 새로운 연구를 꼽았다. "그 다음에 이어질 결정적 구절은 이 가운데 미국이 이끈 업적은 하나도 없다는 것"이라 고 힐트직은 썼다. 왜일까? 투자 감소 때문이다.

49. 마셜은 2002년 《뉴욕 타임스》에서 이렇게 말했다. "생명이 우리가 아는 모습대로 살 아남기 위해서는 수백만 명이 죽어야 할 거예요. 이런 말을 해야 한다는 게 슬프지 만, 사실입니다. 이미 수백만 명이 죽어 가고 있고 이제 막 시작됐을 뿐이에요." 사람 들이 환경문제를 걱정하게 하려면 선진국에서 많은 죽음이 발생해야 할 것이라는 마셜의 논리를 처음 들었을 때, 나는 충격을 받았다. 그 후 희망을 포기한 명망 있는 과학자들에게서 이보다 아주 조금 누그러진 수준의 폭력적 논리, 즉 지구적 대재앙 말고는 우리의 마비된 의식을 흔들어 깨울 만한 것이 없을 거라는 말을 들었다. 그러 나 이들 과학자 중 누구도 테러리스트의 행위를 옹호하지는 않았다.

50. 지난 수천 년 동안 나무의 수는 상당히 감소했다. 2015년 《네이처》에 실린 「지구적 차원에서 작성한 나무 밀도 지도Mapping tree density at a global scale」의 저자들은, 예 상되는 나무 밀도를 근거로 할 때 "매년 150억 그루의 나무가 베어지고 있으며 인류 문명이 시작된 이후 지구의 나무 수는 약 46% 줄었다고 추산된다."라고 썼다.

51. 2016년 훔볼트주립대학의 과학자 로버트 반 펠트Robert Van Pelt는 《산호세 머큐리 뉴 스San Jose Mercury News》 기자 폴 로저스에게 이렇게 말했다. "탄소의 이야기는 어마

어마하다. 미국삼나무에 들어 있는 탄소는 다가오는 수십 년 동안 목재보다 훨씬 중요한 의미를 지니게 될 수도 있다."

52. 세이브더레드우드리그에 따르면, 1849년의 캘리포니아 골드러시 때 이 거대한 나무들이 대규모로 벌목되었다. 원래 있던 숲 가운데 5%만이 오늘날 725km의 해안 숲을 따라 남아 있다.

53. 2013년 나는 《시티 위클리City Weekly》에 실린 "끔찍한 파괴Devastated"라는 제목의 이야기에서 폴 크리스티안센Paul Christiansen이라는 이름의 학부생과 함께 거대한 클론에 대한 글을 썼다. 이 글은 나중에 미국 과학진흥협회AAAS에서 수여하는 과학 저널리즘 부문 카블리상을 수상했다.

제2장 작은 것들

1. 대단히 겸손했던 판레이우엔훅은 늘 다른 과학자들에게 조언과 피드백, 심지어는 비판을 청하는 편지를 썼다. "내 견해에 제기되는 이견을 적어 보내 주신 데 대해 감사를 표하며 추가적인 나의 견해를 당신 주소로 보내 드립니다." 그는 과학적 동료 평가scientific peer review의 아버지라고 할 수 있는 독일 자연철학자 헨리 올덴부르크Henry Oldenburg에게 이렇게 썼다. "그러나 내가 어떤 사람인지 기억해 주시고 내 의견이 어떤 가치를 지니는지 참작하여 내 의견을 받아들여 주시기 바랍니다. 항상 내 추측과 고려 사항을 견지하면서도, 더 나은 가르침을 받거나 더 많은 경험을 얻게 될 경우에는 나의 이전 견해를 버리고 최신 견해를 받아들여 이를 글 속에 넣으려고 노력해 왔습니다."

2. 현재 부모이거나 앞으로 부모가 될 계획이라면 길버트와 나이트의 공저 『더러워도 괜찮아: 우리 아이 면역력을 키우는 미생물 프로젝트Dirt Is Good: The Advantage of Germs for Your Child's Developing Immune System』를 꼭 읽어 보기를 강력히 추천한다.

3. 2017년 미국 공영방송서비스PBS의 《노바 넥스트NOVA Next》에 「생명의 나무를 다시 쓰는 끝없는 탐구The never-ending quest to rewrite the tree of life」를 썼던 과학 기자 캐리 아널드Carrie Arnold는 연구자들이 진짜 대중처럼 이야기하도록 만드는 데 세상 누구보다도 탁월한 사람이다.

4. 「창세기」 1장 26절에서 하느님은 "우리의 형상을 따라 우리의 모양대로 우리가 사람을 만들고, 그들로 하여금 바다의 물고기와 하늘의 새와 가축과 온 땅과 땅에 기는 모든 것을 다스리게 하자."라고 했다. 독자 모두가 원하는 자연을 망쳐 버린 것에 대해 인간을 탓할 수도 있겠지만, 이 특정 신을 믿는다면 애초 우리에게 책임지고 맡으라고 말한 것이 잘못인 것처럼 보인다.

5. 2016년《미 국립과학원회보》에 발표된 논문 「스케일링 법칙으로 전 지구적 미생물의 다양성을 예측한다Scaling laws predict global microbial diversity」의 저자들이 나중에 내게 말해 준 바에 따르면, 그들은 논문이 발표된 뒤 실제로 지구 35억 년 생명의 역사에서 1조 가지 종이 진화할 정도의 시간이 있었는가 하는 점에 의구심을 품기 시작했고, 어쩌면 이보다 훨씬 높은 수치를 추정할 수도 있었다. 그 수가 몇이든 미생물의 엄청난 다양성은 가늠하기 힘들 정도이다.

6. 2015년도《시애틀 타임스》에 실린 새러 진 그린Sara Jean Green의 기사에 따르면, 2002년 워싱턴주에서 일어난 강간 사건에서도 이러한 접근 방법을 이용한 결과 12세 소녀를 죽인 살인범을 2007년에 체포했다.

7. 이 팀은 얼굴 생김새에 중대한 영향을 미치는 20개 유전자를 발견했다. 이 유전자의 조합을 적용하여 여러 유전자 표지를 바탕으로 얼굴 외모의 근사치를 만들어 낼 수 있다. 이 과정에 대한 설명은 2014년《플로스 유전학PLoS Genetics》에 실린 「DNA를 바탕으로 한 3D 얼굴 모양 모형 만들기Modeling 3D facial shape from DNA」에 나와 있다.

8. 90% 확보된 것을 바탕으로 얼마나 확실한 그림을 그릴 수 있을까? 티라노사우루스가 다른 공룡을 쫓는 모습을 상상해 보라. 그런 다음 당신 머릿속에 그린 그림, 구체적으로는 굶주린 눈, 얼룩덜룩한 피부, 꽉 다문 이빨, 느릿느릿 움직이는 다리, 흔들거리는 작은 팔이 불과 한 줌밖에 안 되는 화석을 바탕으로 복구한 종의 모습이라는 것을 인식하라. 이들 화석은 50% 이상 형체를 갖춘 것이기는 하지만 이 가운데 단 한 개의 화석만 90% 온전한 형체를 갖추었다. (이 화석의 이름인 수Sue는 해난구조 잠수사이자 호박 채굴 및 공룡 화석 채굴의 전설인 모험가 수전 헨드릭슨Susan Hendrickson의 이름을 딴 것이다.) 앞으로도 티라노사우루스의 완벽한 모습을 확보할 수 없는 것처럼 라이플에서 발견한 모든 생명체도 장차 완벽한 모습을 확보하지 못할 수도 있다. 그러나 두 가지 사례에서 우리가 찾은 것을 바탕으로 많은 것을 알아낼 수는 있을 것이다.

9. 밴필드와 그녀의 팀은 2015년《네이처 커뮤니케이션스》에 실린 논문에서 '초미세 세

균'과 관련한 자신들의 발견에 대해 자세히 설명했다.

10. 라이플 연구가 발표되던 2015년에도 그랬고, 내가 이 책을 쓰고자 조사하던 2018년에도 여전히 그러했다.

11. 적어도 얼마간 그런 것처럼 보인다. 1992년 《FEMS 마이크로바이올로지 레터FEMS Microbiology Letters》에 발표된 「미코플라스마의 특유한 성질: 자기복제를 하는 가장 작은 원핵생물Peculiar properties of mycoplasmas: the smallest self-replicating prokaryotes」에서 미코플라스마를 가리켜 "자기복제를 하는 가장 작은 원핵생물"이라고 일컬었다.

12. "쿰 레룸 나투라 누스쾀 마지스 쾀 인 미니미스 토타 시트Cum rerum natura nusquam magis quam in minimis tota sit."

13. 가장 훌륭한 과학 중 몇몇은 전 세계적으로 협력하는 과학에서 나온다. 2011년 학술지 《사이언스》에 실린 논문 「다프니아 풀렉스의 환경 반응성 유전체The ecoresponsive genome of *Daphnia pulex*」에는 69명의 공동 저자가 참여했다.

14. 2011년 《파퓰러 사이언스Popular Science》에서 저널리스트 레베카 보일Rebecca Boyle은 이렇게 썼다. "이제껏 염기서열을 분석한 모든 무척추동물 유전자 중에서 우리와 가장 많은 부분을 공유하는 것이 물벼룩이며, 과학자들은 인간이 환경 위협에 어떻게 대응하는지 이해하는 데 이 공유 유전자가 도움이 되기를 바라고 있다."

15. 예를 들면 패충류 집단이 그러하다. 2017년 《유전 저널The Journal of Heredity》에 「패충류의 유전체 크기는 몸 크기와 상관관계가 있다The genome sizes of ostracod crustaceans correlate with body size」를 발표한 캐나다 베드퍼드 해양학연구소의 연구자들이 이를 입증한 바 있다.

16. 브리스톨에 기반을 둔 과학 저자 헤일리 베넷Hayley Bennett은 아름다운 영국식 문장으로 "그러나 실제로 이런 일이 이루어지도록 하는 것은 다소 더 까다롭다."라고 썼다. 그녀가 《화학 세계Chemistry World》에 쓴 "최초의 합성 세포The first synthetic cell" 관련 글은 인간이 세계 최초로 만든 미생물, 심지어 번식까지 가능할 정도로 완벽하게 기능하는 생명체에 관한 아주 훌륭한 입문 글이다.

17. 사실 이 문장은 메리 셸리Mary Shelley의 『프랑켄슈타인』에 나오는 문장이 아니다.

18. 과학 기자 레이철 펠트먼Rachel Feltman은 2016년 《워싱턴 포스트》에 실린 「이 인공 세포의 유전체는 이제껏 알려진 것 중 가장 작다: 그러나 이 세포 유전자의 3분의 1

은 수수께끼로 남아 있다This man-made cell has the smallest genome ever: but a third of its genes are a mystery」에서 이 과정을 알기 쉽도록 상세하게 설명했다.

19. 믿을 수 없을 정도로 복잡한 이 비디오 하나로는 충분하지 않아서 오케이 고는 이 노래의 비디오를 두 개 촬영했다. 입소문을 타고 유명해진 비디오를 온라인에서 공유하는 방법을 둘러싸고 음반 회사와 밴드가 분쟁을 거친 결과 두 번째 비디오를 촬영하기로 결정한 것 같다.

20. 오케이 고 밴드가 고성능 에스코트에 묘하게 매력을 느끼는 듯 보인다는 걸 맨 처음 알아챘던 사람은 자칭 '전문 야생인professional wildman'이라고 하는 웨스 실러Wes Siler인 것 같다. '레몬스'는 가격이 500달러도 채 되지 않는 고물 자동차, 말하자면 불량품lemons 차를 팀원들과 함께 타고 달리는 레이스 시리즈다.

21. 놀랍게도 워싱턴대학과 마이크로소프트의 과학자 팀은 나중에 이 비디오가 우리 유전체의 일반적인 작용 방식을 유쾌하게 표현한 것이라고 추론하여 이 비디오를 DNA 가닥 위에 부호화하고 해독한 적 있다.

22. 판레이우엔훅은 페르메이르와 같은 해에 태어나 불과 100m 남짓 떨어진 거리에서 살았으므로, 어쩌면 이 화가의 모델 역할을 했을지 모른다고 몇몇 역사가가 추측한 바 있다. 이런 주장을 제시한 것으로 가장 널리 알려진 사람은 작가 로라 스나이더 Laura Snyder이며, 『바라보는 사람의 눈Eye of the Beholder』에서 판레이우엔훅이 어쩌면 페르메이르의 작품 〈지리학자Geographer〉의 모델이었을지도 모른다고 주장했다.

23. 팔코스키의 책 『생명의 엔진』은 오늘날 우리가 아는 세계를 창조하는 데 미생물이 어떤 역할을 했는지에 대해 훨씬 더 훌륭한 인식을 내게 제공해 주었다.

24. 롭 나이트의 테드 강연은 감탄의 17분 20초이다. 한번 보라. 거의 모든 것에 대한 당신의 시각에 충격을 줄 것이다.

25. 내가 마지막으로 확인했을 때 기부자의 수는 1만 1,190명에 달했다. 완전 공개하자면 나 역시 그중 한 명이며, 더 지나치게 공개하자면 이 글을 쓰는 현재 나의 테스트 키트는 전혀 사용되지 않은 채 지금도 내 책상 위에 놓여 있다. 으음, 역겹다 보니 그렇게 되었다.

26. 예전에 그녀는 음식 과학 저자 마이클 폴란Michael Pollan에게, 마침내 샘플을 일주일에 단 한 개만 줘도 되는 수준까지 내려가서 너무 행복했다고 말한 바 있다. 그러나 2013년 5월 19일 《뉴욕 타임스 매거진》에 실린 폴란의 글에서는 "샘플 채취용 면봉

두 개를 항상 가방에 넣고 다녔어요. 어떻게 될지 모르는 일이잖아요."라고 말했다.

27. 정말 유익한 정보를 담고 있을 뿐 아니라 정말 재미있는 책 『내 몸속의 우주: 질병부터 성격까지 좌우하는 미생물의 힘Follow Your Gut』은 탁월한 과학 저자 브렌던 불러 Brendan Buhler와 함께 썼다.

28. 2016년 《이바이오메디신EBioMedicine》에 발표된 「미국인 장 프로젝트의 분석Analysis of the American Gut Project」에 따르면 알레르기, 특히 견과류와 계절적 꽃가루에 알레르기를 지닌 미국 성인은 장내 미생물군에서 낮은 수준의 다양성, 클로스트리디움 목의 감소, 박테로이데스 목의 증가를 보였다.

29. 흥미롭게도, 2016년 학술지 《엠시스템스mSystems》에 발표된 논문 「미국인 장 프로젝트 집단에서 편두통은 질산염과 아질산염과 산화질소를 감소시키는 구강 미생물의 높은 수치와 상관관계가 있다Migraines are correlated with higher levels of nitrate-, nitrite-, and nitric oxide-reducing oral microbes in the American Gut Project cohort」의 저자들은 구강 샘플에서 더 높은 농도를 보이고 대변 샘플에서는 경미하지만 의미 있는 농도를 보인다는 것을 알아냈다.

30. 2014년 《이바이오메디신》의 논문 「제왕절개 분만 혹은 맹장 수술 이력과 연관된 성인 대변 마이크로바이옴의 다양성 및 구성: 미국인 장 프로젝트 분석Diversity and composition of the adult fecal microbiome associated with history of Cesarean birth or appendectomy: analysis of the American Gut Project」의 저자들은 이렇게 썼다. "제왕절개로 태어난 성인들은 대변 미생물 개체군의 구성이 확연하게 다른 것으로 보인다. 이러한 차이가 출생 때 생긴 것인지, 그리고 성인 기간 질병 위험도에 영향을 미치는지는 알려지지 않았다."

31. 부고 기사는 놀랍다. 이 부고 기사의 일부를 인용하자면 이러하다. "우리에게 준 특별한 경험과 추억으로 버트Burt를 기억한다. 필리버트 로스 캠프의 솔방울과 물싸움, 핫 스파이스 사이다, 사과, 자동차 경주와 하이킹, 핼러윈의 익살스러운 장난, 신비한 생태계, 독창적인 캠프파이어 노래, 어마어마한 포트럭 파티, 칠리-플라스틱/재활용은식기-즉흥 연주, 신기한 식물, 분장, 100가지 정지 검사, 저그 밴드, 폴 버니언 춤."

32. "하와이섬 곤충에 대한 지식 분야에서는 그가 최고였어요." 비어즐리의 제자 중 한 사람이었던 동료 곤충학 연구자 딕 츠다Dick Tsuda는 신문에서 이렇게 말했다.

33. 키키키 후나의 발견에 관해서는 2000년 「요정파리에 속하는 새로운 키키키속을 하

와이섬에서 찾다A new genus of fairyfly, Kikiki, from the Hawaiian Islands」에 설명되어 있으며, 하와이섬에 사는 총채벌과의 다른 속을 포괄적으로 살펴보던 중 이를 발견하게 되었다. 때로는 우리가 딱히 그것을 찾고 있지 않을 때, 세상에서 가장 놀라운 것을 발견하기도 한다.

34. 내가 가장 좋아하는 초고 검토자 사라 게일리에게 감사의 인사를…. 나는 이 명명법의 이스터 에그(Easter egg, 개발자가 게임 속에 '재미'로 몰래 숨겨 놓은 메시지나 기능—옮긴이)를 알아볼 만큼 똑똑하지는 못했다.

35. 동일한 연구에서 훨씬 작은 크기의 키키키 후나가 확인되었고 아울러 또 다른 작은 곤충도 발견되었다. 「요정파리의 새로운 속이자 새로운 종인 팅커벨라 나나(벌목 총채벌과), 이와 함께 자매 속인 키키키에 대한 몇 가지 언급과 절지동물의 작은 크기 한도에 대한 논의A new genus and species of fairyfly, *Tinkerbella nana* (Hymenoptera, Mymaridae), with comments on its sister genus %Kikiki%, and discussion on small size limits in arthropods」는 2013년《벌목 연구 저널Journal of Hymenoptera Research》에 발표되었다.

36. 미 국무부에 따르면 2009년 현재 갈색나무뱀 탐지 및 통제에 들어가는 비용이 연간 250만 달러로 추산된다.

37. 2017년《네이처》에 발표된 논문 「침입종 포식자의 폭발적 증가가 상리 공생을 파괴함으로써 식물에 미치는 영향Effects of an invasive predator cascade to plants via mutualism disruption」의 저자들은 손실이 "겨우" 61% 정도에 머물 수도 있지만 어쩌면 92%까지 높아질지도 모른다고 보수적으로 추산했다. 92%는 끔찍한 수치이다.

38. 《신종 감염병Emerging Infectious Diseases》에 실린 1997년 보고서 「미국의 흰줄숲모기: 10년 동안의 존재 및 공중위생에 미친 여파Aedes albopictus in the United States: ten-year presence and public health implications」에 따르면 흰줄숲모기가 미국에 들어온 지 겨우 10년 만에 678개 자치주로 퍼져 나갔다.

39. 공교롭게도 콰가quagga라는 명칭은 멸종한 얼룩말의 한 종을 일컫기도 하는데, 콰가 홍합을 또 다른 침입종인 얼룩말홍합zebra mussel으로 착각해서는 안 된다.

40. 《뉴욕 타임스》의 과학 저자 에리카 구드Erica Goode가 쓴 「침입종이 항상 반갑지 않은 것은 아니다Invasive species aren't always unwanted」에 이 언급이 나왔다. 구드는 과학의 발전을 사회적 문맥으로 해석하는 분야에서 손꼽히는 최고 중 한 명이다.

41. 생물학계에서 활동하는 이른바 악마의 변호인인 셰필드대학의 켄 톰프슨Ken

Thompson이 탁월한 저서 『낙타는 어디에 속하는가?Where Do Camels Belong?』에서 엘턴에 대해 썼다.

42. '침입한' 것들의 역사에 관한 좋은 배경 지식이 찰스 엘턴의 저서 『동물 및 식물의 침입 생태학The Ecology of Invasions by Animals and Plants』에 나와 있다.

43. 소련이 핵폭탄 실험을 최소 36회 실시하고 미국과 영국이 핵무기 상호방위조약을 체결한 해에 이 말이 나왔다.

44. '언테임드 사이언스Untamed Science' 홈페이지에 가면 이 논쟁의 미묘한 차이에 관한 훌륭한 동영상이 제공된다. 〈침입종: 맞서 싸울 것인가 아니면 수건을 던질 것인가?Invasive species: Fight 'em or throw in the towel?〉는 한번 볼 만한 가치가 있다.

45. 2013년 미 국립야생동물연맹NWF 홈페이지에 이 주장이 올라왔다. 그 페이지는 이후에 휴면 상태가 되었지만 여전히 archive.org에서는 이용할 수 있다.

46. 데이비스와 동료들은 「원산지로 종을 판단하지 마라Don't judge species by their origins」에서 이렇게 썼다. "오늘날의 관리 접근 방식에서는 과거의 자연 체계가 끊임없이 변화한다는 것을 인식해야 한다."

47. 얇은 플라스틱 원반에 촘촘한 나선형 홈이 나 있고 바늘로 이 홈을 읽어 소리를 낸다.

48. 이들이 작은 개구리를 발견한 곳의 지도와 정말 멋진 사진까지 완벽하게 실린 이들의 연구는 2012년 《플로스 원》에 발표되었다.

49. 2017년 학술지 《면역Immunity》에 발표된 「양서류의 숙주 방어 펩타이드는 인간의 혈구 응집수 관련 H1 독감 바이러스의 박멸제이다An amphibian host defense peptide is virucidal for human H1 hemagglutinin-bearing influenza viruses」에 따르면 독감 발생기에 이것이 가장 중요한 항바이러스 치료법이 될 수도 있다.

50. 이들 초소형 척추동물 둘 다에 공통으로 붙은 접두사 '파이도paedo'는 '아이' 또는 '아이 같은'이라는 의미를 지닌다.

51. 이 당시 태국의 뒤영벌박쥐 개체군은 채집자와 관광객에게서 영향을 받고 있어서, 어떤 식으로든 자연 상태에 가까운 환경에서 연구를 진행하는 것이 점점 어려워지고 있었다. 미얀마에서 이 박쥐가 발견되면서 과학자들은 진화한 조건 속에서 이 종을 살펴볼 수 있는 두 번째 기회를 맞았다.

52. 2011년 《네이처 커뮤니케이션스》에 발표된 논문 「제한적인 유전자 유입 상황에서 뒤영벌박쥐의 감각이 분화하는 진화The evolution of sensory divergence in the context of

limited gene flow in the bumblebee bat」에 따르면 반향정위의 차이보다는 지리적 거리
가 유전자 유입을 제한하는 데 훨씬 큰 역할을 했다.

53. 터키 북부 지역에서 작은 포유류를 조사했던 생물학자 아흐메트 셀추크Ahmet Selçuk
와 하루크 케펠리오을루Haluk Kefelioğlu는 100개 펠릿을 뒤져 겨우 1개에 에트루리
아땃쥐 잔해가 들어 있는 것을 찾았다. 2016년《비하리언 생물학자Biharean Biologist》
에 발표된 이들의 연구「터키 북부 지역에 있는 순쿠스 에트루스쿠스, 사비, 1822년
(포유강, 땃쥐목)에 관한 새로운 기록New record of *Suncus etruscus Savi*, 1822(Mammalia:
Soricomorpha) in Northern Turkey」에서 터키 소아시아 북부 지역에 있는 에트루리아땃
쥐에 관한 최초의 기록을 밝혔다.

54. 2015년 로베르트 나우만은《진화 신경과학에 대한 관점 및 흥미로운 점Highlights and
Perspectives on Evolutionary Neuroscience》에 발표된「가장 작은 포유류의 뇌도 아직 밝
혀야 할 여러 비밀이 있다Even the smallest mammalian brain has yet to reveal its secrets」에
서, 에트루리아땃쥐의 뇌는 무게가 겨우 64mg밖에 되지 않는데도 "다양한 사회 활
동 및 탐험 활동을 보여 줄 뿐 아니라 정교한 먹이 사냥 능력, 작은 체구에 적응한 심
혈관 및 호흡기 체계를 보여 준다"고 썼다.

55. 2011년《영국왕립학회 회보 B: 생명과학Philosophical Transactions of the Royal Society
B: Biological Sciences》에 실린「에트루리아땃쥐의 능동적 접촉에 관한 신경생물학The
neurobiology of Etruscan shrew active touch」에 연구자들은 이렇게 썼다. "작은 크기, 빠
른 속도, 촉감에 대한 극단적 의존은 결코 우연한 것이 아니며 진화 전략에 따른 것
이다. 가까운 거리에서 빠르게 촉감을 느낀 뒤 죽이는 포식자의 이점이 작은 몸 크기
의 물질대사 비용보다 훨씬 크다."

56. 2013년 브리스톨로보틱스연구소BRL의 앨런 윈필드Alan Winfield는 CNN에서 이렇게
말했다. "손상을 입어도 계속 작동할 수 있다는 것이 수염의 멋진 점 중 하나이다. 뿌
리에서 모든 감각이 이루어지기 때문이다."

제3장 오래 사는 것들

1. 스미스소니언협회의 훌륭한 '쌍방향식 인간 진화 연대기Human Evolution Timeline In-

teractive'에는 인간의 가장 중요한 이정표, 즉 뇌 발달, 불의 통제, 이족보행 등 몇 가지가 커다란 기후변동기에 이루어졌다는 설명이 나와 있다.

2. 과학자 중에는 3만 년이라는 추정치를 내놓은 사람도 있다고 들었다. 그러나 모든 사람이 이 수치는 추측일 뿐이라고 인정한다.

3. 2017년에 《텔레그래프Telegraph》에서 발표한 목록으로, 아프리카가 빠져 있긴 하지만 98개국 가운데 가장 큰 평균 키와 가장 작은 평균 키를 나타낸다.

4. 이 연구소는 레드랩RED Lab이라는 아주 멋진 약칭을 갖고 있다.

5. 퇴적물 속에 들어 있는 꽃가루는 기원전 수천 년 전의 세상을 볼 수 있는 또 다른 방법을 제공해 준다. 2017년 《생물지리학 저널Journal of Biogeography》에 실린 논문 「기후변동과 화재가 로키산맥 중부에 있는 북미사시나무에 미친 영향Climate variability and fire effects on quaking aspen in the central Rocky Mountains, USA」에서 이런 사실을 강조한 바 있다.

6. 2015년 내가 유전학자 샤론 모알렘과 함께 썼던 『유전자, 당신이 결정한다Inheritance: How Our Genes Change Our Lives and Our Lives Change Our Genes』의 핵심 요점 중 하나도 이것이다. 유전학의 큰 발전으로 세계와 우리 삶에 대한 이해가 어떻게 완전히 바뀌고 있는지 보여 준다.

7. 태즈메이니아 정부는 로마티아 타스마니카를 매우 엄격하게 보호한다. 몇 년 전 이 나무에 대한 글을 쓰기 위해 취재를 갔던 언론인 그레이엄 로이드Graham Lloyd는 이 나무의 위치를 알리지 않겠다는 법적 구속력이 있는 동의서에 서명해야 했다. 또 그의 안내자였던 태즈메이니아국립공원 관리인들은 이를 확실하게 하기 위해 그의 눈을 가리기도 했다. 로이드의 기사는 2014년 《오스트레일리언The Australian》에 실렸다.

8. 시간과 피아노가 무한하게 제공된다면 무한한 수의 원숭이들이 끝내 모차르트의 협주곡 중 하나를 연주할 날이 올 것이며, 충분한 노새가 충분한 성관계를 통해 당나귀 새끼 한두 마리를 낳은 적도 있다. (그러나 2002년 모로코에서 이런 일이 발생했을 때, 지역 주민들은 이 일이 세상의 종말을 알리는 것이라며 두려워했다고 2007년 《덴버 포스트Denver Post》에 낸시 로프홀름Nancy Lofholm이 보도한 바 있다.) 3배체 식물에도 잠재적으로 이런 일, 즉 유성 생식이 일어날 가능성이 있다. 그런다고 세상의 종말이 오는 건 아니다.

9. 알려진 두 개의 그레빌레아 레누익키아나 클론은 가장 큰 것의 절반 정도 된다. 그렇다고 해도 여전히 **정말로** 크다. 나머지 알려진 클론의 지도는 2014년 《식물학 연보Annals

of Botany》에 발표된 「호주 남동 지역에 있는 희귀한 불임 관목 그레빌레아 레누익키아나(프로테아과)의 공간적 유전 구성은 대규모 클론 형성 능력, 유전자형의 낮은 다양성, 서식지 파편화를 반영한다Spatial genetic structure reflects extensive clonality, low genotypic diversity and habitat fragmentation in *Grevillea renwickiana* (Proteaceae), a rare, sterile shrub from south-eastern Australia」에 나와 있다.

10. 1958년 메이너드 스미스Maynard Smith는 초파리의 일종인 드로소필라 수보브스쿠라*Drosophila subobscura*가 불임일 때 더 오래 산다는 것을 발견했다. 이런 사실은 보다 많이 이용되는 실험실 종 드로소필라 멜라노가스테르*D. melanogaster*뿐 아니라, 광범위하게 연구되며 신시아 키튼Cynthia Keaton이 노화의 유전적 요인을 발견할 때 사용하기도 했던 카이노르합디티스 엘레간스*Caenorhabditis elegans*에게서도 나중에 또 발견되었다. 이러한 연구에 대한 좋은 입문서로는 《실험 노인학Experimental Gerontology》 2011년 5월 판에 실린 토머스 플랫Thomas Flatt의 논문 「드로소필라의 번식에 드는 생존 비용Survival costs of reproduction in *Drosophila*」이 있다.

11. 이들의 연구 「번식 성공의 대가로 희생되는 인간의 장수: 전 세계적 데이터에서 나온 증거Human longevity at the cost of reproductive success: evidence from global data」는 2001년 《진화생물학 저널Journal of Evolutionary Biology》에 발표되었다.

12. 로저스(미국삼나무가 탄소를 어떻게 격리하는지에 대해 썼던 캘리포니아 저널리스트 폴 로저스와는 다른 사람이다)의 경고는 대런 매커보이Darren McAvoy가 2018년 《플로스 원》에 발표한 글 「노새사슴이 판도의 회복에 지장을 준다: 사시나무가 단일 유전자형 숲에서 회복되는 데 미치는 영향Mule deer impede Pando's recovery: Implications for aspen resilience from a single-genotype forest」과 궤를 같이한다.

13. 이는 최악의 사냥 관리 규정이었다. 마운틴라이온재단The Mountain Lion Foundation에서는 1500년대부터 시작하여 북미 곳곳에서 실시된 다양한 포상금 프로그램을 완벽한 연대표로 정리하여 홈페이지 mountainlion.org에 발표했다.

14. 2015년 PBS에서 방영된 프로그램 〈옐로스톤의 나무가 다시 살아나는 데 늑대가 도움을 주었나?Did wolves help restore trees to Yellowstone?〉에서 과학 저자 케이트 토빈Kate Tobin은 느리게 진행되는 이 생태학 이야기를 생생하게 풀어내는 놀라운 실력을 보여 주었다.

15. 《샌프란시스코 크로니클San Francisco Chronicle》에서 『모래 군의 열두 달A Sand County

Almanac』에 대해, "우리는 소로와 존 뮤어의 책이 놓인 선반에 이 책을 나란히 놓을 수 있을 것이다."라고 쓴 적이 있다. 이 책은 내 책상 위 성경 옆에 꽂혀 있고, 나는 성경보다 훨씬 자주 레오폴드의 이 글을 찾아 읽는다.

16. 2015년 숀 맥키넌Shaun McKinnon은 《애리조나 리퍼블릭Arizona Republic》에 이렇게 썼다. "순식간에 강털소나무만큼이나 뒤틀려 버린 이야기는 다음과 같은 내용이 되어 버렸다. 네바다 산꼭대기에 오래된 나무가 수천 년 동안 자라다가 마침내 세계 최장수 나무가 되었다. 너무 먼 외진 곳에 있어서 누구도 이를 보거나 이에 대해 생각하기 힘들다."

17. 《애리조나 데일리스타Arizona Daily Star》에 실린 할런의 아주 긴 부고 기사에는 "세계에서 가장 오래된 것으로 알려진 강털소나무를 확인했다고 주장했다."라는 말이 들어가지 않았는데, 지금 시점에는 이런 사실을 안다고 해도 그리 놀라운 일로 느껴지지 않을 것이다.

18. 샐저와 그의 연구 파트너 말콤 휴스Malcom Hughes는 2006년 《제4기 연구Quaternary Research》에 실린 「지난 5,000년에 걸친 화산 분출과 강털소나무 나이테Bristlecone pine tree rings and volcanic eruptions over the last 5000 years」에서 5,000년에 걸친 화산 분출과 상륜의 연관성을 밝혔다.

19. 사라 지엘린스키Sarah Zielinski는 2015년 스미스소니언 매거진 온라인 Smithsonian.com에 실린 「한 번이 아니라 두 번의 화산 분출과 연계된 6세기 미스터리Sixth-century mystery tied to not one, but two, volcanic eruptions」에서 나이테의 자료와 얼음 핵을 연관 짓는 새로운 분석과 프로코피우스에 대해 썼다.

20. 2009년 《미 국립과학원회보》에 발표된 샐저의 또 다른 연구 「최근 가장 높은 고도에서 강털소나무의 나이테가 유례없이 성장한 현상과 몇 가지 가능성 있는 원인Recent unprecedented tree-ring growth in bristlecone pine at the highest elevations and possible causes」에서 이 놀라운 관찰을 제시했다.

21. 2006년 학술지 《회춘 연구Rejuvenation Research》에 발표된 「강털소나무, 피누스 롱가이바의 장수를 비롯하여 다양한 수명의 나무 종에서 보이는 텔로미어의 길이 및 활동성 분석Analysis of telomere length and telomerase activity in tree species of various lifespans, and with age in the bristlecone pine *Pinus longaeva*」의 연구 결과에서는 늘어난 텔로미어 길이가 강털소나무의 장수를 돕는 것 같다고 주장했다.

22. 2001년 《실험 노인학》에서 「강털소나무도 노쇠하는가?Does bristlecone pine senesce?」 의 저자들은 이렇게 썼다. "우리는 변형 노화의 증거를 찾지 못했다. 노쇠라는 개념이 이 나무에는 적용되지 않는다고 결론지었다."

23. 윌리엄 해밀턴William Hamilton의 1966년 논문은 노화를 설명하고자 노력하면서 평생에 걸쳐 조정되는 자연선택의 기본적 힘을 제시한 바 있는데, 마르티네스는 《유전학의 최첨단Frontiers in Genetics》에서 이 논문을 언급하며 다음과 같이 썼다. "마치 노화가 중단된 것처럼, 얼핏 보기에 거의 무시할 수 있을 정도로 미미한 노화는, 해밀턴의 이론에서 자연선택의 힘이 나이에 따라 감소한다고 보았던 것과 그다지 잘 맞지 않는 것 같다."

24. 2015년 《무척추동물의 번식 및 발달Invertebrate Reproduction&Development》에 발표된 글 「노쇠 연구용으로 다루기 쉽고 오래 사는 모델 체계로서의 히드라Hydra as a tractable, long-lived model system for senescence」에 따르면, 히드라의 한 종인 히드라 불가리스가 노화의 징후를 전혀 보이지 않는 반면에 다른 종인 히드라 올리각티스*Hydra oligactis*는 번식 관련 노화를 겪도록 유도할 수 있다.

25. 데이비의 공동연구자는 '호놀룰루-아시아 노화 연구'에 참여한 연구자들이며, 이 연구는 고령 일본계 미국인의 인지 저하 및 치매 발생률과 위험 요인, 유전 요인에 대한 종적 연구이다. 「이례적인 장수: 히드라에서 인간으로 이어지는 통찰Exceptional longevity: insights from hydra to humans」은 《발달생물학의 최신 주제Current Topics in Developmental Biology》에 발표되었다.

26. 2015년 《미 국립과학원회보》에 발표된 「나이 들어 가는 동안 변함없는 히드라의 사망률과 생식Constant mortality and fertility over age in Hydra」에서는 집단의 나이가 40년이 되기까지 두 실험실에 있는 2,256개 히드라를 살펴보았다.

27. 이 이야기에 대해서는 몇 가지 다른 설명이 있다. 마이클 코헨Michael Cohen의 1998년 책 『강털소나무 정원: 그레이트베이슨의 변화 이야기A Garden of Bristlecones: Tales of Change in the Great Basin』에서 출처가 가장 확실해 보이는 설명을 볼 수 있다.

28. 이 이야기는 2001년 12월 11일에 방송되었다.

29. 커리 이야기는 이제껏 나온 〈라디오랩Radiolab〉 프로그램 방송분 중 최고로 꼽히는 주제이다. 〈라디오랩〉은 매우 훌륭한 프로그램이므로 이것만으로도 뭔가를 말해 준다.

30. 살아 있는(혹은 죽은 지 얼마 안 된) 조개와 죽은 조개의 껍질 줄무늬를 비교함으로써, 각 줄무늬가 자라던 시기의 해수 온도와 염도가 어떠했는지 정보를 담아 1,000년의 연대기를 작성할 수 있었다. 2016년 카디프대학과 뱅고르대학의 연구자들이 《컨버세이션The Conversation》에 실린 「500년 된 조개가 기후변화에 대해 우리에게 알려 줄 수 있는 것What 500-year-old clams can tell us about climate change」에서 이런 사실을 설명했다.

31. "다소 맛있는 이야기 재료이기는 하지만 조개의 대서사시와 같은 사건이었다."라고 과학 기자 레베카 모렐Rebecca Morelle이 BBC에 썼다.

32. 2016년 《네이처 커뮤니케이션스》에 발표된 이 연구는 정말 두려움을 안겨 주는 내용이지만, "지난 1,000년에 걸쳐 매년 변화하는 북대서양 해양 기후Annually resolved North Atlantic marine climate over the last millennium"라는 다소 밋밋한 제목 아래 이런 사실이 얼마간 감춰져 있었다. 한마디로, 이 연구에서는 해양 그 자체만큼이나 오래된 것으로 보이는 지질학적 효과가 우리 인간 때문에 변했다고 말하고 있다.

33. 이 최상의 결론에 이르기까지의 과정은 2012년 학술지 《화학 지질학Chemical Geology》에 발표된 「이산화규소 성분의 심해 해면 모노라피스 쿠니: 오래된 동물 속에 고기후 자료가 들어 있을 가능성Siliceous deep-sea sponge *Monorhaphis chuni*: A potential paleoclimate archive in ancient animals」에 설명되어 있다.

34. 2006년 《세포 및 발달생물학 세미나Seminars in Cell and Developmental Biology》에 발표된 베르너 뮐러Werner Müller의 논문 「해면(해면동물문)의 줄기세포 개념: 후생동물의 특징The stem cell concept in sponges (Porifera): metazoan traits」 덕분에 우리는 어떤 유전자가 줄기세포를 만드는지 알고 있다.

35. 문네보슈는 2014년 《식물생리학Plant Physiology》에 이렇게 적었다. "체스 게임에서 모든 체스 말이 왕을 보호하듯이, 다년생 식물이 오래 살기 위한 조건도 뿌리를 보호하는 것(또는 적어도 빨리 재생시키는 것)이다."

36. 2015년 《셀 리포트Cell Reports》에 발표된 「북극고래 유전체를 통해 본 장수의 진화Evolution of longevity from the bowhead whale genome」에 따르면, 이들 연구 팀은 체온 조절, 감각 지각, 먹이 적응, 면역 반응을 담당하는 유전자에서도 차이를 발견했다.

37. 2014년 《생태학과 진화Ecology and Evolution》에 발표된 연구(「스트레스 많은 환경이 수명을 늘리는 데 간접적 선택압으로 작용할 수 있다Stressful environments can indirectly select for

increased longevity」)와 2015년《노화 연구 리뷰Ageing Research Reviews》에 실린 연구
(「가장 단순한 동물의 노화 및 장수, 그리고 불멸에 대한 추구Aging and longevity in the simplest
animals and the quest for immortality」)는 스트레스와 단순한 생활에 대한 논거를 세우
는 데 일조했다.

38. 바판 마을의 100세 노인들이 태어난 지 한참 뒤까지 중국에서는 공식 출생 기록 같
은 것이 없었지만, 가족 문서와 군사 기록, 그리고 12년 주기로 매년 한 종류의 동물
을 그해의 동물로 정하는 성샤오生肖 문화 등은 각 개인이 알려진 만큼 실제로도 나
이가 많다는 설득력 있는 증거를 제공한다.

제4장 빠른 것들

1. 연구자들은 367회에 이르는 치타의 사냥 활동을 바탕으로 자료를 기록했다. 2016년
과 2017년 영국 왕립수의대학의 지원을 받아 진행된 일련의 연구 프로젝트인 '치타가
사냥에서 보여 주는 역학과 에너지학Dynamics and energetics of hunting in the cheetah'
에 따르면, 치타가 시속 93km를 넘는 일은 없으며 한 번에 평균적으로 달리는 거리도
173m밖에 되지 않았다.

2. BBC 어스BBC Earth는 2011년《마더 존스Mother Jones》의 「치타: 속도를 내기 위한 자
연의 필요The cheetah: nature's need for speed」에서 이를 잘 설명해 주었다.

3. 2013년《포유류 생물학Mammalian Biology》에 실린 「치타(아키노닉스 유바투스)의 골격근
에서 이루어지는 근육섬유 분배Distribution of muscle fibers in skeletal muscles of the chee-
tah(Acinonyx jubatus)」에서 수의학 생리학자 나오미 와다Naomi Wada의 연구 팀은, 치타
가 뒷다리에서 나오는 추진력과 앞다리의 회전 및 브레이크 힘을 이용하여 후륜구동
자동차처럼 움직이는 방식을 입증해 보였다.

4. 2012년 BBC 네이처에서 방영된 〈치타의 속도 비밀이 밝혀지다Cheetah's speed secrets
are revealed〉에서 과학 저널리스트 맷 바도Matt Bardo가 와다의 연구를 설명해 주었다.

5. 「가장 커다란 동물이 왜 가장 빠르지 않은지 일반적인 규모 법칙으로 밝히다A general
scaling law reveals why the largest animals are not the fastest」에서 연구자들은 자연계의 속
도에 대한 훌륭한 이해 방식을 제시함으로써 동물 움직임과 관련하여 상한선에 어

떤 근본적 제약이 가해지는지 밝혀냈다. 이들의 연구는 2017년 《자연 생태학 및 진화 Nature Ecology&Evolution》에 발표되었다.

6. 과학 기자 헬렌 브리그스Helen Briggs가 2017년 BBC 뉴스에서 "왜 치타가 단거리 주자 챔피언인지" 설명했다.

7. 2017년 《사이언스 매거진》에 시드 퍼킨스Sid Perkins 기자는 이렇게 썼다. "이러한 한계를 해결하기 위해, 히르트와 그녀의 동료들은 따뜻한 피가 흐르는 온혈동물뿐 아니라 변온동물(이른바 냉혈동물)까지 포함하는 다양한 종류의 생물을 대상으로 이전에 수집되어 있던 자료를 살펴보았다."

8. 연구자들은 이번에도 역시 동물들의 작은 윤곽선을 그려 넣어 도표를 만들었으며 비슷한 곡선 형태가 나온다는 것을 입증했다.

9. 2015년 필 플레이트Phil Plait와 대니얼 허버드Daniel Hubbard가 《슬레이트Slate》에서 설명한 것처럼, 그 과학은… 으음… 형편없다. "섹시한 괴짜" 제프 골드블룸Jeff Goldblum 은 여전히 몽상을 꿈꾸고 공룡은 사람들을 잡아먹는다. 그리고 이런 것만이 중요하다.

10. 그러나 벨로키랍토르라면 시속 55km를 돌파했을지도 모른다!

11. 「브란젤섬의 털북숭이 매머드에게 나타나는 유전적 결함의 과잉Excess of genomic defects in a woolly mammoth on Wrangel Island」에서 연구자들은 과잉 결실, 유전자 염기 서열에 영향을 미친 결실 비율의 증가, 그리고 절단되거나 불완전하거나 비기능적인 유전자 단백질 산물의 과잉에 대해 썼으며, 이것들 가운데 어느 것도 개체군의 장기적 생존 가능성에 좋지 않다. 이들의 연구는 2017년 《플로스 유전학》에 발표되었다.

12. 1996년 《과학 통신Scientific Correspondence》에 「피부 이식과 치타Skin grafts and cheetahs」가 발표되었을 때 많은 사람은 이를 믿지 않았다. 그러나 이후 진행된 여러 실험에서 낮은 수준의 유전적 변이를 지닌 다른 동물 개체군도 조직 적합성을 상당히 많이 지닐 수 있다는 것이 입증되었다.

13. 2015년 오브라이언이 《유전체 생물학Genome Biology》에 기고한 연구 「아프리카 치타, 아키노닉스 유바투스의 유전체 유산Genomic legacy of the African cheetah, *Acinonyx jubatus*」에 따르면 우리가 아는 다른 포유류 중에는 이 수치에 조금이라도 가까운 것이 없다.

14. 2011년 《분자 생물학과 진화Molecular Biology and Evolution》에 나미비아 치타에 대해

썼던 '동물 및 야생동물 연구를 위한 라이프니츠연구소Leibniz-IZW'의 독일 연구자들에 따르면, 나미비아에서 자유롭게 생활하는 한 치타 개체군의 경우는 적어도 이 점 때문에 그들의 면역 체계에 영향을 받지는 않았던 것으로 보인다.

15. 하나의 개체군 병목 현상을 견디고 살아남을 수는 있어도 두 개나 견뎌 내고 살아남는 일은 아무리 좋게 말해도 개연성이 낮다고 할 수밖에 없다.

16. 「남부 아프리카 림포주의 타바짐비 지역에서 자유롭게 돌아다니는 치타 아홉 마리에 목걸이 표식을 달아 추적한 결과Tracking data from nine free-roaming cheetahs (Acinonyx jubatus) collared in the Thabazimbi area, Limpopo Province, South Africa」는 멸종위기 야생동물신탁Endangered Wildlife Trust에서 실시한 육식동물 보호 프로그램을 통해 진행되었으며 2017년 《생물다양성 데이터 저널Biodiversity Data Journal》에 발표되었다. 이런 종류의 여러 연구를 통해 멸종위기종의 삶과 죽음에 관련한 우울한 풍경을 엿볼 수 있다.

17. 이는 이란에 사는 아시아치타의 경우이다. 2017년 《생물다양성과 보존Biodiversity and Conservation》에 실린 「심각한 멸종위기에 놓인 이란의 아시아치타, 아키노닉스 유바투스 베나티쿠스: 최근 분포 및 보존 현황 검토he critically endangered Asiatic cheetah Acinonyx jubatus venaticus in Iran: a review of recent distribution, and conservation status」에 따르면 아시아치타는 곧 사라질 심각한 위험에 처해 있다.

18. 신체 모양만 봐서는 가지뿔영양이 그만큼 빠른 속도로 그렇게 멀리까지 갈 수 있을 성싶지 않다. 그런 이유로 1991년 《네이처》에 글을 쓴 연구자들은 "충분한 산소를 소비하고 처리하는 가지뿔영양의 특출난 능력 덕분에 그러한 실력을 보여 준다."라고 결론 내렸다. 이들의 보고서는 "가지뿔영양의 달리는 에너지Running energetics in the pronghorn antelope"라는 제목으로 나왔다.

19. 언어학의 풀숲으로 조금 깊이 들어가 보면, 아메리카들소를 뜻하는 단어 'buffalo'는 그리스어 'boubalos'에서 유래했는데, 이는 야생 황소뿐 아니라 공교롭게도 영양을 함께 지칭한다.

20. 시카고대학의 해양생물학연구소 운영자 데이비드 렘슨David Remsen은 학술지 《주키스Zookeys》에 발표한 2016년도 논문 「생물정보학에서 학명의 용도 및 한계The use and limits of scientific names in biological informatics」에서 이렇게 썼다. 학명과 분류군 간의 관계로 인해 "생물정보학이 처음에 연관 생물다양성 정보를 자리매김하는 과정,

그리고 이후 검색과 통합 과정에서 학명을 이용하는 방식에 한계가 생긴다".

21. 2013년 《내셔널 지오그래픽》 홈페이지(NationalGeographic.com)에 실린 글 「가짜 치타 때문에 가지뿔영양에게 빠른 속도가 필요했던 것일까?Did false cheetahs give pronghorn a need for speed?」에서 과학 저자 브라이언 스위텍Brian Switek은 가지뿔영양이 무기 경쟁 진화에서 승리를 거둔 이후에도 무기를 버리지 않게 된 과정을 설명한 바 있다.

22. 바이어스는 『가지뿔영양: 사회적 적응과 과거 포식자의 유령American Pronghorn: Social Adaptations and the Ghosts of Predators Past』에 사실상 그들은 유령을 보고도 달아난다고 썼다.

23. 아울러 치타 같은 다리와 커다란 턱을 지닌 하이에나도 잊지 말라. 1996년 바이어스는 《뉴욕 타임스》 기자 캐럴 개석 윤Carol Kaesuk Yoon에게 이렇게 말한 바 있다. "다리가 긴 그 하이에나는 매우 흉포했을 테지만 오늘날에는 그 정도로 흉포한 포식자가 살아 있지 않을 거예요."

24. 타웅 아이Taung Child라고 불리는 인류 조상이 독수리에게 죽임을 당했다고 과학자들이 결론 내리는 과정은 매우 흥미진진하다. 2006년 리안 올마란스Riaan Wolmarans는 AFP 통신사 남아프리카언론협회에 발표한 「타웅 아이의 사망 수수께끼가 마침내 풀렸다Taung child's death puzzle finally solved」에서 이 이야기를 다루었다.

25. 1993년에 발표된 「비할 데 없이 뛰어난 운동선수 동물들Animals that are peerless athletes」에서 《타임스》 기자 나탈리 앤지어Natalie Angier는 가지뿔영양을 가리켜 "살아 있는 운동선수 대열에 꼽힐 만한, 염소 크기의 발굽 동물a goat-sized ungulate that may rank as the greatest athlete alive"이라고 묘사했다.

26. 이 실험실은 세계에서 가장 대단한 생물학 실험실 중 하나로 꼽힐 만하다.

27. 명목상으로는 그렇게 주장할 수 있을지 몰라도, 사실 미국바퀴는 원산지가 미국이 아니다. 아프리카에서 유래하여 1600년대 초반 배를 타고 신세계에 들어왔다. 이후 바퀴벌레는 미국이 얼마나 비열한 죄악 위에 세워져 있는지 상기시키는 아주 작은 생물이 되었다. 바퀴벌레는 미국의 노예 소유가 남긴 유산의 한 부분이며, 내 마음속에서는 이 유산이 내가 태어나고 사는 나라 곳곳에 어떻게 침투하게 되었는지 보여주는 상징이다.

28. 누구든 꽤 많은 사람이 이와 같은 실험을 설계할 수 있다. 이 실험과 관련해서 내가

좋아하는 점이기도 하다. 이 방법은 1999년 플로리다대학의 곤충 기록 책에 설명되어 있다.

29. 게다가 이 진드기들은 40℃에서 60℃까지 이르는 인도 표면 온도를 견뎌낼 수 있었다. 만일 이렇게 뜨거운 인도 위를 맨발로 달린다면 아마 나도 상당히 빨리 달릴 수 있을 것이다. 이 모든 사실과 그 밖의 것들은 2014년 《FASEB 저널》에 발표된 「파라타르소토무스 마크로팔피스 진드기의 매우 이례적인 이동 능력Exceptional locomotory performance in *Paratarsotomus macropalpis* mites」에 설명되어 있다.

30. 그리고 엄밀하게 말하면, 달리기가 아니라 걷기라고 해야 한다. 어쨌든 달리기는 걸음과 걸음 사이에 두 발 모두 땅에서 떨어지는 순간이 있다. 진드기는 한 번에 한쪽 다리만 바닥에서 떼도록 허용된 경보 선수처럼, 이곳에서 저곳으로 쏜살같이 이동하는 동안 여덟 개 발 중에서 네 개 이상을 결코 바닥에서 떼지 않았다.

31. 『비등방성 나노 물질과 형태 선택적 나노 물질Anisotropic and Shape-Selective Nanomaterials』에 실린 「나노입자를 작동시키는 법: 자체 추진 방식으로 움직이는 무기물 마이크로모터와 나노모터Putting nanoparticles to work: Self-propelled inorganic micro- and nanomotors」에서 케이틀린 쿠퍼스미스Kaitlin Coopersmith는 "독립적으로 추진되는 분자 과정을 위해 자연이 화학적 기울기와 세포 단위의 경로를 멋지게 사용하는 법에서 영감을 받은 기계들"에 관해 썼다.

32. 「진드기의 이례적인 달음박질 및 회전 실력Exceptional running and turning performance in a mite」에 들어 있는 영상은 보기에도 스릴 있다. 이 연구는 2016년 《실험생물학 저널Journal of Experimental Biology》에 발표되었다.

33. 심리학자 로빈 로젠버그Robin Rosenberg의 저서 『배트맨에게 무슨 일이? 망토 걸친 투사의 가면 속을 비공인 임상으로 들여다본 모습What's the Matter with Batman? An Unauthorized Clinical Look under the Mask of the Caped Crusader』은 영웅이 영원히 망가지기를 바라는 사람이 재미있게 읽을 만한 책이다.

34. 매의 비행을 이해하기 위한 켄 프랭클린의 탐구 과정에 대해 톰 하폴Tom Harpole이 2015년 《에어 앤 스페이스 매거진Air&Space Magazine》에 쓴 「매와 함께 낙하하다Falling with the falcon」는 눈을 뗄 수 없을 만큼 재미있다.

35. 하폴에 따르면 27G의 감속도이다.

36. 야생 관찰만으로는 그런 발견을 할 수 없었을 것이다. 2014년 《플로스 원》에 실린

「매의 급강하 비행 공기역학Diving-flight aerodynamics of a peregrine falcon」의 저자들은
자유롭게 돌아다니는 매의 경우 "이렇게 빠른 속도 때문에 몸체 형태와 날개 윤곽선
뿐 아니라 속도와 가속도 같은 비행 특성을 정확하게 판단하기 힘들다."라고 썼다.

37. 그렇다. 이 일은 키티 호크 비행이 이루어지기 7년 전 일이었다. 2009년 제이슨 폴
Jason Paul은 《와이어드》에 이렇게 썼다. "106년 전에 있었던 라이트 형제의 업적과 관
련해서 몇 가지 주의사항이 있는 것처럼 보인다면 이는 이들 형제까지 포함하여 특
정 장치로 하늘을 나는 데 이미 성공을 거둔 몇몇 사람들이 그보다 앞서 있었기 때문
이다. 라이트 형제가 이루어 낸 업적은 이 모든 것을 하나로 모아 비행기가 작동할 수
있도록 했다는 점이다."

38. 이는 유럽연합 집행위원회에서 추진한 PEL-SKIN 프로젝트의 한 부분으로 진행되었
는데, 비행기의 공기역학 성능을 개선하기 위한 비행기 날개 코팅을 발견하려는 목
적이었다. 이 내용은 2017년 《메카니카Meccanica》에 실린 「PELskin 프로젝트 5부: 자
가 작동으로 전개 가능한 플랩을 이용하여 날개 주변의 공기 흐름을 높은 받음각으
로 통제하기 위해The PELskin project-part V: towards the control of the flow around aerofoils
at high angle of attack using a self-activated deployable flap」에 설명되어 있다.

39. 물론 인터넷 이전 시대에도 마찬가지로 이 수치가 꽤 널리 퍼져 있었지만, 일단 웹사
이트에 공유되기 시작하고 서로 이 수치를 인용하기 시작하면 이후에는 맨 처음 정
보가 어디에서 왔는지 더는 중요하지 않은 것처럼 보인다.

40. 예를 들면 2013년 《플로스 원》에 발표된 「돛새치와 황새치가 순항 속도로 미끄러지
듯 헤엄칠 때 보여 주는 자세의 유체 역학적 특징Hydrodynamic characteristics of the sail-
fish(Istiophorus platypterus) and swordfish(Xiphias gladius) in gliding postures at their cruise
speeds」에도 실려 있다.

41. 아서 업필드Arthur Upfield의 『스워드피시 리프의 미스터리The Mystery of Swordfish
Reef』도 하나의 출처일 가능성이 있다. 1939년에 발표된 이 허구적 이야기에서 업필
드의 작품 속 주인공 나폴레옹 '보니' 보나파르트 경위는 낚싯줄이 번개 같은 속도로
풀려나가는 릴낚싯대를 붙들고 있다. "낚싯줄은 820m가 감겨 있었다. 이제 640m만
남았다. 3초 후 불과 550m밖에 남지 않았다." 이 책에서 보니의 동료들은 그를 제인
그레이와 비교했다.

42. 해양학자 몰리 럿캐비지의 대형 부어 연구소는 2015년 웹사이트 '미디엄Medium'에

이렇게 발표했다. "비교해 보자면" 돛새치의 1.79G 가속도는 "스포츠카 부가티 베이론의 1.55G 가속도에 비교할 수 있는데, 이 가속도면 2.4초 안에 시속 0km에서 96km에 도달한다". (게다가 이 물고기는 더 빠를 것이다!)

43. 이는 정말 재미있는 연구였다. 서울대학교 출신의 기계공학자 집단이 남중국해에서 2.1m짜리 돛새치를 잡아서 죽인 뒤 이를 얼려 박제로 만든 다음 풍동에 넣었고 이어 이 물고기의 부리 크기가 항력에 미치는 영향을 알아보기 위해 몇 차례 부리 성형을 실시했다. 2013년《플로스 원》에 발표된 「돛새치와 황새치가 미끄러지듯 순항하는 속도로 헤엄치는 자세의 유체 역학적 특징들」에 따르면 부리 크기는 항력에 영향을 미치지 않았다.

44. 최상급 참다랑어는 경매에서 10만 달러 이상 가기도 하며 2013년 일본에서는 222kg 짜리 참다랑어가 170만 달러에 팔린 적도 있다. 이는 도쿄 잔마이 식당 체인이 그해 첫 경매에서 사람의 이목을 끌기 위한 홍보성 목적이었으며, 다른 식당 체인들도 이 "새해 참치"를 얻기 위해 서로 더 비싼 값을 불렀다. 2013년 미국 공영라디오 인터내셔널PRI의《글로벌포스트GlobalPost》에 실린 페인 그린우드Faine Greenwood의 글에 따르면 1kg당 7,657달러나 되었다.

45. 2015년《플로스 원》에 실린 「대서양참다랑어의 전자 표지를 통해 지중해에서의 서식지 사용 및 행동이 밝혀졌다Electronic tagging of Atlantic bluefin tuna(*Thunnus thynnus, L.*) reveals habitat use and behaviors in the Mediterranean Sea」에서는 대서양참다랑어가 겨울 동안 먹이를 구하는 장소와 산란지로 지중해를 이용했다고 확인해 주었다.

46. 대서양 동부와 서부에 사는 대서양참다랑어는 크기 면에서 차이가 크며 대서양 동부의 참다랑어가 서부 쪽보다 10배 정도 크다. 이 물고기의 여러 개체군별로 유전자에서도 폭넓은 차이를 보인다. 그 차이가 너무 커서 과학자들이 지중해에 사는 대서양참다랑어의 알을 1,000개 가까이 연구했을 때 129가지의 1배체형을 발견했으며 이 가운데 절반 이상은 이전에 지중해에서 한 번도 검출된 적 없는 것들이었다. 「포획된 대서양참다랑어의 개별 산란기를 알의 미토콘드리아 DNA 분석을 통해 밝혀내다Individual spawning duration of captive Atlantic bluefin tuna(*Thunnus thynnus*) revealed by mitochondrial DNA analysis of eggs」는 2015년《플로스 원》에 게재되었다.

47. 양날의 검이다. 참치를 이해하고 보호하는 데 이용되는 연구가 먹이를 찾아 모여 있는 참치 떼를 확인하는 데에도 사용될 수 있으며, 그 결과 집약적인 어업 활동으로 이

어질 수 있다. 2009년 《플로스 원》에 실린 「자료 수집용 표지로 드러난 대서양참다랑어의 계절적 이동, 떼 짓기, 잠수 행위Seasonal movements, aggregations and diving behavior of Atlantic bluefin tuna *(Thunnus thynnus)* revealed with archival tags」에 설명되어 있다.

48. "돌고래는 이라크전에서 수뢰 탐지용으로 이용되었으며 심지어 베트남에서는 적군에 맞서 헤엄치는 역할로도 이용되었다. 게다가 당분간은 동물이 대다수 로봇 시스템보다 월등한 민첩성과 감각까지 갖춘 것이 현실이다." 2017년 방어 전략가 P. W. 싱어P. W. Singer는 《샌디에이고 유니언-트리뷴San Diego Union-Tribune》의 칼 프라인Carl Prine에게 이렇게 말했다. 그러나 속도, 기동성, 자율성 면에서 로봇이 계속 향상된다면 이러한 현실도 바뀔 가능성이 있다.

49. 미 해군과 함께 일하는 미국 해양포유류재단NMMF의 연구자들이 최근 몇 년 동안 수십 개의 연구를 발표했다.

50. 2017년 로즈는 샌디에이고의 〈CBS 뉴스〉 제휴사에 이렇게 말했다. "연구 동물들을 계속 가둬 두려 한다면, 이들을 이용하여 진행하는 연구는 야생에서 이 동물들을 보존하는 데 직접적이고 긍정적인 영향을 줘야 한다."

51. 2008년 《왕립학회 저널Journal of the Royal Society》에 발표된 「어류와 고래목의 헤엄 속도 한계Speed limits on swimming of fishes and cetaceans」 등 몇몇 연구에서 제시한 바에 따르면, 돌고래의 경우 시속 53km 정도의 높은 순간 속도를 낼 수 있지만 그럼에도 참다랑어가 낼 수 있는 속도에는 한참 미치지 못한다.

제5장 시끄러운 것들

1. 만일 집에서 이를 시험해 보고 싶다면 타원체 부피 공식 $4/3\pi abc$(a=가로축 반지름, b=깊이축 반지름, c=세로축 반지름)을 쓰면 된다.

2. "여성이 저음의 목소리를 더 매력적으로 느낀다는 연구가 있는가 하면, 목소리 높이가 낮은 남자일수록 더 많은 여성과 잠자리를 가졌다고 밝히는 연구들도 있어요." 냅은 2015년 《솔트레이크 트리뷴》 기자 리치 케인Rich Kane에게 이렇게 말했다.

3. 스포츠카를 소유한 남자의 경우 스스로 자신의 성기에 대해 "평균보다 작다"고 말할 가능성은 그의 파트너가 그렇게 말할 가능성보다 6배나 적다. "빠른 차, 작은 남성" 조

사의 경우 아주 많은 일화적 증거와 궤를 같이하기는 하지만 결코 액면 그대로 받아

들여서는 안 된다. 조사 후원자로 알려진 측에서는 2014년 《데일리 메일Daily Mail》에

결과를 알렸지만 조사 방법론은 알리지 않았다.

4. 2013년 톰 힉맨Tom Hickman은 《살롱Salon》에 이렇게 썼다. "연구자들이 당면한 문제
   는 스스로 수치를 측정하여 제공하는 참가자들에게 의존할 수밖에 없었다는 점이다.
   남성과 그들의 성기에 관한 한 거짓말, 그것도 굉장한 거짓말과 자기 측정 수치가 있
   다."

5. 적어도 성인이 되기 전까지는 그렇다. 일반적으로 성인이 되면 이 범위의 가장 끝에 해
   당하는 주파수를 들을 수 있는 능력을 잃어버린다.

6. 한 연구에서 페인은 태평양과 대서양에 사는 혹등고래의 노래 548개를 조사하여 "가
   장 기억에 남을 만한 소재를 담은 노래에" 라임 비슷한 구조가 있음을 발견했다. 이는
   1998년 페인이 린다 기니Linda Guinee와 함께 연구하여 《동물행동학》에 발표한 「혹
   등고래 노래 속에 라임처럼 반복되는 구절Rhyme-like repetitions in songs of humpback
   whales」에 나와 있다.

7. 페인의 책 『조용한 천둥: 코끼리와 함께한 시간Silent Thunder: In the Presence of Ele-
   phants』은 순수한 기쁨을 가져다주는 책이다.

8. 코끼리는 육상 포유류 가운데 초저주파음을 내는 것으로 알려진 첫 동물이었다. 이
   발견은 1986년 《행동생태학과 사회생물학Behavioral Ecology and Sociobiology》에 실
   린 「아시아코끼리(엘레파스 막시무스)의 초저주파 소리Infrasonic calls of the Asian ele-
   phant(*Elephas maximus*)」에 발표되었다.

9. 유명한 코끼리 연구가 조이스 풀Joyce Poole의 코끼리 발정 연구는 번식을 이해하는
   데 매우 필수적인 것으로 여겨져 왔다. 풀의 연구 「아프리카코끼리의 발정기 행동: 발
   정기 현상Rutting behavior in African elephants: the phenomenon of musth」은 1986년 《행동
   Behavior》에 발표되었다.

10. 코끼리가 다른 코끼리와 얼마나 멀리 떨어져 있는지에 따라 각기 다른 방식으로 의
    사소통할 거라는 점을 지금은 당연하게 여기지만, W. R. 랭바우어W. R. Langbauer가
    《동물 생물학Zoo Biology》에 '코끼리 의사소통'에 관한 글을 썼던 최근 2000년까지만
    해도 이 사실은 새로운 발견이었다.

11. 장비목에 속하는 동물이 적어도 164개 종은 되었다. 1998년 《생태학과 진화론의 경

향Trends in Ecology&Evolution》에 실린 「장비목 진화에 관한 이해: 방대한 과제Under-standing proboscidean evolution: a formidable task」에 따르면 지금은 겨우 몇 개 종만 남아 있다.

12. 코끼리 초저주파음의 비밀을 푸는 데는 고래 전문가가 필요했다. 또 고래와 같은 해양 포유류의 수중 청각을 더 잘 이해하기 위해서는 코끼리의 초저주파음이 필요했다. 1992년 《청각의 진화생물학The Evolutionary Biology of Hearing》에 실린 달렌 케튼 Darlene Ketten의 「해양 포유류의 귀: 수중 청각과 반향정위를 위한 종 분화The marine mammal ear: specializations for aquatic audition and echolocation」에서 설명한 적응 방식을 보면 이를 알 수 있다.

13. 한 유형의 동물에서 나온 단서는 다른 동물, 심지어 우리가 아주 익숙하게 안다고 생각한 동물에 대해 더 나은 질문을 던지도록 도움을 준다. 예를 들어 2000년 《응용 동물행동 과학Applied Animal Behavior Science》에 발표된 「소의 발성 행위: 동물의 생물학적 과정 및 복지에 대한 동물의 해설Vocal behavior in cattle: the animal's commentary on its biological processes and welfare」에서 주제가 되었던 소의 경우가 그러했다.

14. 새끼 동물이 '고통스러울 때 내는 발성distress vocalizations'을 연구하는 과학자들은 새끼 코끼리의 의사소통 방식과 관련하여 알게 된 사실에 의존해 왔다. 그와 같은 연구가 2001년 《심리학 리뷰Psychological Review》에 발표된 「새끼 쥐는 울까?Do infant rats cry?」에 설명되어 있다.

15. 우리에게 들리지 않는 주파수 범위의 소리를 많은 동물이 듣는다는 사실을 깨닫고 나자 **우리가** 그런 범위의 주파수로 하는 일들, 가령 군사용 및 연구용 수중음파탐지 시스템에서 나는 '땡pings' 소리 등이 많은 생물에게 문제가 되었다는 것을 깨닫게 되었다. 2010년 《비교생리학 저널Journal of Comparative Physiology》에 발표된 「특별한 감수성을 보이는 돌고래 청각의 해부학과 물리학(이빨고래류, 고래하목)Anatomy and physics of the exceptional sensitivity of dolphin hearing(Odontoceti: Cetacea)」에 이 내용이 기술되어 있다.

16. 2004년 《응용 동물행동 과학》에 실린 「복지의 척도가 되는 농장 동물들의 발성Vocalization of farm animals as a measure of welfare」의 저자들은 이렇게 썼다. 녹음된 소리를 분석해 보면 "농장 동물들의 복지와 관련된 의미와 중요성을 보다 깊이 이해할 수 있다".

17. 2005년 《네이처 리뷰 드러그 디스커버리Nature Reviews Drug Discovery》에 실린 「오르막길을 오르는 생쥐: 인간 우울증과 불안의 모델을 만드는 과정에서 진척된 여러 진전The ascent of mouse: advances in modelling human depression and anxiety」에 설명되어 있듯, 설치류가 어떻게 고통을 전달하는지에 대해 더 많은 것을 알게 되자, 소리로 표현된 것을 뇌 활동 및 기타 활동과 연결 지을 수 있게 되었다. 우리 청각 범위 밖에 있는 소리를 찾기 시작하지 않았다면 이런 일은 불가능했을 것이다.

18. 골턴이 이 호루라기를 개발하고 시험하기 위해 거쳐 온 과정은 과학이 어떻게 공학을 필요로 하는지 보여 주는 중요한 사례이다. 이 발명 과정의 역사를 알기 위한 좋은 입문 글로, 심리과학협회APS의 간행물인 《옵저버Observer》 2009년 3월 호에 실린 「골턴 호루라기The Galton whistle」를 들 수 있다.

19. 캐럴 개석 윤은 2003년 《뉴욕 타임스》에 그리핀의 흥미로운 인생에 대해 평가하는 글을 썼다.

20. 2009년 《ILAR 저널ILAR Journal》에 실린 「초음파 발성을 이용한 성체 쥐의 의사소통: 생물학적 사회생물학적 신경과학 접근ommunication of adult rats by ultrasonic vocalization: biological, sociobiological, and neuroscience approaches」에 따르면 이 소리는 뇌의 화학 활동 증가를 나타내는 신뢰할 만한 지표이다.

21. 그러나 1994년에 출간된 『비교 청각: 포유류Comparative Hearing: Mammals』에 따르면 기니피그, 주머니쥐, 흰돌고래의 청각 범위는 벗어나지 않는다.

22. 2016년 《컨버세이션》에 실린 「왜 코끼리는 고함치는데 고래는 생쥐처럼 찍찍거릴까?Why do elephants bellow but whales squeak like a mouse?」에서 마틴과 뉴사우스웨일스대학 교수 트레이시 로저스Tracey Rogers가 이에 대해 썼다.

23. 「크기가 중요할까? 포유류 발성의 여러 요인을 살펴보다Does size matter? Examining the drivers of mammalian vocalizations」는 2016년 학술지 《진화》에 발표되었다.

24. 다른 여러 이름으로도 알려져 있는데, 이 게임은 한나라 시대 중국에서 유래했을 가능성이 있다.

25. 이 연구에는 유머 감각이 조금도 들어 있지 않았다. 1990년 《응용 곤충학 및 동물학Applied Entomology and Zoology》에 「물벌레(노린재목 물벌레과 꼬마물벌레아과)의 소리 생성: 뉴질랜드 수족관에 나타난 아시아 곤충Sound production in *Synaptonecta issa*(Heteroptera: Corixidae, Micronectinae): an Asian bug that turned up in a New Zealand aquarium」이

라는 제목으로 발표되었다. 유머가 있었다면 좋았을 것이다.

26. 엄밀히 말하면, 이는 곤충의 오른쪽 성기이다. 그렇다. 왼쪽 성기도 있다.

27. 7.5m 거리에 있는 오토바이 소리가 90dB, 전동 잔디깎이 기계가 100dB이다.

28. 《플로스 원》에 실린 2011년도 연구 「아주 작고, 아주 시끄럽다: 매우 작은 수생 곤충 (물벌레과, 꼬마물벌레아과)이 내는 극히 높은 음압 수준So small, so loud: extremely high sound pressure level from a pygmy aquatic insect (Corixidae, Micronectinae)」은 이 꼬마물벌레가 아주 예외적인 이례적 사례임을 보여 준다.

29. 이 딱총새우의 무는 행동에 대한 흥미로운 물리학은 2013년 《플로스 원》에 실린 「딱총새우 발톱으로 인해 생기는 소용돌이Vortex formation with a snapping shrimp claw」에 설명되어 있다.

30. 《사이언스》에 실린 2000년 연구 「딱총새우는 어떻게 딱딱 소리를 낼까: 기포형 공동 현상을 통해How snapping shrimp snap: through cavitating bubbles」에 따르면 이 모든 시끄러운 소리는 무는 발에서 나는 것이 아니라 기포 때문이다.

31. 제2차 세계대전 동안 '이길 수 없다면 그들과 손을 잡으라'는 슬기가 발휘되었던 시기에, 미 해군은 도쿄만에서 잠수함이 수중청음기에 걸리지 않도록 이 작은 딱총새우들을 소리 장막으로 이용한 바 있다. 1947년 3월 16일 AP통신에 실린 「새우의 도움을 받은 잠수함Shrimp aided submarines」에 이 내용이 나와 있다.

32. 오랫동안 갖고 있던 가정이 무너지면, 머지않아 새로운 연구 응용이 나온다. 이는 '유럽 지구과학자 및 엔지니어 협회EAGE'의 2017년도 연례 콘퍼런스에서 발표된 논문 「지진 시험 공기총 배열의 근거리장 수중청음기 측정에 미치는 그림자 공동현상의 영향Effects of ghost cavitation cloud on near-field hydrophones measurements in the seismic air gun arrays」에 나온 교훈의 한 가지이다.

33. 《사이언티픽 아메리칸》에 실린 1881년 논문에 따르면, 미국의 발명가 아모스 돌베어Amos Dolbear는 알렉산더 그레이엄 벨Alexander Graham Bell보다 10년도 더 전에 전화기를 발명했지만, 벨과 달리 '특허청 수속'을 밟지 않았다.

34. 과학자들은 1891년부터 2012년 사이에 이 여치를 네 차례 발견했다고 생각했다. 그러나 사실은 발견하지 못했다. 이 이야기는 2013년 《주택사Zootaxa》에 발표된 「거미처럼 생긴 여치, 아라크노스켈리스(메뚜기목, 여치과, 리스트로스켈리디나이): 이 속에 대한 해부학적 연구The spider-like katydid *Arachnoscelis* (Orthoptera: Tettigoniidae: Listrosceli-

dinae): anatomical study of the genus」에 설명되어 있다.

35. "생명이 시작될 때"부터 "공룡이 등장하기 전"까지의 간격을 메우는 데 도움을 주는 이 책의 장점에 대해서는 아무리 열거해도 충분하지 않다.

36. 이는 광음향 효과라 불리며, 우리가 이에 대해 말할 수 있는 최대한은 알렉산더 그레이엄 벨에 의해 최초로 발견되었다는 정도일 것이다.

37. 필 센터Phil Senter는 신생대 이전 시기에 동물의 소리 행위가 진화한 과정에 관해 2009년《역사 생물학Historical Biology》의 한 장에서 이 내용을 다루었다.

38. 2011년《플로스 원》에 실린 「포효하기에 좋은 적응: 호랑이와 사자의 성대 주름에 관련한 기능적 형태학Adapted to roar: functional morphology of tiger and lion vocal folds」에 따르면, 표범속Panthera에 속하는 동물의 커다란 네모 형태 성대 주름은 이것을 이용하는 동물의 목소리 범위를 확장해 준다.

39. 이 내용은 2016년《진화》에 실린 「구구구, 붕붕붕, 부엉부엉: 조류에게서 나타나는, 입을 다문 상태의 발성 행위의 진화Coos, booms, and hoots: the evolution of closed-mouth vocal behavior in birds」에 나와 있다.

40. 이와 관련해 연구 팀은 2015년《사이언티픽 리포트Scientific Reports》에 실린 「크기와 상관있다: 어미 악어는 더 작은 새끼의 소리에 더 잘 반응한다Size does matter: crocodile mothers react more to the voice of smaller offspring」에, "그러므로 새끼 악어가 흩어지는 현상과 마찬가지로 소리 반응의 변화 역시 모성 보호의 중단과 함께 진행되었을 것"이라고 썼다. 이러한 특성은 공룡이나 익룡 같은 다른 조룡에게서도 나타났을 것이다.

41. "코키개구리가 섬 생활의 일부로 늘 자리 잡고 있던 푸에르토리코에서는 이 개구리를 깊이 존중하는 마음이 있다." 윌 화이트Will White와 케이트 센서니그Kate Sensenig는 2015년《워싱턴 포스트》에 이렇게 썼다. 하와이에서는 결코 그렇지 않다.

42. 2014년《로스앤젤레스 타임스》에 새러 린Sarah Lin은 이렇게 썼다. "개구리가 밤새도록 내는 고음의 짝짓기 울음소리 때문에 주민들이 많은 불면의 밤을 보내게 되었다."

43. 이 방안은 2002년 코키개구리를 비롯한 다른 외래종을 물리치기 위한 많은 방안 중 하나였다. 그해 과학 저자 재닛 랄로프Janet Raloff는 다음과 같이 지적했다. "비누, 계면 활성제, 규격 살충제까지 사용하면서 노력했던" 반反개구리 전사들은 이후 "카페인이 많이 들어 있는 각성제를" 사용하기로 정하기 전에 "아세트아미노펜(타이레놀)

과 담배 니코틴 등 슈퍼에서 파는 제품들을" 고려하기도 했다. 랄로프의 글은 2002
년 《사이언스 뉴스Science News》에 실렸다.

44. 하와이주 식물산업부는 코키개구리가 토종 환경에 미치는 부정적 영향의 지표로
1m²당 2.5마리가 산다는 사실을 제시했다. 물론 틀린 말은 아니겠지만 말 앞에 마차
를 갖다 대는 주객전도, 심지어 개구리 앞에 마차를 갖다 댄 격이었다.

45. 싱어는 저서 『천국의 공포: 침입종 히스테리와 하와이의 코키개구리 전쟁Panic in Par-
adise: Invasive Species Hysteria and the Hawaiian Coqui Frog War』에서 자신의 우려를 심도
있게 다루었다.

46. 흥미로운 점은 두 음절로 된 울음소리의 재생 크기가 일정 한계점에 다다르면 수컷
개구리가 대개 그냥 "코" 음절의 소리만 내는 식으로 대답한다는 것이다. 이 내용은
1978년 《비교생리학 저널Journal of Comparative Physiology》에 실린 「청개구리상과에
속하는 엘레우테로닥틸루스 코키의 두 음절 울음소리에 담긴 의사소통의 의미Com-
municative significance of the two-note call of the tree frog *Eleutherodactylus coqui*」에 나와
있다. 다른 코키개구리가 근처에 있다는 것을 알아차릴 때 코키개구리의 울음소리
중에서 공격적인 음절이 주목의 대상이 되는 것 같다.

47. 미국 축구선수 존 하키스John Harkes가 증거물 1호가 될 수 있을 것이다. 영국 프리미
어리그에서 뛰게 된 이 최초의 미국인은 뉴저지 북부 지방의 억양 대신 확실히 영국
적인 억양으로 바뀌었다. 이후 미국으로 돌아온 지 10년이 되었을 때 그의 입에서는
여전히 영국 중부 지방의 흔적이 묻어나고 있었다.

48. 하와이대학 힐로캠퍼스의 연구자 프랜시스 베네비데스Francis Benevides와 윌리엄 마
우츠William Mautz는 지속 시간, 음절과 음절 사이의 간격, 울음소리 반복 기간, 중심
주파수, 대역폭을 조사하여 2013년 학술지 《생물음향학Bioacoustics》에 실린 「하와
이에 사는 수컷 엘레우테로닥틸루스 코키의 두 음절 발성에 나타난 시간 및 스펙트
럼 관련 특성들Temporal and spectral characteristics of the male %Eleutherodactylus coqui%
two-note vocalization in Hawaii」에 발표했다.

49. 나린스는 과학자가 오랜 기간 뭔가에 집중할 수 있을 때 무엇을 할 수 있는지 보여 주
는 훌륭한 예이다. 코키개구리 울음소리의 두 음절과 관련된 연구는 1978년에 발표
되었고 후속 연구는 2014년 《영국왕립학회 회보 B: 생명과학》에 「기후변화와 개구
리 울음소리: 열대지방의 고도 변화에 따라 추적한 장기간의 상관관계Climate change

and frog calls: long-term correlations along a tropical altitudinal gradient」로 발표되었다.

50. 이 연구는 「명나방과에 속하는 두 종의 소리 지각Sound perception by two species of wax moths」이며 스팽글러는 이 나방이 최고 기록을 세웠다고 선언하지 않았다. 그리 하여 이 논문이 1983년 비교적 알려지지 않은 《미국 곤충학회 연보》에 발표되었을 때 이를 놓치고 지나친 사람이 많았다.

51. "이 나방이 살아남을 수 있었던 것은 아마도 부분적으로 청각기관의 적응성과 다목 적 용도 덕분일 것이다." 스팽글러는 1984년 《캔자스 곤충학회 저널》에 실린 「꿀벌부 채명나방, 갈레리아 멜로넬라 L.(나비목 명나방과)이 지속적인 고주파 소리에 보이는 여 러 반응Responses of the greater wax moth, *Galleria mellonella* L. (Lepidoptera: Pyralidae) to continuous high-frequency sound」에서 이렇게 말했다.

52. "이 나방은 어떤 박쥐의 소리든 들을 수 있다." 스트래스클라이드대학의 음향공학자 제임스 윈드밀James Windmill은 2013년 《네이처》의 과학 저자 에드 용에게 이렇게 놀 라움을 표현했다.

53. 스팽글러의 다른 연구의 일부는 사실 2013년 《생물학 레터Biology Letters》에 실린 「'단순한' 귀의 극히 높은 주파수 민감도Extremely high frequency sensitivity in a 'simple' ear」에 인용되어 있지만, 주파수 범위에 관한 그의 연구는 인용되지 않았다.

54. 마이클 노바섹Michael Novacek은 1987년판 《아메리칸 뮤지엄 노비타테스American Museum Novitates》에 실린 「에오세 박쥐인 이카로닉테리스와 팔라이오키롭테릭스(작 은박쥐류, 분류학상 소속 불명)Auditory features and affinities of the Eocene bats *Icaronycteris* and *Palaeochiropteryx* (Microchiroptera, incertae sedis)」에서, 초기 박쥐 종이 반향정위를 했다고 과학자들이 결론 내리게 된 이유 중 하나가 이런 점 때문이라고 보고한 바 있 다.

55. 2011년 《실험생물학 저널》에 실린 「호랑이나방은 어떻게 박쥐의 음파탐지기를 막 는가?How do tiger moths jam bat sonar?」에 따르면 호랑이나방, 베르톨디아 트리고나 *Bertholdia trigona*는 세계에서 유일하게 이런 능력을 지닌 것으로 알려진 동물이다.

56. 2010년 《최신 생물학》에 실린 「비행하면서 공격하는 박쥐는 나방의 청각을 무력화 하기 위해 잠행 반향정위를 이용한다An aerial-hawking bat uses stealth echolocation to counter moth hearing」에서 연구자들은 서부바르바스텔레박쥐, 바르바스텔라 바르바 스텔루스*Barbastella barbastellus*가, 비행하면서 먹이를 잡는 다른 박쥐에 비해 최고

100배까지 낮은 진폭의 소리를 낸다고 밝혔다.

57. 향유고래가 "고통스러울 때 끔찍한 신음 소리를" 냈다고 알린 또 다른 작가 애비 레코즈Abbe Lecoz에게 충고하기 위해 1839년 빌이 이 글을 썼다.

58. 할 화이트헤드Hal Whitehead의 저서 『향유고래: 바다에서 이루어지는 사회적 진화 Sperm Whales: Social Evolution in the Ocean』에서는 "거대한 고래"의 모습을 아름답고 상세하게 그려 놓았다.

59. 이는 불과 14시간 동안 이루어진 수중 소리 녹음을 근거로 한 것이다. 2003년《미국 음향학회 저널Journal of the Acoustical Society of America》에 실린 「모노펄스로 얻은 향유고래 딸깍 소리의 특성The monopulsed nature of sperm whale clicks」으로 발표되었다. 표본이 더 많았더라면 훨씬 큰 소리도 있었을지 모른다.

60. 에릭 와그너Eric Wagner는 2011년《스미스소니언》매거진에 실린 「향유고래의 굉장한 소리The Sperm whale's deadly call」에서 이 내용을 아주 멋지게 다루었다.

61. 2004년《영국왕립학회 회보 B: 생명과학》에 실린 「향유고래의 행동은 철컥 붕 '삐걱' 소리로 반향정위를 이용하여 먹이를 잡는 것이다Sperm whale behavior indicates the use of echolocation click buzzes 'creaks' prey capture」에서 연구자들은 철컥철컥 소리의 57%는 고래가 가장 깊이 잠수한 시간의 15% 동안 생겨났다고 보고했다.

62. 기본 아이디어는 수중음파탐지기에 해초 같은 것이 나타나는 특징과, 물고기나 물결 자국이나 침몰한 배 조각 같은 것이 나타나는 특징이 상당히 다를 수 있다는 점이다. 이 내용은 2017년도 국제광공학회 국방 및 안보 컨퍼런스SPIE Defense + Security Conference에서 발표된 「합성 개구면 소나 영상을 위한 환경 적응적 목표 인식Environmentally-adaptive target recognition for SAS imagery」에서 제시되었다.

63. 연구자들은 이들 젊은 향유고래가 길을 잃었을 때 어떤 대안적 항해 전략을 채택해야 하는지 배울 기회가 없었을 것이라고 믿는다. 이 내용은 2017년《국제 우주생물학 저널International Journal of Astrobiology》에 실린 「태양 폭풍이 촉발 요인이 되어 향유고래가 떠내려오게 되었을 것이다: 2016년 북해에 다수 고래가 떠내려온 일에 대한 설명 접근 방식Solar storms may trigger sperm whale strandings: explanation approaches for multiple strandings in the North Sea in 2016」에 나와 있다.

64. 오늘날 전 세계 향유고래 개체 수는 몇십만 마리 미만이라고 국제자연보전연맹은 보고한다.

제6장 강인한 것들

1. 영화 〈쥬라기 월드〉에 나오는 벨로키랍토르와 훨씬 많이 닮은 다른 공룡들도 있었다. 그러나 이들은 벨로키랍토르가 아니었다. 2015년 《사이언티픽 아메리칸》에 실린 「새로운 화석에 따르면 벨로키랍토르는 멋진 깃털로 덮여 있었다New fossil reveals velociraptor sported feathers」에서 브루사테가 이렇게 보고했다.

2. 척 노리스와 완보동물이 싸운다면, 완보동물이 일곱 개 발을 뒤로 묶고도 이길 거라고 장담한다.

3. 어쩌면 이곳에 남은 기간이 100년 정도밖에 안 될지도 모른다고 호킹은 예측했다.

4. 2017년 《워싱턴 포스트》 기자 벤 과리노Ben Guarino가 이 내용을 기사로 썼을 때 헤드라인이 모든 내용을 말해 주었다. "천체 물리학자들은 이들 동물이 지구의 종말까지 살아남을 것이라고 말한다."

5. "완보동물은 지구에서 거의 불멸의 존재에 가까워지고 있다." 2017년 바티스타가 《하버드 가제트Harvard Gazette》에서 이렇게 말한 바 있다.

6. 향후 35억 년 안에 언젠가 이런 일이 일어날 가능성이 있다.

7. 2018년 《실험생물학 저널》에 실린 「남극 완보동물, 아쿠툰쿠스 안타륵티쿠스는 지구 기후변화로 인한 환경 스트레스를 견딜 수 있을까?Will the Antarctic tardigrade *Acutuncus antarcticus* be able to withstand environmental stresses due to global climate change?」에 따르면 완보동물의 "개체 수가 감소하거나 심지어 멸종에 이르게 된다".

8. 생명을 한 행성에서 다른 행성으로 옮기고 싶은가? 나사NASA의 몇몇 연구자들은 인간이 아니라 완보동물이 최선의 시도가 될 것이라고 믿는다. 이 방안은 2008년 《우주생물학 연구Biological Studies in Space》에 실린 「우주생물학 연구용 동물 모델이 되는 완보동물, 라마조티우스 바리에오르나투스The tardigrade *Ramazzottius varieornatus* as a model animal for astrobiological studies」에서 논의되었다.

9. "이 발견은 완보동물만의 독특한 단백질이 강인한 지구력과 연관 있다는 것을 나타내며 완보동물은 새로운 보호 유전자 및 구조의 풍부한 원천이 될 수 있다." 쿠니에다와 그의 연구 팀은 《네이처 커뮤니케이션스》에 실린 「극한의 지구력을 지닌 완보동물 유전체와, 완보동물만의 독특한 단백질로 배양한 인간 세포의 향상된 방사능 내성Extremotolerant tardigrade genome and improved radiotolerance of human cultured cells by

tardigrade-unique protein」에서 2016년 당시로는 학문적 절제라고 할 만한 표현을 사용하여 이렇게 썼다.

10. 2014년 나는 슈빈과 나란히 과학 보도 부문 카블리상을 수상하여 무척 놀라고 영광스러웠다. 나는 세계에서 가장 커다란 클론 생명체 판도에 관해 쓴 글 덕분에 수상하게 된 반면, 슈빈은 그의 저서를 기반으로 제작한 미국 공영방송PBS의 3부작 시리즈 덕분에 수상했다. 그때만큼 내 자신이 초라하게 느껴진 적이 없었다.

11. 실러캔스 유전체의 염기서열을 분석한 연구자들은 2014년 《네이처》에 실린 「턱이 있는 척추동물의 진화에 대해 독특한 통찰을 제공하는 퉁소상어 유전체Elephant shark genome provides unique insights into gnathostome evolution」에서 신중한 태도를 보이면서, 자신들의 분석에 따르면 실러캔스 계통의 진화가 "포유류가 아닌 네발 동물의 진화처럼 비교적 느린 속도로 일어난 것으로 보인다."라고 썼다.

12. 쾅이 또다시 퉁소상어와 함께 헤엄칠 기회가 생겨서 그의 장비를 들어 줄 누군가가 필요해진다면, 나는 호주행 첫 비행기를 타고 갈 것이라고 그에게 말했다. 퉁소상어를 풀어 주는 장면이 담긴 그의 놀라운 영상은 2013년 유튜브에 게재되었다.

13. 그러나 최초의 인간 유전체 염기서열을 분석하는 프로젝트가 완료되었다고 공표된 지 15년이 지난 후에도, 과학자들이 여전히 유전 암호의 몇 가지 성가신 틈을 메우기 위해 애쓰고 있다는 점을 지적해야 한다. 2017년 샤론 베글리Sharon Begley는 《스타트 뉴스STAT News》에 실린 기사 「잠깐만, 인간 유전체 염기서열은 완벽하게 분석된 것이 아니었다. 장차 그렇게 될 것이라고 몇몇 과학자는 말한다Psst, the human genome was never completely sequenced. Some scientists say it should be」에서 이런 내용을 다루었다.

14. 캐나다 건국 150주년 기념으로 아메리카비버, 카스토르 카나덴시스Castor canadensis의 유전체 염기서열을 분석한 바 있다. 건국 150주년이 분명 중요한 행사이기는 하지만, 어느 모로 보든 과학적 의미를 지니는 행사라고는 할 수 없다.

15. 「연골어류가 지닌 p53 유전자족의 세 가지 모든 유전자와 Mdm2와 Mdm4의 보존 Conservation of all three p53 family members and Mdm2 and Mdm4 in the cartilaginous fish」 논문을 쓴 연구자들이 분석한 결과 퉁소상어의 유전체는 p53 유전자족에 속하는 세 가지 유전자, 즉 p53, p63, p73를 암호화하는 것으로 밝혀졌다. 이 논문은 2011년 《세포 주기Cell Cycle》에 발표되었다.

16. 오래 살며 암이나 그 밖의 많은 질병에 잘 걸리지 않는 통소상어와 벌거숭이뻐드렁니쥐 같은 종에서 유전자가 어떻게 진화해 왔는지 과정을 더 깊이 탐구해 보면 "인간의 의학적 문제를 다룰 새로운 통찰을 얻을 수도 있다". 2017년 학술지 《생체 분자 및 치료학Biomolecules & Therapeutics》에 마이클 펄롱Micheal Furlong과 성재영이 이렇게 썼다.

17. "놀라운 물고기 스트릭"은 후프 사이로 헤엄치고 내 손가락에 있는 먹이를 먹고 연필을 따라 8자 모양을 그리는 법을 배웠다. 스트릭은 내가 어린 시절 살던 집 뒷마당의 나무 옆에 묻혀 있다.

18. 기이한 과학을 좋아하는 사람이라면 휴고의 저서 『이상한 생물학: 기이한 동물, 돌연변이, 말도 안 되는 과학Strange Biology: Anomalous Animals, Mutants, and Mad Science』을 꼭 읽어 보기를 권한다.

19. 휴고는 2018년 《뉴스위크Newsweek》에 "손상된 신체 부위를 스스로 재생할 수 있는 생물이라니, 이상하게 〈스파이더맨〉의 배경 이야기가 떠오른다."라고 썼다.

20. 2010년 Phys.org에서 「줄기세포와 진화의 미스터리를 푸는 데 도움이 되는 멕시코도롱뇽Mexican salamander helps uncover mysteries of stem cells and evolution」을 통해 알린 바에 따르면, 노팅엄대학의 연구자 앤드루 존슨Andrew Johnson은 아홀로틀이 실험실에서 이용하는 다른 많은 개구리나 물고기, 파리, 벌레와 달리 다능성 세포를 갖고 있어서 연구를 선호한다고 이유를 설명했다. 인간과 마찬가지로 아홀로틀의 배아 줄기세포도 모든 종류의 세포가 될 수 있다.

21. 2018년 샘 시파니Sam Schipani는 《스미스소니언》 매거진에서 "아홀로틀은 연구 실험실에 너무 흔하게 널리 퍼져 있어서 기본적으로 양서류의 흰 쥐라고 할 수 있다."라고 언급했다.

22. 《바이오사이언스BioScience》에 「두 마리 아홀로틀 이야기A Tale of Two Axolotls」를 썼던 세 명의 아홀로틀 연구자는 "이 대체 불능의 종을 자연 및 실험실 환경에서 보호하고 관리하기 위해 전 지구적 차원의 일치된 노력이 요구된다."라고 선언했다. 이것이 2015년의 일이었다. 그 후 몇 년 동안 전 지구적 차원에서 달라진 것은 거의 없다.

23. 속도를 측정하는 방식이 다양하듯이, 느림도 그만큼 다양한 방식으로 측정할 수 있다. 이 경우 우리가 말하는 가장 느린 포유류란 해당 동물이 가장 빠르게 움직이는 동안 절대적 기준에서 가장 느린 속도를 보인다는 의미이다.

24. "이름에 무슨 뜻이 있나? 사람들은 말한다. 글쎄, 일곱 가지 죄악의 하나를 뜻하는 동의어를 명칭으로 쓰고 있다면 그 안에 많은 의미가 담겨 있을 것이다." 동물학자 루시 쿡Lucy Cooke은 『그날The Day』에서 이렇게 썼다. "그렇다, 세상에서 가장 사악한 죄악의 명칭을 따서 이름을 지은 순간부터 나무늘보는 저주받았다(나무늘보를 뜻하는 'sloth'는 기독교 성경에 나오는 일곱 가지 죄악의 하나인 '나태'를 뜻한다-옮긴이)." 조르주루이 뷔퐁의 옹졸한 인용구를 먼지 쌓인 생물학 역사의 책장에서 끄집어 냈다는 면에서 쿡은 큰 칭찬을 받을 만하다. "나도 멋대로 그를 어릿광대라고 생각하고 싶다."라고 그녀는 적었다(그의 이름 '뷔퐁Buffon'을 '어릿광대buffoon'에 빗대 비꼬고 있다-옮긴이).

25. 이들 나무늘보를 다시 찾는 일은 어렵지 않다고 파올리가 내게 말했다. "멀리 가지 않아요."

26. 나무늘보가 이보다 더 적은 칼로리로 생존할 방법은 거의 없어 보인다. 나무늘보는 한계선에서 살고 있다.

27. 나무늘보가 그나마 속도라고 일컬을 만한 정도로 하는 유일한 일은 짝짓기인 것으로 밝혀졌다. 그래 봐야 짝짓기 만남의 전 과정은 5초도 채 걸리지 않는다. "모든 의도나 목적으로 볼 때, 모든 암컷 종에게 최악의 악몽이 되는 영광은 나무늘보에게 돌아갈 것이다." 2012년 이바 로즈 스코치Iva Roze Skoch가 공영라디오 인터내셔널PRI의 《글로벌포스트》에서 이렇게 보도했다.

28. 적어도 나는 그녀가 그렇게 말했다고 확신했다. 캄보디아계 미국인인 내 친구 춘 순Chhun Sun이 이 말은 "그런 뜻이 아니에요."라는 의미라고 내게 말해 주었다.

29. 2018년 3월 아이오와대학의 연구자 앤드루 포브스Andrew Forbes와 그의 동료들은 「수량화할 수 없는 것을 수량화하다: 왜 딱정벌레목이 아니라 벌목이 가장 종이 많은 동물인가Quantifying the unquantifiable: Why Hymenoptera-not Coleoptera-is the most speciose animal order」에서, 딱정벌레보다 말벌이 훨씬 더 다양한 종을 둔 동물 집단이라고 설득력 있는 주장을 폈다.

30. 1863년 존 이튼 르 콩트John Eatton Le Conte가 프틸리움 풍기Ptilium fungi라는 학명의 딱정벌레 종에 대해 기술한 설명에 따라 과학자들은 오랫동안 가장 작은 이 곤충의 크기가 실제보다 더 작다고 믿어 왔다. 그러나 르 콩트의 추정치는 훗날 인용된 것에 비해 훨씬 대략적으로 서술되어 있었다. 그는 프틸리움 풍기가 "0.25mm를 넘는 일은 거의 없다"고 썼지만 나중에 측정한 결과 이 설명은 틀린 것으로 밝혀졌다. 더

정확한 기록은 2015년 《주키스》에 발표된 「가장 작은 것은 얼마나 작을까? 가장 작은 것으로 알려진 독립생활 곤충인 스키도셀라 무사와센시스 할, 1999년(딱정벌레목, 깃털날개딱정벌레과)의 재측정 및 신기록How small is the smallest? New record and remeasuring of Scydosella musawasensis Hall, 1999 (Coleoptera, Ptiliidae), the smallest known free-living insect」에 나와 있다.

31. 2014년 《주키스》에 실린 연구 「순다랜드와 소순다열도에서 나온, 바구미 종류인 트리고놉테루스의 새로운 98종Ninety-eight new species of *Trigonopterus* weevils from Sundaland and the Lesser Sunda Islands」에는 99장의 바구미 성기 사진이 실려 있는데 연구자들이 많은 특정 종을 식별할 때 이 차별점으로 도움을 받는다.

32. 2015년 《영국왕립학회 회보 B: 생명과학》에 발표된 「딱정벌레의 화석 기록과 대진화 역사The fossil record and macroevolutionary history of the beetles」에 따르면, 특히 풍뎅이아목 같은 계통군의 경우는 진화 역사를 거의 통틀어 과 단위의 멸종 비율이 0%에 달하는 것으로 보인다.

33. 《스미스소니언》에 따르면 어느 때고 지구에는 1,000경 마리의 개별 곤충이 살아 있는 것으로 추정된다. 미국에만도 알려진 곤충이 9만 종이 넘는다.

34. 월리스는 신랄했다. 그는 "메인 랍스터 페스티벌의 실체는 그저 요리의 유혹이 있는 중간급 농산물·가축 품평회 정도이다."라고 썼다.

35. 미국에는 1966년이 되어서야 최초의 스시 식당이 들어섰으며 거의 일본인 이주민만 이곳을 찾았다. 그렇다면 어떻게 스시가 아메리칸 드림을 이룰 수 있었을까? 트레버 코슨Trevor Corson의 저서 『스시 이야기: 날생선과 쌀의 믿기지 않는 전설The Story of Sushi: An Unlikely Saga of Raw Fish and Rice』에 따르면, TV 미니시리즈 〈쇼군〉, 건강식품의 부상, 외국 음식을 알리는 캘리포니아의 영향력이 그 대답으로 꼽힌다.

36. 마틴의 책은 "세계 음식 운동의 향후 큰 추세"를 살펴보는 즐거운 여행이 될 것이다.

37. 2009년 레이철 레트너Rachael Rettner는 《라이브사이언스LiveScience》에 실린 「초개체처럼 기능하는 곤충 군집Insect colonies function like superorganisms」에서 길룰리에 대해 썼다.

38. 2010년 《미 국립과학원회보》에 발표된 「사회성 곤충의 군집 생활에서 보이는 에너지 기반Energetic basis of colonial living in social insects」에는 많은 도표가 연이어 나오는데 이들 도표를 보면 많은 군집이 단일 생명체의 상관관계 추세를 그대로 따랐다.

39. 2015년 《플로스 원》에 실린 「포식당하지 않기 위한 초개체의 차별적 반응Differentiat-ed anti-predation responses in a superorganism」에 따르면, 집단은 개별 생명체의 신경계와 놀랄 만큼 유사한 방식으로 반응한다.

40. 대중 통념과는 반대로 여왕개미가 명령을 내리는 것이 아니었다고 2017년 토비는 《컨버세이션》에 썼다. 개미는 스스로 분별을 보이면서 도저히 상상할 수 없을 만큼 복잡하게 다른 개미와 협동했다.

41. 인간을 포함한 대형 유인원은 얼마 안 되는 예외에 속한다. 기린 역시 이런 통례에서 벗어나는 예외일 수 있지만, 아무도 확실하게 알지 못하는 것 같다.

42. 베르트 횔도블러Bert Hölldobler와 에드워드 윌슨Edward Wilson이 개미에 관해 쓴 2009년도 논문 『초개체The Superorganism』를 검토한 플래너리의 서평이 《뉴욕 리뷰 오브 북스New York Review of Books》에 실렸는데 이 서평 역시 책만큼이나 훌륭했다. 플래너리는 『초개체』를 "현재 우리 사회의 모습을 형성해 가는 경향에 관심 있는 사람이라면 누구에게나 직접적 관련성을 지닌 매우 중요한 책"이라고 일컬었다. 그의 말이 옳다.

제7장 치명적인 것들

1. 처음에는 가이드가 내게 규칙을 어기지 말라는 의미로 이런 이야기를 했을 것이라고 여겼다. 나중에야 미디어를 통해 디르크 도나트Dirk Donath의 실종 사건을 확인했다.

2. 실제로 당신의 목숨을 빼앗아 갈 가능성이 가장 큰 것이 무엇인지 알고 싶은가? 2013년 《랜싯Lancet》에 실린 「1990년과 2010년에 있었던 20개 연령 집단의 사망 원인 235가지를 바탕으로 한 세계 및 지역 사망자 수: 2010년 세계 질병 부담 연구를 위한 체계적 분석Global and regional mortality from 235 causes of death for 20 age groups in 1990 and 2010: a systematic analysis for the Global Burden of Disease Study 2010」을 보면 이에 대한 답을 알 수 있으며 추가로 다른 것도 알 수 있다.

3. 수치로 볼 때 거미는 우리가 응당 두려워해야 하는 정도 이상으로 과도하게 두려워하는 많은 동물의 하나일 뿐이다. CNN 기자 재클린 하워드Jacqueline Howard는 2016년 플로리다에서 한 소년의 목숨을 빼앗은 악어의 공격에 대해 논평하면서, 이 죽음이

"의심의 여지 없이 끔찍하지만 극히 드문" 일이라고 지적했다.

4. 인간을 벌하는 신이 있다고 믿는다면 이 점을 고려해 보라. 미국해양대기청NOAA에 따르면 번개에 맞아 죽는 남성이 여성보다 세 배나 많다.

5. 총의 개수가 사람 수보다 많은 국가에서 살아가고, 차를 운전하고, 비행기를 타고, 수영을 하는 사람이라면 누구나 보험정보협회Insurance Information Institute에서 내놓은 유용한 '사망 위험성 도표'를 보면서 재미를 느낄 것이다.

6. 2017년 《로이터Reuters》가 「호주에서 빈발하는 상어 공격으로 관광이 줄어들 수 있다Spate of Australia shark attacks could take a bite out of tourism」라는 기사에서 보도했듯이, 관광업계는 정부의 결정에 환호했지만 환경운동가들은 그렇지 않았다.

7. 미 농무부USDA에서 내놓은 안내서 『서부 주에서 가축에게 독이 되는 식물들Plants Poisonous to Livestock in the Western States』은 포모나 스프라우트 교수(『해리포터』에 등장하는 호그와트 마법학교의 약초학 교수—옮긴이)의 수업용 교과서 중 하나처럼 읽힌다.

8. 1993년 《수의학 저널Journal of Veterinary Medicine》에 실린 「두 달 된 망아지의 피롤리지딘 알칼로이드 증상Pyrrolizidine alkaloidosis in a two month old foal」에 이러한 유형의 죽음이 설명되어 있다.

9. 2012년 《의학 독물학 저널Journal of Medical Toxicology》에 실린 「독성 식물의 좋은 점과 나쁜 점: 미 농무부 농업연구소의 독성 식물 연구 실험실 소개The good and the bad of poisonous plants: an introduction to the USDA-ARS Poisonous Plant Research Laboratory」에 따르면, 이러한 이익으로는 동물 모델의 발전, 새로운 화합물의 분리, 식물성 화학물질의 생물학적 분자적 구조에 대한 통찰 등이 있다.

10. 2005년 매슈 허퍼Matthew Herper는 《포브스Forbes》에 「외눈박이 양의 신기한 사례The curious case of the one-eyed sheep」를 기고했다.

11. 2017년 브라이언 매플라이Brian Maffly는 《솔트레이크 트리뷴》에 이렇게 썼다. "많은 식물은 벌레와 동물이 가까이 오지 못하게 하려고 독성이 진화되었다. 생물의학 과학자들은 이런 독성을 의학적 용도로 이용할 수 있다는 것을 발견했지만" 우선 이들 식물이 성공적으로 자랄 수 있는 장소를 찾아야 한다.

12. 2014년 《생약학 매거진Pharmacognosy Magazine》에 발표된 「시험관 내에서 독당근 추출물이 암세포에 대해 지니는 항암 가능성: 약물–DNA 상호작용 및 활성산소 생성을 통해 세포 자살을 유도하는 능력Anticancer potential of *Conium maculatum* extract

against cancer cells in vitro: Drug-DNA interaction and its ability to induce apoptosis through ROS generation」에 따르면 연구자들은 독당근이 세포 확산 과정 및 세포 주기를 방해한다고 추론했다.

13. 퀸스대학교 벨파스트의 존 맨John Mann은 《화학 교육Education in Chemistry》에 실린 2008년 논문 「벨라돈나풀, 빗자루와 뇌 화학Belladonna, broomsticks and brain chemistry」에 벨라돈나풀의 역사와 가능성에 대해 썼다.

14. 미국 질병관리본부CDC에 따르면, 일반적으로 36시간에서 72시간 가까이 이 독에 노출되면 죽음에 이른다.

15. 2015년 《생태 공학Ecological Engineering》에 발표된 「피마자: 오염 토양에 들어 있는 유독 금속의 식물 환경정화 및 바이오에너지에 좋은 확실한 식물Ricinus communis: A robust plant for bio-energy and phytoremediation of toxic metals from contaminated soil」에 따르면, 식물 환경정화는 바이오디젤 생산, 의약 제품 개발, 탄소 격리에도 유용할 수 있다.

16. 2015년 《바이오메드 리서치 인터내셔널BioMed Research International》에 발표된 한 연구 「유기염소계 농약을 이용하여 오염 토양 식물 환경정화를 하기 위한 피마자에 대한 평가Evaluation of *Ricinus communis* L. for the phytoremediation of polluted soil with organochlorine pesticides」에서 이 식물은 70%나 되는 복원 효과를 보여 주었다.

17. '가죽산호'라고도 알려진 시눌라리아Sinularia 종은 바다에 수십 가지가 있다. 한 세기 이상 전부터 알려진 것들도 있지만 과학자가 살펴본 것은 거의 없다. 1996년 《천연 산물 저널Journal of Natural Products》에 실린 「홍해의 연산호 시눌라리아 가르디네리에 들어 있는 노르셈브라노이드 이합체A new norcembranoid dimer from the Red Sea soft coral Sinularia gardineri」에 이런 내용이 상세하게 나와 있다.

18. "왜 식물은 생리적으로 서로 반대 작용을 할 수도 있는 두 가지 유형의 물질을 만드는 것일까?" 2012년 『이상한 생존자들Strange Survivors』의 저자 오네 R. 파간Oné R. Pagán이 물었다. "이에 대해 생각해 보면 약간 기이한 일이다. 독과 해독제를 동시에 제공하는 것과 같다." 나중에 가서 우리는 애기장대thale cress라고 불리는 식물이 두 가지 대립적인 화학물질을 어떻게 이용하는지 논하게 될 것이다.

19. 담배 사업을 시작하기 위한 안내서가 있다면 그것은 『담배: 생산, 화학, 기술Tobacco: Production, Chemistry, and Technology』일 것이다. 이 책은 씨앗에서 저장 창고까지, 보관

에서 판매까지 모든 것을 다룬다.

20. 2016년 데이비드 히스David Heath가 《애틀랜틱》에서 지적한 바에 따르면 2010년 당시에도 여전히 담배 회사는 관례대로 이렇게 주장했다. "예전에 말보로 라이트로 알려졌고 지금은 말보로 골드라고 불리는 전국 최다 판매량의 담배가 암의 위험을 줄인다."

21. 2017년 마침내 담배 회사들은 고의로 담배의 중독성을 높였다고 인정했다. 정말, 빌어먹을 20대 17이 되고 나서야 인정한 것이다. 미국 공영라디오방송의 앨리슨 코드작Alison Kodjak은 그해 11월 〈모든 점을 고려해 볼 때All Things Considered〉에서 이유를 설명했다.

22. 2017년 《월스트리트 저널》의 제니퍼 말로니Jennifer Maloney는 어떻게 이런 일이 가능했는지 미국 공영라디오방송의 〈모든 점을 고려해 볼 때〉에서 설명했다.

23. "다시 담배 회사를 하기에 아주 좋은 때이다. 담배를 피우는 미국인은 훨씬 많이 줄었는데 미국 담배의 수익은 급상승하고 있다." 2017년 멀로니는 《월스트리트 저널》에 이렇게 썼다.

24. 유럽과 미국을 오가는 무역상들 때문에 1700년대 말 미국 전역에 담배가 전파되었다고 오래전부터 생각되어 왔다. 니코티아나 타바쿰에 관한 한 이런 생각이 맞을지 몰라도, 고고학자 섀넌 터싱엄Shannon Tushingham과 그녀의 동료들은 현재 미국 서부로 여겨지는 지역에서 적어도 1,200년 전 야생 담배의 일종인 코요테담배N. attenu-ate와 인디언담배N. quadrivalvis가 사용되었다는 사실을 고대 파이프의 분자 분석을 통해 입증했다. 이 연구 팀은 2018년 《미 국립과학원회보》에 이 발견을 발표했다.

25. 이와 같이 직관에 반하는 발견은 대개 미디어에서 큰 성공을 거두게 마련이다. 그러나 어떠한 이유에서인지 이 발견은 대다수 과학 기자의 레이더에 걸리지 않았다. 아마도 이 연구의 제목과 관련이 있을 것으로 보인다. 이 연구는 2017년 학술지 《생물유기화학 및 의약화학Bioorganic & Medicinal Chemistry》에 「유방암의 통제를 위한 새로운 혈관형성 억제 단서가 되는 담배 셈브라노이드(1S,2E,4S,7E,11E)-2,7,11-셈브라트리엔-4,6-디올The tobacco cembranoid (1S,2E,4S,7E,11E)-2,7,11-cembratriene-4,6-diol as a novel angiogenesis inhibitory lead for the control of breast malignancies」이라는 제목으로 발표되었다.

26. 중독 약물을 전문으로 다루며 의학과 문화의 교차 지점을 연구한 정신과 의사 샐리

새틀Sally Satel은 2016년 《포브스》에 글을 쓰면서 이러한 정책이 "황당하다"고 했다.

27. 이들의 2014년 연구 「포스포이노시티드를 매개로 하여 디펜신을 올리고머화하면 세포 용해를 불러온다Phosphoinositide-mediated oligomerization of a defensin induces cell lysis」는 《이라이프eLife》에 발표되었다. 이는 그 당시 출간된 지 2년 된 개방식 학술지로 《네이처》, 《사이언스》, 《셀Cell》 같은 유력 학술지에 비하면 영향력 지수가 낮았다. 담배의 유용한 용도를 입증한 많은 연구가 이와 같은 학술지에 발표되었다.

28. "나는 담배 속에 속하는 식물에 대해 다정한 마음을 느끼기 시작한다." 2014년 그녀는 이렇게 썼다.

29. 절대 따라 하지 마시오. 절대로. 하지만 2016년 타빈이 미국 공영라디오방송의 〈모든 점을 고려해 볼 때〉에서 이 경험을 묘사한 내용은 마음대로 들어 봐도 된다.

30. 타빈을 비롯하여 미국의 텍사스대학, 세인트존스대학, 하버드대학과 독일의 콘스탄츠대학에서 온 그녀의 연구 팀은 이 발견을 2017년 《사이언스》에 「독개구리가 에피바티딘 내성을 갖도록 진화하게 해 준 상호작용하는 아미노산 치환Interacting amino acid replacements allow poison frogs to evolve epibatidine resistance」으로 발표했다.

31. 과학자가 할 수 있는 최대치가 고작해야 하나의 종을 '기록'하고 표본 몇 개를 확보하는 정도밖에 되지 않을 때가 있다고 2017년 캐리 아널드가 《내셔널 지오그래픽》에 보도했다.

32. 위험에 처해 있는 것으로 분류되는 양서류 종이 조류와 포유류 종을 모두 합친 것만큼이나 많다. 일군의 생물학자 집단이 2012년 《사피엔스Sapiens》에 실린 논문 「양서류 멸종위기: 양서류 보존 행동계획을 실행에 옮기는 데 무엇이 필요할까?The Amphibian Extinction Crisis: what will it take to put the action into the Amphibian Conservation Action Plan?」에서 이렇게 경고했다.

33. 2015년 《미 국립과학원회보》에 보고된 「반反포식 방어 수단으로 다양화 비율을 예측한다Antipredator defenses predict diversification rates」에 따르면, 지금 문제는 이들 종이 훨씬 큰 위험이라고 할 수 있는, 인간으로 인한 멸종 위험에 직면해 있다는 점이다.

34. 2016년 스완지대학의 케빈 아버클Kevin Arbuckle이 《익스프레스Express》에서 말한 바에 따르면, 이 결과는 "어느 종에게 보호 활동이 필요한지 알아내는 문제에 종의 자기방어 방식도 한 부분으로 포함될 수 있다"는 점을 시사한다.

35. 스탠퍼드대학의 화학자 저스틴 두 보이스Justin Du Bois가 이끈 이 연구는 개구리 및

다른 동물의 독 안에 든 많은 작은 분자를 이해하고자 하는 후속 연구를 위해 길을 닦아 줄 수 있다. 《사이언스》에 실린 2016년도 연구 「바트라코톡신의 비대칭적 합성: 거울상 이성질체 독성은 NaV로부터 멀어지는 기능적 확산을 보인다Asymmetric synthesis of batrachotoxin: enantiomeric toxins show functional divergence against NaV」에서 이렇게 밝혔다.

36. 이 독의 구조와 부분적 합성은 1969년에 처음으로 《미국 화학학회 저널Journal of the American Chemical Society》에서 설명되었다.

37. 가장 효과적인 방울뱀 해독제 처치 가격이 1만 4,000달러 또는 그 이상이므로 차라리 그냥 운에 맡겨 볼 수도 있다. (그러나 부디 그러지 않기를 바란다. 일단 처치를 받고 나서 나중에 병원과 보험회사를 상대로 '한판 붙어라'.)

38. 예를 들면, 2015년 펜테코스트파 교회(Pentecostal church, 성령의 힘을 강조하는 기독교 교파—옮긴이)에서 일요 예배를 보던 중 뱀을 다루다가 죽은 60세의 켄터키 남자 같은 이들이 있다.

39. 역시 2015년에 물뱀에 두 번 물린 미주리 남자가 병원에 가기를 거부하다가 이튿날 죽었다.

40. 또 다른 미주리 남자는 야생 뱀을 자발적으로 손으로 잡았다. 놀랄 일도 아니지만 남자는 이 뱀에게 물렸다.

41. 2015년 《오스틴 아메리칸 스테이츠맨Austin American-Statesman》에 실린 부고 기사에 따르면, 그랜트 톰프슨Grant Thompson이라는 18세 텍사스 남자는 흥미와 매력을 느꼈던 동물들에 둘러싸인 채 죽었다. 경찰 수사는 이 남자가 텍사스주 오스틴에 있는 한 주택 개조 용품 상점 주차장에서 차에 탄 채로 일부러 애완 코브라가 자신을 여러 번 물게 놔두었다고 결론 내렸다.

42. 영국의 여론조사 회사 유고브YouGov에서 실시한 2014년도 여론조사에서는 뱀이 거미를 물리치고 가장 무서운 동물로 꼽혔다. 흥미롭게도 응답자 나이가 많을수록 뱀이 "가장 무섭다"고 답할 가능성이 큰 반면, 거미가 엄청나게 무섭다고 대답한 사람의 수는 줄어들었다.

43. 이 연구는 이전까지 뱀에 노출된 적 없이 실험실에서 자란 원숭이가 비록 다른 무해한 생물보다 뱀을 더 빨리 알아보기는 해도 파충류에 대한 두려움은 보이지 않았다고 입증한 이전의 연구를 바탕으로 나왔다. 리 다이Lee Dye는 2011년 《ABC 뉴스》의

「뱀이 무서운가? 과학자가 이유를 설명해 준다Afraid of snakes? Scientists explain why」
에서 이 연구의 개괄적 내용을 훌륭하게 설명했다.

44. 이 연구를 이끈 사람은 독일 라이프치히에 있는 막스플랑크연구소의 스테파니 횔
Stephanie Hoehl이었으며, 2017년 《심리학 프런티어Frontiers in Psychology》에 「아주 작은
거미…: 아기는 거미와 뱀에 대해 흥분도가 올라가는 반응을 보인다Itsy bitsy spider…:
infants react with increased arousal to spiders and snakes」라는, 내가 반드시 읽을 것 같은
제목을 달고 발표되었다.

45. 세계보건기구에 따르면 매년 약 540만 명이 독사에게 물린다.

46. 이스벨의 저서 『열매, 나무, 뱀The Fruit, the Tree, and the Serpent』은 뱀이 인간에게 은
근히 진화적 압력으로 작용한 결과 현재와 같은 우리의 모습을 만들었다는 견해를
제시한다.

47. 2013년 이스벨은 미국 공영라디오방송의 〈모든 점을 고려해 볼 때〉에서 자신이 어떻
게 인간과 뱀의 연관성에 대해 궁금증을 품기 시작했는지 말했다. 물론 이 이야기에
는 코브라도 나온다.

48. 「신속하게 뱀을 탐지하기 위한 과거의 선택을 보여 주는 신경생물학적 증거가 시상
베개 뉴런에서 드러난다Pulvinar neurons reveal neurobiological evidence of past selection
for rapid detection of snakes」는 2013년 《미 국립과학원회보》에 발표되었다.

49. 흥미롭게도 암컷과 어린 원숭이는 다 큰 수컷 원숭이보다 뱀 껍질을 훨씬 잘 탐지했
다.

50. 2017년 학술지 《영장류Primates》에 실린 「야생 버빗원숭이가 뱀을 알아보고 주의하
고 기억하는 것은 비늘 때문이다Scales drive detection, attention, and memory of snakes in
wild vervet monkeys(Chlorocebus pygerythrus)」에 따르면, 겨우 4개월 된 원숭이도 뱀을
알아보고 반反포식자 행동을 보였다.

51. 테스트를 받은 피실험자들은 뱀을 보자 가장 커다란 초기 후부 음성을 보였다. 거미
를 보았을 때는 중간 수준의 반응을 보였고 달팽이를 보았을 때는 바늘이 거의 움직
이지 않았다. 2014년 《인간 신경과학 프런티어Frontiers in Human Neuroscience》에 실린
「뱀 탐지 가설 시험: 다른 파충류, 거미, 민달팽이 사진을 보았을 때보다 뱀 사진을 보
았을 때 인간의 초기 후부 음성이 훨씬 크다Testing the snake-detection hypothesis: larger
early posterior negativity in humans to pictures of snakes than to pictures of other reptiles, spi-

ders and slugs」는 정말 놀라운 글이다.

52. 내게는 이 발견이 가장 흥미로웠다. 두려움이 확대된 사람들도 있지만 모든 인간은 마음속 깊이 뱀에 대한 경계심을 지닌 것으로 보인다. 이 내용은 2017년 《사이언스 리포트Science Reports》에 실린 「뱀 비늘, 부분적 노출, 그리고 뱀 탐지 이론: 인간의 사건 관련 전위 연구Snake scales, partial exposure, and the Snake Detection Theory: a human event-related potentials study」에 나와 있다.

53. 2011년 《바이오에세이Bioessays》에 실린 「뱀독: 현장 연구에서 임상까지Snake venom: from fieldwork to the clinic」의 저자들은 이렇게 썼다. "뱀독을 기반으로 한 새로운 의약의 희망이 뱀 개체군에 걸려 있지만 이 개체군 자체가 세계적인 생물다양성 위기로 위협받고 있다."

54. 2015년 《영국 의학 저널》에 실린 「뱀에 물린 상처: 전 세계가 행동을 취하지 않은 결과 매년 수천 명의 목숨이 희생된다Snake bite: a global failure to act costs thousands of lives each year」에서 윌리엄은 이렇게 썼다. "충분히 잘 치료할 수 있는 병인데도 아프리카 대륙에는 이런 병을 효율적으로 안전하게, 그리고 적절한 가격에 치료할 수 있는 방법이 거의 없다는 것이 엄연한 사실이다."

55. 보건소의 43%, 독 센터의 27%, 제조회사의 13%에게서만 답을 들었다. 정말 형편없는 수치였다. 《보건정책 및 관리 국제저널International Journal of Health Policy and Management》에 실린 「뱀 해독제의 필요성과 이용 가능성: 국제 지침의 적절성 및 응용Needs and availability of snake antivenoms: relevance and application of international guide-lines」의 결론은 경고의 의미를 담고 있다.

56. 유럽연합의 '공동체 연구 및 개발 정보 서비스CORDIS'에서 내놓은 '독액 프로젝트' 보고서 요약에 따르면, 이 프로젝트의 목표는 "학문적 차원과 경제적 차원 모두에서 유럽의 경쟁력을 높이기 위한 강력한 영향력"을 창출하는 데 있다. 생명을 구하는 것은 부차적인 문제였다.

57. 2009년 《제약 저널Pharmaceutical Journal》에 실린 「뱀 독액에서 앤지오텐신전환효소 억제제까지: 캡토프릴의 발견과 성공From snake venom to ACE inhibitor: the discovery and rise of captopril」에서 제니 브라이언Jenny Bryan이 이 약의 역사를 다루었다.

58. 2010년도 《로이터》의 「2011년에 '생물자원 수탈'에 대한 엄중한 단속을 더욱 강화하는 브라질Brazil to step up crackdown on 'biopiracy' in 2011」이라는 기사에 따르면, 나중

에 몇몇 토착민 집단이 연구자들을 '생물자원 수탈'로 고소했고 브라질 정부는 국가나 토착민에게 보상하지 않은 채 제품의 특허를 받은 회사를 엄중 단속하기 시작했다.

59. 노벨상은 보통 오래전에 이루어진 연구에 수상하기 때문에, 수상자 연설은 그들이 상을 받게 된 업적이 아니라 현재 진행하는 일에 초점을 맞추는 경우가 많다.

60. 그리하여 우리는 이제 수많은 질병을 대상으로 시험해 볼 수 있는 변종 독의 대규모 자료관을 확보하게 되었다. 이런 일이 가능했던 것은 부분적으로는 세계 독 은행 World Toxin Bank을 설립한 졸탄 타카치Zoltan Takacs라는 이름의 과학자 덕분이었다. 나는 2016년 캐스 나이팅게일Kath Nightingale이 BBC의 《사이언스 포커스Science Focus》에 쓴 「무는 동물이 치료제가 되다: 우리는 어떻게 독을 약으로 바꾸는가The bite that cures: how we're turning venom into medicine」를 통해 독 은행에 대해 알게 되었다.

61. 데이터 저널리스트 사샤 스테인호프Sascha Steinhoff는 http://snakedatabase.org에 검색 가능한 매우 유용한 독사 데이터베이스를 만들어 놓았다.

62. 1998년 학술지 《톡시콘Toxicon》에 실린 「내륙타이판의 독액에 대한 몇 가지 약학적 연구Some pharmacological studies of venom from the inland taipan(*Oxyuranus microlepidotus*)」에서 호주 모내시대학의 연구자들이 내륙타이판에서 발견한 것들에 대해 보고했다.

63. 2012년 프랑스의 분자및세포약학연구소IPMC 연구자들이 《네이처》에 실린 논문 「검은맘바 독액의 펩타이드는 산 감지 이온 통로를 표적으로 하여 통증을 없앤다Black mamba venom peptides target acid-sensing ion channels to abolish pain」를 통해 자신들의 발견을 보고했다.

64. 이것은 아울러 우아한 화학 구조로 되어 있는데, 캐나다보건연구소CIHR의 지원을 받는 드러그뱅크DrugBank의 자료은행에 가면 다른 어느 기관보다 이 화학 구조를 잘 볼 수 있다.

65. 테즈푸르대학의 연구자들은 이런 발견을 2017년 《사이언티픽 리포트》에 실린 「에키스 카리나투스 카리나투스 독액의 단백질 유전정보 및 해독제 연구: 약학적 속성과 독액 주입의 병리생리학 간 상관관계Proteomics and antivenomics of Echis carinatus carinatus venom: Correlation with pharmacological properties and pathophysiology of envenomation」에서 발표했다.

66. 세계보건기구는 전 세계에 3,000종의 뱀이 있을 것으로 추정한다. 이 가운데 600종 정도가 독액을 지니며, 또 이 가운데 3분의 1만 "의학적으로 중요한" 의미를 지니는 것으로 추측된다.

67. 2010년 스튜어트 폭스Stuart Fox가 《라이브사이언스》에 기고한 「상자해파리는 얼마나 치명적일까?How deadly Is the box jellyfish?」에 따르면, 상자해파리 공격이 흔한 국가 중에는 사망 증명서가 요구되지 않는 곳이 많다.

68. 2015년 프라이는 《메디컬 뉴스투데이Medical News Today》의 캐서린 패독Catherine Paddock에게, "해파리 및 다른 자포동물은 가장 오래된 살아 있는 독액 생물이지만, 번식 가능한 방법으로 수확하여 쉽게 얻을 수 있는 독액이 부족한 탓에 연구가 진행되지 못했다."라고 말했다.

69. 프라이의 기법에 따르면 이 마법의 분리기에 30분 동안 돌려야 한다. 2015년 학술지 《독소Toxins》에 실린 「침을 발사하다: 화학적으로 유도된 자포 분리를 통해 상자해파리 독액의 새로운 단백질과 펩타이드가 드러나다Firing the sting: chemically induced discharge of cnidae reveals novel proteins and peptides from box jellyfish(Chironex fleckeri) venom」에 그가 이 기법을 설명해 놓았다.

70. 2015년 호주 모내시대학의 연구자들은 《미 국립과학원회보》에 실린 「쑥치의 독은 오래전에 갈라져 나온 유사 퍼포린 상과의 한 영역을 규정한다Stonefish toxin defines an ancient branch of the perforin-like superfamily」에서 막膜 공격 복합체-퍼포린/콜레스테롤 의존성 세포 용해소의 영역이 어떻게 상호작용하는지에 대한 최초의 정확한 통찰을 세계에 전해 주었다.

71. 보건및세계환경센터CHGE를 세운 창립자 에릭 치비언Eric Chivian은 2003년 《내셔널지오그래픽》에 "자연에 있는 어느 생물 속보다 대규모이며 임상적으로 가장 중요한 약전"이라고 말했다.

72. 《워싱턴 포스트》의 새러 캐플런Sarah Kaplan이 2017년 8월 13일 마리의 기술을 알리는 기사에 이 장면을 멋지게 설명해 놓았다.

73. C. 르네 제임스C. Renée James가 멋진 책 『얽매이지 않는 과학: 잘 알려지지 않고 추상적이며 얼핏 쓸모없어 보이는 과학 연구가 어떻게 현대 생활의 토대가 되었는가 Science Unshackled: How Obscure, Abstract, Seemingly Useless Scientific Research Turned Out to Be the Basis for Modern Life』에서 이 이야기를 비롯하여 비슷한 더 많은 이야기를 들

려준다.

74. 2013년 《사이언티픽 아메리칸》에서 데이지 유하스Daisy Yuhas는 청자고둥의 독이 간 질과 우울증을 치료하는 데도 이용될 수 있다고 지적했다.

75. 1973년 이 캐나다 거미학자는 《곤충학 연간 리뷰Annual Review of Entomology》에 실린 「진짜 거미(새실젖거미아목)의 생태학Ecology of the true spiders (Araneomorphae)」에 이렇게 썼다. "거미는 북극 끝에 있는 섬에도, 가장 뜨겁고 건조한 사막에도, 살아 있는 생명체가 있는 가장 높은 지역에도, 깊은 동굴에도, 만조와 간조 사이의 해안 지대에도, 늪지와 연못에도, 건조한 고지대 황야에도, 모래 언덕에도, 범람원에도 존재한다."

76. 이는 지구 육지 전체에서 나오는 고기 순생산량의 거의 1%이다. 2017년 《사이언스 오브 네이처The Science of Nature》에 실린 「대략 4~8억 톤의 먹이가 매년 전 세계 거미 군집에 잡아먹힌다An estimated 400-800 million tons of prey are annually killed by the global spider community」에서 스위스, 스웨덴, 독일의 연구자들이 이렇게 발표했다.

77. 《워싱턴 포스트》에 실리는 잉그러햄의 보고서 「모든 것에 관한 데이터all things data」는 항상 흥미진진하고 유쾌하다.

78. 물론 나비가 조금 더 많아지면 세계가 더 멋진 곳이 될 수도 있겠지만 아무리 그렇다고 해도 상황이 달라지지는 않을 것이다.

79. 그러나 "연구자들이 거미 독액의 화합물이 들어간 약이나 치료법을 개발하더라도 앞으로 임상 환경에서 시험하기까지는 상당 기간이 걸릴 가능성이 크다". 2015년 레시아 부샥Lecia Bushak은 《메디컬 데일리Medical Daily》에 이렇게 썼다.

80. 2012년 레이철 누어Rachel Nuwer가 Smithsonian.com에 올린 글 「거미 독액이 차세대 비아그라가 될 수 있을까?Could spider venom be the next Viagra?」에 재미있는 사실 한 가지가 나와 있다. 지속적이고 몹시 아픈 발기는 지속발기증으로 알려져 있다는 점이다.

81. 예전 미 부통령이자 노벨상 수상자인 앨 고어가 이 이야기를 즐겨 하지만, 2011년 제프리 파타Geoffrey Fattah가 《데저렛 뉴스Deseret News》에 실린 「거미집의 가능성: 유타대학의 연구자가 염소를 이용하여 가장 강력하다고 알려진 소재 중 하나를 만들다A web of possibilities: Utah researcher uses goats to make one of the strongest known substances」에서 했던 것만큼 잘 설명하지는 못한다.

82. 게이츠는 18분 동안의 강연을 열정적으로 재미있게 이끌어 갔다. 말라리아 퇴치 전쟁에 대해 낙관적인 기초 내용을 알고 싶은 사람이라면 한번 볼 만한 가치가 있다.

83. 나는 특권이 관점에 영향을 미치는 방식을 이보다 더 잘 보여 주는 사례를 본 적도 들은 적도 없다.

84. 2013년 《가디언》에 실린 사설 「의학 연구: 단도직입적인 진실Medical research: the bald truth」에 따르면 2013년 현재 세계보건기구는 말라리아 억제 비용으로 18억 달러를 쓴 반면, 탈모 치료에는 20억 달러를 썼다.

85. 말라리아 치료제 내성에 관한 좋은 입문 글인 「말라리아 치료제 내성Antimalarial drug resistance」은 2004년 태국 마히돌대학의 니콜라스 화이트Nicholas White가 《임상 연구 저널The Journal of Clinical Investigation》에 발표했다.

86. 제리 올더Jerry Alder의 글 「모기를 모두 죽인다고?!Kill all the mosquitoes?!」에 따르면, 과학자들이 말라리아와 지카바이러스를 옮기는 것으로 알려진 모든 매개체를 없앨 수 있을 정도로 유전자 편집 기술이 발달했다. 다만 해결되지 않은 문제는 "과연 그들이 할 것인가?" 하는 점이라고 그는 지적했다.

87. 팡은 많은 과학자가 아직 생각조차 해 보지 못한 많은 물음을 「모기 없는 세상A world without mosquitoes」에서 던졌다. 여전히 많은 생각을 불러일으키는 글이다.

88. 2010년 《네이처》의 뉴스 블로그에 올라온 글 「실험에서 유전자 변형 모기가 뎅기열을 없애다GM mosquitoes wipe out dengue fever in trial」에 따르면, 거의 곧바로 다른 국가들이 옥시텍의 다음 실험 대상으로 자원하기 위해 줄을 섰다.

89. 2010년 마틴 엔서링크Martin Enserink가 《사이언스》에 쓴 바에 따르면, 옥시텍 임원들은 실험이 비밀스럽게 진행되었다는 견해에 반대했다. 그들은 섬에서는 다들 알고 있었지만 "단지 국제적으로 알려지지 않았을 뿐"이라고 했다.

90. 게다가 다윈설이 작용한다는 하나의 사례로, 암컷 모기가 유전자 변형 수컷을 피하는 법을 알아냈다는 증거도 있다고 올더가 보고했다.

91. 어떤 프레임을 짜는가가 가장 중요하다. 《미 국립과학원회보》에 실린 2015년도 연구 보고서 「말라리아 매개체 모기인 아노펠레스 스테펜시의 개체군 변화를 꾀하기 위한 매우 효율적인 캐스9 매개 유전자 드라이브Highly efficient Cas9-mediated gene drive for population modification of the malaria vector mosquito *Anopheles stephensi*」의 저자들은 도입부에서, 자신들이 이용한 기술의 배경을 설명하는 대신 자신들이 맞서 싸우는

문제, 즉 매년 수십만 명의 목숨을 앗아 가는 질병을 설명했다.

92. 2016년 그녀는 《싱크프로그레스ThinkProgress》의 저널리스트 알렉스 지엘린스키Alex Zielinski에게 이렇게 말했다. "그것이 효율적이며 예측 가능할 거라고 생각하는 사람들이 많아요. 하지만 이 문제에서는 그렇지 않아요. 우리는 대중에게 어떻게 이야기할 것인지 알아야 해요. 그래야 대중이 위험을 이해할 수 있죠."

93. 그러나 퓨는 이 문제에 대해 애매한 입장인 것으로 보였다. 2015년 그는 《컨버세이션》에 이렇게 썼다. "인간은 수백 년 동안 식물과 동물 둘 다 선택적으로 번식시켜 왔다. 그리고 이는 우리가 도덕적으로 문제없다고 여기는 간접적 형태의 유전자 변형으로 볼 수 있다."

94. 『미 정보기관의 전 세계 위험 평가The Worldwide Threat Assessment of the US Intelligence Community』를 읽다 보면 어쩌면 잠들어 버릴지도 모른다. 그러나 일단 잠이 들면 악몽을 안겨 줄 수도 있다.

95. 2017년 코넬대학의 로버트 리드Robert Reed는 크리스퍼 기술의 등장으로 인해 "내 연구 활동의 가장 커다란 시험대가 … 학부생용 프로젝트가 되어 버렸다."라고 에드 용에게 말한 적이 있다.

96. 그렇다. 제법 정교한 크리스퍼 기술을 당신 집으로 배달받을 수 있다. 나도 하나 배달받았다. 사람들이 악의적인 유전자 이식 생명체를 만드는 데 이를 이용하지 않을 것이라고 주장하는 주된 논거는, 그보다 훨씬 큰 피해를 줄 수 있는 다른 종류의 생물 무기를 만드는 것이 훨씬 쉽다는 것이다. 걱정을 없애 주는 논거는 아니다.

97. 이 협약뿐 아니라 협약과 생체공학적 벌레의 관계에 대해 쓴 캘리포니아대학교 버클리캠퍼스 교수 존 마셜John Marshall의 입문 글 「바이오안전성의정서와 유전자 이식 모기의 방출The Cartagena protocol and releases of transgenic mosquitoes」은 반드시 읽어야 할 중요한 글이다.

제8장 똑똑한 것들

1. 2018년 《플로스 원》에 실린 논문 「돌고래에게서 보이는 자기 인식의 조숙한 발달Precocious development of self-awareness in dolphins」에 보충 정보로 첨부된 비디오 속에서

전체 상호작용이 약 30초간 이어진다. 나는 이 영상을 보았지만 정말 사랑스러운 돌고래 한 마리 말고는 별로 알아보지 못했다. 하지만 내가 돌고래 전문가는 아니지 않은가.

2. "돌고래가 뭔가를 할 수 있다고 입증하기는 쉬워요. 돌고래 한 마리만 있으면 보여 줄 수 있으니까요." 연구 분석가 해나 샐로먼스Hannah Salomons가 내게 말했다. "하지만 돌고래가 뭔가를 하지 **못한다**는 것을 보여 주려면 훨씬 힘들어요. 우리는 많은 돌고래를 대상으로 이 실험을 해야 했어요. 양동이 세 개로 실험했고, 돌고래는 대략 3분의 1의 확률로 맞혔죠."

3. 「헤엄치는 돌고래가 생성하는 유체 역학적 힘을 버블 디지털 입자 영상 유속계로 측정하다Measurement of hydrodynamic force generation by swimming dolphins using bubble DPIV」는 2014년《실험생물학 저널》에 발표되었다.

4. 2017년《하카이 매거진Hakai Magazine》에 실린 「돌고래-상어 싸움의 흔적을 따라서 Tracking the scars of dolphin-shark battles」에 조슈아 랩 런Joshua Rapp Learn이 썼던 것처럼, 물론 상어도 많은 돌고래를 공격하고 죽인다.

5. 2013년 브리지먼은《생태학자Ecologist》에 이렇게 썼다. "한쪽에는 어부와 확실한 죽음이 놓여 있고 다른 한쪽에는 돌고래와 자유 사이를 가르는 그물망이 쳐진 채, 이 사진 속의 돌고래들은 구석으로 내몰렸다."

6. 우리는 이 사실을 꽤 오래전부터 알았다. 1982년《뇌 연구 저널Journal für Hirnfor-schung》에 실린 「돌고래 뇌의 변연엽: 양적 세포 구축학 연구The limbic lobe of the dolphin brain: a quantitative cytoarchitectonic study」에 처음 보고되었다.

7. 그의 저서『돌고래를 위한 변론: 새로운 도덕 프론티어In Defense of Dolphins: The New Moral Frontier』는 철학과 과학을 결합하여 많은 생각을 불러일으킨다.

8. 이를 '가치 중심 행위'라고 생각하고 싶다. 그러려면 좋은 일도 나쁜 일도 모두 받아들여야 한다. 돌고래에게 전형적인 상황으로는 우리가 영아 살해나 강간이라고 일컫는 일들이 포함된다.

9. 이런 놀라운 기억이 코끼리의 생존을 뒷받침하는 한 요소, 다시 말해 코프의 절벽에서 상층부를 계속 유지하는 또 다른 기반일지 모른다고 2009년 제임스 리치James Ritchie가《사이언티픽 아메리칸》에 썼다.

10. 저널리스트 폴 스트러드윅Paul Strudwick이 「외상후 스트레스? 그런 것은 존재하지도 않는다!Post-traumatic stress? It doesn't even exist!」라는 글에서 "이 상태는 진짜 정신질환

이라기보다 '보험회사와 제약회사'의 영향으로 인한 결과라고 진단된다."라는 부그라의 주장을 보도했다.

11. 아프리카코끼리와 아시아코끼리를 대상으로 한 국립 혈통 대장을 보면 미국 전역에서 관람하게 되는 대다수 코끼리는 어린 시절 야생에서 잡아 온 것이다.

12. 쇼버트는 자신의 동물원에 전시하기 위해 사들인 새끼 코끼리 대부분이 무리에서 떨어져 나올 때 여전히 어미젖을 먹고 있던 상태여서 젖병 사용법을 훈련받아야 했다고 말했다. 내가 2008년 처음으로 이 내용을 《솔트레이크 트리뷴》에 보도했다.

13. 에모리대학 연구자 브라이언 디아스Brian Dias와 케리 레슬러Kerry Ressler가 쓴 논문 「부모의 후각 경험이 다음 세대의 행위와 신경 구조에 영향을 미친다Parental olfactory experience influences behavior and neural structure in subsequent generations」는 2013년 《자연 신경과학Nature Neuroscience》에 발표되었다.

14. 2016년 《생물학Biology》에 실린 「후성유전 및 이 유전이 진화생물학에서 차지하는 역할: 재평가와 새로운 관점Epigenetic inheritance and its role in evolutionary biology: re-evaluation and new perspectives」에 그는 이렇게 썼다. "세대를 넘나드는 후성유전 연구에서는 당연히 한 세대 이상의 생명체를 번식하고 관리해야 하며, 그에 따라 시간, 돈, 장소 면에서도 상당한 비용이 든다."

15. '문어octopus'는 라틴어에서 온 말이 아니기 때문에 '옥토피octopi'라고 쓰지 않는다. 이 단어의 어원이 그리스어이긴 하지만 대다수 사람은 '옥토포데스octopodes'라고도 하지 않는다. (그러나 정 그런 식으로 말하고 **싶다면** 옥탑우디즈라고 발음하면 된다.)

16. 2016년 고드프리-스미스는 《뉴욕 타임스》에 실린 「문어와 노화의 수수께끼Octopuses and the Puzzle of Aging」라는 제목의 에세이에서 이에 대해 처음으로 썼다. 그는 문어가 자신에게 조금 더 유리하게 가능성을 높이는 쪽으로 진화할 수 있었다면, 비록 인간만큼은 아니라도 수명을 더 늘릴 수 있었을지 모른다고 추측했다. "또 한 세기를 사는 문어가 있다고 생각해 본다면 오히려 다행스러운 일일 것이다."

17. 그 모든 지능이 어디에서 생겨난 것일까? 문어 유전체는 인간 유전체보다 약간 작지만 유전자는 50% 더 많고, 다른 어느 동물에서도 볼 수 없는 수백 가지 새로운 유전자를 지니고 있다. 2015년 《인디펜던트Independent》의 과학 편집자 스티브 코너Steve Connor가 「인간보다 1만 개나 많은 유전자로 무장하다Armed with 10,000 more genes than humans」에서 이렇게 보도했다.

18. 《최신 생물학》에 쓴 1998년 글에서 브레너는 동료 생물학자 루이스 월퍼트Lewis Wolpert에게 말하기를, 찰스 다윈에게 질투가 나지만 "그가 그런 성공을 거둔 것을 시기한 나머지 내가 그와 경쟁할 공정한 기회를 가질 수 있도록 한 세기가량 기다려 주었어야 한다고 요구할 수는 없는 일"이라고 했다.

19. 2015년 《네이처》에 발표된 「문어 유전체 및 두족류의 새로운 신경계통과 형태The octopus genome and the evolution of cephalopod neural and morphological novelties」에서 브레너의 연구 팀은 캘리포니아두점박이문어California two-spot octopus, 옥토푸스 비마쿨로이데스*Octopus bimaculoides*의 유전체 염기서열을 성공적으로 분석한 내용을 보고했다.

20. 2016년 《시커Seeker》에 발표된 「문어가 어떤 임무를 띤 인공지능 로봇에 영감을 주다 Octopus inspires AI robots on a mission」에서 과학 저널리스트 트레이시 스테드터Tracy Staedter는 콜로라도주 오로라에 있는 레이시언Raytheon이 두족류 기반의 인공지능 프로젝트를 진행하는 것에 대해 썼다.

21. 다듬이벌레의 일종인 네오트로글라*Neotrogla* 속의 암컷은 수컷의 생식실에 꼭 들어맞는 이른바 '지노섬(gynosome, 우리말로 옮기면 '암컷의 그것'이라는 의미에 가깝다—옮긴이)'이라는 정교한 구조를 지니고 있다. 교미는 70시간까지도 걸린다. 2014년 《최신 생물학》에 실린 「동굴 벌레의 암컷 음경, 수컷 질, 그리고 서로 연관된 진화Female penis, male vagina, and their correlated evolution in a cave insect」에 저자들은 "성 역할이 뒤바뀐 동물 중에 비슷한 사례는 알려지지 않았다"고 썼다.

22. 황색망사점균, 피사룸 폴리케파룸*Physarum polycephalum*은 기어 다니는 동안 형태가 바뀌는 커다란 아메바이다. 미로 속의 서로 다른 두 지점에 먹이를 놓아 두면 황색망사점균은 두 먹이 사이의 최단 거리를 알아낸다. 2000년 《네이처》에 실린 「지능: 미로를 푸는 아메바 생명체Intelligence: maze-solving by an amoeboid organism」에 이런 내용이 나와 있다.

23. 흥미롭게도 아메바는 약 10분 동안 활동을 하지 않으면 마지막으로 갔던 방향을 '잊어버린다'. 2008년 《플로스 원》에 실린 「외부 신호가 없는 상태에서 지속하는 세포 동작: 진핵생물 세포의 탐색 전략Persistent cell motion in the absence of external signals: a search strategy for eukaryotic cells」에 이런 내용이 나와 있다.

24. 우리는 생체 리듬이 모든 생명체 안에서 강력한 힘으로 작용한다는 점을 알고 있다.

이 생체 리듬은 지구에 사는 생명과 태양의 연관성만큼이나 오래된 것이다. 그러나 2008년 《피지컬 리뷰 레터Physical Review Letters》에 실린 「아메바는 주기적으로 반복되는 일을 예상한다Amoebae anticipate periodic events」에서 연구 팀은 단 몇 시간의 '훈련' 이후 단세포 생물이 주기적으로 반복되는 리듬을 예상하여 반응한다는 것을 입증해 보였다.

25. 영향력 있는 전자공학자 레온 추아Leon Chua가 1971년에 처음으로 생각해 낸 멤리스터는 2008년 휴렛팩커드Hewlett-Packard의 연구 팀이 자연의 나노 시스템에서 멤리스턴스가 나타난다는 것을 입증하기 전까지 하나의 이론적 개념으로만 남아 있었다.

26. 아마 황색망사점균이 유별나게 특별한 것은 아닐 것이다. 2010년 《피지컬 리뷰 E.Physical Review E.》에 실린 「아메바의 멤리스터 방식 학습 모델Memristive model of amoeba's learning」의 저자들은 "이러한 생물학적 기억은 다른 단세포생물뿐 아니라 다세포 생명체에도 비록 다른 형태로나마 나타날 수 있다."라고 썼다.

27. 2017년 야체크 크리브코Jacek Krywko가 《쿼츠Quartz》에 실린 「학습할 수 있는 전자형 시냅스는 최초의 실재 인공 뇌의 등장을 알린다Electronic synapses that can learn signal the coming of the first real artificial brain」에서 이를 분해하는 탁월한 작업을 해냈다.

28. 2012년 앤디 박설Andy Boxall은 《디지털 트렌드Digital Trends》에 이렇게 썼다. "그 정도 많은 전력이라면 뭔가 중요한 작업을 하고 있을 것이다. 암 치료라도 하는 것일까? 애석하게도 그렇지 않다. 핵무기의 효능을 시뮬레이션하고 핵무기 수명을 안전하게 늘리기 위한 방법을 계산하게 될 것이다." 이는 인간이 최고의 정신을 이용하여 가장 나쁜 충동을 지원한 최고(그리고 최악)의 사례이다.

29. 2012년 《파퓰러 사이언스》에 실린 「시뮬레이션한 뇌는 100조 개의 시냅스를 포함하는 수준까지 늘어났다Simulated brain ramps up to include 100 trillion synapses」에서 레베카 보일Rebecca Boyle이 이 사실을 지적했을 때 나는 인간으로 태어난 것이 잠시 자랑스러웠다.

30. 2018년 《자연 기후변화Nature Climate Change》에 발표된 이들의 논문 「비트코인의 열 방출만으로도 지구 기온을 약 2℃가량 올릴 수 있다Bitcoin emissions alone could push global warming above 2℃」에는 무서운 내용이 담겨 있다.

31. "칩 위의 뇌를 실현하며Realizing a brain on a chip"라는 제목이 달린 그롤리에의 연설은 당신에게 흥분을 안겨 줄 것이다.

32. 2017년 《네이처 커뮤니케이션스》에 실린 「반도체를 이용한 시냅스의 강유전성 도메인 동역학을 통한 학습Learning through ferroelectric domain dynamics in solid-state synapses」에서 저자들은 이런 능력이 '비非지도 기계 학습'으로 이어지는 길을 열어 준다고 가정했다. 이런 길이 열린 이후 어떤 일이 벌어질지는 누구든 짐작할 수 있다. 우리 세계가 계속 작동하도록 하는 데 필요한 초 단위의 결정이 점점 더 AI의 손에 많이 맡겨지는 상황에서 우리가 계속 살아가도록 이 일이 도움을 줄 수도 있고, 아니면 우리 인간이 없으면 세계가 훨씬 나은 곳이 될 것이라고 초지능 기계가 깨닫게 된 결과 우리 관에 마지막 못을 박게 될 수도 있다.

33. 2011년 《뇌 행위 및 진화Brain Behavior and Evolution》에 발표된 「개미 뇌 소형화의 상대 측정The allometry of brain miniaturization in ants」 저자들에 따르면, 그럼에도 개미 뇌는 몸집이 훨씬 큰 종의 뇌만큼이나, 아니 더러는 그보다 훨씬 복잡한 행위도 보여 준다.

34. 매우 탁월한 비유이며, 2014년 《타임》에 실린 「당신 집에 있는 개미 사육 상자가 구글보다 더 똑똑하다Your ant farm is smarter than Google」에서 브라이언 월시Bryan Walsh가 이보다 훨씬 멋지게 설명한 바 있다.

35. 2013년 《벤처 비트Venture Beat》에 실린 「구글은 어떻게 매달 몇천억 번씩 30조 개 웹페이지를 검색하는가How Google searches 30 trillion web pages, 100 billion times a month」에서 존 쿠치어John Koetsier는 이 작업이 어떻게 이루어지는지 설명했다.

36. 2014년 쿠르츠는 개미의 탐색 알고리즘에 관한 자신의 연구에서 사용된 수학 모델을 세계에서 가장 큰 바닷새인 알바트로스 등 귀소 본능을 지닌 다른 동물들에도 적용할 수 있을 것이라고 《인디펜던트》에서 말했다.

37. 2016년 《플로스 컴퓨터 생물학PLOS Computational Biology》에 발표된 「전기자극을 통해 이루어지는 보편적 연산 학습Learning universal computations with spikes」에서 네덜란드와 미국의 연구자들은 동물 뇌 속에 생기는 짧은 전기자극이 어떻게 혼돈 속에 있는, 그러면서도 대략 예측할 수 있는 세계의 그림을 만들어 내는지 보여 주었다.

38. 2015년 《플로스 원》에 발표된 「비평활 볼록 최소화를 위해 신뢰 영역 모델을 이용하는 수정 BFGS 공식A modified BFGS formula using a trust region model for nonsmooth convex minimizations」에서 연구자들은 특정 비선형 문제를 위한 많은 가능한 해법에서 최선의 해법을 확인하기 위한 새로운 알고리즘을 제안했다.

39. 2015년 《플로스 원》에 발표된 「불확실성하에서 베이즈 전도 문제를 해결하기 위한 혼합 최적화 방법A hybrid optimization method for solving Bayesian inverse problems under uncertainty」에서 중국 연구 팀은 측정된 데이터를 설명하는 다수의 수치 모델 확립 과정, 즉 역사적 정합을 위한 새로운 방법을 제안했다.

40. 2015년 《미 국립과학원회보》에 발표된 「비용-편익 균형에 따라 살아 있는 다리를 역동적으로 조절하는 군대개미Army ants dynamically adjust living bridges in response to a cost-benefit trade-off」에서 저자들은 "인간이 설계하는 자가조립 시스템에 잠재적으로 영향을 미칠 가능성"이 있음을 제시했다.

41. 아, 심지어 개미들은 볼 수도 없다. 2015년 프린스턴대학의 모건 켈리Morgan Kelly는 「개미는 자신들의 몸으로 '살아 있는' 다리를 건설하며 집단 지능에 관해 많은 것을 시사한다Ants build 'living' bridges with their bodies, speak volumes about group intelligence」에서 이 점을 설명했다.

42. 그는 《타임》에서 브라이언 월시에게 이렇게 말했다.

43. 호주에 사는 검은머리불독개미, 미르메키아 니그리켑스Myrmecia nigriceps는 예외이다. 이들은 다른 개미에 비해 월등하게 시력이 좋다. 1985년 《실험생물학 저널》에 발표된 「호주에 사는 검은머리불독개미의 공격 행동 및 거리 지각Attack behavior and distance perception in the Australian bulldog ant Myrmecia nigriceps」에 이런 내용이 나와 있다.

44. 「개미의 주행 거리계: 기둥과 그루터기 위로 걸어가기The ant odometer: stepping on stilts and stumps」는 2006년 《사이언스》에 발표되었다.

45. 2016년 《사이언스》에 「인간 해마에서 이루어지는 길 찾기 목표에 대한 미래 심상 Prospective representation of navigational goals in the human hippocampus」을 쓴 저자들은 우리가 길 찾기 목표를 세우고 이를 찾아갈 때마다 해마-대뇌피질 연결망이 "머릿속 지도mind map"를 지원한다고 결론 내렸다.

46. 《컨버세이션》에 실린 「우리는 잘못된 방식으로 개미 지능을 살펴 왔다We've been looking at ant intelligence the wrong way」에서 서식스대학의 앙투안 비스트라흐Antoine Wystrach는 비록 "인간 지능에 관한 우리 자신의 가정에서 시작하는 것이 직관적으로 보이기는 하지만 하향식 접근 방법으로는" 곤충 지능에 관한 물음의 답을 찾을 수 없다고 주장한다.

47. 2009년《피지컬 리뷰 레터》에 실린 「흔적을 따라가는 개미에게서 통행량 같은 집단 움직임이 보인다: 혼잡 구역의 부재Trafficlike collective movement of ants on trails: absence of a jammed phase」에서 저자들은 "개미의 평균 속도는 흔적을 따라가는 개미의 밀도와 거의 상관없다"고 지적했다. 정말 놀라운 일이다.

48. 공사 현장 구역에 도착한 자율주행차는 "이조차도 해낼 수 없다"고 2017년 아리언 마셜Aarian Marshall이《와이어드》에 썼다.

49. 셔먼의 곡은 아밀카레 폰키엘리Amilcare Ponchielli의 〈시간의 춤Dance of the Hours〉 선율을 바탕으로 하고 있다.

50. 『식물의 숨겨진 삶』은 실제로 꽤 좋은 책이다. 그러나 반신반의하며 에누리해서 읽어야 한다. 그러지 않으면 이상한 사람 취급을 받을지도 모른다.

51. 음악 잡지《롤링 스톤Rolling Stone》은 내 평가에 동의하지 않았다. 탁월한 음악 평론가 켄 터커Ken Tucker는 이 사운드트랙이 "작은 기쁨으로 가득하다"고 인정하면서도 "고른 수준을 보여 주지 않으며", "허세 가득한 지루함"으로 망쳐졌다고 했고, "누군가에게는 꿀일지 몰라도 다른 사람에게는 옥수수 시럽일 뿐"이라고 덧붙였다. 음악 때문인지 주제 때문인지 실제로 많은 사람이 이 영화를 좋아했다. 나의 멋진 편집자 리 윌슨Leah Wilson은 1990년대 생물 수업 시간에 이 다큐멘터리를 본 것 같다고 제법 확실하게 믿고 있다.

52. 2007년《식물 과학 경향》에 실린 「식물 신경생물학: 뇌가 없으면 얻는 것도 없지 않은가?Plant neurobiology: no brain, no gain?」의 저자들은 이렇게 썼다. "'뉴런'이라는 용어가 '식물 섬유'를 설명하는 그리스어에서 유래했다고 하지만 이 사실은 식물생물학에서 이 용어를 되찾아가겠다는 설득력 있는 논거가 되지 못한다."

53. 2013년 마이클 폴란이 이 토론에 대해《뉴요커》에 이렇게 썼다. "오늘날 식물 과학에서는 당신이 누구를 상대로 이야기하는가에 따라 식물 신경생물학이 생명 이해의 새로운 근본적 패러다임을 대표하기도 하고, 아니면 지난번에 『식물의 숨겨진 삶』으로 한바탕 혼탁해진 과학의 진흙탕으로 다시 빠져든 퇴행을 대표하기도 한다."

54. "이처럼 비교적 오래 지속되는 학습 행동의 변화는 많은 동물에게서 관찰되는 습관화 효과의 지속에 해당된다"고 2014년 갈리아노와 공동연구자들이 학술지《생태학Oecologia》에 썼다.

55. 2015년 (방송 프로그램 〈라디오랩〉의 그 유명한) 로버트 크럴위치Robert Krulwich는 갈리아

노의 연구에 대한 글을 《내셔널 지오그래픽》에 쓰면서 대가다운 절제된 문장으로 첫머리를 시작했다. "내가 듣기로 이 식물은 몇 년 전 정말 끔찍한 어느 오후를 보냈다."

56. 인간 뇌에서 어떻게 기억이 형성되는지 이해하는 쪽으로 점점 가까이 다가가고 있다고 믿는 과학자들이 있다고 2016년 엘리자베스 도허티Elizabeth Dougherty가 보스턴 대학의 「우리 정신의 지도Map in your mind」에서 설명했다.

57. 2016년 《사이언티픽 리포트》에 발표된 「연상을 통한 식물의 학습Learning by association in plants」은 정말 평이해서 아름다운 글이다. 소질이 있는 중학교 학생이라면 다른 식물 종으로 이 과정을 그대로 재현하여 과학전람회 프로젝트에 제출할 수 있을 것이다. (여기 봐, 스파이크. 이건 힌트야.)

58. 2017년 《미 국립과학원회보》에 실린 「공간에 내장된 의사 결정 센터에 온도 변동성이 통합되어 애기장대 씨앗의 휴면을 깨운다Temperature variability is integrated by a spatially embedded decision-making center to break dormancy in *Arabidopsis* seeds」의 저자들은, 인간의 많은 의사 결정 과정은 비슷하게 이루어지며 심지어 비슷한 화학 신호 방식을 이용한다고 썼다. 우리와 똑같은 진핵생물인 식물은 실제로 아마 "느린 동물"일 것이다.

59. 2018년 《미 국립과학원회보》에 발표된 「지구 생물량 분포The biomass distribution on Earth」는 우리가 이 세계에서 차지하는 상대적 중요성에 관해 많은 겸손한 관점을 제공했다. 예를 들어 세계의 동물을 모두 합쳐도 지구 고세균 생물량의 3분의 1에 미치지 못한다.

60. 2016년 《컨버세이션》에 실린 「파블로프의 식물: 새로운 연구는 식물이 경험에서 배울 수 있다는 것을 보여 준다Pavlov's plants: new study shows plants can learn from experience」에서 깁슨은 예술, 철학, 과학이 만나는 교차 지점에 관해 아주 유창하게 썼다.

결론

1. 이 물고기 떼가 집단으로 내는 꽥꽥 소리는 이제껏 기록된 동물 소리 중 가장 시끄러운 것에 속한다. 2017년 《생물학 서신》에 발표된 「남겨 둘 가치가 있는 소리: 대규모

산란 물고기 떼의 음향 특성A sound worth saving: acoustic characteristics of a massive fish spawning aggregation」에서 브래드 에리스먼Brad Erisman과 티머시 로웰Timothy Rowell이 이 사실을 밝혔다.

2. 플레셔가 쓴 「오타와 국유림에 있는 북미사시나무 클론의 변화 및 묘사에 대한 분석 Analysis of *Populus tremuloides* clonal variation and delineation in the Ottawa National Forest」 은 아름다운 과학 글이다.

찾아보기

북트리거 포스트

북트리거 페이스북

굉장한 것들의 세계
Superlative: The Biology of Extremes

1판 1쇄 발행일 2021년 1월 5일
1판 2쇄 발행일 2021년 1월 25일

지은이 매슈 D. 러플랜트 | 옮긴이 하윤숙
펴낸이 권준구 | 펴낸곳 (주)지학사
본부장 황홍규 | 편집장 윤소현 | 팀장 김지영 | 편집 전해인 양선화
책임편집 양선화 | 교정교열 김정아 | 표지디자인 정은경디자인 | 본문디자인 이혜리
마케팅 송성만 손정빈 윤술옥 이예현 | 제작 김현정 이진형 강석준 방연주
등록 2017년 2월 9일(제2017-000034호) | 주소 서울시 마포구 신촌로6길 5
전화 02.330.5295 | 팩스 02.3141.4488 | 이메일 booktrigger@naver.com
홈페이지 www.jihak.co.kr | 포스트 http://post.naver.com/booktrigger
페이스북 www.facebook.com/booktrigger | 인스타그램 @booktrigger

ISBN 979-11-89799-35-9 03470

북트리거

트리거(trigger)는 '방아쇠, 계기, 유인, 자극'을 뜻합니다.
북트리거는 나와 사물, 이웃과 세상을 바라보는 시선에 신선한 자극을 주는 책을 펴냅니다.